海洋经济学

主　编：韩立民
副主编：都晓岩　于会娟
　　　　陈　琦　仇荣山

中国财经出版传媒集团

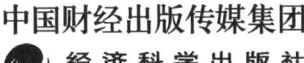

·北京·

图书在版编目（CIP）数据

海洋经济学 / 韩立民主编 . -- 北京 ：经济科学出版社，2025.8. -- ISBN 978-7-5218-7222-4

Ⅰ．P74

中国国家版本馆 CIP 数据核字第 2025MA6000 号

责任编辑：宋　涛
责任校对：孙　晨
责任印制：范　艳

海洋经济学

HAIYANG JINGJIXUE

主　编：韩立民
副主编：都晓岩　于会娟
　　　　陈　琦　仇荣山

经济科学出版社出版、发行　新华书店经销
社址：北京市海淀区阜成路甲 28 号　邮编：100142
总编部电话：010-88191217　发行部电话：010-88191522
网址：www.esp.com.cn
电子邮箱：esp@esp.com.cn
天猫网店：经济科学出版社旗舰店
网址：http://jjkxcbs.tmall.com
北京季蜂印刷有限公司印装
710×1000　16 开　27 印张　413000 字
2025 年 8 月第 1 版　2025 年 8 月第 1 次印刷
印数：0001—3000 册
ISBN 978-7-5218-7222-4　定价：88.00 元
(图书出现印装问题，本社负责调换。电话：010-88191545)
(版权所有　侵权必究　打击盗版　举报热线：010-88191661
QQ：2242791300　营销中心电话：010-88191537
电子邮箱：dbts@esp.com.cn)

前　言

时光飞逝，岁月匆匆。2017 年《海洋经济学概论》出版以来，八年光阴转瞬即逝。这八年间，全球海洋经济格局发生了深刻变化，我国海洋强国建设也迈入了新的发展阶段。

在世界范围内，欧盟、东盟等地区纷纷推出蓝色经济增长计划，积极推动海洋产业绿色转型。同时，蓝色金融蓬勃兴起，海洋科技创新与全球治理合作加速推进，为海洋经济的可持续发展注入了新的活力。在国内，随着"海洋强国"战略和"双碳"目标的双重驱动，海洋经济正从规模扩张向高质量发展转型。"海洋数智经济""蓝碳经济""绿色航运"等新质生产力蓬勃兴起，海洋经济新模式、新业态不断涌现，陆海统筹与绿色发展理念得到了深入实践。这一系列变化的本质，是可持续发展理念在全球海洋经济领域的全面觉醒与深度践行，标志着海洋经济发展目标正经历从"增长优先"到"效率与公平并重""发展与保护协同"的转换，社会公平与生态福祉已跃升为人类海洋开发活动的核心价值坐标。

基于海洋的资源与经济特性，推动海洋经济可持续发展，必须从发展理念、技术创新、制度设计以及产业转型等多个维度对传统的海洋经济运行逻辑进行系统重构，建立起一套能够实现经济繁荣、社会和谐与生态保护协同共生的综合治理体系。这不仅对海洋经济理论提出了新的更高要求，也使我们深切感受到，原有的教材内容已难以适应海洋经济发展新形势，亟须以可持续发展理念为指导，重构理论范式，并充分吸纳海洋经济理论与实践的最新成果，进行全面且深入的修订，构建起更具前瞻性的理论架构，以回应学科发展与社会需求的双重呼唤，为海洋经济持续健康发展提供坚实的理论支撑。

本次修订工作历时一年有余。其间，编写组秉持"知行合一、守正创新"的学术理念，以"立足中国、面向世界"为根本遵循，在继承原版框架的基础上，对内容进行了较大范围的调整。本书各章节的主要变化如下：

第一章，合并、删减了部分内容，调整了写作顺序，重写了海洋经济学的研究目标，使其更加明确和聚焦，为全书奠定了坚实的研究基础。

第二章，聚焦海洋经济可持续发展核心主题，对整章内容进行了重新设计和写作，进一步突出该章在全书中的基础性、统领性以及内部各部分间的逻辑性。前版中的部分内容转入后续章节中论述，使本章内容更加精练、集中，更好地服务于海洋经济可持续发展这一主线。

第三章，结合新质生产力发展的要素特质，重新梳理和提炼了海洋生产要素的基本构成、内涵特征及功能，并以海洋大数据要素替代了原有的海洋信息要素，同时补充了海洋管理要素的内容。此外，增加了海洋生产要素创新性配置一节，更加全面地反映了海洋生产要素在新时代的特点与演变趋势。

第四章，进一步细化了海洋经济组织的特性，优化了分类框架，将"企业战略联盟"融入公司与合作组织的演变脉络，并结合当前海洋经济数字化与绿色化转型趋势，补充了电商直播、深远海养殖等新兴业态中海洋经济组织的具体表现与动态发展，使本章内容更具时代性和前瞻性，能够更好地指导海洋经济组织在新时代的发展与转型。

第五章，按照新国标，将海洋产业概念与分类进行了重新写作，增加了海洋产业融合与海洋产业集群化、海洋产业结构合理化与高级化等方面的内容，对其他部分进行了精练、修改，数据进行了更新，使本章内容更加符合当前海洋产业发展的实际情况与趋势，为海洋产业的可持续发展提供科学的理论指导。

第六章，更新了海洋区域经济的内涵、特征，新增了海洋区域经济一般理论，细化了不同类型海洋区域经济的特征与发展重点，完善了海洋区域经济规划与布局，强化了规划原则与层级划分，补充了我国北部、东部和南部海洋经济圈十个主要海洋区域的布局概览，使本章内容更加全面系统，能够更好地指导我国海洋区域经济的协调发展。

第七章，以文字阐述和实践案例替代了前版中较为抽象的数理模型。同时，结合近年来国内外海洋生态文明建设的前沿理论与典型实践，补充了有关海洋生态产品价值实现、海洋碳汇（蓝碳）发展、海洋生态产业融合等新的知识，使本章内容更加生动具体，易于理解和应用，能够更好地推动海洋生态文明建设与海洋经济可持续发展的深度融合。

第八章，按照"概念——方式——体制——制度"的框架思路，重新调整了章节结构，以增强章节间的逻辑性。基于生态系统的管理、适应性管理、陆海统筹管理、多中心治理等前沿管理理念，对原有的海洋经济管理理论与实践进行了内容更新。另外，结合最新资料，补充了国内外海洋经济管理体制和制度发展的新趋势，使本章内容更具前沿性，能够为海洋经济管理提供更具针对性的理论与实践指导。

第九章，将标题改为海洋经济国际合作，删除了前版中关于国内经济合作的内容，并对章节结构进行了调整。同时，结合海洋全球治理合作等新理念、新实践，修订了写作内容，更新了相关数据，使本章内容更加聚焦于海洋经济国际合作这一主题，更好地反映海洋经济国际合作的新形势、新特点与新趋势，为我国深度参与海洋经济国际合作提供有益的参考与借鉴。

本次修订工作由编写组成员分工合作完成：潍坊学院副教授都晓岩撰写第一、第二章；宁波大学副教授陈琦撰写第三、第七、第八章；江苏海洋大学仇荣山博士撰写第四、第六章；中国海洋大学教授于会娟撰写第五、第九章。宁波大学东海研究院首席专家、中国海洋大学教授韩立民对全书进行统稿、部分修改并定稿。

本书的顺利出版，是众多专家学者与机构单位智慧与心血的结晶，离不开各方的鼎力相助。在此，我们衷心感谢宁波大学东海研究院的学术资助与平台支持，尤其是执行院长胡求光教授，在跨区域科研协作方面给予的悉心指导与大力推动，为本书的编撰提供了坚实的学术基础与合作契机。中国海洋大学出版社原总编辑李建筑教授以出版人的专业素养，对全书进行了严谨审校，为本书的学术质量与出版规范把关，我们对此深表感谢。

同时，我们向八年来持续采用前版教材的全国十余所高校师生致以崇高的敬意与诚挚的感谢。正是你们的宝贵使用体验与建设性意见，为本次修订工作提供了重要的参考依据，使本书能够更好地适应教学与研究需求。在本书编撰过程中，我们广泛借鉴了学界同行的前沿研究成果（已通过各章脚注和参考文献予以详细标注），在此一并向所有为海洋经济学研究作出贡献的专家学者致以崇高的敬意，感谢您们在海洋经济学领域的辛勤耕耘与卓越贡献，为本书的编撰提供了丰富的学术资源和理论支撑。

作为一门新兴学科，海洋经济学仍处在建立和完善的过程中。无论是基础概念的界定、理论框架的搭建，还是研究方法的创新、实证检验的深化等，都有大量的工作亟待开展。随着全球海洋经济实践的蓬勃发展，新的现象与问题不断涌现，为海洋经济学的研究提供了广阔的空间。我们深知，本书仅是海洋经济学学科建设进程中的一块铺路之石，建构完备的海洋经济学理论体系仍然任重道远。我们期望本书的出版能够为中国特色海洋经济学学科体系的建设提供有益的参考，为我国海洋强国战略的实施贡献一份绵薄之力。同时，我们更期待本书能起到抛砖引玉之效，吸引更多学者投身于海洋经济学的研究，共同耕耘这片充满希望的学术沃土，推动海洋经济学的繁荣发展。

未来，编写组将持续关注海洋经济发展的最新动态，在理论体系创新、海洋强国战略制定等重大议题上不断深化研究，为推动构建具有中国特色的海洋经济学理论体系不懈努力，为我国海洋事业的发展提供坚实的理论支持。

本书可以作为高等院校本科生的专业教材，同时也可以为政府部门、科研院所及相关从业者提供研究参考。鉴于作者水平有限，书中难免存在疏漏与不足之处。我们恳请学界同仁和广大读者不吝赐教，提出宝贵的意见与建议，以便我们今后进一步完善本书，更好地服务于海洋经济学的教学与研究。

韩立民
二〇二五年六月

目　　录

第一章　导论 ··· 1
第一节　海洋与海洋经济 ··· 1
第二节　海洋经济学 ·· 11
第三节　海洋经济学的学科性质及关联学科 ························ 23

第二章　海洋经济基本理论 ····································· 27
第一节　海洋经济增长理论 ·· 27
第二节　海洋自然资源配置理论 ····································· 56
第三节　海洋自然资源产权理论 ····································· 76
第四节　海洋自然资源价值理论 ····································· 101

第三章　海洋生产要素 ··· 115
第一节　海洋自然资源 ·· 115
第二节　海洋人力资源 ·· 124
第三节　海洋资本 ··· 131
第四节　海洋科学技术 ·· 137
第五节　海洋大数据 ·· 145
第六节　海洋管理 ··· 152
第七节　海洋生产要素创新性配置 ·································· 159

第四章　海洋经济组织 ………………………………………… **170**

第一节　海洋经济组织体系 ………………………………… 170
第二节　个体经济组织 ……………………………………… 178
第三节　合作经济组织 ……………………………………… 187
第四节　公司组织 …………………………………………… 193

第五章　海洋产业经济 ………………………………………… **199**

第一节　海洋产业概述 ……………………………………… 199
第二节　海洋产业结构 ……………………………………… 204
第三节　海洋产业融合 ……………………………………… 209
第四节　海洋产业集群化 …………………………………… 215
第五节　海洋产业部门经济 ………………………………… 221

第六章　海洋区域经济 ………………………………………… **257**

第一节　海洋区域经济概述 ………………………………… 257
第二节　海洋区域经济的一般理论 ………………………… 259
第三节　海洋区域经济的类型 ……………………………… 270
第四节　海洋区域经济规划与布局 ………………………… 285

第七章　海洋生态经济 ………………………………………… **299**

第一节　海洋生态经济概述 ………………………………… 299
第二节　海洋生态经济系统 ………………………………… 306
第三节　海洋生态价值 ……………………………………… 319
第四节　海洋生态产业 ……………………………………… 329

第八章　海洋经济管理 ………………………………………… **340**

第一节　海洋经济管理概述 ………………………………… 340
第二节　海洋经济管理体制 ………………………………… 352

第三节　海洋经济管理制度 …………………………………… 364

第九章　海洋经济国际合作 …………………………………… **384**

第一节　海洋经济国际合作概述 ………………………………… 384
第二节　海洋经济国际合作的基础 ……………………………… 389
第三节　海洋经济国际合作的领域与内容 ……………………… 396
第四节　海洋经济国际合作机制 ………………………………… 407
第五节　"21世纪海上丝绸之路"建设 ………………………… 412

第一章

导　论

第一节　海洋与海洋经济

一、海洋

（一）海洋概述

1. 海洋的总体特征

作为覆盖地球表面的广袤连续咸水体，海洋是地球表层空间的重要单元。地球表层空间主要由两大单元构成：其一为被咸水体覆盖的区域，即海洋；其二为咸水体之外的陆地。据测算，海洋总面积约达 $3.61×10^8$ 平方千米，占地球表面总面积的 71%，而陆地仅占 29%。由于海洋在地表占据绝对优势，且海水对阳光的反射呈现蓝色调，使得地球从外太空观测时宛如一颗蓝色水球。海洋平均深度为 3 795 米，最深处达 11 034 米，其中 75% 的海域深度超过 3 000 米；反观陆地，平均高度仅 875 米，若将地表高低起伏的地形夷平，全球将被约 2 646 米厚的海水均匀覆盖。[①]

地球上海洋具有连通性，而陆地则呈分离状态，形成了海洋包围陆地的空间格局。这种海陆分布表现出显著的不均衡性：北半球陆地面积占全球陆

[①] 冯士筰，李凤岐，李少菁. 海洋科学导论［M］. 北京：高等教育出版社，1999.

地总面积的 67.5%，南半球占 32.5%；从海陆比例看，北半球海洋与陆地分别占 60.7% 和 39.3%，南半球则为 80.6% 和 19.1%。分别以西经 1°32′、北纬 47°13′与东经 178°28′、南纬 47°13′为中心划分地球，可得到两个极端对比的半球："陆半球"汇集了全球陆地总面积的 81%，是陆地在单一半球内的最大集中区域；"水半球"则囊括了 63% 的海洋面积，为海洋的最大集中区域。值得注意的是，即便在陆半球，海洋面积仍超过陆地面积。[①]

2. 海洋的形成

海洋的演化历史可追溯至约 38 亿年前。研究表明，在 50 亿年前的太阳星云分化过程中，诸多形态各异的星云团块在绕太阳旋转与自转时相互碰撞、聚合，逐渐形成原始地球。初期地球温度极高，火山活动频繁，大量水蒸气随火山喷发释放至大气中，经凝结成云并形成降雨，雨水在地表低洼区域汇聚，奠定了原始海洋的雏形。此时的海洋水体并非咸水，而是呈酸性且缺氧的状态。随着海洋形成，水分通过蒸发—降水循环不断往复，逐渐溶解陆地和海底岩石中的盐分，并将其带入海洋。经过长期累积与混合，海洋最终演变为咸水体。

3. 海洋的分类

依据物理要素与形态特征，海洋通常被划分为"洋"与"海"两大单元。"洋"作为海洋的主体部分，远离大陆，具有面积辽阔、深度较大的特点，其盐度、温度等理化要素较少受大陆环境干扰，年际变化微弱，并具备独立的潮汐系统与强劲的洋流系统。"海"是洋的附属单元，通常濒临大陆，平均深度一般在 2 000 米以内，由于温度、盐度等受大陆影响显著，呈现明显的季节变化，水色较暗、透明度较低，缺乏独立的潮汐和洋流系统，因此潮汐涨落现象往往比大洋更为明显。

全球"大洋"通常划分为四大体系：太平洋、大西洋、印度洋与北冰洋。太平洋是面积最大、深度最深的大洋，北以白令海峡与北冰洋相接，东以南美洲合恩角经线与大西洋分界，西以塔斯马尼亚岛经线与印度洋为界。印度洋与大西洋的界限为非洲厄加勒斯角经线，大西洋与北冰洋的分界则为

---

① 冯士筰，李凤岐，李少菁. 海洋科学导论 [M]. 北京：高等教育出版社，1999.

从斯堪的纳维亚半岛诺尔辰角经冰岛、丹麦海峡至格陵兰岛南端的连线。北冰洋以北极点为中心，被亚欧大陆与北美洲环绕，是世界上最小、最浅且最寒冷的大洋。

"海"按地理位置可分为陆间海、内海与边缘海。陆间海位于大陆之间，具有较大的面积和深度，如地中海、加勒比海；内海深入大陆腹地，面积较小，水文特征受周边大陆强烈影响，如渤海、波罗的海；这两类海通常仅通过狭窄水道与大洋相连，其物理化学性质与大洋存在显著差异。边缘海位于大陆边缘，以半岛、岛屿或群岛与大洋相隔，但水体交换较为顺畅，如东海、日本海。据国际水道测量局数据，全球共有54个"海"，其总面积约占世界海洋总面积的9.7%。

(二) 海洋的地位与作用

海洋对地球生态环境和人类社会发展都具有极为重要的作用。

1. 海洋的生态价值

(1) 海洋是生命的摇篮。现在的研究成果普遍认为，生命起源于海洋。大约45亿年前地球形成时，地球上氧气稀少，无臭氧层，太阳射出的强烈紫外线使得生命无法在陆地存活，而海水的庇护使得海洋中出现了最原始的生命——原始细胞。经过大约1亿年的进化，原始细胞逐渐演化为原始的单细胞藻类。原始藻类的光合作用和繁殖，产生了氧气和二氧化碳，为生命的进化准备了条件。又经过了亿万年的进化，产生了原始水母、海绵、三叶虫、鹦鹉螺、蛤类等。大约在4亿年前，海洋中出现了鱼类。臭氧层的形成，使海洋生物登陆成为可能，有些海洋生物在陆地上生存下来。大约2亿年前，爬行类、两栖类、鸟类出现，现存哺乳动物均为陆生或从陆生祖先演化而来。大约在300万年前，出现了具有高度智慧的人类。

(2) 海洋是地球气候的调节器。海洋是全球气候系统的重要一环，它通过与大气的热量交换和水循环等在调节和稳定气候上发挥着决定性作用。太阳光辐射是一种短波辐射，难以为大气直接吸收，因此，大气升温更多地依靠地表升温后的再辐射。由于海洋占地球表面的71%，加上海水透明、热容量大，海水中储存和向大气中释放的热量远高于陆地。大气中的水汽也主要来自海洋。海洋每年蒸发约42 500亿立方米的水，占地表总蒸发量的85%，这一比例直接左右着大气的水汽含量与分布。此外，海洋还吸收了大气中40%的二氧化碳，这种气体被认为是导致气候变化的温室气体之一。[①] 因此说，海洋是地球气候的调节器，没有海洋，地球的气候将变得极为恶劣。

（3）海洋是天然的污染净化器。海洋能够通过物理、化学和生物等作用，净化人类产生的多种污染物。物理净化是指污染物质由于海水的稀释、扩散、混合和沉淀等而降低浓度的过程。化学净化主要基于海水理化条件变化所产生的氧化还原、化合分解、吸附凝聚、交换和络合等化学反应；生物净化是微生物和藻类等生物通过其代谢作用将污染物质降解或转化成低毒或无毒物质的过程。上述三种过程相互影响，同时发生或交错进行，依托于海洋的辽阔，形成了海洋这一天然的最大净化池，为人类社会发展提供着重要支撑。

2. 海洋的经济价值

（1）海洋是资源的宝库。海洋中蕴藏着人类生存发展所需的多种宝贵资源。地球上80%以上的生物资源在海洋[②]；全球已探明石油储量约1.7万亿桶（约合2 300亿吨），其中海洋（大陆架和深海）占比约40%~50%（约1 000亿~1 200亿吨）[③]；多金属结核在各大洋中的总储量可达3万亿吨，比陆地上蕴藏的锰、铜、镍、钴、铁等金属储量高几千倍，可供人类使用2万~3万年[④]。海洋中还蕴藏着取之不尽、用之不竭的水资源、化学资

---

① IPCC. Climate Change 2021: The Physical Science Basis [R/OL]. (2021) [2025-06-19]. https://www.ipcc.ch/report/ar6/wg1/.

② Food and Agriculture Organization of the United Nations. The state of world fisheries and aquaculture (2022) [R/OL]. (2023) [2025-06-19]. https://www.fao.org/3/cc0461zh/cc0461zh.pdf.

③ U.S. Energy Information Administration. International energy outlook [R/OL]. (2023) [2025-06-19]. EIA. https://www.eia.gov/outlooks/ieo/.

④ International Seabed Authority. Cobalt-rich ferromanganese crusts: Status and prospects [R/OL]. (2010) [2025-06-19]. https://www.isa.org.jm/files/documents/EN/Pubs/CRs/ISA_CRs_brochure.pdf.

源、海洋能等。目前全球约 20 亿人面临缺水问题①，海水淡化将成为解决人类用水问题的重要途径；海水中的盐类物质总质量达 5 亿亿吨，提取出来均匀地撒在地球表面，厚度可达 87.7 米，为工业发展提供丰富的原料②；海洋中蕴藏的潮汐能、波浪能、温差能、盐差能、海流能等，不仅储量大，而且可再生、环境友好，用于发电具有广阔的前景。

（2）海洋是人类生存和发展的新空间。人类任何经济活动的开展都必须占用一定的物理空间。传统上，这一需求主要由陆地地表空间来满足。但是随着陆地地表空间日趋紧张，人们开始向高空、向地下以及向海洋要空间。一些国家和地区已经或正在规划建设海上城市或人工岛。例如，著名的迪拜棕榈岛，不仅是一个旅游胜地，还拓展了城市的居住和商业空间，通过房地产开发、旅游等行业带动了经济增长。以海洋为空间在某些领域还具有独特的经济意义。例如，海底正在被广泛应用于海底数据中心、海底仓库等设施建设。海底数据中心利用海水冷却，能够有效降低能耗，具有巨大的潜在经济价值；而海底仓库对于一些需要特殊保存条件的物品，如葡萄酒等，提供了理想的储存环境。

（3）海洋是全球贸易和人类交往的重要通道。人类利用舟楫漂洋过海进行交往已有几千年的历史。海洋相互连通，四通八达，在陆路交通极不发达、航空尚未出现的年代，海洋成为人类交往和经济贸易最经济、方便、有效的通道。古代中国于秦汉时期就开辟了与世界其他地区进行经济文化交流交往的海上丝绸之路；明朝郑和曾七次下西洋拜访了 30 多个国家和地区，加深了明朝与南洋诸国（今东南亚）、西亚、南亚等的联系；古希腊罗马人频繁活动于大海之上，建立了古希腊和罗马文明；16 世纪地理大发现后，欧洲各国在各大洋开拓贸易航线，进行殖民扩张，先后出现了西班牙、英国两大"日不落帝国"。直至今天，海洋运输仍然是国际贸易最主要的运输方

---

① United Nations Educational, Scientific and Cultural Organization. The United nations world water development report 2020: Water and climate change [R/OL].（2020）[2025-06-19]. https://unesdoc.unesco.org/ark:/48223/pf0000372985.

② U.S. Geological Survey.（n.d.）. Seawater chemistry [Z/OL].（2008）[2025-06-19]. https://www.usgs.gov/centers/water-resources/science/seawater-chemistry.

式，凭借运量大、成本低等优点，国际贸易总运量中的2/3以上、我国绝大部分进出口货物，均是通过海洋运输方式。

3. 海洋的社会价值

（1）海洋是国家政治和军事斗争的重要领域之一。在几千年的世界历史上，绝大多数世界大国和强国的崛起都与海洋有着密切的关系。在全球化深入发展的背景下，海洋作为国家主权维护的前沿阵地、战略通道安全的核心屏障、资源权益竞争的关键场域及军事安全布局的立体空间，始终在国家政治博弈与军事斗争中占据举足轻重的地位——从领海划界、专属经济区管辖权争夺到极地与深海开发秩序的规则制定，从重要海峡运河的控制权角逐到远洋军事力量投射与濒海区域防御部署，海洋既承载着国家生存发展的资源需求与安全保障，也成为国际政治角力、军事战略对抗与全球治理秩序重塑的核心舞台，其竞争态势深刻影响着世界地缘政治格局的演变与国家利益边界的拓展。

（2）海洋是人类精神的栖息之所和启迪之源。从情感角度来看，海洋那浩瀚无垠、波澜壮阔的景象常常能引发人们的敬畏之情。它那神秘的深蓝色、汹涌的波涛以及变幻的光影，仿佛是大自然最伟大的艺术创作，人们感受到自身的渺小与宇宙的宏大，从而激发起对生命和世界的深刻思考，培养人们的谦卑和包容心态。在文化层面，许多民族和地区的文化都与海洋紧密相连。海洋传说、神话故事在世界各地广泛流传，如古希腊神话中波塞冬的故事、中国的妈祖传说等，这些故事承载着人类的智慧、信仰和价值观，成为文化传承的重要组成部分。海洋还孕育了独特的艺术形式，如海洋绘画、海洋音乐等，通过艺术的表达，人们感受到海洋的魅力和精神内涵。在探索精神方面，海洋一直是人类探索的前沿领域。对海洋深处的探索，需要勇气、智慧和坚忍不拔的精神，这种探索精神激励着人类不断超越自我，去追求未知的世界，推动着科学技术的进步。从早期的航海探险到现代的深海探测，人类在海洋中不断书写着勇敢和智慧的篇章。总之，海洋在人类精神层面给予了我们敬畏、文化、探索等多方面的意义和价值，它是人类精神世界中不可或缺的一部分。

二、海洋经济

(一) 海洋开发及其发展历程

海洋开发是指人类为了满足自身的需求和利益,对海洋资源进行勘探、开发、利用、保护和管理的一系列活动。经济价值是海洋地位与作用中最为基础和核心的方面。随着人类社会的发展,海洋在资源、空间、交通运输等方面的巨大经济价值日益凸显,推动了海洋开发活动不断拓展和深化。

1. 古代海洋开发

我国考古工作者在北起辽宁、南至广州的沿海广大地区发现了新石器时代人类留下的许多贝壳堆,说明自原始社会起,人类就开始了对海洋的开发利用。

早期的人类逐水而居,沿海地区的原始人群从海边采拾贝类、下海捕捞鱼、虾、蟹等作为维持生存的重要食物,这是最早的海洋开发活动[①]。后来人类学会了从海洋中取得食盐和利用工具进行海上航行。《荀子·王制篇》中写道"东海则有紫紶鱼盐焉,然而中国得而衣食之",可见当时的沿海诸侯国已把盐业作为重要的经济活动和富强源泉;古籍《物原》中有"燧人氏以匏(葫芦)济水,伏羲氏始乘桴(筏)"的记载,可以证明在距今1亿多年前,先人们已经能用植物的蔓茎来捆扎树干或竹条以进行短距离的海上漂浮[②]。再后来,造船技术和航海技术出现并不断进步,人类能够航行到越来越远的地区。早在新石器时代,山东沿海的龙山先民便以独木舟为渡海工具,将龙山文化经海路传至辽东半岛;而活跃于江苏、浙江至岭南沿海的百越族群,凭借"以舟为车,以楫为马"的航海传统,把百越文化传播到舟山群岛及台湾岛等海域。近代考古发现,朝鲜半岛、日本列岛乃至太平洋东岸、大洋洲和北美阿拉斯加等地出土的同期文化遗存,印证了中国古代先民跨洋活动的历史轨迹。

---

① 于会娟,卢宝周,李大海.海洋新质生产力的内涵特征、发展路径与政策建议[J].中国海洋大学学报(社会科学版),2024(4):11-18.

② 饶咬成.海权与中国石油安全[D].华中师范大学,2006.

进入青铜文明阶段,夏商周至春秋战国时期的木板船技术与初级航海能力,催生了横渡渤海、连接舟山与台湾的沿海航线,以及东通朝鲜、日本的远洋航路,推动了早期沿海港口城市的形成。汉代海上丝绸之路的开辟,标志着中国航海进入贸易文明时代。唐宋时期,随着造船工艺的革新、潮汐规律的系统研究、航海图的绘制应用及指南针导航技术的成熟,中国海船的活动范围大幅扩展,向南、向西可达东南亚、阿拉伯半岛及非洲东海岸,向东则延伸至高丽、日本及堪察加半岛,构建起贯通西太平洋与印度洋的远洋航运网络,成为古代海洋文明的重要开拓者。在中国古代航海活动发展的同时,欧洲地中海地区的海上活动也发展较快,他们航行于欧洲沿岸以至非洲的西海岸;阿拉伯、印度的航海船舶也已活动于从中国沿海到非洲东海岸之间。但是由于技术水平的限制,这一时期人类开发利用海洋的程度总体上十分有限。

2. 近代海洋开发

18世纪下半叶工业革命后,机器和机器系统得到大规模使用;第二次世界大战后,深潜技术、造船技术、仪器设备技术和导航定位技术以及航海保障系统技术等与海洋探险和开发活动密切相关的技术被开发出来并应用到海洋调查、勘探、海上生产与研究等工作中。这为人类较大程度进入海洋、认识海洋和开发海洋提供了技术条件。19世纪70年代,英国"挑战者"号考察船对太平洋、大西洋、印度洋、南极海进行了为期3年零5个月的水深测量以及生物、化学和底质等要素调查,获得了大量实测资料和标本。之后,又有德国、法国、意大利、俄国、美国和丹麦等国的调查船分别对大西洋、太平洋以及地中海、加勒比海、鄂霍次克海、日本海等洋区和海域进行了多专业的综合考察、调查和探险活动,这些活动极大增进了人们对邻近海域和大洋的了解,丰富了人们的海洋知识,发现了不少可利用资源和有待开发的领域。随后,一些新型资源如浅海石油天然气等开始得到小范围开发,人们对海洋的利用程度较前一时期有了明显提高。

3. 现代海洋开发

进入20世纪60年代后,随着科学技术取得新突破和人类海洋价值观得到全面强化提升,人类开发利用海洋的活动迎来飞速发展,这突出体现在两个方面：一是海洋产业门类急剧增加，除了传统的海洋渔业、海洋盐业和海洋运输业外，出现了海水养殖、海洋油气、海底采矿、滨海旅游、海洋风能发电、海水利用等诸多新型海洋产业业态；二是海洋经济规模迅速扩大，20世纪60年代，世界海洋经济生产总值仅有100余亿美元，20世纪70年代初增加到约1 100亿美元，80年代初增加到约3 400亿美元，90年代初增加到约8 000亿美元，21世纪初增加到约1万亿美元[①]，2022年达到约3.6万亿美元，占世界GDP的约4.5%[②]。相比陆地，目前人类对海洋的开发利用程度总体还比较低，进一步开发的潜力还很大，并且随着陆地对人类社会的支撑能力减弱，未来人类社会的发展将更加依赖海洋。

(二)"海洋经济"概念

1."海洋经济"概念的内涵

"海洋经济"是与"陆地经济"相对应的一个概念。"经济"或"经济活动"通常统指一个国家或地区的生产、交换、分配、消费等活动，这些活动为人类提供了生存发展所需的各种生活资料，是人类生存发展之根本所依；而"海洋经济"是"经济"的一个子范畴，是因海洋而产生的一系列生产、交换、分配、消费等经济活动的统称。"涉海性"被普遍认为是海洋经济所指代的经济活动的关键属性和区分其与陆地经济的关键条件。

海洋经济产生的基础在于海洋所具备的巨大经济价值。正是因为海洋具有丰富多样的经济价值，才催生出了对海洋的开发活动，进而衍生出了与海洋相关的生产、交换、分配、消费等海洋经济活动。海洋生产、交换、分配和消费等活动是海洋经济的本质内容，但是在现实中，这些经济活动又总是以各类海洋产业为依托得以开展，故而，海洋产业是海洋经济的具体表现形式。从这个层面来讲，海洋经济既是因海洋而产生的一系列生产、交换、分配、消费等经济活动的总和，也是因海洋而产生的一系列海洋产业的总和。

---

① 人民网. 世界海洋经济发展态势 [Z/OL]. (2005-07-11) [2025-06-19]. https://finance.sina.com.cn/roll/20050711/1049192410.shtml.

② Organisation for Economic Co-operation and Development. The ocean economy in 2030 [R/OL]. (2016) [2025-06-19]. https://doi.org/10.1787/9789264251724-en.

2. "海洋经济"概念的外延

自海洋经济概念产生以来,国内外很多学者对它进行过定义,例如,美国学者查尔斯·S. 科尔根(C. S. Colgan)认为"海洋经济是把海洋资源当作一种投入的经济活动";科尔多(Kildow)提出"海洋经济是指提供部分价值由海洋或其资源所决定的产品和服务的经济活动";国内学者杨金森于1984年提出"海洋经济是以海洋为活动场所或以海洋资源为开发对象的各种经济活动的总和"[①]。此后,杨克平、权锡鉴、陈万灵、陈可文、徐质斌、许启望等学者也都提出了对海洋经济的定义。

海洋经济与陆地经济存在着诸多共性和密切的产业链联系,这导致它们彼此的边界并非十分清晰,因而要对海洋经济进行精确定义并非易事。综合现有海洋经济定义来看,尽管学者们均基于"涉海性"这一海洋经济关键特征,但是他们对海洋经济外延的界定却并不完全相同:有的定义仅将海洋经济限定为对海洋资源(不包括空间资源)进行直接开发利用的产业,如海洋渔业、海洋盐业、海洋能源产业、海洋旅游业等;有的定义将海洋经济的范畴在前者的基础上扩大到需要依托海洋空间开展生产的非资源开发型产业,如海洋船舶工业、海洋工程建筑业等,但扩展的范围仅限于那些只能在海洋空间上开展的产业活动,并不包括那些既可在海洋又可在陆地进行的产业;还有的定义则将海洋经济的范围进一步扩大到与前两类产业活动存在产业链联系的上下游关联产业和支持产业。显然,在前两种定义范式下,海洋经济的边界更为清晰,范围更为明确,但所涉及的海洋产业类型较少,对海洋经济价值的反映不够全面;而在后一种定义范式下,虽然能够涵盖更多的海洋产业类型和更全面地反映海洋的经济价值,但是海洋经济的边界却变得模糊起来。

在学界尚未达成关于海洋经济统一定义的情况下,实践中为了加强对海洋经济的调查、监测、统计、核算、评估等工作,我国自然资源部组织编写了一套国家标准《海洋及相关产业分类》(现行版本为 GB/T 20794—2021)。

---

① 张倩,纪延光. 连云港市海洋经济发展现状的分析与评价[J]. 淮海工学院学报(社会科学版),2011,9(8):132-135.

该标准对"海洋经济"作出了这样的界定:"海洋经济是开发、利用和保护海洋的各类产业活动,以及与之相关联活动的总和";其中也对"海洋产业"作出了界定,即"海洋产业是开发、利用和保护海洋所进行的生产和服务活动"。在上述定义基础上,该标准进一步依据海洋经济活动的性质,对海洋产业类型进行了细致划分,涵盖了海洋产业、海洋科研教育、海洋公共管理服务、海洋上游产业、海洋下游产业等5个门类、28个大类、121个中类和362个小类。该标准的这些界定对于现阶段理解和研究海洋经济、海洋产业具有重要的参考价值。

第二节 海洋经济学

一、海洋经济学的定义

海洋经济学是以理论经济学的基本原理为理论基础,以海洋经济活动为研究对象,揭示海洋经济活动独特运行规律的学科。它将经济学的理论和方法应用于海洋领域,旨在分析和解决与海洋相关的经济问题。通过对这些方面的研究,可以为政府制定海洋经济发展战略、企业进行海洋产业投资决策、学术界深入理解海洋经济现象提供理论支持和实践指导,以实现海洋资源高效配置和海洋经济可持续发展。

二、海洋经济学的研究对象

对于一门独立学科的建立而言,研究对象至关重要。它需要能够清晰描述,并且具有足够的独特性、不能为现有理论所充分解释。海洋经济学具有这样的条件。

(一)海洋经济学研究对象的界定

海洋经济学的研究对象是明确的,即海洋经济活动及其相关的经济现象和规律。海洋经济是与陆地经济相区别的经济类型,两者共同构成了人类社会经济活动的整体，海洋经济学专注于研究其中的海洋经济部分。

（二）海洋经济学研究对象的独特性

海洋经济学的研究对象具有足够的独特性。它的这种独特性主要体现为海洋经济活动相比陆地经济活动的一些特性以及由此引发的一些独特经济问题，具体表现在以下几个方面：

1. 多部门复合的产业体系

海洋经济是由多个性质迥异的产业部门构成的复合系统，包括海洋渔业、海洋油气业、海洋交通运输业、滨海旅游业等。这些产业部门虽然共存于海洋空间，但彼此间的产业关联度较低，投入产出联系相对薄弱，难以形成类似陆地产业集群的协同效应。这种特殊的产业结构使得海洋经济既不同于国家宏观经济和区域经济等综合性经济系统，也区别于单一部门经济，呈现出独特的运行规律和发展特征。在增长动力方面，各海洋产业部门往往依赖不同的要素投入和技术路径；在资源配置方面，需要在有限的海域空间内协调多种产业的用地需求；在政策调控方面，需要针对不同产业制定差异化的管理措施。因此，要推动海洋经济高质量发展，就必须深入研究这种多部门复合系统的运行机理，探索建立适应海洋产业特点的发展模式和政策体系。这种研究既要关注各产业部门的个性特征，又要把握海洋经济系统的整体规律，为制定科学的海洋经济发展战略提供理论支撑。

2. 公共性与立体化的资源配置难题

海洋经济是建立在海洋资源开发基础上的资源型经济。相比陆地资源，海洋资源表现出更加普遍且显著的公共产品和公权产品特征：有的资源如海洋水体资源、海洋生物资源、海洋能源等由于具有流动性导致难以确立排他性的产权关系；有的资源如海底矿藏、海洋土地、海洋空间等虽然具有固定的位置，可以进行产权划分，但是现实中，多以公权（国有或集体所有）的形式存在[①]。这种产权特征使得海洋经济领域"公共池塘"效应十分突

[①] 都晓岩，韩立民. 海洋经济学基本理论问题研究回顾与讨论 [J]. 中国海洋大学学报（社会科学版），2016（5）：9-16.

出，大大增加了海洋资源实现高效配置的难度。此外，海洋资源的高效配置还需要解决海洋经济活动间相互影响、干扰等外部性问题。海洋资源是由多种资源要素复合而成的自然综合体，具有多层次、多组合、多功能等特点，同一海域空间，从海水表面至中间水体再到海床底土均可以开发利用，同一海域空间内，也往往同时存在着多种海洋资源。实现海洋资源高效配置要求对海洋空间进行立体开发和对海洋资源进行综合利用，但是不同开发利用活动对海洋空间、资源的加工改造方式千差万别，加上海水具有流动性，如果对海洋空间进行立体开发或对海洋资源进行综合利用，不同地区、不同方式的海洋开发利用活动的相互影响、相互干扰是不可避免的，某些开发利用活动的负面影响甚至会被海水传递到相当大的范围内，从而对该范围内的所有其他活动产生影响。因此，要实现海洋资源的高效配置，必须建立适应海洋资源产权特点和资源特点的资源配置规则。

3. 高风险、高技术依赖的开发特性

人类是陆生动物，要进入海洋从事生产、生活活动，必须首先克服海水这道障碍，加上海洋环境多变，气候恶劣，人类要开发利用海洋，必须承受海上风浪、海水运动和海水的腐蚀性，瞬息万变的海上天气，深海环境的高压、低温和黑暗，多发的地震、飓风、海啸等自然灾害，因此，海洋开发是一项风险极大、技术装备要求极高的经济活动。进入近现代以来，科学技术在海洋开发中扮演的角色越来越重要。一方面，很多新兴海洋产业，如海洋油气业、海洋能源产业、海洋生物制药业等，直接依托海洋高新技术而产生；另一方面，很多传统海洋产业，如海洋船舶工业、海洋交通运输与港口业、海洋渔业等，也在积极融入新科学、新技术和新型管理手段，进行结构升级、组织创新和管理创新，可以说海洋科学技术已成为现代海洋经济发展的核心依托。但是，高技术也意味着高投入，海洋科学技术的密集研发和应用始终伴随着高额的研发投入和装备购置投入，因此，一国或地区的经济总体实力、海洋经济活动主体的资金实力和融资状况等成为现代海洋经济发展的重要约束条件。海洋经济的高风险、高技术、高投入、高产出等特性使海洋经济表现出与陆地经济不同的生产函数、增长函数、生产组织模式、市场结构等特征。要推动海洋经济增长，需要对这些问题进行深入研究，制定符合海洋经济特点的海洋经济发展战略。

4. 分层次、国际化的海洋国土权利

作为国家主权的重要组成部分,海洋权益具有与陆地领土截然不同的法律特征。《联合国海洋法公约》建立了现代海洋秩序的大框架,将沿海国的海洋权益划分为内水、领海、毗邻区、专属经济区、大陆架、公海和国际海底区域等几部分,并赋予沿海国在这些区域各有不同的专属权利。海洋国土权利的这种层次性、限制性特征导致海洋经济的经济关系远比陆地经济复杂,特别是在国际层面,既带来了海洋权益争端频发的挑战,如南海资源开发争议、北极航道管辖权博弈等,同时又强化了国与国之间开展海洋经济、技术合作的必要性。未来随着蓝色经济的深入发展,如何在维护国家海洋权益的同时构建更具包容性的国际海洋治理体系,将成为各国面临的重要课题和海洋经济学的重要研究使命。

三、海洋经济学的研究目标

(一) 人类海洋经济活动的目标

海洋经济学是为指导人类海洋经济活动服务的。其研究目标与人类海洋经济活动的目标具有内在一致性,为此首先说明人类海洋经济活动的目标。

从当代发展视角看,人类海洋经济活动的目标可以表述为实现海洋经济可持续发展。人类经济活动的根本目的是通过创造、生产丰富的物质或服务产品来满足人类的生存和发展所需(衣、食、住、行、娱乐等)。人类之所以要开发海洋,也是因为它可以更好地满足人类在这方面的需要。因此,实现海洋经济不断增长(数量扩张)是人类海洋经济活动的首要目标。但是,在追求数量增长的同时,人类海洋经济活动也需要注重增长质量的提高。在现代经济发展理念下,这至少包括以下几个方面的含义:

一是要转变海洋经济发展模式。要从传统的粗放式、资源消耗型发展转向创新驱动、绿色发展新模式,提高海洋经济的稳定性与竞争力。

二是要优化海洋产业结构。要着力改变传统海洋产业占比过高的局面,推动产业结构向中高端迈进。一方面要运用高新技术改造提升海洋渔业、海洋交通运输等传统产业，另一方面要重点培育海洋生物医药、海洋新能源等战略性新兴产业，全面提升产业附加值。

三是要提高资源利用效率。要加强海洋资源的节约和保护，推广应用先进的海洋资源利用技术和管理模式，提高海洋资源的利用效率和效益，同时建立健全资源有偿使用制度，完善市场化配置机制，促进海洋资源合理开发。

四是要推动区域协调与协同发展。要打破行政区划壁垒，建立跨区域协同发展机制，加强沿海地区间的产业分工协作，同时要加强陆海统筹，促进陆海经济的联动发展。

五是要实现社会公平与包容。要确保海洋经济发展成果惠及所有群体，特别要关注传统渔民的生计转型问题，通过技能培训、创业扶持等措施，帮助渔民实现高质量就业，同时要完善收益分配机制，让沿海社区共享发展红利。

六是要注重海洋生态环境保护。要坚持生态优先原则，将海洋生态环境保护贯穿海洋经济发展全过程，实现人与海洋的和谐共生。

这种综合考虑数量增长与质量提升的海洋经济活动目标就是"海洋经济可持续发展"。在人类发展海洋经济的历史过程中，曾过于依赖要素的大量投入来推动发展和片面追求海洋经济规模的扩张，这导致了海洋生产的效益不高、效率低下以及生态破坏严重等问题。海洋经济可持续发展就是人们在反思这种传统发展模式不足基础上形成的一种全新的发展理念。与传统发展模式相比，该理念完善了对海洋经济活动的经济评价标准，并将社会与生态目标纳入了对海洋经济的考量，要求在开发利用海洋的过程中，必须兼顾经济效益、生态保护和社会公平，达到经济效益、社会效益和生态效益有机统一，这是人类对海洋经济活动认知深化的体现。在海洋经济可持续发展理念框架下，增长仍然是人类海洋经济活动的关键目标，但是强调这种增长必须符合三个关键特征：一是高质量发展导向；二是社会公平保障；三是海洋生态环境保护前提下的可持续性。

(二) 海洋经济学的研究目标

海洋经济学作为一门新兴的交叉学科，其研究目标与人类海洋经济活动目标具有深刻的内在一致性。这种一致性主要体现在：海洋经济学的研究必须服务于人类科学开发利用海洋资源的根本需求，同时要解决海洋经济发展过程中出现的各种矛盾与问题。因此，将"实现海洋经济可持续发展"确立为海洋经济学的研究目标，不仅符合学科发展的内在逻辑，也顺应了全球海洋治理的时代要求。

在"实现海洋经济可持续发展"目标指引下，海洋经济学需要从多个维度深化理论研究与实践探索。首先，在理念层面，海洋经济学必须将可持续发展理念作为思想内核，在研究过程中始终坚持生态优先、绿色发展原则，将海洋生态系统的承载能力作为经济发展的刚性约束。其次，在理论建构方面，海洋经济学要始终围绕实现海洋经济可持续发展强化自身的研究范围、研究内容等，系统分析海洋经济可持续发展涉及的具体领域及其特殊规律，特别是要深入研究海洋经济系统与陆地经济系统的差异性与协同性，关注海洋资源的流动性、共享性等特征对经济活动的独特影响。最后，在实践层面，海洋经济学要面向海洋产业绿色转型政策工具制定、海域使用权的市场化交易机制设计以及海洋生态补偿制度完善等国家战略需求，为国家推动实施海洋经济可持续发展战略提供决策支持。同时，要特别重视沿海社区、渔民等利益相关方的权益保障，探索建立多元主体参与的海洋治理新模式。

总而言之，系统分析海洋资源开发、产业运行和空间利用的特殊规律，构建一个兼顾经济效益、生态可持续和权益平衡的理论框架与方法体系是海洋经济学研究的基本任务。通过持续完善理论框架和方法体系，海洋经济学必将为协调人海关系、促进海洋经济高质量发展提供更加有力的学术支撑。

四、海洋经济学的研究内容

（一）海洋资源配置与海洋经济可持续发展

海洋资源配置是指对各类海洋资源（包括海洋自然资源和各类生产要素）在不同用途、使用者、地区和产业间进行科学分配的过程。人类海洋经济活动本质上是通过投入各类海洋资源，生产满足人类需求的物质产品和服务产品的行为。由于海洋资源具有显著的稀缺性特征，其供给并非无限，因此必须在不同用途、使用者、地区和产业间进行系统性统筹与优化配置。从这个意义上说，人类海洋经济活动的行为与过程，实质上就是海洋资源配置的行为与过程，二者具有内在统一性。

海洋资源配置的核心目标在于实现资源的高效利用，即通过合理的制度设计、市场机制和政策调控，使海洋资源在不同用途、产业部门和利益主体之间实现最优分配。在传统海洋经济发展模式下，资源配置效率问题往往被忽视，或仅以经济规模的简单扩张作为衡量标准，这种做法显然存在局限性。从现代海洋经济学的视角来看，科学的海洋资源配置效率评估应兼顾"量"与"质"：既要考察其对海洋经济增长的贡献，也要评估其对海洋经济发展质量的影响；既要看其经济效率，又要看其社会效率和生态效率，以确保海洋资源配置既能促进经济发展，又能维护社会公平和生态安全。

前面已明确，人类海洋经济活动及海洋经济学研究的目标是实现海洋经济可持续发展，该目标包含海洋经济产出数量增长和发展质量提升两方面内容。这两方面内容中，前者主要通过海洋资源配置实现，后者则主要通过提高海洋资源配置效率实现，也就是说，海洋经济可持续发展的这两方面内容与海洋资源配置之间存在着密切的联系，其基本作用逻辑是：海洋经济增长是海洋资源配置的结果，海洋资源配置是实现海洋经济增长的手段，海洋资源配置的核心目标是实现海洋资源的高效利用，而海洋资源配置效率则主要通过海洋经济发展模式、海洋产业结构、海洋资源利用效率、海洋区域经济关系、海洋经济福利、海洋生态环境状况等海洋经济发展质量内容得以体现。从该逻辑我们可以得出一个重要结论：如果从海洋资源配置角度来审视，海洋经济可持续发展问题本质上就是海洋资源配置问题，海洋经济学的研究目标也可以进一步归结为实现海洋资源的高效配置。

(二) 海洋经济学的研究内容

海洋经济学的研究目标决定了其研究内容。既然海洋经济学的研究目标可以归结为海洋资源高效配置问题，那么海洋经济学的研究内容就应紧紧围绕这一主题展开。

海洋经济学的研究内容覆盖海洋资源配置问题涉及的所有领域，在研究范式上，以海洋经济的独特性为逻辑起点，以海洋资源高效配置和绿色生态海洋经济发展模式的实现为立足点，着力解决现有理论尚未充分涵盖的海洋经济特殊性问题，其中，微观层面聚焦研究海洋生产要素和海洋经济组织等个体资源配置决策问题，中观层面重点探讨海洋产业集群及区域协调发展问题，宏观层面重点研究国家海洋经济政策与全球海洋治理问题，以此构建起按微观、中观、宏观三个层面展开的多维度的研究体系。

具体而言，海洋经济学的核心研究内容主要包括：

一是海洋经济学的基本理论。主要围绕海洋经济学的研究目标，系统总结归纳可以纳入海洋经济学理论体系的现有理论，并结合海洋经济特点对其进行完善和发展，构建起海洋经济学研究的理论基础。

二是海洋生产要素。主要研究海洋生产要素的概念、构成、分类、属性特征以及与海洋经济增长的联系机理等。

三是海洋经济组织。主要研究海洋经济组织的类型、特点、适用性、效率及演化特征等。

四是海洋产业经济。主要从海洋产业整体和海洋产业部门两个层面展开研究。海洋产业整体层面重点研究海洋产业结构问题，依据一般产业结构理论，结合海洋产业划分、陆海关联、产业竞争与协作等产业特性，讨论海洋产业结构演变的动力机制、路径及其对海洋经济增长和海洋资源配置效率的影响。海洋产业部门层面，主要讨论具体海洋产业部门的一般运行规律，包括海洋产业部门的概念与分类、基本特征、地位与作用、生产与消费行为规律、市场结构、产品供求与价格形成等。

五是海洋区域经济。具体涉及两个空间维度：首先从海陆分离的维度，按照距离陆地的远近和国际法律地位的不同，将海洋经济空间划分为海岸带、领海、专属经济区和大陆架等条带状海洋经济类型区，研究在不同的技术要求和法律地位条件下，不同海洋经济类型区的开发模式与策略。其次从海陆一体维度，以沿海海洋经济中心城市及其海域腹地为基本单元，将一国海洋经济空间划分为数量不一、级别不等的海陆综合经济区，从微观海洋经济主体的区位选择行为出发，以探索海洋产业的集聚与扩散规律为线索，剖析海陆互动机制及海洋产业布局机制，深刻揭示海洋经济区的形成、发展与演化规律。

六是海洋生态经济。主要面向海洋经济可持续发展，将海洋生态环境与人类海洋经济活动视作一个系统整体，围绕人类海洋经济活动与海洋自然生态的相互作用关系，研究海洋生态经济系统的结构、功能、规律、平衡、生产力及生态经济效益、海洋生态经济的宏观管理模型等内容，一方面要研究海洋资源和环境承载力的测算方法，包括海洋资源环境承载力的评价指标体系、表征模型、评估技术，并通过设置内生或外生变量的方式将海洋资源环境承载力纳入海洋经济增长模型，探讨可持续发展条件下海洋经济的增长机制和资源配置机制；另一方面要围绕海洋生态价值的核算与补偿，研究海洋生态经济的管理方法。

七是海洋经济管理。海洋经济管理是管理在海洋经济领域的运用，是管理主体为了达到一定的目的，对海洋经济领域的生产和再生产活动进行的以协调各当事者行为为核心的计划、组织、推动、控制、调整等活动。从广义上讲应包括微观海洋经济主体的生产经营管理行为和政府的宏观海洋经济管理行为两方面，在海洋经济学中一般主要讨论后一方面。在依法行政原则下，海洋经济学对海洋经济管理进行研究，首先是讨论海洋基本经济制度特别是海洋产权制度的设计，以法律的形式确定一国海洋经济运行的生产关系基础；其次是讨论海洋经济管理体制的构建，为实施海洋经济高效管理提供组织保证；最后是讨论海洋经济管理的方法和手段，包括海洋经济政策、海洋经济区划与规划等，为海洋经济理论转化为现实的海洋生产力提供途径。

八是海洋经济合作。随着经济全球化进程的推进，加强国际经济合作已成为当今所有国家或地区谋求发展的必然选择。海洋的开放性、海洋资源的流动性以及《联合国海洋法公约》设定的独特的国际海洋权益关系结构，使得海洋经济领域的合作比陆地经济领域更加迫切和必要，可以说，不参与海洋经济合作，就难以真正享有和维护自身的海洋权益。海洋经济合作研究，应重点探讨海洋经济合作的领域、内容、方式和机制等内容，为推动海洋经济合作提供理论支撑。

这种研究内容的设定，既体现了对经济学一般原理的继承，又突出了海洋经济研究的特殊性，为构建具有特色的海洋经济学理论体系奠定了坚实基础。

五、海洋经济学的产生与发展

海洋经济学的产生与海洋开发利用密切相关，并且走过了由"海洋经济研究"到"海洋经济学"的发展历程。

"海洋经济学"与"海洋经济研究"是两个不同的学科。"海洋经济研究"指的是一个研究领域，成果可以是应用性研究，也可以是理论性研究；可以是对海洋经济整体进行的研究，也可以是对海洋经济某一部门或者海洋经济某一领域、某一问题进行的研究；可以表现为研究论文、研究报告、专著，也可以表现为报道、评论等；可以见诸期刊、书籍，也可以见诸报纸、网络等，研究课题极为广泛，研究数量极为庞大。可以说，凡是对海洋经济问题进行的研究，均可以视为"海洋经济研究"。"海洋经济学"是指从海洋经济整体角度，研究海洋经济过程及其运行机理、规律，按照一定的逻辑线索，搭建框架、构建范式，对海洋经济现象作出解释，得出关于海洋经济运行的最一般规律，为各类海洋经济研究提供理论基础的学科。从广义的视角看，"海洋经济学"也可以归入"海洋经济研究"范畴，但是并不等同，如果将"海洋经济研究"看作一棵大树，"海洋经济学"就是这棵树的树根，而"海洋经济研究"的其他部分则是这棵树的树干、树枝和树叶，它们依赖于"海洋经济学"这个树根支撑和输送营养。

在人类开发利用海洋的早期，由于海洋产业门类少，产值规模也不大，海洋资源处于相对丰裕状态，海洋开发利用过程中的各种关系基本协调，从而对开展海洋经济研究缺乏现实需求。没有现实需求，就没有海洋经济研究的开展。到了近代，海洋开发规模逐渐扩大，部分行业发展开始受到技术、资源、环境等因素的制约，因此研究和认识海洋经济发展规律，提高海洋开发能力和海洋资源开发效益成为必要。这种研究首先出现在一些具体的海洋经济部门，如海洋渔业、海洋交通运输业等，因此，关于某一些具体海洋经济部门的经济理论最先产生。到了现代，海洋开发进入高速发展期，海洋开发中的矛盾、冲突随之加剧和扩大，需要研究、认识和加以解决的问题大规模增长，这推动了海洋经济研究全面兴起。

西方海洋经济研究大致兴起于 20 世纪 60 年代。美国学者若豪姆（Rorholm）于 1963 年开展了纳拉干塞特湾经济影响的研究，1967 年开展了 13 个海洋产业对新英格兰地区经济影响的研究[①]；1969 年，美国罗德岛大学开设海洋资源经济博士研究生课程；1974 年，为确定海洋对国民生产总值的贡献，负责国民收入和产品账户管理的美国经济分析局提出了"海洋 GDP"的概念，利用 1972 年的经济和人口普查数据对海洋总产值进行估算，发表了《涉海活动的总产值》的研究报告；苏联经济学家布尼奇在 1975 年和 1977 年分别出版了《海洋开发的经济问题》和《大洋经济》[②]。这些研究拉开了西方大规模研究海洋经济的序幕。

我国海洋经济研究则全面兴起于 20 世纪 70 年代末 80 年代初，其标志性事件是我国著名经济学家于光远、许涤新等在全国哲学社会科学规划会议上提出建立"海洋经济学"新学科及设立专门的研究所。虽然在此之前我国也有一些海洋经济方面的研究文献，但是数量极少，研究对象也仅局限于海洋渔业、海洋盐业和海洋交通运输业等传统海洋产业。进入 20 世纪 80 年代后，我国海洋经济蓬勃发展，我国海洋经济方面的研究成果也显著增多。进入 20 世纪 90 年代后，此类研究成果更是迅猛增长，除了海洋渔业、海洋盐业和海洋交通运输业方面的研究成果继续大量涌现外，海洋油气、滨海旅游、海洋能开发等海洋新兴产业及海洋环境保护、海洋经济管理、海洋经济发展战略等领域也都受到广泛关注，海洋经济学的研究方法日趋成熟。然而，这一时期并未产生"海洋经济学"。"海洋经济学"的产生仅仅是 21 世纪初的事情。继于光远、许涤新等我国学者提出建立"海洋经济学"新学科及设立专门的研究所后，我国部分学者就海洋经济学的研究对象、研究内容、研究方法等学科基本问题进行了长期的讨论，这为海洋经济学的创立奠定了重要基础。之后于 2000～2003 年间，孙斌、徐质斌主编的《海洋经济学》，徐质斌、牛福增主编的《海洋经济学教程》和陈可文著的《中国海洋经济学》等最早使用"海洋经济学"名词的著作相继出版，标志着海洋经

[①] 程娜. 中外海洋经济研究比较及展望 [J]. 当代经济研究，2015（1）：49-54.
[②] 张耀光，王涌，胡伟，刘锴，彭飞，刘桓. 美国海洋经济现状特征与区域海洋经济差异分析 [J]. 世界地理研究，2017，26（3）：39-45.

济学这一新学科的正式诞生①。

  海洋经济学虽然与海洋经济研究分属两个不同的范畴，但是两者也有着紧密的联系：首先，海洋经济研究的兴起与繁荣是海洋经济学产生的重要历史条件。由于事物的发展具有过程性及不同历史条件下人类的认识能力不同，人类对事物的认识总是先从局部、表象开始，然后逐步上升到整体和本质，这体现到人类对海洋经济的认识路径上，就是先进行局部、分散的海洋经济研究，然后再从中得出关于海洋经济的一般认识——海洋经济学。没有充分的海洋经济发展实践和足够的海洋经济研究提供理论准备，海洋经济学这样一套关于海洋经济运行的完整、系统认识就无法产生。

  其次，海洋经济学的产生也是海洋经济研究进行到一定阶段的必然需求。与海洋开发相伴的海洋经济问题、矛盾呈现出从无到有、从少到多、从简单到复杂、从局部到整体的历史发展过程。早期的海洋开发，由于发展程度低，即便其中存在一些海洋经济问题或矛盾也仅仅局限在小范围内，解决起来相对简单，单独依靠某一海洋部门经济学或者海洋领域经济学甚至某一项海洋经济研究课题就能够完成。但是，随着海洋开发的深入，各类海洋经济矛盾越积越多、越来越尖锐、越来越复杂，各类矛盾相互交织，已经不是某一海洋部门经济学或海洋领域经济学能够解决的。要解决这些问题，必须全面拓宽认识问题的视野，丰富认识问题的知识，从最根本的层次上厘清海洋经济发展的一般规律，从而为解决这些问题提供认识基础和理论依据。海洋经济学正是在这样的背景下发展起来，并被赋予建立系统的海洋经济理论、从整体角度探索海洋经济发展的一般规律、指导解决现阶段海洋开发中的各类经济矛盾、问题的使命。由此可以看出，海洋经济学的产生在时间上晚于海洋经济研究有其深刻的现实原因。

  "海洋经济学"目前还是我国的一个特有学科，国外尚未出现"海洋经济学"的概念。尽管国外也有不少学者研究海洋经济问题，但是他们更加注重对海洋产业经济的研究，在尺度上更加偏重海洋经济中微观层次的分析，即通过现象分析和框架引导，对海洋经济微观行为及其最优决策等构成

---

① 徐质斌，牛福增. 海洋经济学教程［M］. 北京：经济科学出版社，2003.

总量现象的成因进行分析，总体上仍停留在"海洋经济研究"的范畴。我国学者为海洋经济学科的建立付出了更多努力和智慧，走在了世界的前列。不过，由于发展时间较短，海洋经济学目前还很不成熟，理论体系、研究内容、研究方法等都需要随着研究的深入不断充实、完善。

第三节 海洋经济学的学科性质及关联学科

一、海洋经济学的学科性质

海洋经济学的学科性质可以表述为：一门综合性的具有边缘学科特点的应用经济学科。

首先，海洋经济学是一门经济学科。海洋经济学作为一门学科被建立和发展，在很大程度上是为了弥补海洋经济研究在系统性、整体性方面的不足，为解决海洋开发实践中日益增多且复杂化的矛盾冲突提供认识基础和理论依据。因此，海洋经济学是一门经济科学，它以认识海洋领域人类经济行为（活动）的运行机理和规律，帮助人类提高海洋经济活动的产出能力和资源利用效率为宗旨和使命。

其次，海洋经济学是一门应用经济学科。也就是说，海洋经济学不是理论经济学。在这一点上，其性质与农业经济学、工业经济学、运输经济学、商业经济学、计划经济学、劳动经济学、财政学、货币学、银行学等应用经济学科相类似，属于运用理论经济学的一般理论和方法研究国民经济某个特定部门或领域的特殊经济规律的学科。

再次，海洋经济学具有综合性。突出表现在两个方面：一是海洋经济学的研究内容具有综合性。海洋经济学的研究内容涵盖多个领域，包括海洋资源经济，如对海洋生物资源、矿产资源、能源资源等的经济价值评估和开发利用策略；海洋产业经济，如海洋渔业、海洋交通运输业、海洋旅游业等众多产业的市场结构、产业关联、产业布局；还包括海洋区域经济、海洋生态环境经济等。二是海洋经济学的研究方法具有综合性。在研究过程中，它既会运用经济学的定量分析方法，如建立数学模型来预测海洋能源产业的投资回报率，也会使用定性分析方法，如通过案例分析来研究海洋旅游项目的成功或失败因素。还时常结合海洋科学的调查和监测方法获取海洋资源和环境数据，作为经济分析的基础。

最后，海洋经济学是一门具有一定交叉学科特点的学科。海洋经济问题的特殊性与海洋特殊的自然属性有密切关系，因此，要进行海洋经济学研究，必须通晓海洋学、地理学、生态学等自然科学知识，并且在研究过程中也需要用到这些自然科学的一些方法。此外，海洋经济学与管理学、社会学、法学等学科也有所交叉。

二、海洋经济学的关联学科

海洋经济学的综合性和交叉性决定了它必然与众多学科有所关联。这些学科大致可以分为两类：一类是在数据和方法等方面为海洋经济学研究提供基础的学科；另一类是在研究内容上与海洋经济学有所重叠的学科。其中，第一类学科以自然科学为主，第二类学科以社会科学为主。

（一）与海洋经济学相关联的自然科学

与海洋经济学相关联的自然科学主要有海洋科学、地理学、生态学、地质学等。

海洋学是与海洋经济学联系最为密切的自然科学。包括物理海洋学、化学海洋学、生物海洋学等。物理海洋学涉及的海水运动、海浪、潮汐等知识，对于理解海洋交通运输业、海洋能源开发（如潮汐能、波浪能）的经济可行性和布局至关重要。化学海洋学涉及海洋化学物质的分布等内容，在海洋矿产资源（如多金属结核）开采和海水化学资源提取的经济评估中有应用。生物海洋学对海洋生物的分布、生态等研究成果，能帮助确定海洋渔业、海洋生物医药业的经济开发潜力。

地理学和生态学对海洋经济学的研究也有着深远的影响。地理学为海洋经济学的研究提供了基础信息。例如，在评估沿海地区建设港口、滨海旅游设施的经济价值时，海洋地貌是重要的参考因素。而且，海岸线变迁会影响滨海湿地资源的利用价值,进而影响海洋经济的长期规划和经济收益。海洋生态学对于实现海洋经济的可持续发展具有重要意义。从海洋经济学角度看,了解海洋生态系统的平衡和承载能力,是可持续开发海洋资源、发展海洋产业(如海洋牧场建设)的前提,可以避免因过度开发导致生态破坏进而影响海洋经济的长期健康发展。

此外,海洋经济学与地质学等自然科学也有一定的联系。

(二) 与海洋经济学相关联的社会科学

与海洋经济学相关联的社会科学主要有经济学、管理学、社会学、法学等。

经济学与海洋经济学之间的联系是全方位的。虽然海洋经济学与现有经济学研究的对象空间有所不同,但是需要解决的经济问题却是相同的。从现实的角度看,在陆地空间和陆地经济中存在的问题,在海洋空间和海洋经济中一般也同样存在,因此,在研究和解决同一类型问题时,以陆地经济为基础发展起来的现有经济学科必然可以为海洋经济学研究提供强有力的指导。马克思主义政治经济学、西方经济学等理论经济学的一般成果是海洋经济学研究的牢固理论基石,各门应用经济学科,如区域经济学、产业经济学、资源经济学、生态经济学等,也都为海洋经济学研究相关问题提供了不可或缺的理论和方法来源。事实上,几乎所有经济学科都或多或少对海洋经济学研究有着影响。

其他学科中,管理学可以指导研究海洋资源管理和海洋产业管理等问题,社会学可以指导研究海洋社会中的人际关系、社会结构以及社会变迁等问题,法学可以指导研究海洋权益保护、海洋资源开发利用的法律规则等法律问题。这些都是影响海洋经济增长和海洋资源配置效率的重要方面,海洋经济学研究中必然需要有所涉及。因此,了解管理学、社会学和法学等学科的相关知识对于从事海洋经济学研究十分必要。

社会科学对海洋经济学研究的影响并不是简单地提供指导。随着海洋研究越来越重要,各类传统社会科学研究正在全面向海洋领域延伸和渗透,形成一系列新成果和新知识。这些成果和知识一方面是对现有学科内容的补充和丰富，另一方面也在支撑着一个全新的学科领域——海洋社会科学的建立，包括海洋经济学、海洋管理学、海洋社会学、海洋法学等。在这种情况下，各学科之间的关系（包括传统社会科学与新兴海洋社会科学之间的关系、海洋管理学等新兴海洋社会科学与海洋经济学之间的关系）不应被定性为指导与被指导的关系，而被定性为既相互独立，又彼此借鉴、融合的交叉关系更为合适。同时，对于那些各学科均有涉及的研究内容，也应定性为各学科的共同研究内容。

传统社会科学向海洋领域的渗透，除了正在催生海洋经济学、海洋管理学、海洋社会学和海洋法学等海洋社会科学一级学科外，也正在催生海洋资源经济学、海洋产业经济学、海洋区域经济学、海洋经济地理学、海洋生态经济学、海洋环境经济学等专业涉海经济学科。这些学科可以被视为海洋经济学的分支学科，处于海洋经济学的下一层级。因此，我们应该从一个学科体系而不是某一单一学科的视角来审视"海洋经济学"。相对于一般意义上的理论经济学，海洋经济学是应用经济学，它在研究过程中以一般理论经济学的基本原理为依据和指导，着重对这些原理结合海洋领域的特点进行展开和深化；在海洋经济学科内部，它则是基础学科，着重从整体角度对海洋经济进行研究，按照一定的逻辑线索，通过搭建框架、构建范式，对海洋经济现象作出解释，得出关于海洋经济运行的一般规律，从而为海洋经济学各分支学科及各类海洋经济研究提供指导性原理和一般方法。在这一点上，它可以看作是海洋经济研究领域的理论经济学。

第二章

海洋经济基本理论

第一节 海洋经济增长理论

一、海洋经济增长

(一) 海洋经济增长的内涵

与宏观经济学中经济增长的概念相承续,海洋经济增长指的是海洋生产总产出的提升,这体现了海洋生产规模的扩大以及人类对海洋开发利用能力的增强。

海洋生产是指一个社会配置全社会的人力、物力、财力等资源生产各类海洋物质产品和服务产品的行为与过程。这些产品通过最终消费与中间投入的双重路径,深度嵌入国民经济循环系统。海洋经济增长就是在特定时间尺度下,一个社会某一时期生产的各类海洋产品的总量相较于之前时期有所增加。

作为人类基本经济活动之一,海洋生产提供了与传统陆地产品不同的海洋消费产品,这不仅增加了人们可消费产品的数量与种类,丰富了消费选择与体验,是社会进步的体现,还通过产业链的联系,带动了相关产业的发展,包括以海洋产品为中间产品的产业以及为海洋生产提供中间产品的产业,最终促使全社会整体就业岗位增加和居民收入水平提高,改善了人们的生活品质。故而,海洋经济增长具有极为重要的经济意义和社会意义,海洋生产规模越大,对社会进步的推动作用就越显著。

(二) 海洋经济增长的衡量

准确理解海洋经济增长的内涵,需要建立科学的衡量体系。当前主要从海洋总产出实物量的增加和价值量的增加两个维度来衡量海洋经济增长,这种增加既可以表示为总量的增加,也可以表示为人均量的增加;既可以用绝对量来表达,也可以用增长率来表达。

1. 从实物量增加维度衡量

从实物量总量增加维度衡量,海洋经济增长可以表达为 $\Delta Q = Q_t - Q_{t-1}$ 或 $g_Q = \dfrac{\Delta Q}{Q_{t-1}}$,式中,$Q$ 表示海洋总产出的实物总量,g_Q 表示其增长率,Q_t 为第 t 期的海洋总产出实物总量,Q_{t-1} 为第 $t-1$ 期的海洋总产出实物总量,ΔQ 为第 t 期的海洋总产出实物总量相比于第 $t-1$ 期的增加量。如果 $\Delta Q > 0$ 或者 $g_Q > 0$,则说明海洋经济存在增长。从实物量人均量增加维度衡量,海洋经济增长可以表达为 $\Delta q = q_t - q_{t-1}$ 或 $g_q = \dfrac{\Delta q}{q_{t-1}}$,式中,$q$ 表示海洋总产出人均实物量,g_q 表示其增长率,q_t 为第 t 期的海洋总产出人均实物量,q_{t-1} 为第 $t-1$ 期的海洋总产出人均实物量,Δq 为第 t 期的海洋总产出人均实物量相比于第 $t-1$ 期的增加量。如果 $\Delta q > 0$ 或者 $g_q > 0$,则说明海洋经济存在增长。

2. 从价值量增加维度衡量

从价值量增加维度衡量时,通常借助"海洋生产总值(Gross Ocean Product,俗称海洋 GDP)"这一指标来体现海洋经济增长。"海洋生产总值"是对某一时期(通常为 1 年)内海洋总产出的价值量进行核算的特定指标,用其表达海洋经济增长具有普遍适用性。以该指标表达海洋经济增长,就是关注海洋生产总值是否增加,具体涵盖总量增加和人均量增加两个方面。在总量角度,海洋经济增长可以表达为 $\Delta Y = Y_t - Y_{t-1}$ 或 $g_Y = \dfrac{\Delta Y}{Y_{t-1}}$,式中,$Y$ 代表海洋生产总值,g_Y 表示其增长率,Y_t 为第 t 期的海洋生产总值,

Y_{t-1} 为第 $t-1$ 期的海洋生产总值，ΔY 为第 t 期的海洋生产总值相比于第 $t-1$ 期的增加量。如果 $\Delta Y>0$ 或者 $g_Y>0$，则表明海洋经济存在增长。在人均量角度，海洋经济增长可以表达为：$\Delta y = y_t - y_{t-1}$ 或 $g_y = \dfrac{\Delta y}{y_{t-1}}$。式中，$y$ 表示人均海洋生产总值，g_y 表示其增长率，y_t 为第 t 期的人均海洋生产总值，y_{t-1} 为第 $t-1$ 期的人均海洋生产总值，Δy 为第 t 期的人均海洋生产总值相比于第 $t-1$ 期的增加量。如果 $\Delta y>0$ 或者 $g_y>0$，则说明海洋经济存在增长。

（三）海洋生产总值的核算方法

在现代海洋经济实践领域，主要借助海洋生产总值来核算海洋经济增长。因此，如何具体计算海洋生产总值成为一个关键问题。海洋总产出是社会国民经济总体产出的重要组成部分，因此海洋生产总值的核算与社会整体 GDP 的核算在总体思路以及核算方法等方面存在许多相似之处。依据宏观经济学知识，我们知道 GDP 的核算通常有生产法、收入法和支出法三种方法。海洋生产总值的核算主要运用生产法和收入法。

支出法应用于海洋生产总值核算时面临一定困难，主要原因在于，支出法是通过计算全社会对最终产品的购买总支出（包含消费、投资、政府购买以及净出口）来核算 GDP 的，其核心理念是将生产中间产品所产生的新增价值通过对最终产品总价值的计算予以体现。在核算海洋生产总值时，由于诸多海洋类中间产品并非用于海洋类最终产品的生产，而是用于陆地类最终产品的生产，同时又有大量海洋类最终产品在生产过程中需要使用来自陆地的中间产品。从原则上讲，那些流向陆地的海洋类中间产品的价值应当纳入海洋生产总值的核算范畴，而那些来自陆地的中间产品的价值则应从海洋生产总值中予以剔除。然而，支出法很难做到如此精确的区分，这就导致使用它来核算海洋生产总值受到很大限制。

在核算海洋生产总值时，还涉及价格基准的选取问题。与 GDP 的核算相同，海洋生产总值的核算一般也可以采用现行价格和不变价格两种价格基准。以现行价格计算得出的为名义海洋生产总值和名义海洋经济增长率；以不变价格计算得出的为实际海洋生产总值和实际海洋经济增长率。

(四) 海洋经济增长的理论基础

在人类社会经济和经济学的发展过程中，基于解释、指导和推动经济增长的需要，产生了诸多关于经济增长的理论学说。海洋经济作为国民经济的重要组成部分，这些理论学说也就成了研究海洋经济增长的理论基础。从经济学的发展角度看，1928年以前属于经济增长理论的奠基时期，此阶段的经济增长理论一般被统称为古典经济增长理论；1928年以后是经济增长理论的成熟阶段，在这一阶段产生的经济增长理论一般被称为现代经济增长理论。下面按照时间脉络和思想脉络对这些理论学说进行简要的梳理回顾。

1. 古典经济增长理论

古典经济增长理论其实包括了很多特征完全不同的经济增长理论。限于篇幅，这里主要介绍亚当·斯密和大卫·李嘉图的"分工促进经济增长"理论、马尔萨斯的人口理论、马克思的两部门再生产理论，它们是古典经济增长理论最为核心的部分。

(1) 亚当·斯密的研究。1776年，亚当·斯密在其著作《国富论》中提出了著名的资本积累和劳动分工理论，并系统研究了经济增长的原因。亚当·斯密对经济增长理论的研究主要体现在以下几个方面：①增长的表现与途径。斯密认为经济增长表现为国民财富的增长，其途径有二：一是增加劳动数量，二是提高劳动生产率，且更强调劳动生产率的作用。②分工的作用。斯密认为分工是经济增长的重要因素。分工既能使劳动者专注于一项工作，提高熟练程度和生产效率，还可促进技术创新与改进，推动生产方式变革，进一步提高劳动生产率，加速经济增长。并且，分工的深化与市场规模相互促进，市场规模扩大促使分工更精细，分工细化又反过来推动市场规模进一步拓展。③资本积累的重要性。斯密指出资本积累是经济增长的关键动力，它为扩大生产规模、增加就业机会、提高劳动生产率提供了物质基础。此外，资本积累还能扩大市场规模，进一步促进分工的细化和专业化，形成良性循环。④自由贸易的影响。斯密主张自由贸易，认为国际分工通过自由贸易可促进各国劳动生产力发展。⑤自由市场的作用。斯密强调自由放任的市场经济，认为充分的经济活动自由是国民财富持续增长的前提，市场这只

"看不见的手"会引导个体追求私利的行为,在客观上促进社会利益的增长,实现资源的最优配置,从而推动经济增长。

(2)大卫·李嘉图的研究。大卫·李嘉图也研究过经济增长问题。他的研究与斯密的理论存在着密切的联系,例如,他也认为资本积累是经济增长的重要因素,他同样强调自由市场的重要性,他也重视国际贸易对经济增长的积极影响等。他在以下方面有进一步的发展:①关注收入分配对经济增长的影响。他认为不同阶级的收入分配变化会影响资本积累和经济增长。②提出了比较优势理论,这拓展了斯密对自由贸易和国际分工的观点。③提出了对土地因素的看法。他认为土地报酬存在递减规律,随着人口和资本增加,土地收益会下降,制约经济增长。

(3)马尔萨斯的研究。马尔萨斯的经济增长理论主要包括以下内容:①人口原理。他提出著名的人口理论,认为人口呈几何级数增长,而生活资料只能以算术级数增长。这两者的增长速度不同步会产生巨大的矛盾。起初,人口和生活资料能保持平衡,但是随着时间推移,人口增长会远超生活资料的增长,从而导致人均生活资料减少,人们生活水平下降,引发贫困、饥荒等社会问题,这是经济增长的一个巨大限制因素。②强调有效需求的重要性。他认为在资本主义经济中存在生产和消费的失衡,即总供给可能会超过总需求。当有效需求不足时,就会出现生产过剩的危机,商品积压,经济增长受到阻碍。这一观点与当时很多只重视生产而忽视需求的观点形成对比,对经济增长理论的完善有着重要意义。

(4)马克思的研究。我国有些学者认为,西方经济学有增长理论,而马克思主义经济学没有经济增长理论,其实这是一个很大的误解。恰恰相反,在经济思想史上,正是马克思第一个把静态分析动态化,把短期分析长期化,提出了系统的、科学的经济增长理论,建立了经济增长模型[①]。马克思在批判地继承法国和英国古典经济学有关理论遗产的基础上,第一次确立了社会总资本再生产和流通的科学理论体系,其中涉及的积累问题、人口和

---

① 吴易风. 经济增长理论:从马克思的增长模型到现代西方经济学家的增长模型[J]. 当代经济研究, 2000(8): 1-4+71.

就业问题，特别是社会总资本再生产和流通问题，实际上都是经济增长问题，只是当时还没有出现"经济增长"这一术语，导致这些理论没有被统一纳入"经济增长理论"的框架。

马克思经济增长理论的核心内容是社会总资本再生产理论，但是其基础是劳动价值理论、货币理论和资本积累理论，所以从广义角度看，这些内容都是马克思经济增长理论的组成部分。马克思经济增长理论的逻辑脉络是：①劳动创造商品和价值。劳动者的具体劳动创造了商品的使用价值，而抽象劳动则创造了商品的价值。②商品价值从量上包括不变资本、可变资本和剩余价值三部分，这些价值都由劳动者的劳动生产出来，但是剩余价值部分被资本家无偿占有。③资本家通过无偿占有剩余价值进行资本积累，进而实现了单个资本的扩大再生产。④单个资本的扩大再生产是经济增长的基础，因为每个单个资本都在寻求通过资本积累实现扩大再生产，其结果是推动和实现了社会总资本的扩大再生产。社会总资本的扩大再生产就是今天意义上的经济增长，所以上述逻辑既是马克思眼中的社会总资本扩大再生产的实现逻辑，也是我们从今天的视角来看他对经济增长逻辑的解释。

除了上述核心内容外，马克思经济增长理论还包括以下重大贡献：①指出社会总资本扩大再生产的实现条件是社会生产两大部类（生产资料部门和生活资料部门）之间以及部类内部各部门之间需保持一定的比例关系。②指出社会总资本再生产的关键是社会总产品能否通过市场交换实现价值补偿和实物补偿。③指出货币在社会总资本生产中仅起媒介作用，但是在市场经济条件下，没有它，劳动力、生产资料等要素就无法整合到同一社会生产过程中进而通过合作实现社会总资本的生产。④指出社会总资本扩大再生产分为外延扩大再生产和内涵扩大再生产，外延扩大再生产主要依靠增加生产要素投入，内涵扩大再生产则主要依靠技术进步和科学管理提高生产要素质量和使用效益。⑤指出资本主义经济增长存在内在矛盾，如生产的社会化与生产资料的资本主义私人占有之间的矛盾。这会导致经济危机周期性爆发，表现为生产过剩、失业等现象，破坏生产力，限制经济增长，等等。这些内容实际上指出了产业结构、货币（资金）、市场需求、科技进步等对经济增长的重要作用，是对市场经济条件下经济增长一般规律的科学认识。

2. 现代经济增长理论

古典理论之后，经济增长理论曾经历一段较长时间的低谷期，直到20世纪40年代才迎来一波新的高潮并进入现代经济增长理论阶段。

现代经济增长理论的发展有三个高潮阶段。第一个高潮阶段是20世纪40年代，这一阶段的工作主要是由哈罗德、多马开创的，他们是凯恩斯主义经济学家，致力于将凯恩斯的短期分析动态化。第二个高潮阶段是20世纪50年代中期，索洛和斯旺建立了新古典增长模型，推动了一个持续更久、规模更大的兴趣浪潮。第三个高潮期开始于20世纪80年代，主要是因罗默和卢卡斯的研究工作而兴起，这次浪潮引发了内生增长理论的发展。

（1）哈罗德-多马模型。该模型是哈罗德模型和多马模型的合称，它们分别由哈罗德和多马独立提出。由于这两个模型的内容和观点基本一致，故常将它们合称。又由于哈罗德模型拥有相对更为丰富的内容，故一般又以哈罗德模型为主对它们进行介绍。

哈罗德模型假定社会只生产一种产品，既可作消费品，也可作投资品；储蓄倾向不变，边际储蓄倾向和平均储蓄倾向相等；资本—劳动比率固定，资本产量比率不变；社会生产仅用劳动力和资本两种要素，且不能相互替代；技术状态既定，无技术进步。

在上述假设下，哈罗德基于凯恩斯的国民收入 $I=S$ 均衡条件，推导出均衡条件下的经济增长率（被称为"均衡增长率"）将等于 s/v，即社会储蓄率与社会资本—产量比的比值。其中，s 是一个固定值，v 由资本家的意愿决定。所以，按照哈罗德的说法，如果一个社会的资本家意愿中的资本产量比为 v_r，那么该社会的经济增长率理论上讲应等于 s/v_r（被称为"有保证的增长率"）并一直维持下去。然而，模型又指出，现实经济生活中实际产生的经济增长率并不一定必然等于有保证的增长率，某些情况下可能会出现某些干扰因素导致实际的经济增长率偏离有保证的增长率。这时实际的经济增长率并不会自动回归有保证的增长率，而是将永远地偏离有保证的增长率并且缺口越来越大。此外，哈罗德还提出了"自然增长率"的概念，即充分就业时的经济增长率，它等于人口增长率。

哈罗德模型认为，一个社会最理想的经济增长率为自然增长率，最理想的状态是实际增长率=有保证的增长率=自然增长率,但是这种状态的实现不是必然的,而是极其偶然的。它的结论和观点是:现实中的经济增长很难稳定在一个不变的发展速度上,不是连续上升,便是连续下降,呈现出剧烈波动的状态;国家需要采取政策干预 s 和 v_r,使实际增长率、有保证的增长率和自然增长率三者相等。

(2)新古典增长模型。一些西方经济学家对哈罗德等人的上述结论不满意,所以对哈罗德-多马模型作了重要修正。索罗、斯旺等人提出了新古典增长模型。索罗等人认为,哈罗德-多马模型之所以得出资本主义市场经济不能实现持续稳定增长的结论,是因为这个模型假定资本和劳动力不能相互替代,从而资本—产出比是一个定量,只要假定资本和劳动力能相互替代,就能得出资本主义市场经济可以实现稳定增长的结论。

新古典增长理论是建立在一个新古典生产函数之上的,在没有技术进步的情况下,生产函数为 $Y=F(N, K)$;在存在技术进步的情况下,生产函数为 $Y=F(AN, K)$,其中,Y 为总产出,N 和 K 分别代表总量劳动和总量资本,A 为反映技术状态的变量,它随时间的推移而增大,说明存在技术进步,AN 被称为有效劳动。模型的基本假定包括:①经济由一个部门组成,该部门生产一种既可用于投资又可用于消费的商品;②该经济不存在国际贸易且政府部门被忽略;③生产的规模报酬不变;④该经济的技术进步、人口增长和资本折旧的速度由外生因素决定;⑤社会储蓄函数为 $S=sY$,s 为储蓄率。

在上述设定基础上,索罗推导出新古典增长模型在不存在技术进步情况下的基本方程 $\dot{k}=sf(k)-(n+\delta)k$ 和在存在技术进步情况下的基本方程 $\dot{\hat{k}}=sf(\hat{k})-(n+\delta+a)\hat{k}$,其中,$k$ 为不存在技术进步情况下的人均资本数量,$\hat{k}$ 为存在技术进步情况下的人均资本存量,$\dot{k}$ 为不存在技术进步情况下的人均资本增量,$\dot{\hat{k}}$ 为存在技术进步情况下的人均资本增量,s 为储蓄率,n 为人口增长率,δ 为资本折旧率,a 为技术进步速度,$f(k)$ 为不存在技术进步情况下的人均产出生产函数,$f(\hat{k})$ 为存在技术进步情况下的人均产出生产函数。

经过基于基本方程的一系列推导,新古典增长模型得出以下结论:①经济存在稳态。在人均资本 k 较低时，$sf(k)(sf(\hat{k})) > (n+\delta)k((n+\delta+a)\hat{k})$，所以人均产出 y 呈增长态势；当人均资本 k 增长到一定程度时，$sf(k)(sf(\hat{k}))$ 将与 $(n+\delta)k((n+\delta+a)\hat{k})$ 相等，即 $\dot{k}(\dot{\hat{k}})=0$，人均产出 y 将达到增长极限。②技术进步会导致人均产出持续增长。一旦经济达到稳态，人均产出的增长将只取决于技术进步的速度。

新古典增长模型的基本思想是：当经济中不存在技术进步时，经济最终会陷入停滞状态。但是当存在外生的技术进步时，经济就能沿着一条平衡增长轨道移动。新古典增长模型采用了新古典经济学的分析框架，迎合了当时逐步兴起的新自由主义思潮。正因为如此，这一理论一经提出，便很快取代了不太有利于粉饰资本主义市场经济的哈罗德-多马模型，成为西方正统经济理论的一个重要组成部分。

（3）内生增长理论。内生增长理论是基于新古典经济增长理论发展而来的。新古典增长模型假定技术进步、人口增长等关键因素外生于经济系统，并且资本边际收益递减最终会使经济增长停滞。内生增长理论则试图将长期增长的关键因素技术进步内生化来解释持续的经济增长。该理论认为技术进步不是模型外部给定的，而是由经济系统内部诸如企业的研发投入、知识传播与应用等因素决定。例如，企业为了在市场竞争中取得优势，会投入资金进行科研创新，研发出的新技术直接推动生产效率的提高，从而促进经济增长。该理论还强调人力资本也是推动经济增长的内在动力。劳动者通过教育、培训和经验积累等方式增加自身的人力资本。一个国家或地区拥有高素质的劳动力，能够更好地吸收和应用新技术，创造出更多有价值的产品和服务。该理论还强调知识溢出效应，认为知识具有外部性，一家企业或者个人创造的知识会通过多种渠道（如人员流动、技术交流等）被其他企业或个人利用，这种知识的扩散会带来全社会生产效率的提升。例如，在产业园区内，一家企业研发的新的生产工艺，其他企业通过观察学习、合作交流等方式也能掌握这种工艺，从而使得整个园区的生产水平得到提高。内生增长理论也在努力构建其相应的理论模型，但是其核心价值始终聚焦于阐释技术进步在经济增长中的作用。

3. 对经济增长理论的简要总结

从经济增长理论发展的整个历史过程来看，它主要致力于对经济增长的动力和源泉进行分析，同时也涉及对经济增长过程中表现出来的一些一般规律以及对实现经济增长的形式、途径和手段等进行思考总结。总体上可以认为，经济增长理论经历了由点到面再回归到点的发展历程。马克思之前的经济增长理论主要是对经济增长进行点上的分析，他们主要研究经济增长的影响因素。但是这些研究又是零散的、不全面的，一方面，现实中影响经济增长的因素比他们作出分析的要多得多，另一方面，他们对这些因素的分析更多的是孤立的而不是系统性的展开。马克思是之前这些理论的集大成者，他不仅拓展了对经济增长影响因素的研究，敏锐地观察到了产业结构、货币（资金）、市场需求、科技进步等因素对经济增长的重要作用，还将对经济增长的研究延伸到经济增长的实现条件这一更深层次的领域，使经济增长研究实现了由点到面的跨越。马克思之后的现代经济增长理论，又回归了从点的角度研究经济增长问题的传统，例如，哈罗德-多马模型主要讨论劳动力和资本两种因素对经济增长的影响，索罗模型在此基础上以外生变量的方式加入了技术进步因素，而内生增长理论则又在索罗模型的基础上将技术进步变量内生化，这些理论的贡献主要在于通过构建各种精致的数学模型，使我们对这些因素的作用有了更加深入的认识。

经济增长是一个十分复杂的问题，不仅影响因素众多，而且是这些因素相互作用的结果，没有任何一种理论能够独立地全面揭示经济增长的一般规律，任何一种理论只能是从某一方面揭示经济增长的某些局部特征。我们要推动现实的经济增长，既要全面把握影响经济增长的因素有哪些，也要深入认识这些因素影响经济增长的方式和机制，更要关注这些因素在推动经济增长中的相互作用。从这一点上看，现有的各种经济增长理论，都从不同角度、在不同程度上为我们提供了帮助。

（五）海洋经济增长的实现机制

首先从整体上把握经济增长的要素、过程、机制，再深化研究其中的某些方面，是认识经济增长问题的有效思维路线，否则就如同盲人摸象，始终难以形成对经济增长问题完整而科学的认识,相关研究也将缺乏坚实的事实基础。对于后者,传统经济增长理论已经作出了很多分析,并且其结论大部分在海洋经济增长问题上同样适用。为此,本部分着重对前者,即海洋经济的总体运行过程、运行机制和影响因素等进行介绍,以帮助形成对海洋经济增长问题的整体性认识。这项工作需要从描述微观海洋经济主体的生产循环开始。

1. 微观海洋经济主体的生产循环

人类的经济活动是人类生产生存发展所需的各类物质资料的活动,这种生产活动在任何社会阶段、任何国家、任何产业均是以一个个微观经济主体的生产活动为单元进行的。因此,要寻找宏观经济增长的原因,必须从分析微观经济主体的生产运营活动入手。

在最基本的特征上,微观海洋经济主体的生产运营活动与其他各类社会生产者的生产运营活动并无二致,都可以归结为一个从"采购"到"生产"再到"销售"的往复循环过程(见图2-1)。货币是微观海洋经济主体生产运营活动的起点。微观海洋经济主体利用货币从市场上购买厂房设备、原材料、劳动力等生产要素,然后投入生产过程,通过劳动者的劳动将这些要素转换为某种产品,再到市场上销售换回货币。至此,一次循环结束,下一次循环开启,如此不停往复。

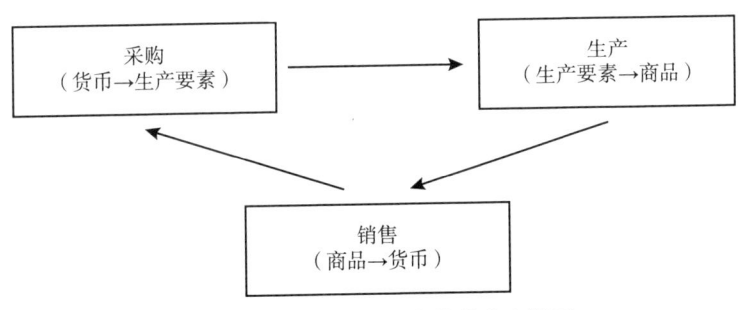

图 2-1 微观海洋经济主体的生产循环

在理解宏观海洋经济运行与增长方面,微观海洋经济主体的这种生产循环涉及两个关键问题:其一,为何微观海洋经济主体的生产运营会持续循环？换言之，推动微观海洋经济主体生产行为不断往复的动力是什么？其二，微观海洋经济主体生产运营的每次循环所采取的形式以及依赖的条件是什么？

对于第一个问题，无论是马克思主义政治经济学还是西方经济学，都给出了清晰且一致的答案，那就是各微观海洋经济主体对剩余价值（利润）的追求。微观海洋经济主体在通过生产运营将投入的各类生产要素转化为某种海洋产品的过程中，实现了价值增值。当他们成功将这些产品出售后，能够换回比当初在各种生产要素购入上的花费更多的货币。正是对这部分增值货币即利润的追求，促使他们从事某种海洋产品的生产，并且不会在一次生产销售后就停滞，而是会一次次进入新一轮的循环。

对利润的追求不仅推动了微观海洋经济主体不断进行生产循环，也决定了上述第二个问题的答案，即微观海洋经济主体生产循环所采取的形式。微观海洋经济主体的生产循环通常并非仅表现为一种形式，而是存在三种可能的情况：一是扩大再生产，即增加生产规模或产量；二是简单再生产，也就是维持生产规模或产量不变；三是缩小再生产甚至停产。在每一次生产过程结束后，微观海洋经济主体都会对其产品的未来市场销售和盈利情况进行预判。如果预期扩大产品生产有利可图，便会筹划扩大再生产；否则，就只会维持简单再生产。在其产品滞销无盈利且预期不会改善的情况下，他们甚至会缩小生产规模甚至停产。

微观海洋经济主体生产运营活动的利润主要来源于其单位产品的售价高于生产成本的差额。为了增加利润，微观海洋经济主体总是想方设法提高产品售价、降低成本。然而，除非在市场上处于垄断地位，否则单个微观海洋经济主体对其产品和所使用生产要素的定价能力非常有限，多数情况下只能被动接受市场价格。因此，要提高利润，单个微观海洋经济主体真正能够主动作为的方面就是提高技术水平。提高技术水平可以降低单位产品生产所需消耗的要素数量，从而降低生产成本、增加利润，在某些情况下，还可以提高产品质量或增加自身产品与竞品的差异性，使微观海洋经济主体拥有一定的溢价定价能力。所以，微观海洋经济主体通常都具有开展技术创新的内在驱动力。技术创新与产品市场、要素市场等外部因素共同塑造了微观海洋经济主体的盈利空间，并在最根本的层面上决定着微观海洋经济主体的生产循环及其采取的形式。

2. 海洋经济系统及其运行

以微观海洋经济主体的生产循环为基础，我们能够将对海洋经济的分析提升至一个社会的海洋经济整体，也就是宏观海洋经济层面。

一个社会的宏观海洋经济运行是依托于一个个微观海洋经济主体的生产运营活动的，所以，一个社会的宏观海洋经济运行总体上也呈现出从"采购（宏观海洋经济层面我们称之为'投入'）"到"生产（宏观海洋经济层面我们称之为'产出'）"再到"销售"的循环过程，并且其生产循环也存在扩大再生产、简单再生产和缩小再生产三种可能的情况。然而，当我们将对海洋经济的分析视野提升到宏观海洋经济层面时，分析问题的视角以及对相关问题的定性也需要相应地改变。具体而言，我们应该以"系统"而非"要素"的视角来审视宏观海洋经济；与此同时，应将生产要素的供给和产品的市场需求视为这个系统的内部组成部分，而不像之前在讨论微观海洋经济主体的生产运营行为时那样，将它们看作是微观海洋经济主体的外部环境。

（1）海洋经济系统的结构。倘若以系统的视角看待宏观海洋经济，那么宏观海洋经济是一个由一个个微观海洋经济主体构成的"海洋经济系统"，它承担着为社会持续不断地提供各种海洋产品的功能。构成海洋经济系统的微观经济主体主要有三类：一类是海洋生产要素提供者，一类是海洋产品生产者，还有一类是海洋产品消费者。它们分别属于海洋经济系统的三个子系统：要素供给子系统、生产子系统和产品需求子系统。其中，要素供给子系统主要在海洋生产大循环中履行生产要素的供给职能，生产子系统主要承担海洋产品的生产职能，而产品需求子系统主要承担海洋产品的销售和价值实现职能。在市场经济环境下，这三个子系统的微观经济主体互为彼此生产循环中某一环节的交易对手，通过产业链联系、供求关系以及价格纽带相互链接在一起，进行彼此间的交易，共同推动整个海洋经济大系统的运转。我们可以用图2-2来描绘一个社会宏观海洋经济系统的结构。

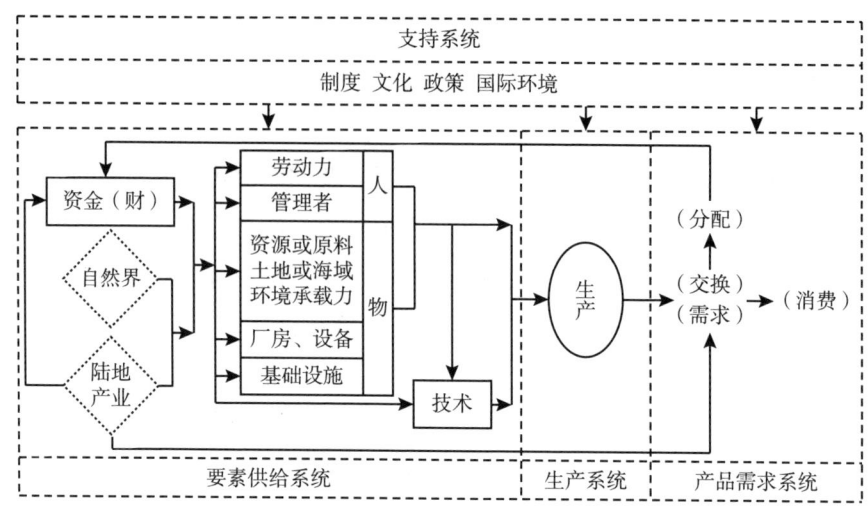

图 2-2　海洋经济系统及其运行

（2）海洋经济系统运行的动力机制。海洋经济系统生产循环的动力机制与微观海洋经济主体的生产循环存在一定差异。微观海洋生产者的生产循环动力仅为对利润的追求，而海洋经济系统生产循环的动力有两个：其一为海洋生产子系统对利润的追逐，其二为产品需求子系统对海洋产品的需求。在这两者之中，后者更为关键。原因在于，产品需求子系统对海洋产品存在需求，这是整个海洋经济大系统得以存续的前提与客观基础。倘若没有该子系统提供需求，海洋经济大系统便失去了存在的意义与可能。此外，要素供给子系统和生产子系统中的各微观经济主体进行行为活动的目的是获取利润，而这一利润归根结底需在产品需求子系统中得以实现。只有各类海洋最终产品能够在产品需求子系统中顺利售出，那些生产海洋最终产品的微观经济主体才能获得利润，进而那些为生产海洋最终产品的微观经济主体提供生产要素的微观经济主体也才能获得利润。如此一来，产品需求子系统就如同一条牵引绳，牵引着另外两个子系统运转。因此，产品需求子系统对海洋产品的需求以及海洋生产子系统对利润的追求，两者相互嵌合，共同构成海洋经济大系统运行的动力源。

（3）海洋经济系统正常运行的保障条件。海洋经济系统如同一台复杂精密的机器，由诸多子系统和成千上万的装置、零部件组成，动力机制是海洋经济系统正常运行的核心部分，但是其他一些部分的保障作用也同样十分重要。这些部分包括：

①产品需求子系统能够提供充足且稳定的需求。产品需求子系统对海洋产品的需求是天然存在的，但并不总是足够和稳定的。一旦产品需求子系统无法提供足够且稳定的需求，要素供给子系统和生产子系统的微观海洋经济主体就无法实现其追求的利润，进而影响整个海洋经济系统的生产循环。

②海洋经济系统各类市场的发育要完善。价格是亚当·斯密所说的那只无形的手，在市场经济体系中，它指挥着海洋经济各个子系统对商品的需求数量和供给数量。如果价格信号缺失、失真或传递不及时，就会导致海洋经济系统各子系统间出现错配，如供给过多或供给过少，造成海洋经济波动和资源浪费。因此，市场发育完善是海洋经济系统有效运行的重要条件。市场发育是否完善没有绝对标准，但通常要求参与的主体数量足够多，参与的客体足够丰富多样，市场上的消费者足够理性，交易的场所和支付、物流等设施足够完善，信息足够透明以及制度建设和市场监管足够有力等方面。

③海洋经济各子系统间相互连接的媒介——货币的数量要充足。海洋经济系统的运行表现为各种物质流、资金流、信息流以不同形式在海洋经济系统各子系统间依次流转，包括从左向右的物质流、从右向左的货币流和双向的信息流。其中，物质流是海洋经济系统运转的核心内容。但是，物质流在从一个子系统进入另一个子系统时，都需要以货币作为媒介。如果下一个子系统没有足够的货币来支付其需求，那么物质的流动以及上一个子系统的利润目标就难以实现，海洋生产大循环就会受阻。

④生产要素的供给必须充足且稳定。产品需求子系统负责为海洋经济系统提供充足且稳定的最终产品需求，但是这些需求要转化为各微观海洋经济主体的利润，还需要要素供给子系统能够充分保障相应的生产要素供应。现实情况是，生产要素短缺状况时常发生。海洋生产所需要的生产要素类型多样、来源复杂，有些是直接来源于自然界的天然产物，有些是人造物，由于性质和来源不同，造成生产要素短缺的原因也可能不同，但是无论是何种原因，一旦发生生产要素数量短缺，生产要素价格就会上涨，进而就会压缩海洋生产子系统中各微观海洋经济主体的利润空间，并影响整个海洋经济系统

的运行。

⑤市场失灵要能够得到有效纠正。尽管市场机制可以解决宏观海洋经济运行的大部分问题，但是在公共物品提供领域以及存在外部性、信息不对称等的情况下，市场机制却不能完全发挥作用甚至失效，从而导致宏观海洋经济运行不畅。这时就需要政府通过相关制度或措施纠正外部性、信息不对称等问题，调动微观海洋经济主体生产经营的积极性，或者填补市场的缺位，承担起相关物品的供给职能。

（4）海洋经济系统运行的支持系统。以上我们对海洋经济系统运行的结构、机制和条件进行了分析。截至目前，分析主要还是在海洋经济系统内部进行。如果我们将分析的视野进一步拓展到海洋经济系统之外，那么影响一个社会宏观海洋经济系统运行的，还有该社会的制度、文化、政策以及其海洋经济所处的国际环境等因素。制度、政策体现了政府在保障海洋经济系统有效运行中的作用。除了存在市场失灵需要政府出面承担相关物品供给职能的情形外，政府还需要通过制定相关制度和政策等来保障海洋经济系统的运行，如出台产权保护制度以有效纠正海洋经济系统运行中的外部性问题，出台相关生产和从业标准以有效解决海洋经济系统运行中的信息不对称问题，出台海洋产业发展规划和政策以有效引导海洋资源的合理配置、优化海洋产业结构和布局等。文化对海洋经济系统的运行具有催化作用。例如，海洋文化中蕴含的冒险、开拓精神能够激励人们积极投身海洋经济活动，帮助扩大海洋经济规模；海洋文化可以孕育独特的海洋产业，塑造产业特色，为海洋经济发展增添活力和竞争力；海洋文化还可以促进各国、各地区在海洋贸易、投资、技术等领域的交流与合作，实现共同繁荣。国际环境对海洋经济系统运行的影响则更加明显，它本身就是海洋经济的重要市场和各种生产要素的重要来源。

事实上，制度、文化、政策以及国际环境等因素对海洋经济系统运行的作用远超以上提及的部分，它们广泛渗透于海洋经济系统结构的方方面面，深刻影响着海洋生产的要素供给和市场需求，进而为海洋经济系统运行提供保障。由于这些要素的作用十分复杂，难以在图 2-2 详细刻画，故将其一并归结为宏观海洋经济运行的"支持系统"。

3. 海洋经济增长的实现

海洋经济增长的本质是海洋扩大再生产。海洋经济系统的正常运行是实现海洋扩大再生产的必要前提，但非充分条件。本部分中我们将对海洋经济增长问题进行讨论。

探讨海洋经济增长需要基于海洋经济总供给与总需求理论框架，对此有必要进行一些阐释。传统西方增长理论主要以生产函数为基础，从生产要素供给的角度探讨经济增长，对市场需求的关注度相对较低。在研究对象为国民经济整体，且主要从长期视角开展研究，并将交换媒介——货币因素予以抽象化的情形下，这种技术路线是可行的。这是因为，人类的需求是无限的，从人类社会发展的漫长历史进程来看，人类社会经济面临的基本矛盾始终是生产能力难以满足人类需求（即供给不足）的问题，在这种大背景下，需求并不构成经济增长的主导性因素。然而，对于海洋经济增长而言，这样的研究路线并不适宜。海洋经济仅是国民经济体系的一个部门，其市场需求并非无限，相反还对海洋经济的增长有着不可忽视的巨大影响。回顾经济发展历程，国民经济的增长进程总是伴随着各个具体经济部门的兴起、衰落以及新旧更迭，其中市场需求的变化是关键原因，而且这种变化可能在中短期时间尺度（10~20年）内就会发生。所以，研究海洋经济增长问题，必须突破传统西方增长理论的技术路线局限，将市场需求因素纳入研究范畴。

（1）海洋经济增长的总体目标实现。基于供求原理，我们可以将海洋经济增长描述为如图2-3所示的过程。

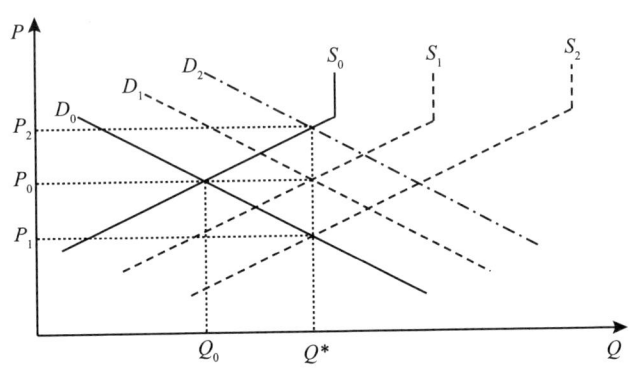

图2-3 海洋经济总产出的决定与海洋经济增长的实现

图 2-3 中，P 表示海洋产品价格，D 为海洋产品需求量的价格曲线，S 为海洋产品供给量的价格曲线。在实际经济中，不论是海洋产品的市场需求量还是海洋产品的市场供给量，都受到多种因素的影响，D 曲线和 S 曲线分别表示在其他影响因素既定的情况下，海洋产品的市场需求量和海洋产品的市场供给量与海洋产品价格之间的函数关系。

在更一般的意义上，D 曲线和 S 曲线分别代表影响海洋经济总产出的两种力量——海洋产品的市场需求和海洋产品的市场供给，海洋经济总产出水平就是由这两种力量的均衡即 D 曲线和 S 曲线的交点所对应的产量水平 Q 决定。例如，在图 2-3 中，D_0 曲线与 S_0 曲线相交，决定了一个海洋经济总产出水平 Q_0（海洋经济总产值 $P_0 * Q_0$）。

海洋经济增长即海洋总产出的增加是由于 D 曲线和 S 曲线的向右移动导致。例如，在图 2-3 中，不论是保持 S_0 曲线不动将 D_0 曲线向右移动到 D_2，还是保持 D_0 曲线不动将 S_0 曲线向右移动到 S_2，抑或是将 D_0 曲线和 S_0 曲线同时向右分别移动到 D_1 和 S_1，都可以将海洋经济总产出水平提高到 Q^*（如果用海洋生产总值衡量，不同移动方式的海洋经济增长水平是不同的）。这就是海洋经济增长的实现机制。

（2）D 曲线的向右移动。当 D 曲线向右移动时，意味着在相同的价格水平下，消费者愿意购买的海洋产品数量有所增加。这种情况主要出现在除价格之外的其他影响海洋产品市场需求的因素发生变动之时。引发这种变化的因素主要包括消费者数量的增多、消费者收入水平的提升、消费者消费倾向的增强、消费者消费偏好的改变以及相关品（互补品和替代品）需求数量的变动等。在这些因素中，由于海洋经济只是国民经济的一个组成部分，其消费者的收入水平、消费倾向、消费偏好以及相关品（互补品和替代品）的需求数量等，更多地受到一个社会国民经济大环境的影响，并非完全由海洋经济系统自身所决定，甚至有些因素在短期内难以发生改变。因此，要推动海洋经济增长，最为重要的是扩大消费者数量。而消费者数量本身也会受多种因素影响，如消费者的认知水平、市场范围的大小、产品的质量与功能（即消费者的效用感知程度）等。因此，我们应当重视海洋产品的宣传推广、国际市场的开拓以及产品创新。

(3) S 曲线的向右移动。S 曲线向右移动意味着在相同价格水平下，生产者愿意提供的海洋产品数量增多。这通常发生在除价格之外的其他影响海洋产品市场供给的因素发生变动之时。引发这种变化的因素主要有生产者数量的增加、生产要素价格的下降以及要素利用效率的提高等。其中，后两者是主要因素。生产要素价格下降特指劳动力、资金、厂房设备和原材料等除技术以外的直接消耗性生产要素的使用价格或购买价格的下降，这些价格主要由生产要素的市场供求关系决定。作为生产要素市场供求关系中的需求一方，若海洋经济总产出增长，那么对生产要素的需求必然随之增长。在这种情况下，若要通过降低生产要素价格来推动海洋经济增长，就只能设法增加生产要素供给，如寻找新的要素储量、发明替代要素以及扩大要素市场来源等。倘若无法增加生产要素供给，那么提高生产要素的利用效率便是降低单位海洋产品生产成本进而推动 S 曲线向右移动的唯一选择。

(4) 海洋经济增长的关键要素。从对海洋经济增长机制的上述分析中可以清楚看出，以下几个因素在海洋经济的增长过程中起着至关重要的作用。

①技术进步。技术是人类为满足自身需求和愿望，在长期利用和改造自然的过程中，依据自然规律积累起来的知识、经验、技巧和手段[①]。它有多种表现形式，产品本身即是技术的体现，此外还包括有形的工具、装备以及无形的诀窍、流程、配方等。技术对经济增长具有两方面的重要作用：一方面，它能够创造出新的产品、产业，或者提升现有产品的功能与质量，进而推动产业的 D 曲线向右移动；另一方面，它可以降低生产成本，促使产业的 S 曲线向右移动。前面探讨了推动海洋产业 D 曲线和 S 曲线向右移动的各种方法和途径，然而这些方法和途径归根结底无非两点：一是通过资源（市场规模和生产要素）数量的扩张来实现移动；二是通过技术进步提升资源利用效率来实现移动。对于特定的海洋产品或产业而言，可利用的资源量存在极限，例如，市场容量会受到人口规模的限制，而生产要素的扩张则会受到自然资源天然储量的制约。因此，只有技术进步才是保持海洋经济长盛

---

① 展露露. 科学技术观视角下不同文本翻译搜索引擎的选择 [J]. 外国语文论丛, 2022 (1): 269-276.

不衰和永续增长的制胜法宝。

②金融支持。金融支持对于海洋经济增长的功能在于为微观海洋经济主体开展生产经营提供资金方面的帮助。现代经济是货币经济，一切商品交换都必须以货币为媒介，微观经济主体开展生产所需的"人""物"等生产要素也必须通过货币在市场上进行交换获取。所以，货币本身并非天然的生产要素，但是在现代经济中，它却是与"人""物""技术"并列的四大基本生产要素之一，更是开展生产经营和实现扩大再生产的先决条件。一个社会的经济要实现增长，就必须进行货币资本的积累。然而，在现代经济中，货币资本的积累早已不再仅仅依赖微观生产者自身利润的再投资，更多的是通过社会积累来实现，即通过发动全社会的储蓄聚集资金，再经由金融机构以借贷资本的形式提供给微观生产者使用，这极大地拓宽了一个社会资本积累的规模边界，推动了经济的增长。海洋经济的生产环境恶劣，对生产装备条件的要求远远高于陆地经济，且这些装备往往所需金额巨大，这使得海洋经济增长对金融系统的支持有着巨大的需求。此外，海洋经济的科技创新以及经营风险的分散等也离不开社会金融的支持。

③陆地经济。海洋经济并非一个孤立的系统，而是在与陆地经济系统的互动中实现增长。从图2-2可以看出，海洋经济系统运行所需的资金、原料、人才和产品需求，相当大的部分是来自陆地经济，陆地经济甚至还可以为海洋经济增长提供技术支持。因此，陆地经济的发展程度是影响一个社会海洋经济增长速度的一个重要因素。在实践中，常常会出现陆地经济发达的地区，海洋经济的增长速度通常也更快的现象。这种一致性正是陆地经济对海洋经济增长支持作用的现实体现。

④港口。港口本身是海洋经济系统的一个产业，但其身份远不止于此，它还是海陆连接的枢纽，在海洋经济增长中有着广泛而深远的间接作用。首先，港口作为水陆交通的重要节点，能够高效地实现货物和人员在海洋与陆地之间的转运，有效降低运输成本。因此，港口往往能够吸引众多相关产业（包括陆地产业和海洋产业）在此聚集，形成临港产业区，如船舶修理、物流仓储、石化产业等。这种产业聚集是一种资源的优化配置，不仅自身能够产生经济效益，还能形成协同效应，同时拓宽海陆两种经济的发展空间。其

次，港口对周边区域经济具有强大的带动作用，它在促进所在城市及周边地区经济繁荣的同时，也增加了对海洋产业的需求，间接推动着海洋经济相关产业的进步。最后，港口还有助于优化海洋资源的配置，如将不同地区的矿石、煤炭等资源集中运输到需要的地方，促进海洋经济产业链各环节的有效衔接，提高经济运行效率。港口的这些作用使其成为推动海洋经济增长的有效抓手和重要平台。

⑤依托城市。城市对海洋经济增长的作用与陆地经济类似，但更为广泛。在历史上，城市是人口聚集和产业聚集的产物，而在现代意义上，城市更像是一个发展平台，这里汇集了多方面的功能，它既是产业中心、人口中心，也是文化中心、教育中心和资源中心。这些功能相互作用、相互成就，使得城市成为现代经济发展的重要依托。海洋经济的发展也需要依托城市，城市可以为海洋经济发展提供全方位的支撑：一是提供要素和服务支撑。海洋经济发展所需的各种基础设施都需要依托城市提供，包括交通网络、能源系统、通信设施等，海洋经济发展所需要的劳动力、金融等要素和服务也只有在城市中才能得到更好的满足。二是提供产业支撑。现代城市是陆地产业的聚集地，在城市中，海洋产业与陆地产业的互动可以更好地进行。三是提供人才和科技支撑。一般只有在依托城市中，海洋经济才能够找到所需的各类创新人才和科研机构，从而更高效地开展技术创新。四是提供市场和消费支撑。城市是巨大的消费市场，能够消化大量的海洋产品，如城市中的海鲜市场、海洋工艺品市场等消费需求旺盛，直接刺激海洋渔业、海洋文化产业等的发展，并且城市作为贸易中心，可以为海洋经济产品提供广阔的交易平台，拓展海洋产品的销售渠道，促进海洋经济各产业的平衡发展。总的来说，城市基础设施越完善，海洋经济的增长就越快。

⑥国际环境。所谓国际环境，指的是其他国家或地区，它是海洋产业发展新的要素来源、新的产品销售市场等，可谓一个个的"国内"×2。当一个社会打破国界的局限，将海洋经济的发展领域拓展到国际时，无论是其 D 曲线还是 S 曲线都会大幅度向右移动。因此，在开放经济条件下，国际环境是支撑一个社会海洋经济增长极为重要的因素。

（六）海洋经济增长的特征

要推动海洋经济增长，除了从总体上把握海洋经济增长的实现机制外，还需要了解海洋经济增长的以下特点。

1. 对自然资源条件的依赖性强

海洋资源是海洋经济发展的基础。例如，海洋渔业依赖海洋生物资源；海洋油气业依靠海底的油气资源；海洋盐业则基于海水的盐分资源等。与陆地经济中某些资源的普遍性相比，海洋资源具有独特性和专属性，其开发利用能形成独特的产业体系和经济增长点。地区海洋资源条件的优劣直接影响海洋经济的增长，地区海洋资源种类多，可以布局的海洋产业门类就多，海洋经济增长就越快；地区海洋资源品质好、开发利用难度低，海洋生产的效益就好，海洋经济增长也就越快。

2. 对技术进步的要求高

虽然海洋资源丰富，但大多处于深海或复杂的海洋环境中，资源的勘探、开采和利用面临着巨大的技术挑战。例如，深海油气的开发需要先进的钻井技术、深海装备以及应对高压、低温等恶劣环境的技术能力；海洋工程建设需要先进的海洋工程技术和装备；海洋资源的勘探和开发需要高精度的探测技术和高效的开采技术；海洋环境保护需要科学的监测技术和治理技术等。这使得海洋资源的开发利用门槛较高。在当今全球海洋经济发展中，技术进步已经成为第一要素。发达国家凭借资本和技术优势，不断提高海洋经济的技术含量，向技术和资本密集型产业转型，海洋经济的竞争越来越成为海洋科技及成果转化的竞争。

3. 对陆地经济的依赖性强

经济增长很大程度上来源于基于产业链联系的乘数效应和加速数效应，而海洋经济各部门的产业联系多存在于与陆地经济相关部门之间而不是海洋经济内部各部门之间。这导致海洋经济增长更多的是来自于陆地经济的互动。有的海洋产业为陆地产业提供原料，处于海陆产业链的上游，有的海洋产业需要陆地产业提供装备和原料支持，处于海陆产业链的下游。陆地经济通过推力和拉力等多种形式深刻影响着海洋经济增长。

4. *海洋产业结构的演变规律不完全等同于陆地经济*

一是产业结构演进速度不同。陆地环境相对更适合人类生存和发展，在发展初期就有农业、畜牧业等多种产业形式，随着人类社会的发展，逐渐出现了手工业、工业等产业，产业结构不断丰富和多样化。总体而言，陆地产业结构的演进速度相对较为稳定。而海洋开发难度大、技术要求高、风险大且成本高，在发展初期的较长一段时间里都是以海洋渔业、海盐业等技术含量相对较低的传统型、资源依赖型产业为主，产业结构的演变相对缓慢。二是产业结构的演进逻辑不同。陆地产业的生态属性强，产业内部联系紧密，产业结构的演变除受到技术进步、市场需求、资源禀赋等因素影响外，也受产业内部联系的强烈影响，从而使绝大多数国家或地区的陆地产业都表现出依次以第一、第二、第三产业为主导的结构演变规律，相对较难跨越。但是，海洋经济内部产业联系相对较弱，技术、资本等因素对海洋产业发展起着更为主要的作用，因此海洋产业结构的演变并不完全遵循第一、第二、第三产业依次递进的规律，不同国家和地区的海洋产业结构也可能表现出不同的演进特征。

5. *与生态环境的联系更加紧密*

海洋生态系统较为脆弱，抗人类经济开发干扰的能力和恢复能力都要相对弱于陆地生态系统。所有海洋产业的发展都离不开海水，人类海洋开发对海洋生态系统的影响更加直接和普遍，这使得环境保护问题在海洋经济发展中变得更加突出和重要。海洋经济开发必须高度重视对海洋生态系统的保护，避免不合理的开发行为对海洋生态造成破坏，进而影响海洋经济的可持续发展。目前，全球范围内，包括联合国、OECD等国际组织大力倡导蓝色经济、海洋经济绿色发展，推动海洋经济增长与海洋生态环境保护相协调。

6. *高风险与高回报并存*

海洋经济的发展面临着多种风险，包括海洋自然灾害（如台风、海啸、风暴潮等）、海上事故（如船舶碰撞、海上石油泄漏等）、技术风险（如海洋工程技术失败、海洋资源勘探开发的不确定性等）以及国际政治经济形势变化带来的风险等。这些风险可能会给海洋经济带来巨大的损失。但同时，成功的海洋经济项目往往能带来较高的回报。例如，海洋油气资源的开发、大型海洋工程的建设等，一旦取得成功，其经济效益非常可观。而且，随着海洋技术的不断进步和海洋产业的不断发展，海洋经济的回报潜力还在不断提升。

7. 空间开放性与国际性

海洋是一个连续的、开放的空间，海洋经济的发展不受陆地国界的限制，具有较强的空间开放性。海洋运输、海洋资源的开发等活动往往需要在国际海域或跨国界的海域进行，这为海洋经济的全球化发展提供了条件。此外，海洋经济与国际贸易紧密相连，许多海洋产业的产品和服务都需要通过国际贸易来实现价值。例如，海洋渔业的水产品出口、海洋油气的国际合作开发等，都使得海洋经济对国际市场的依存度较高。因此，海洋经济的增长受到国际经济形势、贸易政策等因素的影响较大，具有较强的国际性和外部性。

二、海洋经济可持续发展

（一）海洋经济可持续发展的内涵

1. 从经济增长到经济可持续发展

人类置身于这个世界之中，拥有着两种渐次递进的需求。其一为最基础的生存需求，此需求需借助人类开展经济活动（即社会生产）来予以满足；其二是追求发展，体现为人类的需求向更高质量的物质满足和精神领域拓展。在温饱尚无法得到保障的时期，人类的需求主要聚焦于生存需求，追求经济增长成为这一阶段人类经济活动的首要目标。随着生产力水平的逐步提升以及社会的不断进步，人类的发展需求愈发强烈，人们逐渐深刻地认识到，开展经济活动不应仅仅局限于追求数量的增长，还应涵盖质量的提升，由此便产生了经济发展这一概念。从概念产生与发展的历史逻辑来看，经济发展概念是对经济增长概念的一次重大跃升，它既包含经济增长的内容，又不局限于经济增长。

然而，早期的人类经济活动（不论是以经济增长为目标，还是以经济发展为目标），都始终未能妥善处理一个关键关系，即人与自然的关系。由于人们的意识水平以及技术水平等方面的限制，早期人类的社会经济活动主要依赖于资本积累、自然资源和劳动力的大量投入，发展模式较为粗放。这种经济发展模式在近代引发了极为严重的生态环境问题，包括环境污染、生态破坏以及资源枯竭等。在这种情况下，一些有识之士敏锐地意识到，如果不改变这种经济发展模式将给人类自身带来毁灭性的灾难，于是，一个新的概念随之产生，即可持续发展。1987年，世界环境与发展委员会主席、挪威首相布伦特兰夫人向联合国提交了一份题为《我们共同的未来》的报告[1]，该报告对人类在经济发展与环境保护方面所存在的问题进行了全面而系统的评估，并着重强调：我们需要开辟一条全新的发展道路，……，一条能够一直延续至遥远的未来，始终都能支持全人类进步的道路，即可持续发展道路。自此之后，"可持续发展"便成了被广泛使用的概念。

起初，"可持续发展"仅仅是一个经济学概念（"可持续发展"即"经济可持续发展"），其内涵较为狭窄，主要聚焦于如何妥善处理人类经济活动与环境保护之间的关系。随后，随着对可持续发展的认识不断深入以及要求不断提升，"可持续发展"逐渐跳出经济学范畴，演变成为一个涵盖经济、社会、生态等多个领域的综合性概念，其内涵包含"经济可持续发展""社会可持续发展""自然可持续发展"三个维度。在经济领域，"可持续发展"的位置已经被"经济可持续发展"概念所取代。与此同时，"经济可持续发展"概念的内涵也得以拓展，它不再仅仅局限于强调生态环境保护问题，而是吸纳了经济增长、经济发展等传统经济概念的内涵，成为它们的上位概念，并且在许多场合中取代了"经济发展"概念的使用，以更充分地体现对经济发展活动的更高要求。

图2-4概括了经济增长、经济发展以及经济可持续发展等概念的历史联系和内涵关系。当前西方主流经济理论仍然以经济增长为主要研究对象，但是关于经济可持续发展的研究也一直在不断推进，并且可持续发展作为一

---

[1] 杜涛. 新疆耕地集约利用问题研究 [D]. 新疆农业大学, 2010.

种深邃思想和正确理念，已经成为当今社会的主流价值观，对现实经济行为产生着强有力的规范作用。

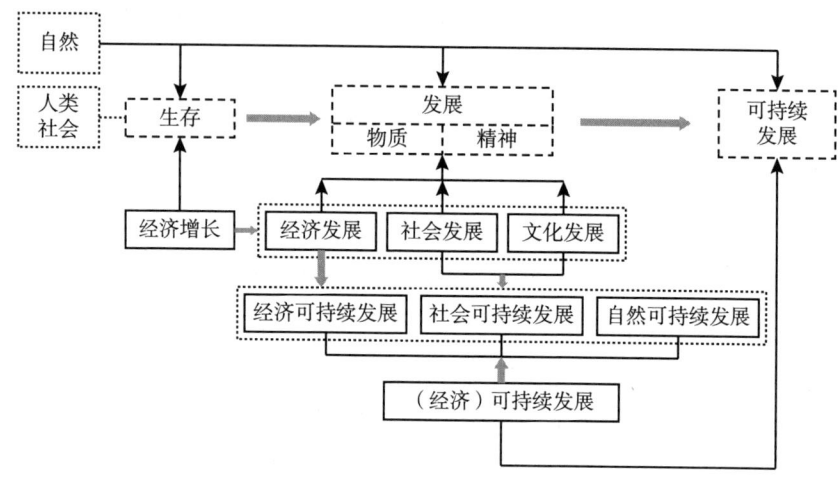

图 2-4 经济发展相关概念关系图谱

2. 海洋经济可持续发展概念的内涵

海洋经济可持续发展是可持续发展和经济可持续发展概念向海洋经济领域的自然延伸，在内涵上与可持续发展概念一脉相承。具体而言，海洋经济可持续发展就是指要在确保海洋资源永续利用和海洋生态系统健康前提下，实现海洋经济永续发展。

当前，海洋经济发展中也存在着诸多突出的资源和环境问题，包括资源过度开发、环境污染等。而这些问题在很大程度上是由于海洋经济发展的经济结构不合理、技术水平不高、发展模式粗放等造成的。因此，与陆地经济一样，海洋经济也面临着加快转变发展模式、提质增效的发展任务，必须牢固树立"绿水青山就是金山银山"的发展理念，主要依靠科技进步和制度创新推动海洋经济增长，走内涵式海洋经济发展道路。

(一) 海洋经济可持续发展的主要内容

基于概念内涵和时代需求，海洋经济可持续发展主要包括以下内容。

1. 提高海洋自然资源利用的集约程度

海洋自然资源类型不同,衡量海洋自然资源利用集约程度的方式也不尽相同。一般而言,对于可再生的海洋自然资源,提高资源利用集约程度的重点在于保证对资源的开发利用强度保持在资源的再生能力范围内;对于不可再生的海洋自然资源,重点在于提高资源的利用效率,即单位资源的产出水平;对于其中部分虽然不可再生但是可循环利用的资源,如海水资源等,还应注重对这些资源的循环利用。

2. 保障海洋生态系统健康

海洋生态系统是全球最重要的生态系统,影响着全球生态系统的稳定与安全,因此必须以不超过海洋生态环境承载力作为安排海洋开发利用强度的前提,并坚持做好污染控制、开发方式控制和海洋生态保护与修复,全力保证海洋生态系统健康稳定。海洋生态系统是全球生态压力最集中的区域之一,系统自身又较为脆弱,抗干扰能力和恢复能力较差,这给海洋生态环境保护和海洋经济可持续发展都带来了很大挑战。

3. 转变海洋经济增长方式

所谓转变海洋经济增长方式,就是指由原来主要依靠生产要素的大量投入推动海洋经济增长的方式转变为主要依靠科技进步、劳动者素质提高和管理创新驱动海洋经济增长的方式。例如,在海洋渔业方面,采用先进的养殖技术,精准控制养殖环境,提高单位面积产量和产品质量;在海洋能源领域,大力发展海上风电等清洁能源技术,提高能源利用效率;在海洋交通运输业,运用智能管理系统优化航线、港口装卸流程,提升运营效率等。这不仅能提高经济效益,还能兼顾海洋生态保护。

4. 优化海洋经济结构

优化海洋经济结构就是对海洋经济的各个组成部分进行合理调整和升级,包括实施传统海洋产业改造,如推动海洋渔业从单纯的捕捞和粗放养殖向生态化、智能化养殖转变,大力发展科技含量高、附加值高的海洋新兴产业,如海洋新能源、海洋高端装备制造、海洋生物医药等,以及拓展海洋金融、保险、信息咨询等海洋服务业等。在可持续发展条件下,只有不断优化海洋经济结构,才能创造出新的市场需求,提升海洋产业发展的整体素质,从而为海洋经济发展注入持久动力。

5. 兼顾社会公平

海洋经济可持续发展必须兼顾社会公平,包括资源获取机会公平、发展利益分配公平、就业与参与公平等。如果在资源分配和发展利益分配上缺乏公平性,会导致部分群体过度受益,而部分群体被边缘化甚至存在生存危机,进而引发社会矛盾。如果海洋开发无法保障公平的就业机会与参与权,则可能会降低整个社会对海洋经济发展的认同感和支持度,并使一些有能力、有技术的人才被排除在外,限制海洋产业的创新能力和发展潜力。

(三) 实现海洋经济可持续发展的关键任务

1. 强化科学管理与政策支持

海洋经济可持续发展的基础在于科学管理与政策体系的构建。这需要健全的法律框架来规范资源开发、生态保护与污染防治,如通过海洋空间规划和渔业配额制度确保开发活动有法可依。同时需要建立跨部门、跨地区的统筹协调机制来平衡渔业、航运、旅游、能源等产业的竞争需求,避免资源过度消耗。政策层面需结合经济激励与约束手段,如通过税收优惠和补贴推动绿色技术研发,对污染行为征税或罚款等,引导利益相关方走向可持续路径。

2. 推动技术创新与绿色转型

技术创新是驱动海洋经济绿色转型的核心动力。发展海上风电、潮汐能等清洁能源技术可减少对化石燃料的依赖,而循环水养殖、低碳航运和海洋生物医药等生态友好型产业则能提升资源利用效率并降低环境负荷。此外,针对海洋塑料污染、油污泄漏和废水排放等问题,亟须研发高效回收与治理技术,如智能垃圾清理系统和生物降解材料应用,以缓解经济活动对海洋生态的破坏。

3. 实施资源保护与生态修复

实现可持续发展的关键在于资源保护与生态系统的主动修复。通过设定捕捞限额、禁渔期和推广生态养殖,维持鱼类种群稳定与海洋食物链健康;划定海洋保护区能限制开发活动,保护珊瑚礁、红树林等关键生态屏障。同时,人工鱼礁投放、海草床修复和海岸带湿地恢复等工程可增强生态韧性,逐步逆转因过度开发导致的退化趋势。

4. 提升气候变化应对能力

应对气候变化对海洋的威胁要采取双向策略:一方面需减少航运、沿海工业等领域的碳排放,以缓解海洋酸化和海平面上升;另一方面需加强适应性措施,如通过红树林修复、防波堤建设等提升海岸带防护能力,构建"减缓-适应"协同框架。

5. 深化国际合作与全球治理

海洋问题的跨国性要求强化国际合作。基于《联合国海洋法公约》等国际协议协调公海资源管理,打击非法捕捞与跨境污染;发达国家需向发展中国家转让环保技术,国际组织应提供资金支持以缩小治理差距;构建全球海洋观测网络和数据共享平台,可提升对气候变化、塑料污染等全球性挑战的协同应对能力。

6. 促进公众参与与社会意识

公众参与是可持续发展的社会基础。通过教育和宣传提升公众对海洋保护的认知,倡导减少塑料使用、支持可持续海产品消费;推动沿海社区参与资源共治(如社区渔业合作社),保障传统渔民权益;鼓励企业履行环境责任,公开环保绩效并采用绿色生产方式,形成政府—企业—公众三方合力。

7. 加速经济结构优化

优化海洋经济结构需推动产业多元化与低碳化转型,减少对石油、渔业等单一资源的依赖,发展海洋旅游、文化创意、生物医药等高附加值且低环境负荷的产业。通过蓝色债券、绿色金融工具引导资本投向可持续项目,如可再生能源基础设施和生态修复工程,构建经济与生态良性循环。

8. 完善监测与评估体系

动态监测与科学评估是可持续发展的保障。利用卫星遥感、无人机和智能浮标等技术实时追踪海洋环境变化和资源利用状况;同时建立生物多样性阈值、污染承载量等生态红线指标，通过预警机制及时调整开发策略，确保经济活动始终处于生态系统的承载范围之内。

第二节　海洋自然资源配置理论

海洋自然资源配置是指对海洋中的各种自然资源在不同用途、不同使用者和不同时间上进行分配的过程，其目标是在兼顾社会公平与可持续发展原则下，最大化海洋自然资源的利用效率。海洋自然资源配置与海洋经济增长密切相关。海洋自然资源配置状态的优化有时能够促进海洋经济增长，但是有时也可能相反。我们追求的是海洋自然资源最优配置条件下的经济增长，因此，海洋自然资源的优化配置是海洋经济增长的基础和前提。本节将讨论实现海洋自然资源最优配置的相关理论问题。

一、海洋自然资源配置的一般经济学原理

市场经济条件下，海洋自然资源的配置需要遵循经济学的以下一般原理。

（一）资源配置的基本约束

1. 资源稀缺性原理

与人类无限的需求相比，自然资源在数量和质量上总是有限的，所以，在经济学上，自然资源具有稀缺性。海洋自然资源属于自然资源，因此它同样具有稀缺性。稀缺性是海洋自然资源最优配置问题产生的自然基础，如果海洋自然资源不具有稀缺性，也就不存在海洋自然资源的最优配置问题。但是海洋自然资源类型不同，其稀缺性的具体表现形式会有所不同：不可再生的海洋自然资源具有绝对稀缺性，因为它在自然界中的总量是固定的，随着经济的发展和人类的开采利用，其储量会逐渐减少，最终枯竭；而其他类型的海洋自然资源具有相对稀缺性，它们一般可以再生，但是其保持再生能力需要满足一定的条件，并且其再生速度一般慢于人类需求的增长。这种表现形式上的差异导致对不同类型的海洋自然资源有不同的配置方式和要求。

2. 机会成本原理

当把某一海洋自然资源用于一种特定用途时,就放弃了将其用于其他用途可能带来的收益。比如,将一片海域划作海洋保护区用于生态保护,就放弃了在这片海域进行大规模渔业捕捞或石油开采所带来的经济收益。因此,在海洋自然资源配置过程中,需要权衡不同用途的机会成本,选择能够产生最大整体效益的配置方式。

(二) 资源配置的决策工具

1. 成本—效益原理

在海洋自然资源配置中,成本—效益分析是用于衡量资源配置方案合理性的核心原理。海洋自然资源的稀缺性引发了选择问题。例如,一个海洋生产者需要考虑是将一片海域用于海水养殖还是滨海旅游开发,而作出这种决策,主要依据是经济学中的成本—效益原理。所谓成本—效益原理,简单来说就是在海洋自然资源开发决策中,海洋生产者会比较海洋自然资源开发成本(即为了获取某种数量的海洋自然资源而付出的代价,包括金钱、时间、精力等)和海洋自然资源开发效益(即开发一定数量海洋自然资源所获得的收益)。只有海洋自然资源开发效益大于开发成本,作出开发决策在经济上才是合理的。

2. 现值原理

现值原理是经济学中用于衡量未来货币价值在当前时点等价价值的重要原理,其核心思想是认为处于不同时间上的同等数量的货币在价值量上是不相等的,更具体地说就是,数量相等情况下,现在的货币比未来的货币更有价值。因此,要将当前一定数量的货币与未来时间某一数量的货币进行价值比较或总量相加时,必须将未来时间的货币按照一定的折现率折算到当前价值,其计算公式为 $PV=\dfrac{FV}{(1+r)^n}$,式中,PV 为货币当前价值,FV 为货币未来价值,r 为折现率,n 是未来货币距离当前的时间期数。该原理主要应用于海洋经济开发成本或效益以现金流形式出现时的成本和效益核算。

3. 利润最大化原理

利润是指海洋生产者开发海洋自然资源的效益与成本的差额，实现利润最大化是海洋生产者开发海洋自然资源的生产目标。根据经济学一般原理，海洋生产者实现利润最大化的条件是其开发海洋自然资源的边际收益＝边际成本。边际收益是海洋生产者每增加一单位资源开发所增加的收益，边际成本是其每增加一单位资源开发所增加的成本。当边际收益大于边际成本时，海洋生产者每多生产一单位资源产品所增加的收益大于为此增加的成本，从而是有利可图的，他会增加产量；当边际收益小于边际成本时，海洋生产者每多生产一单位资源产品所增加的收益小于为此增加的成本，进而会产生亏损，他会减少产量；当边际收益等于边际成本时，海洋生产者的总利润才能达到极大值，此时他不会再调整产量。

(三) 资源配置的市场机制

市场机制能够在海洋自然资源有效配置中发挥重要作用，它主要基于供求原理，通过价格机制和竞争机制这两个核心机制提高海洋自然资源的配置效率。

1. 供求调节机制

在海洋自然资源配置中，自然条件和技术因素决定海洋自然资源的供给，社会经济的发展驱动对海洋自然资源的需求，海洋自然资源供求关系的变化会导致海洋自然资源价格的波动，当资源供大于求时，价格下降；供小于求时，价格上升。

2. 价格机制

价格是市场机制配置海洋自然资源的核心信号。当某种资源价格上涨时，表明市场对该资源的需求旺盛或者供给减少。这会激励资源开发者加大对这种资源的开发力度。价格的变化还会影响海洋自然资源开发的时间和规模。较高的价格可能会使开发者提前开发一些原本计划后期开发的资源，或者加入开发规模。但同时，价格上涨也可能会促使企业更加注重资源的可持续利用，因为他们意识到如果过度开发导致资源枯竭，未来的利润将会受到影响。例如，在海洋能源开发中，当石油价格较高时，企业可能会权衡是加大海上石油开采力度，还是加快对可再生海洋能源的开发利用。

3. 竞争机制

海洋自然资源开发者为了在海洋自然资源开发中获取更多利润，会不断竞争技术和效率优势。这种竞争不仅有利于企业自身的发展，也有助于优化整个海洋自然资源的开发配置，使得资源能够被更有效地利用。

(四) 资源配置的理想标准

帕累托最优是经济学中衡量经济效率最优的标准。在这种状态下，不可能通过重新组织生产和分配来使一个人或多个人的福利增加，同时又不使其他人的福利减少。海洋自然资源配置的经济效率也是主要以帕累托最优来衡量。从消费角度看，当将某种海洋自然资源产出的产品分配给不同消费者时，如果不能在不损害任何一个消费者利益的情况下增加其他消费者对该海洋产品的消费，这时该资源在消费端的配置就是帕累托最优的；从生产角度看，当将某种海洋自然资源在不同的用途、企业或行业间进行分配时，如果不能在不损害任何一个用途、企业或行业利益的情况下增加总产出，这时该资源在生产端的配置就是帕累托最优的。海洋自然资源配置要达到帕累托最优，需要同时实现生产端和消费端的帕累托最优。

二、海洋自然资源的配置机制

海洋自然资源的资源特性及海洋自然资源配置要实现的现实目标决定了海洋自然资源配置必须实行市场机制与政府调控相结合的方式。

(一) 市场机制在海洋自然资源配置中的局限性

虽然市场机制能够在海洋自然资源有效配置中发挥关键作用，但是也有其局限性。

一是难以有效解决外部性问题。在海洋自然资源开发过程中，往往会产生生态环境被破坏的外部性问题。例如，海洋石油开采可能会导致石油泄漏，污染海洋环境，损害海洋生物多样性。这些环境成本通常没有被纳入企业的生产成本核算中。此外,海洋中的部分资源属于公共资源。在市场机制下,资源开发者为了追求个人利益最大化,会不断增加资源开发规模。由于缺乏有效的监管,"公地悲剧"就容易发生。

二是存在市场失灵问题。首先,在海洋自然资源开发中,信息不对称现象较为严重。例如,在海洋矿产资源勘探方面,企业可能对资源储量、开采难度等信息掌握得比监管部门和其他利益相关者更准确。这就可能导致企业在开发权竞拍等市场活动中,利用信息优势获取资源开发权,然后进行过度开发或者不合理开发。在海洋生态系统服务价值评估方面,由于缺乏足够的信息,其真实价值往往被市场低估,导致对海洋生态系统保护的投入不足。其次,海洋自然资源开发的某些领域可能会出现垄断现象。比如,少数大型石油公司可能垄断了海洋油气资源的开发权。这些垄断企业为了追求利润最大化,可能会限制产量、提高价格,同时也会阻碍新技术的推广和资源的有效配置。它们更倾向于维护自己的垄断地位,而不是积极开发海洋自然资源以满足社会需求。

三是存在短视和忽视非经济价值现象。首先,市场机制下的企业往往更注重短期的经济利益,这导致实现海洋自然资源在时间上的有效配置远比实现其在企业、部门和地区间的有效配置更困难。例如,在海洋渔业中,一些渔民可能为了获取当下的高收入,采用过度捕捞的方式,而不考虑渔业资源的长期可持续性。在海洋矿产资源开发中,企业可能会优先开采那些易于获取和加工的高品位矿石,而忽视了对低品位矿石开发技术的研究,导致资源浪费和未来资源供应的不稳定。其次,海洋自然资源具有丰富的非经济价值,如海洋生态系统的美学价值、文化价值、科学研究价值和调节气候、净化海水等生态服务价值等。市场机制主要关注经济价值,对这些非经济价值往往缺乏足够的考量。

四是价格调节存在滞后性。当发现海洋自然资源过度开发时,价格调节可能已经无法及时有效地调整开发行为。例如,当渔业资源出现枯竭迹象时,海鲜价格可能会因为供应短缺而上涨,但此时再调整捕捞行为可能已经来不及挽救渔业资源的衰退。

市场机制失效的实质是海洋自然资源开发的边际私人成本和边际私人收

益与边际社会成本和边际社会收益的错位。在海洋生产中,判定一个社会海洋自然资源配置最优的标准是海洋生产者的生产行为产生的边际社会成本等于其边际社会效益(产品的市场价格)。但是,由于微观的海洋生产者个体是以追求利润最大化为目标,他主要依据其生产行为的边际私人成本等于边际私人收益原则作出海洋自然资源配置决策,所以在很多情况下,海洋生产者的个人最优并不一定意味着社会整体最优。在海洋自然资源配置问题上,我们必须以社会整体最优为标准进行。

(二)政府调控在海洋自然资源配置中的作用

市场机制的局限性要求海洋自然资源的配置必须以市场机制为主导、政府调控为补充。政府可以通过以下方式弥补市场机制的不足。

一是加强规划引导。例如,制订科学合理的海洋空间规划,明确各海域的主导功能,避免市场无序开发导致的资源利用混乱;根据海洋资源的可持续利用原则和社会经济发展的长期需求,对海洋产业布局进行统筹规划,引导市场主体在适宜的区域开展相应的海洋经济活动。

二是强化制度约束。例如,建立严格的资源开发准入制度,对开发主体的资质、技术能力和环保措施等进行审核,防止不具备资质的企业进入市场,造成资源浪费和环境破坏;实行资源配额管理制度,包括海洋渔业捕捞配额、海洋油气资源开采配额等,避免过度开发。同时,通过税收和补贴等经济政策和手段,调节海洋自然资源利用的市场行为。

三是加强监测和监管。要建立完善的海洋自然资源和生态环境监测体系,及时掌握海洋自然资源开发利用情况和海洋环境变化情况。同时,要加大执法力度,严厉打击非法开发、破坏海洋自然资源和海洋环境的行为。

四是开展公共投资和公共服务。政府要加大对港口航道、海洋科研设施等海洋基础设施建设的投资力度,为海洋经济的健康发展提供基础条件,吸引市场主体更好地利用海洋资源。此外,要积极提供各类公共服务,如海洋气象预报、海洋灾害预警等,降低市场主体开发海洋资源的风险,提高资源配置的效率。

三、可再生海洋自然资源配置——以海洋渔业资源为例

可再生海洋自然资源主要包括海洋渔业资源（海洋生物资源）和海洋能源资源等资源类型。其中，就现实稀缺性而言，海洋渔业资源最为突出和典型。因此，本小节主要讨论海洋渔业资源的配置。

（一）海洋渔业资源配置的内涵

海洋渔业资源配置涉及开发主体间、行业间、区域间和时间间等多个维度的分配。其中，前三个维度的内容在一般的西方经济学原理中已有较深入阐述，这里主要关注时间维度海洋渔业资源的配置。

（二）海洋渔业资源配置模型

1. 逻辑斯蒂曲线

逻辑斯蒂曲线（见图2-5），也称Logistic曲线、种群增长曲线，是一个生物学上被广泛采用的用于描述（某种）生物种群数量变化规律的一般模型，它是构建海洋渔业资源配置模型的生物学基础。

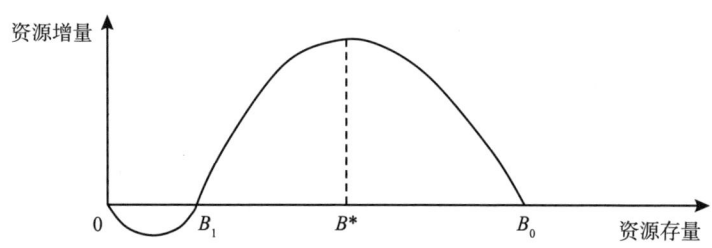

图 2-5　海洋渔业资源量变化的生物学规律（逻辑斯蒂曲线）

从海洋渔业资源角度解释，图2-5表达的内容是：

（1）海洋渔业资源的增量决定于海洋渔业资源的存量。每一海洋渔业资源存量水平都对应着一个海洋渔业资源增量水平，海洋渔业资源存量水平不同，由其产生的海洋渔业资源增量水平也不同。

（2）海洋渔业资源增量因海洋渔业资源存量变动总体呈现先增大后减

小的态势。在 B^* 点以左,海洋渔业资源增量会随海洋渔业资源存量增加而增大;海洋渔业资源存量高过 B^* 点以后,海洋渔业资源增量反而随渔业资源存量水平升高而降低,海洋渔业资源存量为 B^* 时,海洋渔业资源增量最大。

(3) B_0 点是在完全没有人为干扰的自然状态下,海洋渔业资源能够达到的最大资源量水平。由于受环境中的食物、空间等很多资源条件的限制(称为负载容量),海洋渔业资源量存在自然极限。

基于海洋渔业资源存量与增量的上述关系,我们可以得知,自然界中的海洋渔业资源量是动态变化的,并且其变化趋势取决于海洋渔业资源的初始存量(现状存量):如果海洋渔业资源初始存量位于 B_1 点,那么海洋渔业资源量就会在这一水平一直维持下去;如果位于 B_1 点以右,那么海洋渔业资源量就会不断增长,直至达到 B_0 水平;如果位于 B 点以左,那么海洋渔业资源量将不断减少,直至种群灭绝。

2. 海洋捕捞的长期生产函数

基于海洋渔业资源的生物学特征,海洋捕捞生产遵循这样一条规律:假定初始海洋渔业资源存量为 B_0,那么在任意捕捞强度下(不超过极限值 f_0),长期内都存在一对均衡的海洋捕捞产量和海洋渔业资源存量水平。我们可以通过图 2-6 对此进行分析。

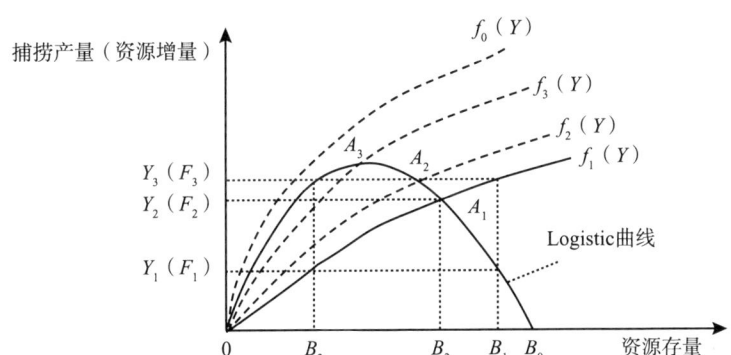

图 2-6 海洋捕捞和海洋渔业资源均衡分析

图 2-6 中有两种曲线，其中倒"U"形的为前文提及的逻辑斯蒂曲线，另外一种是努力产量曲线 $f(Y)$，它表示当捕捞强度（以捕捞努力量 f 衡量）固定为某一水平时，海洋捕捞产量与海洋渔业资源存量间的关系。在 f 一定的情况下，海洋渔业资源存量越大，海洋捕捞产量也越大，所以努力使产量曲线 $f(Y)$ 向右上方倾斜。

图中的 $f_1(Y)$ 曲线是捕捞努力量为 f_1 时的努力产量曲线，它与逻辑斯蒂曲线有一个交点 A_1，该点对应着一个海洋渔业资源存量水平 B_2 和一个捕捞产量水平 Y_2。在长期内捕捞努力量为 f_1 时，海洋渔业资源存量和海洋捕捞产量将会在 A_1 点实现均衡，因为如果此时海洋捕捞面临的实际海洋渔业资源存量不为 B_2（比如为 B_3 或 B_1），实现的捕捞产量就会不等于海洋渔业资源增量，从而海洋渔业资源存量会变化（增加或减少），直至变化到海洋渔业资源存量为 B_2、海洋渔业资源增量与捕捞产量达到相等时。因此，A_1 点是海洋捕捞产量和海洋渔业资源存量在长期内的必然趋势。

A_1 点与捕捞努力量 f_1 的对应关系是唯一的，并且我们可以将这样的对应关系类推到所有其他的捕捞努力量水平，从而得出前述结论。将捕捞努力量与均衡资源存量及均衡捕捞产量之间的对应关系绘制成图，就得到如图 2-7 所示的海洋渔业资源均衡曲线和如图 2-8 所示的海洋捕捞均衡产量曲线。

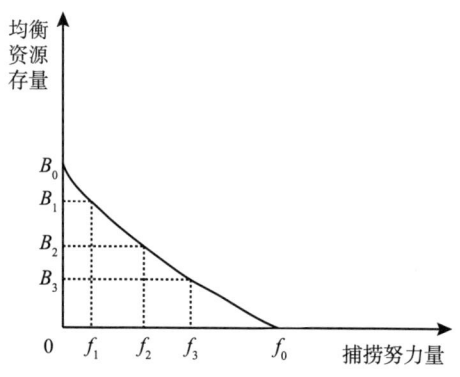

图 2-7　海洋渔业资源均衡曲线

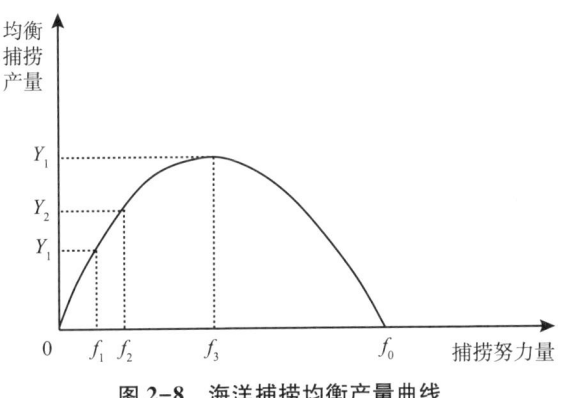

图 2-8　海洋捕捞均衡产量曲线

由于图 2-8 的均衡产量曲线反映了海洋捕捞产量与捕捞努力量之间的长期关系，该曲线也被视为海洋捕捞的长期生产函数。

3. 海洋捕捞的总收入曲线和总成本曲线

基于海洋捕捞的长期生产函数，我们可以得出海洋捕捞的总收益曲线和总成本曲线。海洋捕捞总收益是海洋水产品价格 P 与海洋捕捞产量 Q 的函数，满足函数式 $TR=f(P, Q)=P\times Q$，那么，如果假定 P 为常量，海洋捕捞总收益将只取决于海洋捕捞产量，海洋捕捞总收益曲线将呈现与图 2-8 中的海洋捕捞均衡产量曲线同样的形状。在海洋捕捞总成本曲线方面，如果我们假定 c 为单位捕捞努力量的成本且为常量，那么海洋捕捞总成本函数将可以表达为 $TC=cf$，海洋捕捞总成本曲线将呈现为一条从原点出发、以 c 为斜率向右上方倾斜的直线。图 2-9 中的 TR 和 TC 曲线是海洋捕捞总收益曲线和总成本曲线的几何表达。

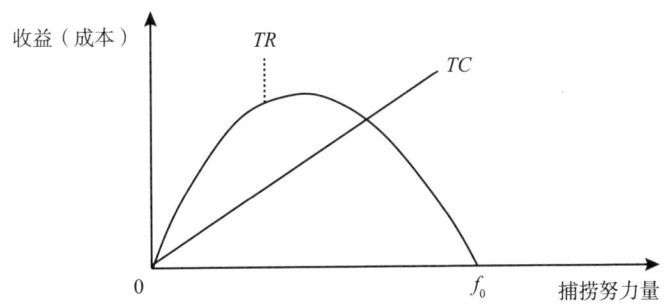

图 2-9　海洋捕捞总收益曲线和总成本曲线

4. 自由准入条件下的海洋捕捞均衡

（1）海洋渔业资源的公共资源属性。现实生活中的大多数物品都是私人物品，既具有利用上的排他性，也具有利用上的竞争性。但是也存在着许多不满足排他性和竞争性特点的物品。西方经济学通常依据是否具有利用上的排他性和竞争性，将物品分为私人物品、公共物品、公共资源和俱乐部物品四类①，如表2-1所示。

表 2-1　　　　　　　　　　　物品的性质和分类

项目		竞争性	
		有	无
排他性	有	私人物品	俱乐部物品
	无	公共资源	公共物品

一种物品，如果具有利用上的竞争性，但是不具有利用上的排他性，那么它就属于"公共资源"。根据这一标准，海洋渔业资源属于典型的公共资源物品。海洋面积广阔，特别是公海区域，一个渔民很难设置障碍阻止其他渔民捕鱼（不具有排他性），与此同时，一条被捕捞的鱼又仅能为一个渔民所占有（具有竞争性）。海洋渔业资源的这种公共资源属性导致入渔渔民必然出于个体利益最大化考虑对海洋渔业资源进行竞争性捕捞。

（2）自由准入条件下的海洋捕捞均衡分析。我们可以在图2-9的基础上加入海洋捕捞的边际收益曲线、平均收益曲线、边际成本曲线和平均成本曲线等，对自由准入条件下的海洋捕捞进行均衡分析（见图2-10）。

---

① 陆维研. 中国湿地生态效益补偿制度研究 [D]. 西北农林科技大学，2007.

第二章　海洋经济基本理论

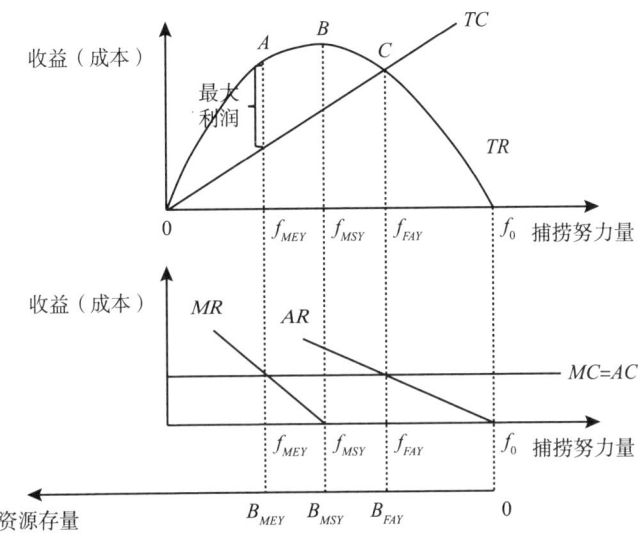

图 2-10　海洋捕捞的最大经济产量、最大可持续产量和自由准入产量

所谓自由准入是指对进入海洋从事海洋捕捞活动不施加任何限制。

假定初始海洋渔业资源存量为最大自然资源量 B_0。通过分析图 2-10，我们可以得知：在自由准入条件下，A 点及其对应捕捞努力量 f_{MEY} 是最有经济效率的海洋捕捞水平，因为在该点上，捕捞生产的边际收益等于边际成本，捕捞利润最大。但是实际的海洋捕捞生产却并不会在 A 点而是会在 C 点实现均衡，此时，海洋捕捞努力量为 f_{FAY}，海洋捕捞总收益等于海洋捕捞成本，海洋捕捞利润为 0。之所以会如此，根本原因在于海洋渔业资源具有前述的公共资源属性，在海洋捕捞自由准入情况下，只要捕捞努力量小于 f_{FAY}，整个捕捞渔业就存在超额利润，从而各个个体捕捞生产者为争夺超额利润就会不断追加捕捞努力量，直至捕捞努力量增长到 f_{FAY} 水平，超额利润消失。反之，如果捕捞努力量大于 f_{FAY}，捕捞渔业将出现亏损，这时部分捕捞渔船将会逐渐退出捕捞生产，直至捕捞努力量减少到 f_{FAY} 水平。虽然上述分析过程假定初始海洋渔业资源存量为最大自然资源量 B_0，但是就该模型本身而言，初始海洋渔业资源存量并不影响分析结论。也就是说，在该模型框架下，不论初始海洋渔业资源存量为多少，海洋捕捞最终都会在 C 点实现均衡。

5. 海洋渔业资源配置目标

（1）海洋渔业资源配置的理论目标与现实抉择。上述对自由准入渔业进行均衡分析的核心价值在于，通过对 A、C 两点捕捞效益的对比，揭示了单纯市场机制在海洋渔业资源配置中的低效性。然而，该分析过程及其结论同时引发了另一个问题，即海洋渔业资源配置的最优目标究竟是什么？倘若仅从经济效率层面进行考量，显然 A 点的资源配置效率优于 C 点。但是现代海洋经济发展的目标是实现海洋经济的可持续发展，所以海洋渔业资源的配置必须综合考虑经济、社会、生态三个方面的因素，而不能仅仅考虑经济效率。如此一来，A 点并不必然就是海洋渔业资源配置的最优目标。至于最优的海洋渔业资源配置目标是什么，学界并没有给出唯一答案。因为学者们认为，在现实中，各国对海洋捕捞业的社会需求以及面临的环保压力等都存在很大差异，很难给出一个对各国而言均为最优的海洋渔业资源配置目标。唯一可以确定的是，该目标必定是 TR 曲线上的一个点，且该点必定处于 A 点至 B 点的区间内，但是究竟是该区间内的哪一个点，各国应依据自身情况灵活选择，而不是生搬硬套理论或他国做法。换句话说，在不同的国家、地区以及不同的现实条件下，A 点至 B 点区间内的每一个点均有可能成为最优的海洋渔业资源配置目标。

值得一提的是，当前联合国粮农组织等国际组织一般将 B 点作为其海洋渔业资源管理目标，这是在更多考虑海洋捕捞的社会和生态利益基础上作出的选择。综合来看，这也的确是一个能够较好平衡海洋捕捞三方面利益的理想选择。

（2）海洋渔业资源配置目标的实现。在海洋渔业资源配置领域，由于存在市场机制失灵的问题，若要实现所选择的海洋渔业资源配置目标，必须有政府的干预。从理论层面来讲，政府在确定海洋渔业资源配置目标之后，只要能够将海洋捕捞努力量限定在与该目标相对应的水平上，那么在长期内，海洋捕捞就能在该目标下达到均衡状态。然而，在海洋渔业资源管理的实际操作中，情况并非如此简单：一方面，海洋捕捞努力量作为一个学术概念，在现实中往往体现为渔船数量、渔船功率、渔网规格、作业方式、作业时间等诸多管理变量，这使得对海洋捕捞努力量实现绝对管控变得极为困难；另一方面，即便能够对这些变量进行管控，捕捞技术的不断进步往往也会逐步降低管控的效果。因此，在现实的海洋捕捞管理实践中，通常在实施海洋捕捞努力量管控措施的同时，还需要配合实施配额管理等其他管控措施，以此来提升管控效果。此外，强化资源监测与执法能力、推动渔业生态的保护与修复、促进渔民的参与与生计转型、加强科技支撑与公众教育等方面，对于保障海洋渔业资源配置目标的实现也具有极为重要的意义。

四、不可再生可耗竭海洋自然资源配置

不可再生可耗竭海洋自然资源是指在海洋环境中，经漫长地质过程形成，储量有限，一旦被开发利用，在人类历史尺度内无法自然恢复或再生的资源。它以海洋油气等海洋矿产资源为典型代表和最为主要的组成部分。

（一）不可再生可耗竭海洋自然资源配置的内涵

与海洋渔业资源的配置相同，不可再生可耗竭海洋自然资源的配置也涉及开发主体间分配、行业分配、区域分配和时间分配等多个维度。基于当前研究进展和现实需求，这里主要讨论时间维度上不可再生可耗竭海洋自然资源的配置。

所谓时间维度上不可再生可耗竭海洋自然资源的配置问题，亦即不可再生可耗竭海洋自然资源的跨期（代际）配置问题，其宗旨是实现不可再生可耗竭海洋自然资源的可持续利用。由于此类资源在自然界中的总储量一定，并且随着对资源的开发，资源存量会越来越少直至最终完全耗竭，因此必须对此类资源的开发利用在代际间作出合理安排，以确保开发利用的代际公平和代际利益整体最大化。

（二）不可再生可耗竭海洋自然资源配置模型

不可再生可耗竭海洋自然资源的跨期配置原理主要是基于考虑时间价值的成本—效益分析。在此框架下，高效率的资源配置要求的是资源利用净效益的现值最大化，从而使资源在现在和未来使用中达到均衡，这需要合理分配不同时期的资源使用量。下面首先使用成本—效益分析法分析两个时期的

资源跨期配置模型,然后再将其推广到更长时期。

1. 两个时期不可再生可耗竭海洋自然资源的跨期配置

为了使模型更加浅显易懂,假定:①资源的边际开采成本 MC 在两个时期内是固定的且为 2 元/吨;②两个时期资源的供给总量 Q^* 是固定不变的;③两个时期内对资源的需求是固定不变的,且需求函数为 $P=8-0.4Q$(P 为资源价格,Q 为资源开采量)。

在上述假定下,如果不存在资源数量约束(资源供给总量≥30),那么两个时期的均衡资源数量将均为 15 个单位(见图 2-11)。

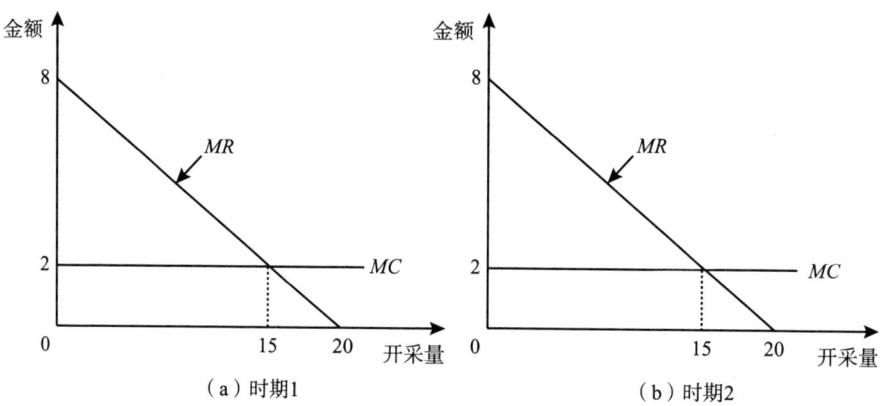

图 2-11 不存在数量约束时不可再生可耗竭海洋自然资源的两期有效配置

然而,当资源供给总量不足 30 时,很显然将不再能够实现上述资源配置状态,此时就应根据式(2-1)求解两时期的最优开采量。

$$\max \left[Y_1(Q_1) + \frac{Y_2(Q_2)}{1+r} \right] \tag{2-1}$$

式中,Q_1 为第一期开采量,Q_2 为第二期开采量,两者的关系为 $Q_1+Q_2=Q^*$;$Y_1(Q_1)$ 为第一期资源开采总的净收益函数,它等于第一期资源开采的总收益函数 $R_1(Q_1)$ 减去总成本函数 $C_1(Q_1)$;$Y_2(Q_2)$ 为第二期资源开采总的净收益函数,它等于第二期资源开采的总收益函数 $R_2(Q_2)$ 减去总成本函数 $C_2(Q_2)$;r 是贴现率。

假定 $Q^* = 20$，$r = 10\%$，根据式（2-1）求解，可得 $Q_1 = 10.238$，$Q_2 = 9.762$。

2. n 个时期不可再生可耗竭海洋自然资源的跨期配置

事实上，可以证明，求解式（2-1）的条件就是两个时期资源开采的边际净收益现值相等，即式（2-2）成立：

$$MR_1 - MC_1 = \frac{MR_2 - MC_2}{1+r} \quad (2-2)$$

式中，MR_1 和 MR_2 表示两期资源开采的边际收益；MC_1 和 MC_2 表示两期资源开采的边际成本；$MR_1 - MC_1$ 和 $MR_2 - MC_2$ 表示两期资源开采的边际净收益。

据此，将相关参数代入，可得 $8 - 0.4Q_1 - 2 = \dfrac{8 - 0.4Q_2 - 2}{1+0.1}$，求解该式便可得到解 $Q_1 = 10.238$，$Q_2 = 9.762$。图 2-12 是这一解法的几何图示。图中，I_1 为第一时期开采量的边际净收益现值曲线，I_2 为第二时期开采量的边际净收益现值曲线，式（2-1）的解就产生于这两条曲线的交点 e 处，此时两个时期开采量的边际净收益现值相等。

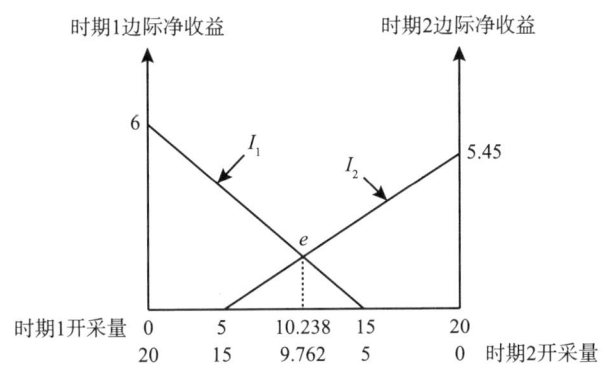

图 2-12　存在数量约束时不可再生可耗竭海洋自然资源的两期有效配置

假设需求曲线和边际成本曲线与前面保持一致，时间由两个时期延长到 n 个时期，此时仍然可以按照各个时期资源开采的边际净收益现值相等这一条件［即式（2-3）］来求解不可再生可耗竭海洋自然资源的最优资源配置状态。

$$MR_1-MC_1=\frac{MR_2-MC_2}{1+r}=\frac{MR_3-MC_3}{(1+r)^2}=\cdots=\frac{MR_n-MC_n}{(1+r)^{n-1}} \qquad (2-3)$$

式中，n 表示时间（期数），其他变量的含义与之前相同。

由以上分析可知，边际净收益现值相等是求解不可再生可耗竭海洋自然资源跨期有效配置状态的一般条件。

五、不可再生非耗竭海洋自然资源配置——以海域空间资源为例

不可再生非耗竭海洋自然资源是指在海洋环境中，储量有限、不可在短时间内自然再生，但在合理利用的情况下不会因使用而完全耗尽的资源，如海洋空间资源、海洋景观资源、海洋地质遗迹资源等。其中，海洋空间资源是此类资源的核心组成部分和典型代表，在有效配置方面也有更丰富的研究内涵。因此，本部分重点讨论海域空间资源的有效配置问题。

（一）海域空间资源配置的内涵

相较于其他海洋自然资源，海域空间资源具有极为突出的独特之处。

其一，其展现出基础性与多功能性。其他海洋自然资源，如海洋生物资源、海洋化学资源等，往往仅具备一种或几种相对较为明确的主要用途。然而，海洋空间资源却能够适用于各类海洋产业，并且是绝大多数海洋产业在发展进程中不可或缺的关键资源。

其二，其供给数量呈现出既充裕又紧张的态势。海域空间相较于陆地而言要广阔得多，已经被开发利用的部分在其总量中所占比例极小，从这个层面来讲，海洋空间资源的供给在当前阶段仍然是较为充裕的。然而，另外，由于海域利用空间的拓展会受到地理条件、技术水平以及开发成本等多方面因素的影响，这就导致了目前对海域空间的需求主要集中在近岸和近海这一范围极为有限的区域。随着海洋经济持续不断地发展，用海活动的类型和数量越来越多，港口、航道、渔业养殖、海洋能源等各类产业在进行开发时相

互之间对用海空间展开激烈争夺，从而使得这一区域的资源供求矛盾变得极为突出，已然成为制约海洋经济进一步发展的重要因素之一。

其三，资源本身可以重复利用。虽然海域空间资源是一种不可再生资源，它在自然界中的数量是既定的，但是它不像海洋油气等海洋矿产资源那样会在被使用过程中消失（围填海等特殊情况除外），而是可以在同类产业和不同产业之间被反复利用。

海域空间资源所具备的上述特点，最为关键的影响在于形成了海洋空间资源在稀缺性方面的特质。虽然海域空间资源与其他海洋自然资源一样，具有稀缺性这一属性，然而，海域空间资源的稀缺性主要集中体现在局部空间上，而非资源的整体层面；尽管海域空间资源一直在被持续开发，但这种开发并不会导致海域空间资源的供给量随着时间的推移而发生改变。在对海域空间资源进行开发利用的过程中，即便某一片海域此前被开发利用过，只要后来者愿意付出足够的补偿，那么它就能够从先前的使用者手中获取该海域的使用权。这在很大程度上缓解了海洋空间资源稀缺性所带来的刚性需求，同时也意味着海域空间资源的供给量并不会随着时间的变化而发生变化。事实上，由于科学技术始终在不断进步，可利用的海域空间资源的数量不但不是在减少，反而在持续增加。因此，在海域空间资源这一具有独特性的资源身上，资源的稀缺性更多地是通过资源的使用成本随着时间的推移而上升这一方式体现出来，而非以资源数量的减少来体现。

稀缺性内涵的差异使得资源配置这一重要课题的核心内容在海域空间资源上发生了转变。回顾之前对于海洋渔业资源以及不可再生可耗竭海洋自然资源配置的相关讨论内容能够清晰地看出，这两类资源配置的重点都集中在时间维度上，也就是如何对资源在不同时间阶段的开发量进行合理安排。然而，在海域空间资源这里，由于海域空间资源的供给量并不会因为时间的变化而改变，所以时间维度对于海域空间资源的配置而言，不再是一个关键的问题。相反，由于在局部海域空间上，用海矛盾日益凸显且愈发强烈，如何在不同的产业（用途）之间实现高效的海域空间资源分配，便成了更为重要的内容。基于此，本部分要讨论的海域空间资源配置主要是指产业维度对海域空间资源的配置。

(二) 海域空间资源配置模型

1. 经济效率最优目标下海域空间资源的配置

如果以经济效率最优作为海域空间资源配置目标，海域空间资源在不同产业间的配置模型与不可再生可耗竭海洋自然资源的跨期配置模型有着十分相似之处，其基本原理同样是基于成本—效益分析，其最优配置的条件同样是资源开发的边际净收益相等，不同之处仅在于将配置坐标由不同时间变换为不同产业。以两部门间海域空间资源配置为例，假定现在有部门1和部门2两个用海部门，图2-13中的（a）和（b）分别为这两个部门的海域空间利用边际收益曲线 MR 和边际成本曲线 MC。在海域空间资源供应充足的情况下，两个部门的海域空间资源的投入量将由各自的 MR 曲线和 MC 曲线的交点决定（数量分别为 Q_1^* 和 Q_2^*）。

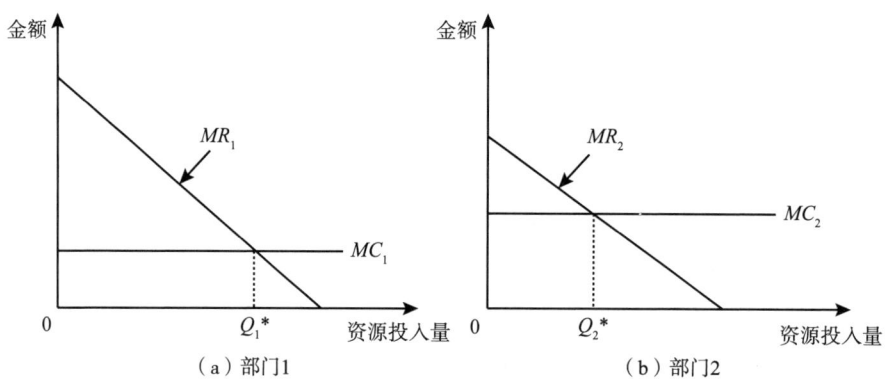

图2-13 不存在数量约束时两个部门海域空间资源的两期有效配置

当海域空间资源供给总量 $Q^* < Q_1^* + Q_2^*$ 时，海域空间资源配置将达不到图2-13的配置状态，此时就应根据式（2-4）求解两时期的最优开采量：

$$\max[Y_1(Q_1) + Y_2(Q_2)] \tag{2-4}$$

式中：Q_1 为部门1的海域空间资源投入量，Q_2 为部门2海域空间资源投入量，$Q_1 + Q_2 = Q^*$，$Y_1(Q_1)$ 为部门1海域空间资源投入的净收益函数，它等于部门1海域空间资源投入的总收益函数 $R_1(Q_1)$ 减去总成本函数 $C_1(Q_1)$；

$Y_2(Q_2)$ 为部门 2 海域空间资源投入的净收益函数，它等于部门 2 海域空间资源投入的总收益函数 $R_2(Q_2)$ 减去总成本函数 $C_2(Q_2)$。

上式求解的条件就是两个部门海域空间资源投入的边际净收益相等，即式（2-5）成立：

$$MY_1 = MY_2 = MR_1 - MC_1 = MR_2 - MC_2 \tag{2-5}$$

该求解条件可以由图 2-14 进行几何表达。图中，I_1 为部门 1 海域空间资源投入的边际净收益曲线，I_2 为部门 2 海域空间资源投入的边际净收益曲线，式（2-4）的解就产生于这两条曲线的交点 e，此时两个部门海域空间资源投入的边际净收益相等。

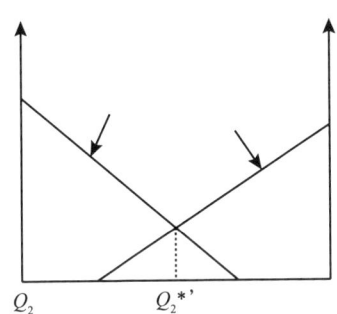

图 2-14　存在数量约束时两个部门海域空间资源的两期有效配置

假设产业部门数量由两个拓展到 n 个，此时仍然可以按照各产业部门海域空间资源投入的边际净收益相等这一条件［式（2-6）］来求解海洋空间资源配置的最优状态。

$$MR_1 - MC_1 = MR_2 - MC_2 = MR_3 - MC_3 = \cdots = MR_n - MC_n \tag{2-6}$$

式中，n 表示时间（期数），其他变量含义与之前相同。

2. 综合目标下海域空间资源的配置

依据上述模型对海域空间资源进行配置，可促使海域空间资源开发的经济效率最大化，且此目标在纯粹的市场机制作用下即可达成。然而，仅从经济效率最优角度形成的海域空间资源配置状态，是否就是整个社会所追求的最理想状态？此问题涉及社会的价值取向，无法给出统一答案。在现实生活中，普遍存在这样的现象：由于海洋渔业的生产效率和经济效益通常低于其他部门，随着海洋开发中用海部门的增多、用海需求的增大，用海矛盾愈发突出，大量传统海洋渔业的海域空间持续被港口、旅游等效率更高、效益更好的产业部门侵占。从单纯经济效率角度看，这种变化自然合理且必然，但也不可避免地导致大量以海洋渔业为生计的传统渔民失海失业，以及对全社会的水产品供给安全产生影响等。因此，现实中的海域空间资源配置往往是一个需要综合考虑经济、社会、生态等多方面因素的复杂问题，而不是仅以经济效率最优作为唯一评价标准。此外，海域空间资源的配置方式往往不是仅依赖市场机制，而是采取市场与政府相结合的方式。为实现经济效率以外的海域空间资源配置目标，政府的宏观调控必不可少，且海域的国家所有性质为政府宏观调控海域空间资源配置创造了有利条件，使政府能通过多种手段对海域空间资源配置进行调控。政府可以通过经济手段，对不同类型用海行为收取不同水平的海域使用费用，以调节不同用海行为的海域使用成本和边际效益，从而影响海域在不同产业部门间的配置数量；也可通过对海域使用实施规划管理，对不同用途用海在数量上进行统筹安排，避免海域资源过度向某几个产业部门集中。

第三节 海洋自然资源产权理论

产权是影响海洋自然资源配置效率的重要因素。在市场经济中，产权是基础和核心。明确的产权为市场经济活动提供了稳定的预期和规则，这使得市场主体有动力去积极参与经济活动，追求自身利益的最大化，也促进了资源在市场中更有效地流动和配置到最能发挥其价值的地方。因此，在西方经济学中，产权与市场经济一直密不可分。阿尔钦曾提到，经济学实际上就是对稀缺资源产权的研究，即研究产权应如何界定与交换以及应采取怎样的形式等问题①。在一个社会中，资源配置是否有效率就看其产权是否能从低效率的人手中转移到高效率的人手中。基于此，本节将讨论海洋自然资源产权问题。

一、一般产权理论

(一) 产权的含义

1. 产权的概念与基本内涵

产权被认为是"财产权利"的简称，具体是指特定主体对特定财产所享有的占有、使用、收益和处分的权利。

产权的概念和内涵包含以下几方面核心内容．

第一，产权是特定主体所拥有的关于某一"财产"的权利，即产权的标的（客体）是某一种财产。所谓财产，是指一切具有经济价值，能够为人们所支配利用并为其带来利益的有形物或无形物。凡是财产，均有产权，所以产权在现实世界中是一种普遍存在的现象。根据标的财产的不同，产权通常体现为物权、债权、股权等多种权利形态。

第二，产权不是某一种单一的权利，而是一束权利的集合。这些权利主要包括所有权、使用权、处分权和收益权等"权能"。

第三，产权是由产权主体、产权客体和产权权利共同构成的有机整体。理论上定义一项产权，它应该同时具有明确的产权主体、客体和权利内容，也就是说，一项产权应该可以明确表述为"谁对什么财产拥有什么样的权利"。

第四，产权在作为一个专门术语被提及时，并不总是具有唯一的意指，有时它指完整的产权体系，有时它指整个权利束，有时它又仅指某个单项的产权权能。事实上，对于一项具体产权，重要的不是它究竟是指产权体系、整个权利束还是某个产权权能，而是在于它要能够被明确描述为某一产权主体对某一产权客体拥有哪些权利内容。

---

① 许刚，王蕾．关于现代产权理论的思考［J］．河北工业大学成人教育学院学报，2007（1）：62-64.

2. 产权的权能结构

产权是一组权利或权利束,其权能包括所有权、使用权、处分权和收益权等。

所有权是指所有人依法对自己的财产享有占有、使用、收益和处分的权利。也就是说,所有权不是一项具体的权利,而是使用权、处分权和收益权等其他产权权能的总和。

使用权是指权利人可以根据财产的性能和用途对其加以利用,如使用汽车用于出行。

处分权是指权利人可以决定财产的最终命运,例如出售、出租、赠与、抵押等行为。

收益权是指权利人可以通过对财产的运用获取经济利益,如出租房屋获得租金。

产权的上述权能中,所有权和使用权属于基本产权权能,它们可以独立存在;而收益权和处分权属于伴生产权权能,它们不能独立存在,只能在拥有所有权或使用权的情况下伴生拥有。现实中的产权,总是或者以所有权的形态存在,或者以使用权的形态存在:如果一个产权主体拥有了对某项财产的所有权,他也就同时拥有了对该财产的使用权、处分权和收益权等产权权能;但是如果他仅拥有对某项财产的使用权,他则可能仅伴生拥有对该财产的收益权却不拥有对该财产的处分权。这意味着,从权利范围来看,所有权权能要比使用权权能更广,同时,这也意味着收益权是产权所有权能中最根本性的权能。产权之所以重要或者说具有价值,最主要的原因就在于它能够带来经济收益。所以,收益权总是也必须与其他产权权能相伴生,共同出现并一同转移。

(二) 产权的起源

经济学试图对产权形成的理由进行解释,但说法不一,其中资源稀缺性且建立排他性产权的收益大于成本被认为是产权产生的重要原因。

诺思在论述产权产生的原因时提出,人口压力会导致此前人类所开采的资源的相对稀缺性发生变化,与这些发展相适应,单个的人类群落开始不许外来者分享资源①。也就是说,诺思认为,产权诞生的原因是人口增长导致资源相对稀缺。

德姆塞茨在论述产权产生的原因时列举了一个北美印第安人关于土地所有权的例子。古代北美印第安人以狩猎为生,起初由于猎物资源丰富,狩猎自由,土地不存在产权,后来随着猎物存量不断下降,他们就规定每人只能在一定的范围内狩猎,从而产生了土地的所有权。可以看出,德姆塞茨也认为是资源的稀缺性导致了产权的产生,只是他对于资源稀缺性产生的原因与诺思看法不一致。德姆塞茨进一步指出,当内在化(即建立私有产权)的收益大于成本时,产权就会产生。其中,内在化收益的变化主要源于经济价值的变化、技术进步、新市场的开辟和对旧的不协调的产权的调整等。

(三) 产权的分类

从产权主体进行划分,可以将产权划分为私有产权、公有产权和共有产权三种基本类型。

私有产权是指财产只归某一个唯一的产权主体所有的产权形式。在该形式下,产权主体对其财产享有独占性的、排他性的权利。只有产权主体自己可以对某项财产行使产权,不与他人分享,它是现实中的主体产权形式。

公有产权是指财产归全体社会成员或特定集体所有的产权形式。在公有产权形式下,财产的产权属于整个社会或特定的集体组织,所有社会或集体组织成员对公有财产享有平等的权利。我国的国有企业、农村集体所有的土地等,均属于此种产权形式。

共有产权是指两个或两个以上的主体对同一财产共同享有产权。在共有产权形式下,各共有人对该财产享有平等的权利,共同对财产进行管理、使用和处分等。共有产权可以是按份共有,即各共有人按照约定的份额分别享有产权,各自承担相应的义务;也可以是共同共有,即各共有人对财产不分份额地共同享有权利,承担义务,在共同共有关系终止前,共有人不能确定各自份额。我国住房领域夫妻共有的房屋便属于此种产权形式。

---

① 李延喜,田鹏,王阳. 现代产权的内涵与评析 [J]. 辽宁经济,2005 (10): 12-13.

上述产权形式中,私有产权与另外两类产权之间的差异特征明显,相对容易区分,但是公有产权和共有产权由于都是多个主体共同享有某种财产权,存在一定程度的理解和区分困难。这两者之间最主要的区别在于:共有产权下标的财产的产权是由各产权主体直接享有,而公有产权下标的财产的产权一般是由国家或集体这样的一个具体组织代表全体成员享有,如我国的国有资产由国家代表人民行使产权。

需要特别指出的是,以上对产权性质是属于私有、公有还是共有的划分,一般意指财产的所有权,但是也可以指财产的使用权。

(四) 产权的属性

1. 排他性

排他性是指产权赋予产权主体对特定财产的独占权利,以排除他人对该财产的非法使用和侵犯。产权主体可以凭借这种排他性,自主决定如何使用和处分财产。

排他性是一个度的概念。私有产权一般具有绝对排他性,而公有产权和共有产权则仅具有相对排他性。在公有产权和共有产权的情况下,产权对非成员具有排他性,而对成员具有非排他性。由于公有产权存在一个集体组织对成员行使产权权利进行控制而共有产权不存在,所以共有产权的排他性一般又比公有产权低,当共有产权的权利人为全人类时,更是可以认为该产权已完全丧失了排他性。

2. 可分割性

产权的可分割性是指产权可以被分解为不同的部分或权能,并且这些部分或权能可以分别由不同的主体享有和行使。例如,我国的土地所有权归国家或集体所有,但土地的承包经营权可以赋予农民,使农民在一定期限内拥有对土地的使用权和收益权。

产权的可分割性使得产权能够在不同的经济主体之间进行灵活配置和交易,有助于提高资源的配置效率。不同的主体可以根据自身的需求和能力,获得特定的产权,从而在经济活动中发挥各自的作用。

3. 可让渡性

可让渡性也称可交易性，指产权主体可以将产权用于转让、授权使用或抵押等。它以产权的排他性为基础，如果某一财产权利是排他的，即特定产权的主体是唯一的和垄断的，其产权主体就可以将该产权进行让渡。

4. 收益性

产权所有者有权凭借对财产的占有和使用获得相应的经济收益。这种收益可以是直接的物质利益，如土地出租带来的租金，也可以是通过财产的增值而获得的资本收益。

5. 有限性

产权是受到法律、社会道德等约束的，不是绝对的。所有者在行使产权时必须遵守相关的法律法规和社会规范，不得损害他人的合法权益和社会公共利益。

（五）产权的功能

1. 减少不确定性

通过明确的产权界定可以区分不同所有者的权利和责任，保护各自的利益，从而增强资产专用性的投资信心。

2. 外部性内部化

产权明晰了利益主体的利益边界和责任边界。当一方对另一方造成成本收益的影响时，施加方可以获得相应的收益或支付相应的成本，以确保双方既得利益的获取。

3. 激励与约束

产权明晰可以将财产的收益权和责任与利益受益者直接挂钩，从而激发产权主体的积极性，提高财产的利用效率。同时，明晰的产权也会使产权主体约束自身的经济行为，明确自己的成本与收益的决策边界。

4. 优化配置资源

产权的收益性决定了资源的配置功能，引导资源使用者将资源配置达到最高效率，以提高投资者的收益和消费者的效益。

二、海洋自然资源产权与海洋自然资源产权制度

(一) 海洋自然资源产权

1. 海洋自然资源产权的概念

海洋自然资源产权是指对海洋中的各种自然资源所拥有的权利，包括占有、使用、收益和处分的权利。海洋自然资源具有经济价值，可以带来经济利益，因此也是一种财产，可以界定产权；另外，明晰界定海洋自然资源的产权可以推动海洋自然资源得到更合理、高效的开发利用，因此现实中存在着界定海洋自然资源产权的客观需求。

2. 界定海洋自然资源产权的必要性

界定海洋自然资源产权具有多方面的必要性。

(1) 经济激励：促进产业健康发展。从经济发展方面考虑，清晰的海洋自然资源产权有利于促进海洋相关产业的健康发展。产权的界定使得投资者和开发者能够明确其在海洋资源开发中的权益和责任，降低投资风险，激发市场主体的积极性和创造性，推动海洋经济的持续增长，提升海洋产业的竞争力。

(2) 资源换管理：实现海洋资源可持续利用。从资源管理角度来看，明确海洋自然资源的产权有助于合理规划和高效利用海洋资源。只有确定了谁拥有对特定海洋资源的产权，才能避免资源的过度开发和无序使用，促使资源的开发利用活动在可持续的框架内进行，保障海洋资源的长期供给。

(3) 法律秩序：构建权益保障基础。在法律秩序方面，界定海洋自然资源产权是维护海洋法律秩序的基础。它为解决海洋资源开发过程中的各种纠纷提供了明确的法律依据，使各方在权益受到侵害时能够通过法律途径得到有效的保护和救济，避免因产权模糊而引发的法律冲突和混乱。

(4) 生态保护：强化主体责任约束。从环境保护角度出发，明确的产权有助于强化对海洋生态环境的保护。产权主体有动力和责任采取措施保护其拥有产权的海洋资源，避免因过度开发或污染对生态环境造成不可逆转的损害，促进海洋生态系统的稳定和健康，实现经济发展与环境保护的良性互动。

(二) 海洋自然资源产权制度

1. 海洋自然资源产权与海洋自然资源产权制度的统一性

与一般财产的产权不同，自然资源的产权一般是通过制度形式确立而不是天然享有的。国家通常会以法律条文明确各类自然资源的产权性质和归属，具有权威性和强制性。这使得关于自然资源产权的讨论总是围绕自然资源产权的相关制度规定展开或者在一定的自然资源产权制度框架下进行。

自然资源涵盖了陆地、海洋、天空等多个领域。早期的自然资源产权制度起源于陆地资源，随着人类活动范围的扩大和对海洋、天空等资源的开发利用，自然资源产权制度开始逐步从陆地资源扩展到其他领域的资源。因此，今天海洋自然资源也有其相应的产权制度。但是与陆地资源产权制度相比，海洋自然资源的产权制度存在一点重要不同，即陆地资源产权一般仅由一国的国内法规范，而海洋自然资源产权是由国际法和国内法共同规范的。这背后有其自然和历史原因。限于人类只能生活于陆地上的生理特性，以及海洋很难通过有效手段加以实际占有这一物理特性，导致在国家形成后，国家主权所覆盖的范围以及与之对应的国土、疆域、版图等概念在相当长的历史时期里始终局限于陆地空间，而海洋则被当作无主之地，公共资源被有需求的人或国家随意使用。直到1982年《联合国海洋法公约》问世才改变了这种局面。该公约的出台，开启了海洋自然资源确权的现代进程，并构建了现代海洋自然资源产权的制度框架，使海洋自然资源产权成为一个由国际法和国内法共同规范的权利范畴。一方面，《联合国海洋法公约》等国际法律文件对海洋自然资源的产权进行了规定和协调，确立了各国在不同海域的权利和义务；另一方面，各国国内法也根据自身的情况和需求，对本国管辖范围内的海洋自然资源产权进行具体的制度设计和法律保障，明确产权的归属、流转、保护等相关事宜。

2. 《联合国海洋法公约》构建的现代海洋自然资源产权制度框架

《联合国海洋法公约》建立起的现代海洋自然资源产权制度框架主要包括以下内容。

（1）海域划分及权利界定。《联合国海洋法公约》将全球海域划分为内海、领海、毗连区、专属经济区、大陆架和公海等权利空间,并规定了各国在各海域内享有的资源权利。

内海是一国领海基线向陆一侧的海域部分,它被确定为沿海国领土,沿岸国对其享有完全的排他性的主权,包括对海域内的一切人和物以及资源的管辖和支配权。

领海是从沿海国领海基线量起向海12海里的海域空间。沿海国对领海享有主权,包括对领海内的一切人和物以及资源的专属管辖权,但在领海内外国船舶享有无害通过权。

毗连区是从沿海国领海基线量起宽度不得超过24海里、毗连其领海的区域。沿海国在毗连区内有权行使为下列事项所必要的管制:防止在其领土或领海内违反其海关、财政、移民或卫生的法律和规章;惩治在其领土或领海内违反上述法律和规章的行为。

专属经济区是从沿海国领海基线量起不超过200海里的海域空间。沿海国在专属经济区享有以勘探和开发、养护和管理海床上覆水域和海床及其底土的自然资源为目的的主权权利,以及关于在该区域内从事经济性开发和勘探,如利用海水、海流和风力生产能等其他活动的主权权利。

大陆架是沿海国领海以外依其陆地领土自然延伸,扩展到大陆边外缘的海底区域的海床和底土:如果从领海基线量起到大陆边外缘的距离不到200海里,扩展到200海里;如果超过200海里,则不得超出从领海基线量起350海里,或不超出2 500米等深线100海里。沿海国对大陆架的自然资源享有主权权利及相应的管辖权,包括开发和利用大陆架的石油、天然气、矿产等资源的权利。同时,其他国家在大陆架上的活动应遵守沿海国的法律和规章。

公海是指不包括在沿海国的专属经济区、领海或内水或群岛国的群岛水域内的全部海域。公海对所有国家开放,任何国家不得声称将公海的任何部分置于其主权之下。各国在公海上享有航行、飞越、铺设海底电缆和管道的自由,以及进行科学研究和保护海洋环境的自由等。

(2)资源开发与管理原则。《联合国海洋法公约》确立了共同但有区别的责任原则,即所有国家都有责任保护海洋环境和合理利用海洋资源,但沿海国在其管辖海域内承担主要的管理和开发责任。同时，强调了可持续发展的理念，要求在开发海洋自然资源的同时，要确保海洋生态系统的健康和可持续性。

（3）国际合作机制。《联合国海洋法公约》建立了多种国际合作机制，以促进各国在海洋自然资源开发与管理方面的合作。例如，设立了国际海底管理局，负责管理国际海底区域的矿产资源开发；建立了争端解决机制，以解决各国在海洋权益方面的争端等。

（4）产权登记与保护。《联合国海洋法公约》要求各国对其管辖范围内的海洋自然资源产权进行登记和管理，以确保产权的清晰和可追溯。同时，公约也规定了对海洋自然资源产权的保护措施，防止非法捕捞、盗采等行为对产权的侵害。

（5）跨界和共同资源管理。对于跨越国家管辖范围的海洋自然资源以及公海等共同资源，《联合国海洋法公约》规定了相应的管理原则和机制，如通过区域渔业管理组织等形式，促进各国在跨界渔业资源管理方面的合作，以实现资源的合理利用和保护。

三、海洋自然资源产权的界定

（一）海洋自然资源产权界定的内容与方式

1. 海洋自然资源产权界定的内容

海洋自然资源产权界定的内容主要包括以下几个方面。

（1）所有权界定。即明确海洋自然资源归属于国家或特定主体，确定其产权的归属主体，这是产权界定的基础。

（2）使用权界定。即划分不同主体在海洋自然资源利用方面的权利范围，包括海洋渔业资源的捕捞权、海洋矿产资源的开采权等具体使用权限的界定。

（3）收益权界定。确定海洋自然资源开发利用所产生的收益在不同主体之间的分配方式和比例，保障各产权主体的经济利益。

（4）处置权界定。规定海洋自然资源产权主体对其拥有的资源进行处置的权利,如转让、抵押等行为的规范和限制。

2. 海洋自然资源产权界定的方式

海洋自然资源产权界定的方式通常有以下几种。

(1) 通过法律界定。国家制定的法律法规明确海洋自然资源的产权归属、权利内容和界定程序等,具有权威性和稳定性。

(2) 通过行政手段界定。由政府相关部门根据法律法规和政策,对海洋自然资源的产权进行具体的划分和确定,行政手段较为直接和高效。

(3) 通过合同界定。通过产权主体之间签订的合同,约定海洋自然资源的产权相关事宜,如租赁合同、合作开发合同等,明确各方的权利和义务。

(4) 登记界定。即对海洋自然资源的产权进行登记,将产权信息记录在相关的登记机构,以公示产权的归属和变动情况,增强产权的公信力和可追溯性。

(二) 海洋自然资源产权制度的基本模式

1. 国家管辖海域海洋自然资源产权模式

国家管辖海域海洋自然资源的产权模式涉及所有制模式和开发利用模式两个方面。

目前世界各国海洋自然资源产权制度的所有制模式主要有以下几种。

(1) 国家所有制模式。绝大多数国家将国家管辖的海洋自然资源的所有权明确为国家所有,国家通过设立相应的管理机构和制度来对海洋资源进行统一管理和开发利用。例如,《中华人民共和国海域使用管理法》明确规定我国管辖海域及其资源归国家所有,由国务院代表国家行使所有权;美国《外大陆架土地法》等法律规定美国海洋资源由联邦政府和州政府协同管理,其中离岸3海里内资源归州政府,3~200海里由联邦政府管理;挪威通过《石油法》和《海洋资源法》将大陆架油气资源及专属经济区内渔业资源收归国有;澳大利亚《海洋法修正案(EEZ和大陆架)》规定专属经济区内所有资源归联邦政府管理。英国、法国、日本、印度等国也都通过国内法给出类似规定。

(2) 集体所有制模式。在一些国家或地区,特定的集体或社区可能对局部的海洋自然资源拥有所有权。比如，在某些太平洋岛国，特定的部落或社区对其周边海域的部分资源享有集体所有权，并参与资源的管理和利用中；加拿大因纽特人对北极海域的传统使用权利被纳入《原住民土地协议》，政府开发需与其协商。

（3）混合所有制模式。部分国家存在国家和其他主体共有某些海洋自然资源产权的情况。如新西兰毛利部落通过《怀唐伊条约》索赔，获得部分近海区域的共同管理权。

（4）私人所有制模式。在英国，由于历史的原因，部分潮间带土地（如滩涂）可私有，如康沃尔公爵领地拥有部分海岸。但是总体而言，这是一种极为少见的模式。

在海洋自然资源所有权归国家所有的情况下，海洋自然资源的开发利用存在两种模式。

（1）国家开发模式。即国家机构或国有企业垄断海洋自然资源的开发，资源开发收益全部归国家财政或主权基金。采用此模式的典型代表为挪威和沙特阿拉伯。挪威通过国有控股公司（如 Equinor，原挪威国家石油公司）直接控制大陆架油气资源开发，并将收益纳入主权财富基金全民共享，外资可以通过技术合作参与。相比之下，沙特阿拉伯国家石油公司（沙特阿美）完全垄断油气开发，外资只能在炼化等下游领域有限参与。

（2）许可开发模式。即国家保留资源所有权，但是允许企业通过许可获得开发权，国家通过税收、特许权使用费、利润分成等方式获取收益。中国、美国、英国、法国、澳大利亚、日本等国均采取了这种模式。

国家开发模式的优点是主权控制力强，国家收益最大，但是可能开发效率低下，技术依赖风险高；许可开发模式的优点是能够引进资金和技术加速资源开发，但是收益分配可能向企业倾斜，监管成本高。总体而言，目前世界绝大多数国家均采用许可开发模式，特别是发展中国家，更倾向于采用许可制以吸引外资加快资源开发；国家开发模式仅存在于少数国家的部分资源领域，如矿产资源、油气资源等。

2. 公海和国际海底资源管理

（1）公海资源管理。根据《联合国海洋法公约》，公海不属于任何国家，公海的管理模式主要基于公海自由原则：各国在公海上享有航行自由、飞越自由、铺设海底电缆和管道的自由、捕鱼自由、科学研究自由等。但这些自由不同程度地受到国际法的限制和规范，以确保公海的和平、安全和良好秩序。

海洋渔业资源是公海涉及的核心海洋自然资源。在《联合国海洋法公约》框架下，该资源属于典型的公共资源，存在"公地悲剧"问题，所以为了该资源的可持续开发利用，在联合国等国际组织的主导下，国际社会通过构建相关机制对该资源有着较深程度的管理。

具体而言，公海渔业资源的管理是一个依赖国际协作与法律约束的复杂体系。由于公海不属于任何国家主权范围，其资源养护需要全球共同参与，国际法为此提供了基础框架。例如，《联合国海洋法公约》要求各国承担保护海洋生物资源的义务，《联合国鱼类种群协定》进一步细化了针对跨界和洄游鱼类（如金枪鱼）的管理规则，强调通过区域合作组织实现科学化、可持续地捕捞，2023 年通过的《公海生物多样性协定》则填补了深海基因资源和生态保护的空白，推动渔业活动与海洋生态系统平衡的更深层次绑定。

区域渔业管理组织（RFMOs）是这一体系的核心执行者。一些由相关国家组成的国际机构，如管理太平洋金枪鱼的中西太平洋渔业委员会（WCPFC）和保护南极磷虾的南极海洋生物资源养护委员会（CCAMLR），负责制定具体海域的捕捞规则。它们通过设定总允许捕捞量、划定禁渔区和禁渔期、规范渔具类型等措施，平衡资源开发与养护需求。例如，太平洋部分海域会阶段性关闭鲣鱼捕捞以保护产卵群体，而某些区域禁用破坏海底生态的拖网。为保障规则落实，卫星船舶监测系统、独立观察员登船检查以及港口国对非法渔获的拦截，构成了从捕捞到贸易的全链条监管。

（2）国际海底资源管理。国际海底涉及的资源主要是矿产资源，如多金属结核、富钴结壳、海底热液硫化物、天然气水合物等。国际海底区域及其资源是人类的共同继承财产，由国际海底管理局进行管理。国际海底管理局负责勘探、开发和保护国际海底区域的资源，制定相关的规则和制度，确保资源的公平分配和可持续利用。

国际海底资源的管理模式具有以下特点：①平行开发制度。一方面，由国际海底管理局直接进行"区域"内资源的开发；另一方面，允许缔约国或其公私企业与国际海底管理局以合作的方式进行开发，即所谓的"平行开发"。这种制度旨在平衡发达国家和发展中国家在国际海底资源开发中的利益。②资源勘探和开发的严格审批。对国际海底资源的勘探和开发申请进行严格的审批，以确保开发活动符合环境保护和可持续发展的要求。只有在获得国际海底管理局的批准后，方可进行相关的开发活动。③收益分配机制。国际海底资源的收益按照公平分享的原则进行分配，以确保所有国家都能从中受益。一方面，国际海底管理局将一部分收益用于全球海洋环境的保护和可持续发展项目；另一方面，将一部分收益按照一定的比例分配给资源开发的缔约国或其公私企业。

（三）海洋自然资源产权界定的特殊性、问题与挑战

海洋自然资源产权的界定具有海洋自然资源独特的自然属性、法律属性和经济属性而呈现出显著的特殊性。这些特性不仅导致了海洋资源管理的复杂性，也引发了一系列棘手的现实问题与全球性挑战。

1. 海洋自然资源自然属性带来的问题与挑战

海洋不同于陆地，其资源具有流动性、立体性和生态整体性。例如，洄游鱼类跨越国界巡游、海水与洋流不受地理限制的流动，使得资源归属难以清晰划分；而海洋空间从表层水体到深海矿藏的多层次分布，又让不同深度的资源开发可能涉及多重权利主体的利益博弈。更关键的是，海洋生态系统的脆弱性意味着某一区域的资源开发可能引发连锁生态反应，如珊瑚礁破坏导致渔业资源衰退，这种不可分割性使得产权界定必须兼顾生态保护。

2. 海洋自然资源法律属性带来的问题与挑战

在法律层面，海洋产权体系始终处于国际法与国内法的张力之中。虽然《联合国海洋法公约》为领海、专属经济区和公海划定了基本框架，但具体执行中各国对海域划界的争议从未停息。南海的岛礁主权争端、北极航道的控制权博弈，本质上都是资源产权归属模糊的延伸。与此同时，公海资源作为"人类共同继承财产"的理念与现实形成尖锐矛盾——发达国家凭借技术优势垄断深海矿产开发，而发展中国家则困于资金与技术壁垒，难以公平

分享海洋利益。这种矛盾进一步因传统权利与现代制度的冲突而加剧：沿海原住民世代依赖的捕鱼权常被现代产权制度边缘化，工业捕捞船队与小型渔民的资源争夺，折射出全球化背景下公平与效率的深层困境。

3. 海洋自然资源经济属性带来的问题与挑战

从经济视角看，海洋资源开发的成本、外部性要远远超过陆地资源，这使得海洋产权界定与资源配置面临双重难题。一方面，深海油气开采、海底光缆铺设等技术密集型活动需要巨额投入，往往只有国家或大型企业能够承担；另一方面，海洋污染、过度捕捞等负外部性成本却由全人类共同承担，导致"公地悲剧"反复上演。全球约34%的渔业种群已处于不可持续状态，每年1 300万吨塑料垃圾涌入海洋，这些触目惊心的现实背后，是产权主体与责任主体分离的制度性缺陷。当一片海域的污染随洋流扩散至千里之外，追责机制往往陷入"无人买单"的僵局。

现实问题的复杂性导致了多重治理挑战。在国际层面，主权国家间的利益博弈使合作机制脆弱不堪，区域渔业管理组织常因成员国分歧而形同虚设；技术垄断则加剧资源分配不公，深海采矿机器人、海洋环境监测卫星等关键技术掌握在少数国家手中，形成新的海洋霸权。在国内层面，产权制度与社区传统的冲突日益凸显：加拿大海达瓜依群岛原住民为保护祖传渔场与政府对抗，东南亚渔民因海洋保护区划定丧失生计，这些案例暴露出现代治理体系对文化多样性的忽视。气候变化使问题雪上加霜——北极冰盖融化引发新一轮资源争夺，海水酸化威胁海洋生态基底，产权制度尚未完善，环境危机已然迫近。

面对这些挑战，人类需要构建更具包容性和前瞻性的治理框架。国际社会应推动《联合国海洋法公约》的迭代升级，建立公海资源开发的收益共享机制，如通过国际海底管理局将深海采矿利润定向支持发展中国家环保项目。技术创新可成为破局关键：区块链技术能实现渔业供应链全程追溯，人工智能辅助的卫星监控系统可实时打击非法捕捞，这些手段能显著降低产权执行成本。在地方层面，"社区共管"模式展现出独特价值，如菲律宾将珊瑚礁管理权授予当地村落，既保护了生态系统，又保障了居民生计。最终，海洋产权制度的重构需要达成三重平衡：在国家主权与全球公益之间，在资源开发与生态保护之间，在技术创新与传统智慧之间寻找动态均衡。唯有如此，海洋才能从争夺的战场转化为人类可持续发展的蓝色纽带。

(四) 海洋自然资源产权的再分配

1. 海洋自然资源产权再分配的内涵

海洋自然资源产权的再分配是指海洋自然资源产权的市场化交易，包括国有海洋自然资源使用权的市场化出让以及已从国家处通过各种方式取得的海洋自然资源使用权的二次转让。这是在市场+政府海洋自然资源配置机制下，充分发挥市场对海洋自然资源的配置作用，提高海洋自然资源配置经济效率的重要体现。

2. 海洋自然资源产权的市场化出让

海洋自然资源产权的市场化出让是指国家将国家所有的海洋自然资源的产权通过市场机制转让给他人（集体、个人、企业等）使用的行为和过程。在具体操作上，通常会通过公开招标、拍卖等方式，将海洋自然资源的产权出让给出价最高或最符合条件的竞买者。这样可以确保产权的转让过程公平、公正、公开，避免人为因素的干扰。

这一过程具有多方面的特点和意义。从市场角度看，它可以通过市场供求关系和价格机制，吸引更多的投资者和经营者参与海洋资源的开发利用中，提高资源的利用效率和经济效益。同时，它也有助于推动海洋资源的可持续利用。竞买者在获得产权后，会更加注重资源的合理开发和保护，以实现长期的经济效益和环境效益的平衡。

海洋自然资源产权的市场化出让在海洋油气资源、矿产资源、海域资源等资源的开发利用领域有着广泛的应用，不过不同国家对这些资源采用的出让方式可能存在不同。例如，在海洋油气资源领域，美国定期拍卖海洋油气区块勘探权，企业通过公开竞标支付"红利"和矿区使用费；挪威政府通过"生产分成合同（PSC）"授予企业海洋油气资源勘探权，国家保留部分收益权。在海域使用领域，英国、荷兰等国通过海域租赁招标进行海上风电开发，并将电价补贴与投标价格挂钩。

3. 海洋自然资源产权的流转

从法律框架来看，多数国家承认海洋自然资源开发权和使用权的可转让性，但普遍设置了前置审批程序。例如，英国北海油气田的开采许可证允许企业转让权益，但必须通过能源部的技术能力和财务稳定性审查，且交易细节需向公众披露；挪威在北极地区的油气开发权转让中，更是要求受让方证明具备应对极端环境风险的能力。这种"政府把关"的模式旨在避免投机行为，确保资源开发的连续性和安全性。对于海域使用权，不同国家的灵活性差异较大：美国联邦水域的海上风电项目租赁权转让需经内政部海洋能源管理局（BOEM）批准，而荷兰填海造地区域的使用权虽可自由交易，但用途变更必须重新通过国家空间规划审批，凸显了"产权流动"与"国土规划"之间的平衡逻辑。

在资源类型方面，油气和矿产资源的转让规则往往最为严格。巴西盐下油田的开发权转让不仅需要国家石油管理局批准，政府还保留优先回购权，这种设计既吸引外资又保持了对战略资源的控制力。相比之下，公海矿产开发权的流转则完全受制于国际海底管理局（ISA）的监管——任何勘探合同均禁止直接转让，企业只能通过引入合作方并重新接受资质审核来实现权益变更。这种差异本质上反映了"国家主权"与"人类共同遗产"两类法律属性的根本区别。即便是相对灵活的海域养殖权（如韩国济州岛的海藻养殖），转让时也需承诺维持生态平衡，否则政府可强制收回权利，体现了资源利用与生态保护的动态博弈。

值得注意的是，环境和社会责任正成为制约产权流转的新兴因素。欧盟《海洋战略框架指令》明确要求，成员国在审批开发权转让时，必须评估项目对海洋生态系统的潜在影响，2022年瑞典就以此为由否决了一个波罗的海风电项目的股权交易。加拿大在北极海域资源开发中，将原住民社区的同意权嵌入转让流程，因纽特人部落对开发计划的否决可能导致交易失效。这种制度设计将"环境风险"和"社会公平"从抽象原则转化为具体的法律门槛，重塑了资源流转的价值判断标准。

当前国际趋势显示，海洋资源产权流转的市场化程度正在提升，但监管呈现"宽松准入"与"严格约束"并存的态势。英国2023年新规要求油气权益受让方承诺"净零排放"技术路径，澳大利亚强化了对原住民权益的追溯性保护，这些变化意味着投资者不仅需要关注当下的交易条件，更要预判政策演进的方向。总体而言，海洋资源开发权的二次转让既是提升资源配置效率的可行路径，也是考验跨国治理智慧的复杂命题。在海洋经济价值日益凸显的今天，如何在流动性与可持续性之间建立平衡机制，将成为各国立法和实践的核心议题。

四、我国海洋自然资源产权的界定

（一）我国海域空间资源产权的界定

我国海域空间资源产权模式是一个以国家所有权为核心，结合用途管制，并逐步探索市场化配置的复合型管理体系。这一模式旨在协调海域开发与生态保护的关系。该模式通过法律赋权、行政规划和经济杠杆的综合运用，协调海域开发与生态保护，并在近年通过产权登记、有偿使用等改革提升资源配置效率。

1. 总体情况

根据《中华人民共和国民法典》第二百四十七条与《中华人民共和国海域使用管理法》第三条规定，我国管辖海域（包括水面、水体、海床和底土）属于国家所有，国务院代表国家行使所有权。国家通过"两权分离"机制将海域使用权授予单位和个人，形成"所有权—使用权"二元结构。国家享有海域资源处置、收益和监管权，禁止任何组织或个人侵占、买卖或非法转让。相关单位或个人要获得海域使用权需通过政府部门审批，具体实行分级审批的行政管理体系：填海50公顷以上、围海100公顷以上、不改变自然属性用海700公顷以上的项目用海由国务院审批；其他项目用海由省级及以下审批。我国实行海洋功能区划制度（全国—省—市三级），划定10类一级功能区（如港口航运区、渔业资源利用区），2023年新版区划增设"海洋生态保护红线区"，占管辖海域的30%以上。海域使用权的申请和审批必须符合海洋功能区划的要求。我国对不同类型用海有最高年限要求，如养殖用海为15年、盐业用海为30年、港口码头用海为50年、旅游娱乐用海为30年、海底工程设施用海为30年等。

我国实行海域有偿使用制度。2006年起建立海域使用金制度，按用海类型、面积和等级征收海域使用金，其具体征收标准由地方政府规定，不同地区会有所差异。

《中华人民共和国民法典》第三百二十八条明确规定，依法取得的海域使用权受法律保护。海域使用权的转让、抵押和继承在法律上均有明确规定，但需满足特定条件和程序。自2007年起我国实施海域使用权不动产统一登记，截至2022年全国累计发放海域使用权证书12.6万本，确权面积超3.4万平方千米。[①]

2. 改革探索

我国正在海域空间资源产权领域进行一些改革探索。例如：

（1）试点海域空间分层确权。自然资源部2023年出台了《海域立体分层设权技术指引》，明确水面、水体、海床、底土可独立设权，不少地区已积极开展实践。广东阳江某海域将水面用于海上光伏发电（确权面积500公顷），水体用于深水网箱养殖，海床用于海底电缆铺设，实现"一海三用"。

（2）创设生态产权。山东探索"蓝色碳汇"交易，将海草床、盐沼湿地碳汇能力纳入海域使用评估，威海天鹅湖海草修复项目获碳汇收益1 200万元。

（3）深化市场化改革。包括积极探索、推广招拍挂等市场化海域使用权出让方式，放开海域使用权流转，允许海域使用权转让、出租、抵押等，利用市场机制提高海域空间资源配置效率。沿海11省份均设立海域使用权交易中心，2022年浙江"海域使用权+渔业养殖"捆绑拍卖模式溢价率达45%，浙江舟山2021年完成全国首例养殖用海经营权抵押贷款（评估价1.2亿元）。

3. 现实挑战

总体来看，我国海域空间资源产权制度还很不完善，在海域开发利用实

[①] 中华人民共和国自然资源部. 2022年中国自然资源统计公报 [EB/OL]. (2023) [2025-06-19]. http://www.mnr.gov.cn/sj/tjgb/202304/t20230412_2780537.html.

践中还存在诸多问题和挑战，以下是最为突出的几个方面。

（1）法律体系碎片化，产权界定模糊。包括：①立法分散与冲突。海域管理涉及《中华人民共和国海域使用管理法》《中华人民共和国渔业法》《中华人民共和国土地管理法》等十余部法律，而这些法律对某些问题的规定存在冲突，例如，滩涂资源在《中华人民共和国土地管理法》中被视为土地，而在《中华人民共和国海域使用管理法》中归属海域。这导致在缺乏统一协调的情况下，现实中权属争议频发。②权利层级不清晰。例如，海域使用权、承包经营权、抵押权等衍生权利缺乏精细划分、分层确权缺乏法定操作标准等。这给海域空间分层确权等产权改革新实践造成了很大障碍。据统计，2023年全国分层确权用海项目中，涉及海水养殖的案例仅占12%，且多数为单主体分层开发，多主体分层确权养殖案例不足5%，与此同时，因"空间叠压权属争议"导致海域分层确权受阻的案例却屡见不鲜，如渤海某风电项目就曾因与渔业用海冲突延期2年。③历史遗留问题难以解决。早期"先占先用"形成的养殖区未完全确权，如今与现行生态红线政策冲突，引起不少现实纠纷，江苏盐城保护区清退案例即是其中一个例子。

（2）市场化流转机制不畅，资源配置仍然低效。这一问题有多方面的复杂成因，如行政干预过重、流转成本高企、期限错配矛盾等。①行政干预过重。约70%的海域使用权仍通过行政划拨或协议出让，招拍挂比例不足30%，导致资源配置偏向地方利益集团[1]。②流转成本高企。海域使用权转让需经多层审批，税费占交易额40%以上，且评估体系不健全，抑制了金融资本的进入，如福建连江养殖权抵押贷款坏账率高达15%[2]。③期限错配矛盾。用海期限与基础设施寿命不匹配，企业续期面临政策不确定性，影响企业长期投资信心。

（3）生态保护与开发矛盾尖锐。一方面，现行海域使用金制度侧重经济价值评估，对生态成本考虑不足。如渤海湾某石化项目用海费用仅覆盖污

---

[1] 国家海洋信息中心. 2022年中国海洋经济统计公报［EB/OL］.（2023-04-14）［2025-06-19］. http://www.nmdis.org.cn/hygb/zghyjjtjgb/.

[2] 国家税务总局.《涉海企业税费负担调研报告》［R/OL］.（2020）［2025-06-19］. http://www.chinatax.gov.cn.

染治理成本的20%①。另一方面，用海项目环境评价局限于单个项目评价，导致开发累积效应失控。如长江口海域因密集港口、风电、养殖叠加，潮汐动力改变引发湿地严重退化。此外，生态红线执行的刚性也存在不足。如由于生态红线内历史用海项目清退补偿标准缺失，海南三亚红树林修复因纠纷拖延5年。

（4）利益分配失衡，社会公平受到挑战。例如，产权配置的市场化引发资本大量挤压传统渔民生产空间问题。浙江舟山近岸养殖区80%被企业控制，渔民被迫远海作业，成本增加40%②。再如，在部分地区发生村集体代理问题，部分村干部虚报海域面积转租牟利。一个案例中某村集体账目显示年租金收入500万元，实际发放渔民则不足100万元③。

（二）我国海洋渔业资源产权的界定

我国海洋渔业资源产权模式是一个以国家所有为基础、以行政管理为主导、兼具市场化探索的复合型管理体系。该模式在法律法规框架下，通过多层次制度设计平衡资源开发与保护，并在近年逐步融入产权细化和市场机制元素，以适应可持续发展需求。

1. 总体情况

我国海洋渔业资源产权模式以国家所有权为核心，通过《中华人民共和国宪法》和《中华人民共和国渔业法》确立国务院代表国家行使海域及渔业资源所有权，并以捕捞许可证制度实现行政授权使用，构建了"国家所有-行政许可"的产权框架。

我国现行海洋捕捞管理以行政许可为核心，构建了覆盖准入、区域、时间、总量四维度的管控网络：准入方面，实施捕捞许可证制度，渔业主管部

---

① 生态环境部．《渤海综合治理攻坚战行动方案评估报告》［R/OL］.（2021）［2025-06-19］. http：//www.mee.gov.cn.

② 浙江省农业农村厅．浙江省近海养殖区使用权分配现状调查报告［EB/OL］.（2022）［2025-06-19］http：//nynct.zj.gov.cn/art/2022/8/15/art_1229638532_58928748.html.

③ 农业农村部农村合作经济指导司．农村集体资产监管典型案例汇编（2018-2020）［M］.北京：中国农业出版社，2021.

门通过捕捞许可证向渔民或企业授予捕捞权，明确作业海域、船具规格和捕捞品种。空间方面，划定禁渔区、水产种质资源保护区等，通过生态红线限制开发强度。时间方面，实行伏季休渔制度，覆盖渤海、黄海、东海、南海四大海区，每年休渔期 2.5~4.5 个月不等，缓解资源衰退压力。总量方面，制定捕捞总产量限额与渔船功率指标，控制海洋捕捞投入，目前全国海洋捕捞渔船总数控制在 20 万艘以内，2023 年设定捕捞总量限额为 1 000 万吨。

针对不同的作业空间，我国实行不同的管制方案。对于 12 海里领海内的海洋捕捞活动严格实施捕捞许可与禁渔期制度，专属经济区对接国际配额规则，公海作业则通过远洋资质认证纳入全球治理体系。

为了补偿因捕捞活动对海洋渔业资源造成的影响，促进海洋渔业资源的可持续利用，我国根据《中华人民共和国渔业法》对从事海洋捕捞的单位和个人征收一定数量的渔业资源增殖保护费。

2. 改革探索

近年来，我国重点在推进海洋捕捞权从"行政管制"向"物权化+市场化"转型以及实施配额管理制度等方面进行了一些改革探索。

（1）海洋捕捞权物权化试点。浙江舟山 2019 年起将捕捞许可证纳入不动产登记体系，赋予抵押融资功能，累计发放捕捞权证 4 000 余本，激活渔船资产价值；山东试点捕捞权跨县转让，允许渔民合作社整合零散捕捞指标，提升作业效率。

（2）配额管理制度创新。《中华人民共和国渔业法》明确将"捕捞限额制度"作为法定管理工具，但未强制要求采用配额分配形式，赋予地方政府灵活实施的空间。所以，我国渔业资源管理仍以"投入控制"为主，尚未在全国范围内实施统一的捕捞配额制度。2020 年《全国重要生态系统保护和修复重大工程总体规划》提出"探索实施捕捞配额管理"，将其定位为生态保护配套制度。在山东、浙江等渔业大省，针对带鱼、对虾等特定物种正在开展区域性配额试点，配额分配对象以企业或合作社为单位，尚未实现个体化。

3. 现实挑战

我国海洋渔业资源产权制度还在完善过程中，但是由于技术、制度与社会等各种阻力因素交织，我国很多海洋渔业资源产权制度改革探索面临不小挑战。

（1）法律衔接矛盾。《中华人民共和国渔业法》虽规定捕捞许可证制度，但未明确捕捞权的物权属性，导致其无法作为有效抵押标的物；渔船"双控"指标与配额制度冲突，部分区域因渔船减少导致配额闲置，而低资源量区域渔船过剩引发违规捕捞，造成约30%配额浪费。

（2）市场机制缺位。资源有偿使用制度尚未全面推行，渔业产值中仅0.7%体现资源成本，价格信号未能有效调节供需。

（3）监管成本高企。海洋捕捞监管涉及多个部门，职责交叉，协调困难，加上海洋捕捞渔船数量众多，全国约50万艘渔船分散作业，小型渔船（<24米）占绝对多数，单船年监管成本超1.5万元，且违规捕捞查处率不足40%。

（4）配额制度实施的社会阻力大。传统渔民对于实施配额制度较为抵触，63%的个体渔民认为配额制度压缩了作业自由（浙江调查数据），部分区域出现"证船分离"黑市交易。

（5）国际履约压力大。过度捕捞导致东海带鱼等种群萎缩，面临区域渔业组织捕捞配额约束，需重构国内管理机制与国际规则衔接。

（三）我国海洋矿产资源产权的界定

我国海洋矿产资源产权模式是建立在海洋矿产资源国家所有制基础上，通过法律、行政法规和政策体系进行规范管理的复杂系统。

1. 总体情况

我国海洋矿产资源的产权制度由《中华人民共和国宪法》《中华人民共和国矿产资源法》《中华人民共和国海域使用管理法》《中华人民共和国民法典》等法律共同构建，核心原则是"国家所有、依法审批、有偿使用"。涉及的矿产范围包括近海和专属经济区的油气、天然气水合物、滨海砂矿（如钛铁矿、锆石）、深海多金属结核等。

根据《中华人民共和国宪法》第九条、《中华人民共和国矿产资源法》第三条规定，我国所有海洋矿产资源都归国家所有，企业可以向自然资源部或省级自然资源主管部门提出申请，通过招标、拍卖、挂牌等竞争性方式取得探矿权或采矿权。国际海底区域资源开发需遵守《联合国海洋法公约》。

企业从事海洋矿产资源勘探或开发需缴纳矿产资源权益金，具体涉及四项费用：矿业权出让收益、矿业权占用费、资源税和矿山环境治理恢复基金（见表2-2）。

表 2-2　　　　　　　　海洋矿产资源勘探开发涉及的费用

费用类型	法律性质	用途	征收阶段
矿业权出让收益	国家所有者权益的经济实现	资源稀缺性价值	矿业权取得时
矿业权占用费	矿业权占用成本	维护矿业权管理	按年度征收
资源税	资源开发的环境补偿税	生态修复、地方公共事业	开采阶段按销售额征收
矿山环境治理恢复基金	生态修复履约担保	矿山闭坑后环境恢复	开采前预存

以某企业开发海上油气田为例，上述费用的含义是：竞拍阶段，企业支付矿业权出让收益（如10亿元）；持有阶段，企业每年缴纳矿业权占用费（按区块面积计算）；开采阶段，企业按销售额缴纳资源税（税率6%）；闭坑阶段，企业使用矿山环境治理恢复基金修复生态。

探矿权、采矿权可依法转让，但需满足资质条件并经自然资源部门批准；受让方需具备相应技术能力、资金实力和环保合规记录，转让合同需备案。

2. 改革探索

近年来，我国在完善海洋矿产资源产权方面进行了多项改革探索，其中很多探索是在完善矿产资源产权制度的大框架下进行的，主要包括：

（1）改革产权制度。推进自然资源统一确权登记试点，明确海洋矿产资源的产权边界和权责关系。逐步推行油气等矿产资源的竞争性出让，打破传统"申请在先"模式，提高资源配置效率。鼓励社会资本参与海洋矿产资源开发，推动市场化运作。建立海域使用权和矿业权交易平台，以促进产权流转。

(2) 改革权益金制度。2017 年《矿产资源权益金制度改革方案》实施，将矿业权出让收益、资源税等整合为权益金，与国际接轨，减少企业重复负担。

(3) 强化海洋生态保护。划定重要海洋生态功能区（如珊瑚礁、红树林等区域），禁止或限制矿产资源开发。要求海洋矿产开发项目必须通过环评，实施"谁开发、谁修复"的生态补偿机制。要求企业采用环保技术（如深海采矿须配备防污设备），未达标者不予续证。

(4) 探索深海矿产资源开发。通过与国际海底管理局（ISA）签订合同，中国五矿、中国大洋协会已获得 4 块国际海底矿区勘探权，2017 年南海天然气水合物试采成功，推动相关产权与收益分配机制的探索。

(5) 加强数字化管理。实现探矿权、采矿权、海域使用权审批线上化，提升透明度。建立海洋资源动态监测系统，利用卫星遥感、无人机对非法开采活动进行监控，并加大执法力度。

3. 现实挑战

当前，我国在海洋矿产资源产权领域存在的挑战有：

(1) 法律和监管体系需要完善。海洋矿产资源管理规则现分散于《中华人民共和国矿产资源法》《中华人民共和国海域使用管理法》《中华人民共和国海洋环境保护法》等法律中，缺乏针对海洋矿产资源的专项立法。海洋矿产开发监管涉及自然资源、生态环境、海事、外交等多部门，审批流程冗长且存在监管盲区。

(2) 生态保护与资源开发的矛盾突出。一些地方政府为追求经济增长，忽视生态保护，违规审批近海砂矿开采，导致海岸侵蚀、生物多样性下降等严重的生态环境问题，如海南万宁曾因采砂引发海岸线退缩。

(3) 深海资源开发面临技术瓶颈。深海矿产开发技术难度大，国际市场竞争激烈，我国深海装备严重依赖进口，采矿机器人、深海钻探设备等核心技术受制于人，在争取深海采矿权益方面面临欧美国家的技术霸权挑战，在国际规则制定中的话语权有待提升。

(4) 资源开发权益分配存在争议。在我国海洋矿产资源开发领域，国有企业和民营企业竞争不平等，民营企业因资质和资金门槛要求，在深海矿产资源开发领域参与度很低。此外，由于部分资源开发收益中央分成比例高（如海洋油气资源开发中央分成比例为85%），地方积极性不足。

第四节 海洋自然资源价值理论

一、自然资源价值观的演变

（一）理论争鸣：劳动价值论 vs 效用价值论

在学术领域，存在着自然资源无价值和自然资源有价值两种观点的争论。

持自然资源无价值观点的学者以马克思的劳动价值论为理论基础。马克思的劳动价值论认为，价值是凝结在商品中的一般的、无差别的人类劳动，只有人类劳动才创造价值[1]。由于自然资源是天然存在，其中不包括人类劳动，所以部分学者认为自然资源没有价值。马克思也曾指出，未开垦的土地没有价值，因为没有人类劳动物化在里面[2]。

持自然资源有价值观点的学者以效用价值论为理论基础。效用价值论以"稀缺"和"效用"来解释价值的形成。该理论认为，效用（即物品能够满足人类某种需要的能力）是价值的源泉，只要某种物品能够满足人类的某种需要，它就具有价值，否则就不具有价值。该理论还认为，"稀缺性"也影响价值，效用决定价值是否存在，稀缺性决定价值的大小。按照效用价值论，自然资源对人类是有用的，因而它是有价值的。

（二）当代共识：可持续发展视角下的价值重构

自然资源价值观之争产生的根源在于对"价值"概念的定义存在着本质区别。马克思对价值的定义是无差别的人类劳动，而效用论对价值的定义是"有用性"。如果基于马克思的价值定义，自然资源自然是无价值

---

[1] 胡碧玉. 马克思主义政治经济学[M]. 成都：西南交通大学出版社，2013.
[2] 孙吉亭. 论我国海洋资源的特性与价值[J]. 海洋开发与管理，2003（3）：15-19.

的，而如果基于效用论的价值定义，自然资源就是有价值的，所以，问题的关键在于究竟基于哪个定义来评判自然资源是否有价值，如果所基于的定义本身不同，那么争论是没有意义的。事实上，虽然劳动价值论将劳动作为价值形成的源泉，但是马克思并没有否认不包含人类劳动的东西可以有价格。例如，他虽然认为未开垦的土地没有价值，却承认地租的存在。因此，如果统一从价格角度定义价值，劳动价值论和效用价值论并不矛盾且会得出一致的结论。

在人类社会早期，生产力水平低下，自然资源相对丰富，人们将空气、水、森林等自然资源视为无价值的公共物品，使用不受限制。随着工业革命的到来，大规模工业化生产对资源需求激增，煤炭、铁矿石等成为重要工业原料，其稀缺性逐渐显现，资源无价值观念开始动摇。20世纪中叶后，环境问题频发，人们发现过度开发资源会引发生态破坏，威胁人类生存，资源不仅具有经济价值，还具有生态价值，如森林能调节气候、保持水土、维护生物多样性等。同时，资源在文化、社会层面的价值也被重视，如一些自然资源成为文化象征、旅游资源，承载着社会休闲娱乐功能，从而使资源有价值的观念在多维度得到深化。如今，可持续发展理念深入人心，自然资源有价值已成为社会共识并被置于更全面的视角考量。

二、海洋自然资源价值的构成

本书基于效用价值论即"有用性"来定义海洋自然资源价值，认为海洋自然资源是有价值的。这也是当今占主流的观点。从这一角度出发，海洋自然资源价值由使用价值和非使用价值构成。其中，使用价值包括直接利用价值、间接利用价值和选择价值；非使用价值包括传承价值和存在价值[①]。

（一）海洋自然资源的使用价值

海洋自然资源的使用价值是指某一种海洋自然资源在被使用或消费时能

---

① 贾欣. 海洋生态补偿机制研究 [D]. 中国海洋大学，2010.

够满足人们的某种需求偏好的能力。

1. 直接使用价值

直接使用价值是指海洋自然资源为人类生产和消费直接提供有用的物质，包括食品、能源、原材料等实物和从海洋资源环境中得到的休闲娱乐、健康等服务。

2. 间接使用价值

间接使用价值是指海洋自然资源发挥各种生态环境功能来支持人类生产和消费的价值。其功能包括水源涵养、水文调节、营养循环、大气调节、温度调节、吸纳污染等，虽然不直接进入人类生产和消费领域，但也是维持人类生态环境系统平衡的保障和关键。

3. 选择价值

选择价值是指人们为保留未来（包括子孙后代）使用或获取海洋资源的权利而愿意支付的费用或代价[①]。这种价值体现了人们对未来不确定性的应对策略。

（二）海洋自然资源的非使用价值

1. 传承价值

传承价值是指为了某种海洋自然资源继续存在而愿意支付的价值。

2. 存在价值

存在价值是指海洋自然资源独立于人类直接利用的固有意义，表现为对生命系统、生态完整性及未知潜力的尊重。例如，即使人类不捕捞或开发，深海热液喷口的独特生物群落仍承载着地球生命起源的奥秘，珊瑚礁作为"海洋热带雨林"维系着生物多样性的根基，而未被探明的海洋物种可能蕴含未来医药或科技的突破钥匙。这种价值超越了经济衡量，成为人类与自然共生伦理的基石——保护海洋即守护地球生命网络的未知可能性与内在平衡。

---

① 万萍萍. 城市健身休闲空间的游憩价值评估研究 [D]. 福建师范大学, 2015.

三、海洋自然资源价值评估

(一) 海洋自然资源价值评估的含义与功能

1. 海洋自然资源价值评估的含义

海洋自然资源价值评估是对海洋生态系统中各类资源的经济、生态和社会价值进行系统量化的过程，评估对象包括可开发资源（如渔业、油气、矿产）及非市场资源（如红树林的碳汇能力、珊瑚礁的生物多样性）。评估内容包括直接使用价值、间接使用价值、选择价值、传承价值及存在价值（文化认同感），评估的目标是使海洋自然资源所蕴含的经济、社会、生态等方面的价值得到全面反映。

2. 海洋自然资源价值评估的功能

海洋自然资源价值评估最主要的功能是揭示海洋自然资源的隐性价值。许多海洋自然资源（如海洋的碳汇能力、湿地的水质净化功能）的生态服务价值长期被市场忽视，开展海洋自然资源价值评估可以揭示这些隐性价值，并将其纳入资源价格，纠正"免费使用"的误区，从而实现对这些资源功能的保护。此外，开展海洋自然资源价值评估还可以应对市场失灵。海洋渔业资源、海洋环境资源等海洋自然资源常因产权不明或公共属性被低价甚至无偿使用，导致"公地悲剧"，评估可为其定价，纳入经济决策，避免市场扭曲。

(二) 海洋自然资源价值评估的目的与管理应用

1. 海洋自然资源价值评估的目的

开展海洋自然资源价值评估的直接目的是更精确掌握海洋自然资源开发的成本，从而为更合理确定海洋自然资源价格提供标准。海洋自然资源价格应该是海洋自然资源价值的反映，合理的海洋自然资源价格应该实现对海洋自然资源价值的全覆盖。只有精确掌握海洋自然资源价值，才能依此制定合理的海洋自然资源价格。

开展海洋自然资源价值评估的根本目的是将海洋开发利用中的外部性内

部化。如果一项政策或者一个投资项目可以直接作用于市场,也就是说它们所影响到的某种或某些产品的价值可以通过市场体现出来,则能够很容易地使用显示偏好方法来衡量该政策或投资项目的成本和收益[①]。然而,在海洋自然资源开发领域,由于种种主观和客观的原因,外部性问题广泛存在,这导致在完全市场机制下,很多海洋自然资源除了直接使用价值外,其他价值很难通过市场价格机制反映出来,进而出现社会效益大于私人效益或者是社会成本大于私人成本的情况,引起海洋自然资源的错配。因此,无论是在何种情况下,都有必要对海洋自然资源价值进行评估,并依此采取相应的政策或措施对海洋自然资源价格进行调整,将游离于市场之外的外部性内部化,以提高海洋自然资源开发利用效率。

开展海洋自然资源价值评估的最终目的是实现海洋自然资源的可持续开发利用。外部性所引起的海洋自然资源错配在现实中总是表现为环境污染、生态破坏、资源浪费等严重的不可持续发展行为,为此,政府常通过海洋自然资源价值评估,采取资源有偿使用、征税、生态补偿和损害赔偿等手段矫正市场失灵,推动海洋自然资源的可持续开发利用。

2. 海洋自然资源价值评估的管理应用

海洋自然资源价值评估通过量化海洋生态系统服务、经济价值和生态风险,为海洋资源管理提供科学依据,直接推动了一系列管理行为和政策工具的革新。以下是当前一些主要的应用场景及对应的管理实践。

(1) 用于海洋空间规划与保护区管理。在规划海洋空间开发利用时,可以通过评估珊瑚礁、红树林、海草床等生态系统的生物多样性价值、碳汇能力及防灾效益,确定优先保护等级,为划定海洋保护区提供依据;可以通过评估渔业、航运、油气开采、旅游等不同用海活动的经济收益与生态成本,优化海洋空间布局,协调用海冲突。例如,各国在进行海域空间规划时,通常基于海洋自然资源价值评估结果,将海域划分为严格保护区、限制利用区和适度开发区等类型,对海域开发利用实行空间管制。

(2) 用于海洋渔业资源的可持续利用管理。海洋自然资源价值评估常

---

① 张巨勇. 环境资源的价值评估 [J]. 商场现代化, 2005 (14): 167-168.

用于海洋渔业资源存量评估，量化鱼类种群的经济价值及生态价值，预测过度捕捞的长期损失，并在此基础上形成捕捞配额、禁渔期与禁渔区、生态标签认证等海洋渔业管理制度。

（3）用于海洋生态补偿与生态修复。例如，可以通过海洋自然资源价值评估来量化海洋自然资源的生态服务价值（如碳汇、生物多样性保护），为开发活动造成的生态损失提供经济补偿依据。此外，可以将海洋自然资源的生态价值纳入银行体系，允许开发者通过购买"生态信用"抵消其开发行为的负面影响；可以评估海洋碳汇价值，将红树林、海草床等的固碳能力转化为碳汇额度，通过交易市场获得资金支持；可以识别受损严重且服务价值高的区域加以优先修复，可以评估海洋生态修复项目的经济价值增强项目可行性。

（4）用于海洋污染与生态损害赔偿。在海洋污染等造成海洋生态损害的行为场景中，可以通过海洋自然资源价值评估，来估算海洋生态损失，并按照损害者付费原则根据评估结果向责任方索赔。例如，在渤海蓬莱19-3油田溢油案中，根据事故导致的渔业损失、滨海旅游收入下降及生物多样性恢复成本等，向责任方索赔68亿元。海洋自然资源价值评估还可以用于排污权交易，通过评估海洋自净能力，设定排污总量和可交易的排污权配额。

（5）用于规范海洋产业布局。例如，在海上风电场景中，用于测算风机建设对底栖生物、鸟类迁徙的干扰成本，优化项目选址；在海洋能、海水淡化等项目场景中，用于设定生态门槛，严格产业准入标准。

（6）用于跨国海洋治理与国际合作。海洋自然资源价值评估为跨国海洋治理提供了"通用语言"，通过量化生态服务价值，推动国家间在资源开发、生态保护、资金补偿等方面的协作。例如，澳大利亚与太平洋岛国通过评估大堡礁的生态旅游、碳汇等价值，在珊瑚礁保护问题上开展合作；北海沿岸国家通过评估石油资源价值，制定《北海大陆架公约》划分开发区域，协调沿岸国的开发权益；北欧国家在波罗的海合作中，采用"生态服务价值互换"机制，允许各国通过在本国海域修复湿地抵消对岸海域开发的影响。

(三) 海洋自然资源价值评估的理论基础

1. 边际效用价值论

边际效用价值论认为商品的价值是由其边际效用决定的,物品的边际效用随着商品消费的增加而减少,这就是边际效用递减定律。边际效用价值论是 19 世纪 70 年代英国的杰文斯、奥地利的门格尔等人几乎同时提出的。奥地利学派重要代表人物维塞尔于 1889 年在其《自然价值》一书中认为某一财物要有价值,必须既有效用,又有稀缺性,两者相结合为边际效用。一方面,需求保持不变,供给越大,边际效用和价值越小,反之亦然;而另一方面,需要越大,边际效用和价值越高,反之亦然。

2. 稀缺价值论

稀缺论认为凡是稀缺的有用物品都有价值,越稀缺的物品价值越高。根据这种观点,资源具有稀缺性和有限性,自然资源的丰度、地理分布位置的差异即资源禀赋的差异以及资源的供求关系共同决定着资源的价值。资源稀缺性越强,则资源价值就越大[①]。由于自然资源,特别是不可再生资源的数量是有限的,随着开发使用数量的增加,稀缺性也会增加。可见,稀缺价值论和边际效用论实际上是相伴而生的。

3. 地租理论

地租是土地所有者凭借土地所有权获得的收入。地租理论可以用来分析资源价值的形成与决定。地租有两种形式:级差地租和绝对地租,经营垄断产生级差地租,所有权垄断产生绝对地租。级差地租又分为两种形式:级差地租 I 是由位置、土地自然肥力等自然因素差异产生的;级差地租 II 则是由追加投资因其生产率变动带来的。自然资源的价值也就是土地租金的表现形式,资源的丰度及质量差异等因素造成了资源价值量的差异。

4. 边际机会成本论

现代自然资源经济学家提出,当前对自然资源的开发利用,会导致未来开发成本增加,各种约束限制加强以及环境成本升高,从而产生使用自然资

---

① 李霞,崔彬.关于自然资源价值的思考[J].中国矿业,2006 (8):1-3+7.

源的机会成本①。自然资源的消耗和使用应包括三种成本：①边际生产成本。它是指为了获得资源而必须投入的直接费用。②边际使用者成本。它是指将来使用此资源的人所放弃的净效益。③边际外部成本。它主要是指资源开发利用过程中对外部环境所造成的损失。该理论认为，自然资源产品的价格包括资源开发利用的边际成本和边际机会成本（又称稀缺性地租）两个组成部分。边际机会成本理论被广泛应用于自然资源定价中。

5. 供求价值论

供求价值论认为商品价值是由供给和需求同时决定的，即由需求者和生产者同时决定。历史上出现了成本价值论和效用价值论两种主张。马歇尔将两种观点综合起来，认为边际效用决定商品的需求，生产成本决定商品的供给，需求曲线向下倾斜，供给曲线向上倾斜，二者的交点，决定了商品的均衡价格和数量，需求和供给的移动影响均衡价格和数量②。简而言之，这种观点认为，在市场化条件下，价值等同于价格，只要有价格就必定有价值，因此，自然资源的价值实际上就是资源所有者所能够获得的经济利益。

6. 补偿价值论

补偿价值论认为，可再生资源的价值是补偿、恢复其原有状态所需要的代价③，其思路是如果人类使用某资源后，能够使其恢复原状，那么该资源就可以被认定为没有损耗，从而该资源的价值可以用补偿、恢复其原有状态的代价来衡量。这种方法的优点在于体现了可再生资源的恢复和更新要求，自然资源价格尤其是可再生资源的价格可以依据补偿的费用来确定。其缺点是不适用于不可再生资源，也不能反映可以自然恢复情况下的资源使用价值。

(四) 海洋自然资源价值评估方法

当下，国际社会普遍认同对自然资源进行价值评估具有极其重要的意

---

① 姚利辉. 森林资源价值计量理论基础的局限性分析 [J]. 绿色中国，2005（12）：54-55.
② 韩君. 生态环境质量约束条件下能源资源性产品定价机制研究 [D]. 兰州大学，2014.
③ 黄余. 可持续性视角下的可再生资源定价方法研究 [D]. 广东商学院，2011.

义，但又都认为这项工作存在着极大的难度。长久以来，国内外的专家学者对自然资源价值的评估方法展开了广泛而深入的研究。当前工作的重点依然主要集中在对自然资源的直接使用价值以及间接使用价值的计量方面，而对于选择价值、遗传价值和存在价值等价值的计量研究却相对较少，因此，这项工作的目标尚远未达成。基于这种情况，这里仅对海洋自然资源价值评估领域相对具有一定影响的一些方法给予简要介绍。

1. 直接参与市场交易的海洋自然资源估价

对于能够直接参与市场交易的自然资源，一般采用直接市场价值法进行估价，主要有市场估价法、成本费用法、净价法等[①]。

（1）市场估价法。该方法是根据海洋自然资源在交易和转让市场中形成的价格来评估海洋自然资源的价值。应用该方法的前提条件是海洋自然资源市场发育较为成熟且市场秩序较为规范，海洋自然资源开发不存在过于明显的外部性等。海洋空间资源、海洋矿产资源等可采用这种方法进行估价。

（2）成本费用法。该方法通过分析海洋自然资源成本构成及其表现形式，间接推算海洋自然资源价值，如通过公式"资源产品价格＝生产成本＋平均利润"来推算。

（3）净价法。该方法根据海洋自然资源产品的市场价格扣除成本和费用间接推算海洋自然资源价值。例如，海洋矿产资源价值可用公式 $P = P_1 - C_1(1+p) - P_2$ 推算。式中，P 为该矿产资源价值；P_1 为该矿产品市场价格；C_1 为该矿产品采选总成本；p 为采矿业平均利润率；P_2 为该矿产品开发运输费用。

以上估价方法都要求具有资源市场交易和价格信息。现实中，很多海洋自然资源缺乏相应的市场交易机制，也就无法形成市场价格，难以采用此类方法估价。

2. 无市场交易的海洋自然资源估价

有些海洋自然资源没有直接参与市场交易，估价需要采用替代市场法和假想市场法。

---

① 葛京凤，郭爱请. 自然资源价值核算的理论与方法探讨 [J]. 生态经济，2004（S1）.

(1) 替代市场法。用替代市场价格估算海洋自然资源价值或价格，称为替代市场法，主要有旅行费用法、替代价格法、收益还原法、重置成本法等。一般用于评估具有间接利用价值和选择价值的海洋自然资源的价值。

①旅行费用法[①]。将旅行费用作为替代物来衡量旅游景点或娱乐物品的价值，例如对海洋自然风光、娱乐场所的价值估算。具体计算方法如下：

首先根据公式 $Q_i = V_i/P_i$ 估算旅游率，式中，Q_i 为旅游率；V_i 为 i 区域中到评价地点的旅行人数的总数；P_i 为 i 区域的人口总数。

然后估计实际旅游需求曲线 $Q_i = a_0 + a_1 CT_i + a_2 X_i$，式中 Q_i 为旅游率；CT_i 为从 i 区域到评价地点的旅行费用；X_i 为包括 i 区域旅行者的收入、受教育水平等的一系列相关的社会经济变量。根据以上两式可求得旅游需求曲线系数 a_0，a_1，a_2，得出旅游需求曲线。

最后根据旅游需求曲线，估算出消费者剩余价值，将其与旅行总费用相加，即是旅行者对评估地点的总价值。

②替代价格法。用资源替代物的市场价格来衡量没有市场价格的资源价值的方法。替代价格法的理论基础是边际效用价值论，即商品的价值在于提供边际效用，具有相同边际效用的商品其价值相同。不可再生性资源的替代价格就是发现、开发和获取替代资源的成本。技术进步可以使不可再生资源被其他各种资源或产品替代。

替代价格法使用的关键是那些可交易的市场物品是海洋自然资源可以接受的替代物，有些可交易的市场物品只是海洋自然资源所能提供的全部价值的一部分。例如，游泳池不能代替海滩，动物园不能代替野生动物的栖息地等。替代价格还取决于科技的发展，如果一种海洋自然资源的可开采储量即将用完却还没有找到有效的替代品，那么它的稀缺性就会增加，市场价格就会上升。相反，如果替代品很充足，并且价格较低，那么即便是一种不可再生的资源，随着开采量的减少，其价格也不会上升。

[①] 段志霞. 海洋资源性资产的保值增值问题研究 [D]. 中国海洋大学，2008.

③收益还原法。将未来的预期收益按照一定的折现率折算为现值对海洋自然资源进行估价。计算公式为 $P = \sum_{i=1}^{n} R_i/(1+r)^i$，式中，$P$ 为海洋自然资源价值；r 为折现率；R_i 为海洋自然资源的年平均净收益，n 为海洋自然资源收益年限。一般采用一年期银行存款利率加上风险调整值，并扣除通货膨胀率作为折现率。

④重置成本法[①]。即以重新构建与被估计海洋自然资源相同或类似的全新资源所需要的全部费用（重置成本），在扣除折旧、贬值等因素后作为被评估资源的价值。其理论基础是补偿价值论，其计算公式为 $V = C_{re} - D_f - D_p - D_e$，式中，$C_{re}$ 为重置成本；D_f 为功能性贬值；D_p 为实体性贬值；D_e 为经济性贬值。

功能性贬值是指由于技术进步造成的贬值，包括成本的相对增加和利润的相对减少。这种贬值可以用公式 $D_f = \Delta C \times r_c$ 或 $\Delta D_f = \Delta P \times r_c$ 计算，式中，ΔC 为使用被评估资源生产成本相对增加额；ΔP 为使用被评估资源生产销售额相对减少值；r_c 为剩余使用年限年金折现系数。

实体性贬值是指资源使用或开采所造成的折旧，可以用观察法或使用年限法估算。观察法计算公式为 $D_p = C_{re}(1-n)$；使用年限法计算公式为 $D_p = (C_{re} - M_r) \times Y_1/Y$，式中，$n$ 为资源成新率；M_r 为资源报废清理时的残值；Y_1 为资源实际使用年限；Y 为资源总使用年限。

经济性贬值是指由于通货膨胀、市场变化等引起的贬值，可以使用公式 $D_e = M_1(1-t_1)r_c$ 计算，式中，M_1 为资源年收益损失金额；t_1 为所得税率；r_c 为剩余使用年限年金折现系数。

重置成本法有其合理性，比较适用于对资源或环境损失的估价。但也有缺点：一是不能反映资源的效用价格、需求价格；二是对不可恢复资源（如石油开采、种群灭绝）用重置成本法无法估测其价格；三是资源的完全重置基本上不可能，有些只能部分重置。

---

① 梁亚民，韩君. 能源资源定价机制理论与方法研究［J］. 甘肃社会科学，2015（6）：176-180.

（2）假想市场法。如果海洋自然资源交易既没有直接市场又找不到替代市场，需要人为构建一个假想市场来估算海洋自然资源价值。例如，意愿评估法就是根据对消费者的调查，确定其对海洋自然资源环境效益的支付愿望，并获取反映海洋自然资源环境效益或损失的信息。在某些地区开展自然景观点或者自然保护区建设时，可采用该方法估计其遗传价值和存在价值，但因受主观影响较大，其估价结果有较大的偏差。

3. 其他方法

理论界还有一些其他的估价方法，虽然估价结果的不确定性较大，但可以参考。

（1）边际机会成本法。该方法是根据边际机会成本理论估算海洋自然资源产品的价值。计算公式为 $P=MPC+MUC+MEC$，式中，P 为边际机会成本（海洋自然资源产品价值）；MPC 为边际生产成本；MUC 为边际使用者成本；MEC 为边际外部成本。

MPC 可分为边际勘探成本、再生产成本、管理成本等，具体包括收获资源必须支付的原材料、动力、工资、设备等成本。MUC 指以某种方式使用此资源的边际数量所放弃的以其他方式利用此资源可能获得的最大边际净效益，其可以是现在使用该资源所放弃的将来使用此资源所带来的纯收益，也可以是将来在某一价格水平上被使用替代品或替代技术的价格。MEC 指资源开发利用过程中对外部环境所造成的当代或未来的非市场性的边际损失。

边际机会成本法是基于这样的出发点：资源是有限的，但是人的需求是无限的，要用既定的资源尽可能满足最大需求，就应该把所有资源都用到最有价值的地方，而且衡量价值不仅要考虑资源使用的直接收益，还要考虑其他因素影响。边际机会成本法将资源与环境结合起来，从经济学角度来度量使用资源所付出的全部代价，它弥补了传统观点中忽视资源使用所付出的环境代价以及后代人或当代受害者利益的缺陷，可以说是一个突破[①]。另外，边际机会成本法可以作为决策的有效依据来判别有关资源环境保护的政策措

---

① 洪丽君. 自然资源定价理论与方法综述［D］. 华中科技大学，2007.

施，包括投资、管理、租税、补贴以及资源的控制价格等是否合理。但是将其应用于海洋自然资源价格测算还存在一定困难，一是计算公式中的 MPC 比较容易获得，而 MUC、MEC 的获取则比较困难；二是由于同一资源在不同地区的 MUC、MEC 的计算内容与方法不同，使 MOC 缺乏可比性，难以进行时空分析和从宏观上把握海洋自然资源价格的变化。

（2）影子价格法。影子价格是资源处于最佳分配状态时其边际产出价值，也可以说是社会经济处于某种最优状态下能够反映社会劳动消耗、资源稀缺程度和对最终产品需求状况的价格。由于影子价格是根据资源稀缺程度对现行价格的修正，并且包括一些不能用价格标示的社会效益和损失，它更多地是从整个社会对自然资源的使用和消耗的角度进行研究。因此，运用该方法可以直接确定自然资源的社会价格，这样得到的自然资源价格，既能反映该资源在整个经济运行中所起的机制性作用，又能反映所耗费、使用的资源对生态系统的牵动和影响[1]。

影子价格是以线性规划为计算方法计算海洋自然资源价值，其计算方法为：

第一步，构建目标函数 $\max Z = \sum C_j x_j$ （$j = 1, 2, \cdots, n$）

第二步，给出约束条件 $a_{i1}x_1 + a_{i2}x_2 + \cdots + a_{in}x_n \leq S_i$（$i = 1, 2, \cdots, m$）；$x_j \geq 0$，式中，$Z$ 为目标值（生态、经济效益等）；C_j 为 x_j 为不同海洋自然资源的配置数量或某一种标的海洋自然资源在不同用途的配置数量；C_j 为资源开发收益系数；a_{ij} 为约束系数；S_i 为各类约束的约束限值。

利用该规划的对偶规划可以求出各类（或某一）海洋自然资源的影子价格。该价格可用于海洋自然资源定价、确定资源开发优先级等资源管理决策。

（3）资源耗竭价值估计法[2]。资源耗竭价值是指人类当前使用资源导致未来使用者无法使用该资源而造成的损失，相当于该资源的未来价值。资源耗竭价值可以通过使用者成本来进行估计，其计算公式为 $UC = Y - R$，$\dfrac{Y}{R} = 1-$

---

[1] 林幼斌，刘春学. 影子价格理论及其应用 [J]. 云南财贸学院学报，2001（5）：50-54.
[2] 丁玲丽. 自然资源核算浅析 [J]. 统计与决策，2005（14）：11-13.

$1/(1+r)^{n+1}$,式中,UC 为使用者成本;Y 为实际收入;R 为使用费(销售价扣除成本);r 为贴现率;n 为资源耗竭时间。

(4)生态价值估计法。该方法认为生态系统服务功能由若干单项服务功能组成,需要分别为各个单项服务功能选择适当的评价方法进行估算,然后再加总作为整个生态系统的生态价值。

第三章

海洋生产要素

生产要素指进行社会生产经营活动时所需要的各种社会资源，是维系国民经济运行及市场主体生产经营所必需的基本因素。西方经济学认为，生产要素包括劳动力、土地、资本和企业家才能等四种。工业革命以后，科学技术在推动经济发展中的作用日益明显，科技也被视为现代经济增长的重要源泉。进入数字经济时代，互联网、大数据、云计算等技术加速创新，数据要素规模爆发式增长，并深刻地融入生产、分配、流通、消费等环节，成为一种重要的生产要素。海洋生产活动是现代社会经济活动的重要组成部分，其运营过程也需要投入各种生产要素，我们把投入海洋生产经营活动中的生产要素称为海洋生产要素。从现代生产要素的基本内涵出发，可以将海洋生产要素分为海洋自然资源、海洋人力资源、海洋资本、海洋科学技术、海洋大数据和海洋管理。充分考虑海洋经济的资源依赖性、高投入性和高技术性等特征，推动各类海洋生产要素的创新性配置，对于加快发展海洋新质生产力，助推海洋经济高质量发展具有重要的意义。

第一节 海洋自然资源

一、海洋自然资源的概念

自然资源是指在一定社会经济技术条件下，能够产生生态价值或经济效益，以提高人类当前或可预见未来生存质量的自然物质和能量。从空间角度，地球上的自然资源分为陆地和海洋两大部分，共同为人类社会的生存和发展提供必要的物质和能量，如土地、水、生物、能量和矿物等。海洋自然资源是指存在于海洋空间内的各种自然资源，包括各种海洋天然物质、能量及海洋空间本身，如海洋生物资源、海洋矿产资源、海水及蕴藏在海水中的化学资源等。海洋自然资源是地球自然资源宝库的重要组成部分，具有巨大的开发潜力，是支撑未来发展的战略资源宝库。随着陆地自然资源开发强度的增大以及资源量的减少，种类繁多、储量丰富的海洋自然资源，在维持人类社会可持续发展中的地位和作用愈加突出。

通常，能够为人类所用并造福于人类社会的天然物质称为自然资源。随着海洋科学技术的发展，尤其是信息化、智能化技术的革新，人类能够勘测和利用的海洋自然资源种类越来越多，海洋自然资源的内涵边界也在不断拓展。例如，海洋天然气水合物被视为未来潜在的能源资源，其储量巨大，开发利用前景广阔；深海基因资源的研究为生物医药和生物技术产业提供了新的原材料和研究方向；大洋多金属结核富含钴、镍、铜等稀有金属，是重要的战略性矿产资源，具有广阔的应用前景。这些资源的开发利用，不仅拓展了人类对海洋自然资源的认识，也为海洋经济的发展提供了新机遇。

二、海洋自然资源的分类

对海洋自然资源进行分类是科学认识、管理、开发和保护海洋自然资源的基础。进入数字经济时代，依托卫星通信、物联网等信息技术，人类已逐步建立起"天空地海"一体化的自然资源观测系统，对海洋自然资源多样性的认识也在不断加深。海洋自然资源较常用的分类方法如下。

（一）按资源的自然属性分类

可以划分为海洋物质资源、海洋空间资源和海洋能源三大类。这是对海洋自然资源最基础的分类方法。

海洋物质资源是指海洋中一切可以利用的物质，包括海水本身及溶解于其中的各种化学物质、沉积或蕴藏于海底的各种矿物资源及生活在海洋中的各种生物体等。海洋物质资源种类繁多,陆地上有的物质资源门类在海洋中基本都有,而海洋中许多物种却是陆地上所没有的。

海洋空间资源是指可供人类开发利用的海洋三维空间,由一个巨大的连续水体及其上覆大气圈空间和下伏海底空间三大部分组成[①]。

海洋能源资源是指海洋中所蕴藏的可再生的自然能源,主要包括潮汐能、波浪能、海流能(潮流能)、海水温差能和海水盐度差能等(见图 3-1)。

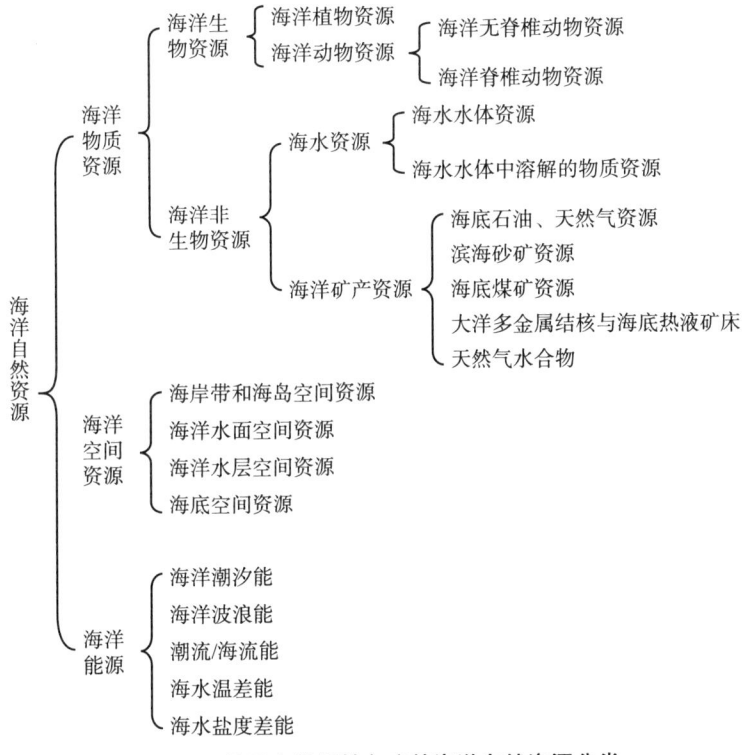

图 3-1 基于自然属性角度的海洋自然资源分类

(二)按可利用限度分类

可以分为耗竭性海洋自然资源和非耗竭性海洋自然资源。其中,耗竭性

---

① 朱晓东,施丙文.21 世纪的海洋资源及其分类新论[J].自然杂志,1998(1):22-34.

海洋自然资源按其是否可再生又可进一步分为可再生性海洋自然资源和不可再生性海洋自然资源。这种划分方法有利于加强对海洋自然资源的管理和开发利用。对于耗竭性不可再生海洋自然资源必须制订合理的开发计划，提高资源使用效率；对于耗竭性可再生海洋自然资源必须进行正确的维护和管理，防止过度开发，实现海洋资源的可持续利用（见图3-2）。

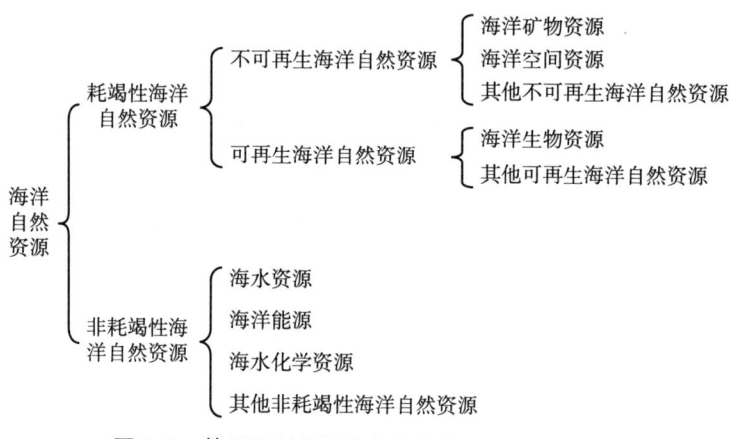

图3-2 基于可利用限度角度的海洋自然资源分类

（三）按来源分类

可以分为来自太阳辐射的资源、地球本身贮存的资源和地球与其他天体相互作用形成的资源三大类。第一类资源主要是直接或间接吸收并利用太阳的辐射形成的，包括海底石油、天然气，海水中的波浪、海流、温差、压力差以及各种海洋生物，它们都是太阳能不同的转换方式和贮存形式，太阳能是这些资源的再生基础。第二类资源指海水中溶解的各种化学元素和海底沉积的部分矿藏，它们与太阳辐射的关系不大或者无关，在地球形成之初就存在，经过各种内外力作用汇聚到海洋，少部分是火山活动产生的物质直接溶解在海水里。第三类资源主要指潮汐能、潮流能等。例如，海洋潮水的涨落是海水在月球、太阳的引潮力和地球自转所产生的离心力共同作用下形成的。

三、海洋自然资源的特征

(一) 自然特征

海洋自然资源是由多种生存于海洋空间的资源要素复合而成的自然资源综合体[①]，具有天然性、有用性和拓展性等自然资源的一般特征。同时，由于所依存环境的特殊性和复杂性，它还呈现出以下自然特征。

(1) 流动性。海洋中的化学物质资源、生物物质资源和部分海洋能量资源等，并不处于静止状态，而是不断运动的，如潮汐能、波浪能等就是由海水的流动产生的。海洋资源的流动性也导致了经济开发中的外部性问题，包括资源养护和收益不匹配、污染责任难以清晰界定等。

(2) 可变性。海洋自然资源的可变性主要体现在资源的种类和规模上。经济社会的发展和科技的进步，会带来海洋自然资源开发种类的增多和规模的扩大，如开辟新的海上航道、建设新的滨海空间基础设施、新的海洋能资源得到开发利用、海底油气资源开采规模大幅度提升以及开发利用新的海底矿产资源等。海洋自然资源可持续开发利用是建立在资源自身再生能力和有序管理的基础上，如果不加节制地盲目开发，就会破坏资源生成规律，加快资源缩减直至枯竭的步伐。

(3) 分布的立体性。海洋自然资源在海域空间的分布具有立体性特点。海水表面和上层空间，是重要的海上交通空间载体。广博的海洋水体，不仅繁衍生息着众多的海洋生物资源，还蕴含着丰富的海水化学资源和海洋能资源。在地形地貌错综复杂的海底空间，蕴藏着储量丰富的石油、天然气、多金属结核等矿产资源。海洋自然资源的分布立体性是当前推动海域立体分层开发的自然基础。

(4) 区域分布的差异性。海洋自然资源具有特殊的环境依赖性，在空间上呈现出分布的不均衡性和差异性。在不同经纬度区域和不同海底区域，

---

① 徐质斌，牛增福. 海洋经济学教程 [M]. 北京：经济科学出版社，2003.

受特殊的气候和环境影响，能够形成不同的海洋生物群落。由于地质作用方式的不同，海洋矿产资源、海洋能源、海洋空间资源等都具有明显的区域差异性，导致了海洋自然资源在海域空间分布的"贫富不均"。

（二）经济特征

无论是陆地资源还是海洋资源，其经济表现特征存在许多共性。海洋资源的经济特性同样包括稀缺性、财产性、市场性、多用性等。此外，海洋自然资源还具有以下经济特性。

（1）产权复杂性。某些海洋资源具有纯公共物品的性质，具有非竞争性和非排他性，如海洋水体资源；某些海洋资源属于公共池塘资源，具有非排他性和竞争性，如海洋渔业资源等；还有的海洋资源属于俱乐部物品，具有排他性和非竞争性特点，如收费的海滨公园、海水浴场等。从类型来看，多数海洋自然资源属于公共池塘资源或纯公共物品，面临产权不清晰导致的无序开发、责任模糊等现实困境，进而容易引发"公地悲剧"。

（2）开发与保护的外部性。在海洋自然资源开发过程中，存在着广泛的外部性，包括正外部性和负外部性。负外部性如海洋石油工业污染造成的渔业资源损失及滨海旅游损失等，正外部性如一个地区进行渔业增殖导致其他地区受益等。负外部性会导致海洋资源过度开发，正外部性则导致海洋资源开发或保护努力不足。

（3）开发高投入性。海洋自然资源所依存的海洋环境复杂多变，与陆地资源相比，其开发利用面临更大的困难和风险，更加依赖科技进步和先进的技术装备，这导致海洋资源开发的投入普遍较高。例如，购置一艘仅能够在近海作业的捕捞渔船就需要投入90万~200万元人民币的资金。

（4）资产的专用性。海洋自然资源有多种用途，如海滨港湾可以建港口，可以养殖，也可以进行旅游开发等。但高投入性也带来了巨大的沉没成本，当海洋自然资源开发项目落地实施后，如果变更其利用方向，往往会造成巨大的经济损失。

四、海洋自然资源的功能

(一) 提供海洋生产活动资源基础

海洋自然资源是海洋生产活动的核心资源基础,为各类海洋产业提供了不可或缺的原材料和能源供应。海洋生物资源如鱼类、贝类和海藻等,为渔业生产和食品加工提供了必需的原材料,同时也为生物制药和功能性食品产业提供了丰富的资源。海洋矿产资源,包括石油、天然气、多金属结核等,为能源工业和现代制造业提供了重要的物质支撑。此外,海洋可再生能源如潮汐能、波浪能等,为能源结构的优化和绿色低碳转型提供了新路径,进一步拓展了海洋生产活动的资源边界,为新兴海洋产业的发展创造了契机。总体而言,在各类海洋产业中,除了部分海工装备产业和海洋服务业部门外,基本都是以海洋天然物质、能量或其加工形态为投入物或生产对象,这导致海洋产业对海洋自然资源的依赖性极强。

(二) 拓展海洋经济增长新空间

海洋资源的开发经历了从近海到远海、从浅海到深海的过程。尤其是在空、天、地、海立体式的观测体系支撑下,海洋自然资源的开发已从传统经验驱动转向数据驱动和智能决策,海洋自然资源的利用边界和开发深度都得到极大拓展。例如,高分辨率卫星影像结合 AI 算法可实时监测公海渔业资源分布,指导捕捞船队优化作业路径,提升公海渔业资源利用效率;水下机器人等深远海探测设备技术发展助推深远海矿产资源、生物资源的开发利用,成为未来海洋经济发展的重要战略储备;海上风电技术不断从近海浅水区向深海区域扩展,为全球清洁能源转型提供了范例。可见,进入数字信息时代,海洋自然资源的开发利用不断向深远海和立体化方向拓展,其对经济增长的贡献作用也在不断提升。

(三) 推动海洋产业转型升级

海洋产业发展对海洋自然资源的强依赖性,导致海洋自然资源对地区海洋产业结构的形成和发展有着重要影响。一般来说，地区海洋产业结构与地区海洋自然资源条件呈正相关关系：地区海洋自然资源种类越多，越有可能形成多部门综合发展的地区海洋产业结构，反之，海洋自然资源种类单一，通常只能专注于某种或少数几种海洋产业的发展。同时，海洋自然资源的多样化开发与利用推动了传统产业的转型升级，并催生了一批高附加值的新兴产业。例如，深远海渔业资源和空间资源为远洋渔业、深远海养殖等深蓝渔业的发展提供了可能；海洋生物资源的深度开发为生物医药、海洋化妆品和高性能材料等领域提供了广阔的发展空间。

（四）支撑沿海社会福祉与民生改善

海洋资源的开发和利用对沿海社会的福祉和民生改善具有重要意义。首先，海洋经济活动创造了大量的就业机会，从渔业、港口物流到旅游服务业，为沿海居民提供了多元化的就业选择。其次，海洋资源为沿海地区提供了稳定的能源和水资源供应，尤其是在偏远海岛地区，海水淡化利用、海洋风能发电等海洋资源的开发为有效缓解地方淡水资源短缺、能源短缺问题提供了路径。此外，滨海旅游、海洋运动和海洋文化活动，还能够提升居民的生活品质，推动地方社会的文化传承与交流。

（五）构建海洋命运共同体的核心载体

海洋自然资源的开发利用，是全球海洋经济合作的重要纽带。海洋作为连接世界的桥梁，其资源的共享性和互补性为各国开展合作提供了广阔空间。通过加强国际合作与交流，共同制定海洋资源开发与保护的标准和规则，可以有效避免因资源争夺引发的冲突，促进全球海洋资源的合理利用。同时，海洋经济的国际合作也有助于推动区域经济一体化的进程，促进全球经济的繁荣与发展。例如，跨国合作的深海勘探和可再生能源开发，不仅增进了各国之间的经济交流，也推动了相关产业的技术进步。与此同时，面对海洋生态保护和气候变化的全球性挑战，各国需加强政策协调和技术合作，共同推动海洋经济的绿色转型和可持续发展。在未来，通过深化国际合作与创新机制设计，可以更好地释放海洋经济的全球潜力，构建更加开放、共赢的海洋经济发展格局。

五、海洋自然资源的开发利用

在信息化、智能化技术快速发展的背景下，海洋自然资源的开发与利用正经历着从传统模式向智能化、精准化、可持续化方向转变。在此背景下，海洋自然资源的开发利用模式与路径需着重把握以下新的趋势和方向。

（一）构建全域感知的资源监测体系

在智能化海洋资源开发的过程中，精确监测与实时数据获取是高效利用海洋自然资源的关键和基础。依托北斗卫星、水下机器人、物联网浮标等先进设备，打造全域感知的海洋资源监测体系，实现对海洋资源立体的、实时的网络化监测。这一体系不仅能够全面覆盖海洋空间，还能实时获取和分析海洋环境变化、资源分布等多维数据，从而提供动态的资源评估与预测服务。例如，卫星监测海底地质活动，能够提前识别潜在的海底滑坡或地震风险，有效减少海上作业中灾难性事故的发生。

（二）发展智能化的精准开发技术

相较于陆地自然资源，海洋自然资源的开发难度更大。随着数字化技术的不断创新，海洋资源的开发将不仅依赖传统的勘探与开采技术，更依赖智能化的精准开发技术。例如，利用深海采矿机器人搭载的 AI 视觉识别系统，可以自主识别并筛选出富含金属的结壳；数字孪生技术的应用使得海洋资源的开发可以在虚拟环境中进行模拟和优化。通过建立虚拟的海洋资源开发系统，可以实时监控资源的开发进程，并根据实际数据进行动态调整，从而实现最优的开采方案。

（三）创新循环利用的生态开发模式

海洋自然资源的公共物品属性决定了海洋自然资源的开发不仅要追求高效率，还应注重可持续性与生态保护。因此，探索创新的循环利用生态开发模式至关重要。这种模式可以最大化资源的利用率，减少废弃物的排放，并实现资源的高值转化。例如，海鲜加工行业中的废弃物如虾蟹壳等，在传统模式下常常被丢弃或不当处理，造成大量浪费。然而，利用酶解技术提取甲壳素后，能够将其用于生产化妆品、医药等高附加值产品，带来显著的经济效益，大幅提高资源化率。

第二节　海洋人力资源

一、海洋人力资源的概念

人力资源又称劳动力资源或劳动力。一定数量的人力资源是社会生产的必要条件，多数自然物质只有经过人的劳动才能转化为有使用价值的经济物品。人力资源由数量和质量两方面构成，人力资源的数量指具有劳动能力的人口的数量，人力资源的质量指具有劳动能力的人口的体质、文化知识和劳动技能水平等。随着知识技术密集型产业成为经济发展的主导产业，人力资源的质量发挥的作用越来越重要。

根据人力资源的定义和分析尺度，海洋人力资源可以划分为三个层次：一是指一定时空范围内，一个国家或地区从事海洋领域社会劳动的人员的总和；二是指在一个涉海经济组织或机构中发挥生产力作用的全体员工；三是指一个人具有的从事海洋相关劳动的能力。海洋人力资源的基本属性特征是其工作能力或从事的工作是"涉海性"的。在海洋生产诸要素中，海洋人力资源也是海洋生产力中最具能动性和创造力的要素，它作为基本的要素条件参与海洋生产全过程，并对海洋生产的效率和效果产生决定性影响。

二、海洋人力资源的分类

根据所从事工作的性质以及在知识创造和使用过程中扮演的角色，海洋人力资源可以被分为管理型海洋人力资源、知识创新型海洋人力资源、知识使用型海洋人力资源和普通海洋人力资源等四种类型。

(一) 管理型海洋人力资源

管理型海洋人力资源是指在海洋事业发展的各类组织或机构中从事管理工作的人员。他们广泛分布于涉海的企业、事业单位、社会团体、政府机关等组织或机构中，一般不参与组织或机构具体的生产和业务活动，而是通过计划、组织、领导、控制等手段对组织或机构的各类资源进行整合和优化配置，实现组织或机构的整体目标，最为典型的代表是涉海企业的管理者。管理型海洋人力资源从事的工作也需要一定的海洋知识，但其工作效果主要依赖于其拥有的管理能力。管理型海洋人力资源虽然不直接参与海洋知识的创造和使用过程，但其管理决策会在实践层面直接催生新的知识增量，是海洋科技创新的重要推动力量。

(二) 知识创新型海洋人力资源

以创造或创新海洋领域的知识为主要劳动内容的人群可视为知识创新型海洋人力资源。这部分人力资源是引领海洋科技创新发展方向、促进海洋经济转型升级的重要支柱。随着新一轮信息技术革命的到来，知识创新型海洋人力资源在海洋经济活动中的作用愈加显著。根据在海洋知识创造或创新过程中发挥作用的主要环节，又可以将知识创新型海洋人力资源进一步细分为海洋知识研究人员、海洋工程技术研发人员和海洋产业技术研发人员三种类型。其中，海洋知识研究人员主要是从事海洋领域基础研究的人员，海洋工程技术研发人员是从事海洋领域新产品、新装备、新工艺、新方法等海洋应用技术研发的人员，海洋产业技术研发人员是将实验技术应用到市场中使之产生经济效益或社会效益的人员。

(三) 知识使用型海洋人力资源

知识使用型海洋人力资源是指进行过海洋知识某方面的专业学习或训练，拥有某一方面海洋专业知识和技能，在各类涉海组织或机构中有海洋专业技能要求的岗位上工作，但所在岗位又不涉及知识创新或创造，主要是运用所学的海洋专业知识或技能完成一些生产或业务性工作的人员。按照工作性质分，此类人力资源包括两种类型：一类是主要从事海洋知识传播的人员，即将自己所学的海洋专业知识和技能传授给他人使用。此类人员多就职于各类涉海教育机构或技术推广机构。另一类是具体从事业务生产或操作的人，他们大多位于各类涉海组织或机构的业务一线，运用所学的海洋专业知识和技能履行所在岗位职责，完成相应的工作任务。

（四）普通海洋人力资源

普通海洋人力资源是指在各类涉海组织或机构中从事通用型工作的人员。这里的"通用"指的是这些人员所从事的岗位并非涉海组织或机构所专有，完成这些岗位的工作任务不需要海洋方面的专业知识或技能；这里的"普通"也不是指这些人员文化素质低，而是指他们所拥有的工作技能在涉海组织、机构和非涉海组织、机构中都适用，从而使他们在涉海组织或机构中具有较高的可代替性。事实上，在这部分人员中，除了只重复简单劳动的低端劳动力外，也有相当一部分在某一领域有着特长或专门本领，属于高素质人才，他们的工作对海洋知识的创造和创新起着重要的辅助或配合作用。

三、海洋人力资源的特征

作为人力资源要素的组成部分，海洋人力资源除了具备一般人力资源的能动性、增值性、时效性、再生性、两重性和社会性等特征外，还因其所处的特殊生产环境和工作环境的不同，具有以下几个方面的特征。

（一）专业性

海洋自然资源所依存环境的复杂性、开发利用的难度性，决定了海洋自然资源的开发利用需要建立在高水平海洋科技体系基础上。在现代海洋经济发展中，海洋科技发展水平决定了海洋自然资源的开发利用程度，而海洋科技水平的提高，则取决于海洋人力资源配置状况。因此，建立健全专门的涉海科研教育机构，大力培养专业化的海洋人才，形成能够满足海洋开发需要、具有较强国际竞争力的海洋人力资源能力，是主要沿海国家发展海洋经济的共同战略举措。

(二) 知识性

海洋宽广而深邃，资源开发难度很大，尤其是深海资源的开发，更是海洋开发面临的一大难题，对海洋人力资源也有更高的要求。目前，海水淡化、海洋能源开发、深海资源勘测开发、海洋生物培育利用等领域都是科技发展的前沿地带，成为人才密集、知识密集的高科技产业集群。此外，合理开发海洋资源，保护海洋环境，发展循环经济和清洁生产，为海洋经济发展提供可持续的资源和生态环境基础，也需要高水平海洋人力资源的投入。因此，海洋人力资源的知识能力直接关系海洋开发的深度和广度，关乎海洋经济的可持续发展。

(三) 结构性

海洋人力资源由海洋管理人才、海洋教育人才、海洋科技人才、海洋产业技术人才、海洋公益服务技术人才、海洋技能人才等构成，同时在每种类型的人才资源中，又可按知识技能水平分为领军型人才、高水平人才和一般人才三个层次。这样，就形成了一个纵横交织的海洋人力资源网络。海洋生产能力的高低，不仅取决于单一个体海洋人力资源的素质，也取决于海洋人力资源网络结构的均衡性。

(四) 集群性

人力资源在一定地理区域集群存在，能够形成协同效应，实现资源优化配置，提高创新效率。进入现代社会后，海洋人力资源分布集群化态势十分明显。在主要沿海国家，已经形成了许多以综合性研究平台为载体的海洋人力资源集聚区，这些集聚区已经成为世界知名海洋科技研究和教育基地，如美国的伍兹霍尔海洋研究所和斯克瑞普斯海洋研究所、英国的南安普敦国家海洋中心、法国的海洋开发研究院、俄罗斯的希尔绍夫海洋研究所、日本的海洋科学技术中心等。

（五）风险性

海洋是一个复杂、特殊且多变的地理单元，形成了一个特别的资源依存环境。直接面向海洋自然资源勘探开发的海洋科学研究、海洋工程技术研发、海洋产业技术装备应用、海洋公益服务技术装备业务化运行、海洋环境生产作业等工作，都面临着巨大的环境风险，不仅存在资金和物资方面的安全威胁，更可能危及从业人员生命安全。

四、海洋人力资源的功能

（一）提供海洋生产活动社会前提

海洋人力资源是海洋生产活动价值实现的社会前提，海洋人力资源对海洋生产的这种支撑作用具体体现在数量、质量、结构等多个方面。就某一地区而言，不仅要能够为海洋生产提供一定的海洋人力资源数量，更重要的是，其提供的海洋人力资源还需要与区域海洋生产的类型、规模等对海洋人力资源的知识、技能要求在质量和结构上相匹配。例如，非洲、南美、南太平洋岛国等发展中国家拥有丰富的海洋自然资源，却无力进行独立开发，原因是缺乏资金、技术等。但是，这些国家缺乏开发海洋资源所需要的科技人才是最根本的原因。海洋人力资源的禀赋差异往往是造成区域海洋经济不平衡的重要原因。

（二）激发海洋产业创新活力

海洋人力资源在推动科技创新方面具有重要作用，是海洋经济迈向高技术化和高附加值发展的动力来源。当前，深海探测、海底矿产开采、海洋新能源利用等海洋科技的前沿领域，均离不开顶尖科学家和技术团队的创新贡献。海洋人力资源激活海洋创新效能，进而赋能海洋产业转型升级。一方面，在传统海洋产业向现代化、高附加值产业转型的过程中发挥了关键作用。例如，海洋渔业从粗放型捕捞向智能化、生态化管理模式转型中，离不开掌握数字技术、生态技术等专业知识的人才支持。另一方面，海洋新兴产业的培育壮大也需要海洋人力资源的牵引、驱动。例如，海洋能源行业向绿色低碳方向发展，需要具备新能源技术背景的工程师和研究人员。

（三）提高海洋生产率

海洋生产率是海洋生产效能和效率的具体体现，不断提高海洋生产率是海洋生产追求的主要目标。提高海洋生产率主要依赖于新的海洋生产函数的创造，而这又依赖于海洋人力资源的创造性。因为海洋自然资源和资本等生产要素在海洋生产活动中都是无意识的、被动的，仅起到配合海洋人力资源的作用，只有海洋人力资源才有智慧和能力去不断调整自身与各类要素的结合方式，进而形成新的海洋生产函数，提高包括海洋人力资源在内的所有海洋生产要素的生产率。科技创新、组织创新、生产创新、专业化生产、区域合理分工等都是海洋人力资源调整海洋生产函数的方式，可以说，只要是能够促进海洋生产率提高的领域，都凝结着海洋人力资源的智慧和创造性。

（四）塑造区域海洋经济发展凝聚力和竞争力

海洋人力资源是海洋生产的前提条件，海洋产业通常会优先布局在能够满足其人力资源要求的地区，而这些产业的布局，又会加快所在区域海洋教育产业发展和其他区域海洋人力资源向本区域流动，最终促进海洋产业与海洋人力资源的协同集聚。也就是说，良好的海洋人力资源条件有利于形成区域海洋产业发展的凝聚力，塑造区域海洋人力资源供给与海洋生产互促发展的有利格局，大大缩短区域海洋产业发展进程。从竞争的角度看，这种区域优势也意味着时间优势，因为不少海洋产业，如海洋交通运输业、滨海旅游业、海洋船舶制造业、海洋生物医药业等，都有较明显的先发优势特征，某地区一旦率先在这些产业获得发展，后进地区想实现赶超将变得十分困难。

五、海洋人力资源的开发利用

海洋产业的高质量发展离不开高素质人才的支撑。随着全球海洋经济的不断发展，海洋领域的人力资源需求日益增长，如何利用好人才培养、引进和激励等综合措施，促进海洋人力资源的集聚，将成为各国提升海洋综合竞争能力的关键。

（一）健全海洋专业人才培养体系

针对海洋产业的多样化需求，可以通过产教融合的方式，促进高校、科研院所与行业企业之间的合作。在智能化和数字化背景下，应高度重视在智能装备、数据科学、人工智能、物联网等前沿领域中培养与海洋科学相交叉的复合人才，以适应海洋产业智能化、数字化发展的需求。同时，我们需要加强与行业企业的涉海人才联合培养，根据涉海企业的发展需求优化海洋技术型人才培养体系，以确保人才队伍建设更加贴合市场需求。

（二）建立高层次海洋人才引进机制

为了加强海洋领域的国际竞争力，国家和地方政府应当出台一系列有吸引力的人才引进政策，吸引全球优秀人才。在引进的过程中，不仅要关注高学历、高技能的科研人才，还要关注能够为企业带来实际技术突破的工程技术人才和管理人才。针对深海探测、海洋机器人、海洋新能源等前沿技术领域，应通过税收优惠、项目合作、技术共享、平台共建等多种方式吸引人才，建立柔性人才引进机制来打破地域和体制的限制。此外，要强化海洋产业的团队建设，鼓励不同背景、专业的人员进行协作，形成有凝聚力的创新团队，以适应海洋科技创新多学科交叉、多领域融合的发展特点。

（三）优化海洋人才发展环境

除了人才的引进和培养外，优化人才发展环境，提升人才的创新活力同样至关重要。一方面，需通过技术奖励、科研资金支持、职业晋升等方式，激发科研人员的创新热情，通过税收优惠、科技创新基金等手段，为海洋科技创新提供更加宽松的政策环境。另一方面，应兼顾海洋基础科学研究和海洋应用科学研究，建立科学合理的人才评价体系，针对海洋领域的科研人员、工程技术人员、管理人员等不同类型的人力资源，制定差异化的科学评价标准，激发其最大潜力。

第三节 海洋资本

一、海洋资本的概念

在马克思主义政治经济学中，资本被定义为资本主义社会中可以带来剩余价值的、永远处于运动之中的价值。在西方经济学中，资本被列为生产要素之一。虽然它定义的资本可以表现为实物和钱财两种形态，但是在现代市场经济条件下，实物形态的资本都是通过钱财购买材料制造的，企业要拥有或使用实物形态的资本也需要用钱财购买或租借。基于上面对资本概念的解析，可以将海洋资本定义为一个社会用于海洋生产的资本，即涉海经济组织为开展生产活动购置的物质资料以及运用于生产经营活动的货币资金，其中主要是指涉海经济组织运用于生产经营活动的"钱财"或者说"货币资金"。

与其他经济活动相比，海洋资本通常表现出高投入、回报周期长、风险大等特征，在投入运营中受信息不对称等因素影响，往往产生较高的沉没成本。随着数字经济的发展，资本在生产经营主体间、行业间及区域间的流动速度大幅提升，资本流转面临的信息不对称、壁垒等被打破，极大提高了资本的利用效率。而这一变化对高投入的海洋经济活动而言影响更为深远，使得海洋资本运营更加精细化，提升了资本的使用效率和收益率。

二、海洋资本的分类

海洋资本可以从多种角度进行分类。

（一）按形态分类

按照资本的形态，可以将海洋资本分为海洋实物资本和海洋货币资本。海洋实物资本是指以物质形态存在的可以长期、重复使用的资本，包括涉海企业的机器、设备、厂房、建筑物、交通运输设施等。海洋货币资本是指以货币形式存在的海洋资本。

（二）按来源分类

按照资本来源，可以将海洋资本分为自有资本和债务资本。自有资本是指各类涉海经济组织的所有者投入该组织中的所有的资本，但不包括该所有者通过借贷、租赁等方式从他方筹集投入组织中的资本。债务资本是指各类涉海经济组织通过借贷、租赁等方式筹集到的资本，既包括该组织以自己名义筹集的资本，也包括该组织的所有者通过此类方式筹集投入组织中的资本。

（三）按性质和投资主体分类

对于实物型海洋资本，可以分为公共投资资本和私人投资资本两类，划分方法有两种：一是按照资本性质进行划分，二是按照投资主体进行划分。根据资本性质的不同，可以将主要提供海洋公共物品和服务的资本视为公共投资资本，例如渔港和渔船通信设施、海上公共服务平台、海洋环境观测监测设施、海洋防灾减灾设施等；而将其他类型的资本视为私人投资资本。按照投资主体划分，将中央和地方政府财政投资形成的资本视为公共投资资本，而将社会投资形成的资本视为私人投资资本。这两种划分方法在很大程度上是统一的，因为在现实中，提供海洋公共物品和服务的资本一般都是由中央和地方政府财政投资形成的，而其他类型的资本则由社会投资形成。

（四）按产业类型分类

按照海洋产业类型对海洋资本进行分类，可以将海洋资本划分为海洋渔业资本、海洋工业资本和海洋服务业资本，海洋传统产业资本和海洋新兴产业资本。不同类型的海洋产业对海洋资本的需求数量和需求特征不尽相同。按照生产要素的主要投入类型，将海洋产业资本划分为劳动密集型海洋产业资本、资金密集型海洋产业资本和技术密集型海洋产业资本等。上述分类方法灵活性较强，现实应用中可以根据研究的需要采取相应分类方法。

三、海洋资本的特征

除具有增值性、运动性、竞争性、自主性等一般资本特征外,海洋资本的运营还具有以下独特之处。

(一) 资本需求数额普遍较大

为了适应海洋特殊的自然环境特征,海洋生产的技术装备水平要求较高,导致海洋生产的前期投入很大。以投资需求相对较小的海水养殖业为例,海水养殖生产周期一般为2~5年,养殖面积达几十亩、上百亩甚至更多,资金需求几十万元、上百万元,如果发展规模性经济鱼类养殖,前期投入则需1 000万元以上。海洋交通运输业、海工装备制造、海洋油气开采等产业的投资则更加巨大,即使一个小型港口的建设,也动辄需要几亿元的投资;购置一艘货运船舶,需要少则几千万元,多则几亿元的资金。

(二) 融资难度大

面对海洋产业发展的巨额资金需求,非集聚性的民间资本投入可以说是杯水车薪,金融资本应在海洋经济发展中发挥主导作用。然而,与陆地产业相比,海洋产业自然灾害风险大,产业发展前景和潜在收益更具不确定性,这些特征与商业银行的经营准则相背离,导致审慎原则经营模式下的商业银行普遍不愿对海洋产业进行大规模放贷。资本市场、风险投资等其他融资渠道准入要求较高,海水养殖、水产品加工等高风险、经营规模小的海洋企业一般进入难度较大。

(三) 对政府支持的依赖性强

市场化融资的困难,客观上要求政府在海洋产业资本支持体系的构建中发挥积极作用。一方面,政府需要以直接的资金投入方式承担部分商业金融机构不愿承担的业务,如成立政策性银行支持海洋经济发展、以财政投入为引导设立涉海信用担保机构等;另一方面,政府需要通过针对性的财政政策和灵活的金融政策,引导商业金融机构进入海洋经济领域,如在财政政策方面,通过补贴、贴息、奖励、税收优惠等多种政策,调整海洋经济发展初期海洋产业投资风险与收益的错位问题,缓释涉海金融机构海洋业务风险,逐步提高商业金融机构开展涉海业务的比例。

(四) 资本投入集中化

20 世纪末以来,数字技术的发展以及由此产生的平台型组织深刻影响了资本集中的方式。数字经济提高了资本的利用效率,降低了交易成本和信息不对称,不仅有利于加速资本周转,还能释放更多资本投入其他增值环节的生产,促进资本积累。在此过程中,大型垄断资本能够凭借以数字平台为代表的数字技术垄断优势,实现产业资本的集中和积聚,加速资本积累,最终导致资本的集中。这一现象在高投入的海洋经济领域中十分明显。资本的良性机制有助于推动海洋高附加值产业的快速增长,发挥规模经济效益,促进产业规模快速扩张。但也需要注意,海洋资本的过度集中也可能产生垄断现象,影响资源配置效率,引发产能过剩等问题[①]。

四、海洋资本的功能

(一) 提供海洋生产活动资本基础

同一般企业一样,资本也是涉海企业开展生产经营所必需的基本生产要素,且资本在海洋生产活动中的重要性较陆域经济活动而言往往更为突出。海洋资本的作用首先体现在对港口、航道等海洋基础设施建设的支撑上。例如,港口的建设、升级以及配套设施的完善都需要大量资本投入。其次,在推动海洋资源开发从近岸浅海走向深远海的过程中,资本发挥着举足轻重的作用。例如,在海洋油气资源的勘探与开采中,深海钻探设备、海上平台建造和运营等高技术活动都依赖大规模资本的支持,如我国超深水大气田"深海一号"项目总投资达 236 亿元。此外,海洋新能源开发领域,如海上风电、潮汐能和波浪能发电技术的研究与应用,同样对

---

① 赵峰,赵芄源. 数字经济时代的资本集中:一个政治经济学分析 [J]. 马克思主义与现实, 2024 (5): 111-117+204.

资本投入有着极高的要求。

(二) 支撑海洋生产组织方式转变

生产组织方式对海洋生产的效率和竞争力有着重要影响。一般而言，经营同种类型的生产活动，企业组织的效率和竞争力要高于个体经济组织。但是，资本的筹集和获取能力决定着海洋生产所采取的组织方式。只有资本达到一定规模，才能采取更有效率和竞争力的生产组织方式。例如，在海洋渔业领域，随着近海渔业资源的枯竭，积极开发公海生物资源，大步走向远洋，是实现我国海洋捕捞业持续发展的重要出路。但是，发展远洋渔业需要渔船及渔业装备现代化，需要抛弃近海捕捞一家一户分散经营的模式，只有筹集到足够的资金购买远洋渔船、雇用远洋劳动力，组建远洋捕捞企业，实施规模化、集团化经营，才能够实现海洋捕捞生产组织方式的根本转变。

(三) 刺激海洋经济增长

资本与海洋经济增长的互动关系主要表现在两方面：一是只有资本积累到一定程度，涉海企业才能建造和购置必要的设施和设备以及采用新的技术开展生产和建设活动，使得各种海洋生产要素迅速结合并充分发挥出效能，使原来冗余的劳动潜能得到充分激发，海洋科技成果与产业活动密切融合，海洋生产力水平实现快速提升。二是海洋生产力的提升使得劳动者收入实现增长，推动购买力提高和市场扩大，刺激投资的进一步增加，海洋生产规模得以拓展，劳动生产率又会进一步提高，为资本的持续增加创造条件，从而形成海洋经济增长的良性循环，使海洋经济步入可持续发展的轨道[①]。

(四) 引导海洋产业结构升级和布局优化

作为其他生产要素报酬的来源，资本是区域海洋产业结构升级的主导性因素。为了追求更高的回报，各类生产要素，包括技术、人才等高级生产要素，总是表现出与资本同向流动的特征，即资本流向哪里，技术、劳动等生

---

① 毛健. 经济增长理论探索 [M]. 北京：商务印书馆，2009：42-43.

产要素就流向哪里。具体到海洋生产领域，就是资本从技术和空间两个层面主导着区域海洋产业结构的升级和布局的优化。随着海洋科学技术不断进步，资本向海洋产业领域的流入使得各项海洋高新技术转化为现实生产力成为可能，推动了海洋高新技术产业的形成发展和传统海洋产业的改造升级。因此，在资本充沛的沿海地区，往往表现出更强劲的海洋经济增长。

五、海洋资本的培育利用

资本是影响海洋经济做大做强的核心要素。破解海洋资本投入风险高、融资难、回报周期长等困境的关键在于积极探索蓝色金融创新，打破资本流转壁垒，强化政府的监管与引导。

（一）积极探索蓝色金融创新

拓宽海洋产业的融资渠道，鼓励和支持海洋企业，特别是海洋科技企业通过债券市场、股票市场融资；整合民间资本培育发展风险投资基金，提高风险投资对战略性海洋新兴产业的支撑能力；支持传统金融机构进行人才、制度、业务模式等方面的调整，推出可有效规避海洋产业风险的创新金融产品；探索建立海洋商业银行，服务于海洋全产业链金融业务；倡导扶持海洋行业互助金融发展等。只有在海洋金融领域开展全方位创新，探索金融支持海洋经济发展的新途径、新方式、新产品，才能从根本上破解间接融资业务模式对海洋产业的信贷支持不足难题，为海洋产业发展提供足量的资本支持。

（二）加快发展统一的海洋资本市场

资本统一大市场的建设旨在打破地区壁垒，实现资本要素的自由流动和高效配置。从陆海统筹角度，打破资本在区域间的流动壁垒，有助于促进资本在沿海地区间、陆海地区间的自由流动，提升资本配置的效率，确保资金可以更精准地流向具有高成长性的海洋产业项目，避免资源的浪费和低效使用。同时，统一的大市场能够增强市场竞争力，激发涉海企业的创新活力。涉海企业在公平竞争的环境中，更有动力进行技术创新和业务模式的探索，从而推动海洋产业的转型和升级。

(三) 充分发挥政府支持和引导作用

当前海洋经济的发展依然离不开政府层面的资本支持。尤其是在战略性、技术性强的新兴和未来海洋产业领域，技术研发投入大，市场效益转化周期长，仅依赖于市场驱动其产业发展并不现实。对此，政府应针对海洋经济的关键领域和薄弱环节，提供财政补贴和税收优惠，降低企业的运营成本，同时加大海洋基础设施尤其是涉海数字化新型基础设施建设力度，为企业提供良好的运营环境。此外，应该探索建立海洋产业发展基金，积极吸引社会资本投入，强化地区间的政策协调和产业合作，促进资源与信息共享。

第四节　海洋科学技术

一、海洋科学技术的概念

海洋科学技术与陆地科学技术的主要区别是应用范围和领域不同，即一个针对海洋，一个针对陆地，由此形成了各具特色的知识结构。海洋科学技术是陆地科学技术的延伸和应用，在海洋科学技术的形成与发展过程中，两者形成了紧密的融合和促进关系。海洋科学技术发展曾长期滞后于陆地科学技术，但是在第二次世界大战以后，伴随着人类对海洋认识的深入和陆地科学技术进步，海洋科学技术得到迅速发展。时至今日，海洋科学技术已经形成较完整的学科体系。与整体的科学技术体系相同，海洋科学技术也包括两个既具有独立性又彼此紧密联系且趋于融合的知识体系，即海洋科学和海洋技术。

(一) 海洋科学

海洋科学包括海洋自然科学和海洋社会科学两部分。传统意义上，通常将海洋科学仅理解为海洋自然科学，是研究海洋的自然现象、变化规律，及其与大气圈、岩石圈、生物圈的相互作用以及开发、利用、保护海洋有关的知识体系①。

海洋科学的研究对象,既有占地球表面积近71%的海洋空间,其中包括海洋中的水以及溶解或悬浮于海水中的物质,生存于海洋中的生物;也有海洋底边界——海洋沉积和海底岩石圈,以及海洋侧边界——河口、海岸带,还有海洋的上边界——海面上的大气边界层,等等。海洋科学研究的内容,既有海水的运动规律,海洋中的物理、化学、生物、地质过程及其相互作用的基础理论,也包括海洋资源开发利用以及有关海洋军事活动所迫切需要的应用研究。

(二) 海洋技术

海洋技术是研究海洋自然现象及其变化规律、开发利用海洋资源和保护海洋环境所使用的各种方法、技能和设备的总称②。根据作用领域和对象的不同,海洋技术可分为海洋探测技术、海洋资源开发技术、海洋工程技术、海洋生物技术、海洋通信技术等。

海洋技术是海洋开发活动中积累起来的经验和技巧,是在海洋科学研究中分化出的一系列技术性很强的应用学科和专业技术,主要是解决海洋基础理论的实际应用问题。在开展海洋开发利用活动时,必须获取涵盖大范围且精准的海洋环境信息,这涉及海底勘探、样本采集以及水下工程作业等诸多环节。为达成这些目标,一系列关键的海洋开发辅助技术不可或缺,诸如深海探测技术、深潜作业技术、海洋遥感技术以及海洋导航技术等。

二、海洋科学技术的分类

根据定义,海洋科学技术可以分为海洋科学和海洋技术两部分,这两部分既具有独立性又彼此紧密联系,共同构成了海洋科学技术这一完整的知识体系。

---

① 全国科学技术名词审定委员会. 海洋科技名词 [M]. 北京: 科学出版社, 2007: 1.
② 全国科学技术名词审定委员会. 海洋科技名词 [M]. 北京: 科学出版社, 2007: 1-2.

(一) 海洋科学的分类

海洋系统内众多自然现象的交互作用及其反馈机制的复杂性、人类活动对海洋环境的多维度影响，以及研究手段之间的互补性与协同性逐渐凸显，这些因素共同塑造了海洋科学的跨学科特性，使其成为一个高度综合性与多元性的科学领域（见表3-1）。同其他知识领域一样，任何学术分支的归类架构都不是绝对封闭的。在海洋学研究不断推进与深入探索的进程中，该学科的分类框架始终处于持续更新与演变之中。

表3-1　　　　　　　　　　海洋科学的分类

	学科名称	释义
海洋自然科学	物理海洋学	以物理学的理论、技术和方法，研究海洋中的物理现象及其变化规律，并研究海洋水体与大气圈、岩石圈和生物圈的相互作用的学科
	海洋物理学	研究海洋的声、光、电、磁现象及其变化规律的学科
	海洋气象学	研究海洋的天气现象及海洋与大气相互作用的学科
	海洋生物学	研究海洋中生命现象、过程及其规律的学科
	海洋化学	研究海洋各部分的化学组成、物质分布，化学性质和化学过程的学科
	海洋地质学（含海洋地球物理学、海洋地理学、河口学）	研究地球被海水淹没部分的特征和变化规律的学科。其中，海洋地球物理学是研究地球被海水淹没部分的物理性质及其与地球组成、构造关系的学科；海洋地理学是研究海洋自然现象、人文现象及其相互关系和区域分异的学科，属文理交叉学科；河口学是研究河口区的动力、地貌、沉积和生物地球化学过程及开发利用的学科
	极地科学	研究南、北极地区的冰雪、地质、地球物理、海洋水文、气象、化学、生物、环境等的学科
	环境海洋学	研究人类社会发展与海洋环境演化规律的相互作用，寻求人类与海洋协调发展的学科
海洋社会科学	海洋经济学	研究海洋开发利用的经济关系及其经济活动规律的学科
	海洋管理学	研究组织管理海洋及其环境和资源开发利用活动的理论与方法的学科
	海洋法学	研究海洋法的理论与实践问题的学科
	海洋历史	以海洋历史为研究对象的学科
	海洋文化	以海洋历史地理为坐标，研究海洋历史文化遗产与当代社会文化发展的学科

(二) 海洋技术的分类

基于海洋科学研究、海洋资源开发、海洋产业发展、国家海洋权益维护及海洋生态环境保护等方面的需求，世界主要沿海国家都在强化政策支持，加大资金投入，促进海洋技术进步。迄今为止，海洋技术已发展成为一个内容庞大而且还在继续扩展的技术装备体系。根据功能属性进行海洋技术分类，具体如表3-2所示。

表3-2　　　　　　　　　　海洋技术的分类

类别	释义
海洋观测技术	观察和测量海洋各种要素所用的技术，主要包括遥感技术、调查船技术、浮标技术、水声技术、高频地波雷达、多平台集成观测技术等
海洋环境预报预测技术	对未来海洋环境的变化和海洋灾害预先作出公示所用的技术
海洋水下技术	应用于海洋水下环境条件的工程技术，包括潜水技术、水下作业施工、打捞技术等
海洋工程技术	应用海洋学、其他有关基础科学和技术学科开发利用海洋所形成的综合技术体系，包括海岸工程技术、近海工程技术和深海工程技术
海洋生物技术	运用海洋生物学与工程学的原理和方法，利用海洋生物或生物代谢工程，生产有用物质或定向改良海洋生物遗传特性所形成的高技术
海洋矿产资源开发技术	开发蕴藏在海底的石油、天然气及其他矿产资源所使用的方法、装备和设施的总称
海水资源开发技术	由海水中提取溶存的食盐和其他化学物质，将海水脱盐得到淡水，以及直接利用海水等技术
海洋能开发技术	将蕴藏于海洋中的可再生能源转换成电能及其他便于利用与传输的能量的技术
海洋环境保护技术	解决海洋环境污染和海洋生态破坏，维持人类与环境协调发展的技术，包括海洋环境调查、评价、监测以及污染控制与治理方面的技术
海洋信息技术	对海洋数据信息进行科学管理、统计分析及综合服务的技术

三、海洋科学技术的特征

进入21世纪以来，在海洋开发不断增长的需求和海洋科技政策的引导下，全球海洋科技呈现出突飞猛进的发展态势，海洋科技已成为人类拓展海洋开发空间、深刻改变社会面貌的重要支撑力量。具体表现为以下特征。

(一) 综合性

海洋是一个开放的、具有多样性特征的复杂系统，其中有各种不同时空尺度和不同层次的物质存在和运动形态。这一属性决定了海洋科学研究领域的广泛性，这些领域又由于海洋的宏观整体性、各类自然现象的繁复交互特性以及研究方法的相似性而相互交融，促使海洋学各领域呈现出高度统一性，从而进一步强化了海洋科学的综合性特质，使其成为一门高度综合的科学。随着研究不断深入，海洋科学的学科分类越来越细，从而导致海洋科学的综合性越来越强。同时，海洋科学诸分支领域间存在着彼此依存、相互交织、相互融合的关系，正是这种内在联系，使得每个分支学科唯有在整体海洋科学体系的相互关联中才能实现显著进步与发展。

(二) 前沿性

海洋科学技术是当前科学技术发展的前沿领域。人类社会可持续发展、全球气候变化、能源与金属矿产等战略性资源保障，这些全局性、长远性和战略性问题的解决都与海洋休戚相关。以极地调查船、无人和载人深潜、海洋5G通信等为代表的海洋观测技术与设备，以海底石油和天然气资源开发技术、海洋矿物资源开发技术、天然气水合物开采技术等为代表的海洋资源开发技术，以海洋工程作业船、水下工程技术与设备、潜水技术、航海与导航定位技术等为代表的海洋工程技术，都是目前海洋科技发展的尖端领域和国际海洋科技竞争的焦点，也是世界高科技发展的方向之一。

(三) 国际性

相较于陆地，浩瀚的海洋对人类而言依旧充满神秘，这客观上要求开展全球范围内的协同合作，并推动技术创新。在此背景下，一系列大规模的跨国联合项目在海洋科学前沿领域纷纷浮现，如国际大洋综合钻探计划、国际海洋生物普查计划以及海洋生物地球化学与生态系统整合研究等。以国际海洋生物普查计划为例，这项历时十年的行动显著拓展了人类对海洋生物多样性的认知,不仅使已知海洋物种数量跃升至 2 万种之多,还成功绘制了全球首幅海洋生物多样性分布图,并生成了底栖生物量分布的详尽图表。

四、海洋科学技术的功能

(一) 提高海洋资源利用的深度和广度

在海洋经济发展中,人们对海洋资源的利用总是从近海走向远海、从浅海走向深海、从简单走向复杂。在古代,人类的海洋活动主要局限于沿海地区,捕鱼、制盐和航行是当时的主要活动,而获取食物则是其主要目的。到了近代,人类的海洋活动范围和种类都有了显著的拓展。除了在近海进行捕鱼作业外,远洋渔业也得到了大力发展。在捕捞天然鱼类的同时,各种海产养殖业也应运而生,为人类提供了更多的海洋食品选择。此外,人类不再仅仅满足于沿岸的制盐活动,还将目光投向了海洋中的矿产资源,海洋采矿业逐渐兴起。同时,海洋中的各种可用能源也得到了开发和利用,如潮汐能、波浪能等,这标志着人类对海洋资源的开发和利用进入了一个新的阶段。海洋科学技术是助推海洋资源利用不断向深度和广度拓展的根本因素。

(二) 提高海洋产品的深加工水平和附加值率

初级产品、技术含量低的产品由于可替代性强,其附加值也低,容易引起价格竞争。因此,只有不断提高技术水平,对海洋资源进行深度加工,实现海洋产品在高技术水平上的差异化,才能提高产品的附加值和竞争力。以海带为例,1 吨干海带,用传统初级加工工艺,可制成 6~7 吨盐渍海带,市场价值约 4 万元;同样的 1 吨干海带,通过精深加工,量产的岩藻黄素、岩藻多糖和海带膳食纤维等海藻活性物质,市场价值高达 43 万元,再以这些海藻活性物质为核心配料,研发生产出的功能产品,其附加值又可以提升 10 倍。

(三) 推动海洋产业结构优化

从海洋产业的演进历程来看,海洋产业门类的拓展与结构的优化,始终与海洋科技的创新紧密相连。海洋高新技术的逐渐渗透,使得传统海洋产业如渔业、航运、制盐以及船舶修造等,在整体效能与内部架构上均经历了深度变革。高新技术在海洋领域的持续突破,不仅挖掘出更多未知的海洋资源,更为新兴产业的崛起提供了契机,诸如海洋生物医药、海水综合利用、海洋可再生能源、海洋高端装备制造、深海开发以及海洋信息技术服务等战略性新兴产业应运而生。展望未来,随着海洋科学技术的不断进步,人类在新型海洋资源的开拓与利用方面的能力,必将迈上新的台阶。预计一些未来海洋产业,如海洋氢能、深海矿产等产业都将得到快速发展。

(四) 助力海洋生态环境保护

海洋生态环境问题是海洋经济发展所带来的外部负效应。明确产权、强化政策法规监管等措施虽能有效保护海洋生态环境,但从根源上彻底解决海洋生态环境问题,关键还得依靠海洋科学技术的力量。一方面,随着海洋科技的不断进步,人类不仅能够提升海洋经济活动的效率,还能在追求经济效益的同时,显著减少污染物的排放量,降低对海洋资源的过度开发与消耗,实现经济发展与生态保护的双赢。另一方面,生物工程技术、遥感监测技术、防腐防污技术等一系列高新技术在海洋环境保护领域的广泛应用,为解决复杂的海洋生态环境问题提供了创新性的技术方案。此外,科技创新与公众的生态环境意识之间存在着密切的联系。海洋科技创新的成果和理念,不仅能增强人们的环保意识,还能引导社会更加关注海洋生态环境问题,从而营造出有利于海洋生态环境保护的良好氛围。

五、海洋科学技术的创新发展

海洋科学技术的创新发展直接关乎海洋经济的增长潜力与质量。立足海洋科学技术的内涵特征,需着力从基础设施建设、创新环境优化、成果转化平台搭建和合作网络构建等方面推动海洋科学技术的创新发展。

(一) 加强海洋科学技术基础设施建设

海洋科学技术的创新离不开坚实的科学基础设施支撑。对此,应聚焦深海探测、海洋生物研究、海洋工程技术、海洋大数据等前沿领域，加大对科研设施的投资，建设一批具有国际先进水平的海洋科研平台和实验室，提升在海洋科技领域的自主创新能力。此外，应完善海洋科研设备的共享机制，建立设备共享平台，促进科研资源的高效利用。通过共享平台，科研人员可以方便地获取所需设备，降低科研成本，提高研究效率。

（二）优化海洋科学技术创新环境

良好的创新环境是科技创新的沃土。对此，要通过设立海洋科技创新专项基金、制定关键技术攻关支持计划等多种激励方式，不断加大海洋科学技术的研发支持力度，吸引更多人才和资金投入海洋科技领域。同时，要进一步优化海洋科研管理体制，简化科研项目审批流程，提升科研人员的积极性和创造性。建立健全科研成果评价和激励机制，鼓励科研人员开展原创性研究，提升海洋科研成果的转化率。

（三）搭建海洋科技成果转化平台

科技成果转化是创新链条中的关键环节。应建立完善的海洋科技成果转化平台，促进科研成果向实际生产力转化。沿海地区可结合本地发展实际，建立专门的涉海孵化器，为海洋科技初创企业提供技术支持和市场推广等一站式服务，协助企业快速成长。同时要引导高校、科研院所与企业建立长期合作关系，共同开展技术研发和成果转化。通过联合实验室、技术联盟等形式，形成产学研一体化的创新体系，提升科技成果的转化效率和质量。此外，在制度层面，需完善海洋科技成果转化的流程、权益分配、知识产权保护等相关政策规范，确保海洋科技成果转化"最后一公里"顺利完成。

（四）构建海洋科学技术合作网络

海洋科学技术的前沿性和国际性特征决定了开展多方合作的必要性。首先，要鼓励企业、高校和科研机构共同参与海洋科技项目，形成产学研一体化的创新体系，通过联合研发、技术转移和成果共享，提升海洋科技创新的效率和质量。其次，在区域层面，要鼓励地方政府和科研机构根据自身优势,开展区域性和专题性的合作项目,形成纵向和横向相结合的合作网络。最后,在国际层面,要围绕海洋气候变化、极地资源勘测保护等议题积极推动多边合作机制建设,推进海洋科技信息的共享与交流。

第五节 海洋大数据

一、海洋大数据的概念

数据与信息两个概念密切相关但又有本质区别,数据是对事实、观察结果或未经处理的数字、文本、图像等的原始记录,而信息则是由原始的数据处理后产生的。因此,数据可以被视为信息的基础,而信息是数据的最终价值表现形式。在数字经济时代,数据作为新型生产要素,是经济社会数字化、网络化、智能化发展的基础。如今,数据已快速融入生产、分配、流通、消费和社会服务管理等环节,深刻改变着生产方式、生活方式和社会治理方式。与传统生产要素不同,数据要素在生产过程中的融入能够发挥其特有的"乘数效应",即通过融入生产、分配、流通、消费和社会服务管理等环节,与不同要素结合,作用于不同主体,发挥协同、复用和融合作用,对其他生产要素、服务效能和经济总量产生扩张效应,提升效率、释放价值和创新发展。随着数字经济在海洋领域的不断渗透和发展,海洋大数据也成为新时代海洋经济发展的核心要素。在我国,山东、浙江、福建等多个沿海省市已明确提出了"数字海洋"建设的构想和规划,试图通过引导数字经济与海洋经济的融合,助推海洋产业高质量发展。

海洋大数据是指对海洋开发与保护过程中的各类参数或指标进行观测、挖掘及模拟而得到的数据,既涵盖海洋资源、海洋环境、海洋气象、海洋地理等海洋自然类数据,也包括海洋经济、海洋治理、海洋文化等海洋社会类数据。随着水下探测、海洋科考、卫星遥感监测等海洋观测和调查技术的不断发展,海洋领域所产生的数据量呈现井喷式增长态势,其增速显著超越其他众多行业的数据累积速度。与此同时,网络信息化水平的持续提升,也极大地推动了与海洋相关的战略规划、经济活动、行政管理以及文化建设等诸多社会层面数据的迅速聚拢。在这个过程中，海洋大数据所涵盖的数据种类正变得愈发多元丰富。海洋大数据已经成为海洋开发利用与管理决策中的重要依据，在驱动海洋经济增长效率提升中的作用日益突出。

二、海洋大数据的分类

基于数据生成机制、应用场景及价值属性，可以将海洋大数据划分为以下四个类型。

（一）观测感知型海洋数据

观测感知型海洋数据是通过传感器网络、遥感卫星、浮标阵列等技术手段直接获取的海洋原始数据，具体包括海洋物理数据、海洋生物数据、海洋地质数据等。其中，海洋物理数据包括海温、盐度、流速、波浪高度等信息；海洋生物数据涵盖浮游生物丰度、鱼类洄游轨迹、珊瑚覆盖率等信息；海洋地质数据涉及海底地形、地质构造、沉积物等方面的信息。观测感知型海洋数据既是海洋科学技术发展的基础依托，也是人类认识海洋的根本依据。

（二）社会经济型海洋数据

社会经济型海洋数据主要是指海洋经济活动与人类开发利用海洋行为特征的衍生数据，涵盖了海洋产业（企业）运行数据、海洋治理数据、涉海消费市场数据等。海洋产业（企业）运行数据是社会经济型海洋数据的主体组成部分，具体包括各个海洋产业及相关涉海企业的运行监测数据。海洋治理决策数据则是各级政府在管理海洋过程中形成的数据信息，如海洋执法巡查记录、用海审批档案、生态补偿金发放台账等结构化数据。涉海消费市场数据则包括有形的涉海产品与无形的涉海服务市场所产生的交易、供需等数据信息，如滨海旅游预订量、海产品电商销售额、邮轮客群画像等。

(三) 模拟推演型海洋数据

模拟推演型海洋数据是在原始的观测感知型数据和社会经济型数据基础上，通过一定的数值模型生成的预测或仿真类的海洋数据信息，海洋气候预测数据、海洋灾害预警数据、海洋经济仿真数据等都属于这类数据。模拟推演型海洋数据往往是海洋开发主体或管理主体制定生产决策或管理决策的重要依据，而这类数据的客观性和科学性则有赖于大数据信息技术的创新发展。

(四) 知识转化型海洋数据

知识转化型海洋数据是指与涉海主题相关的科研活动和知识生产过程中所形成的结构化知识信息库，包括涉海专利数据、涉海科研文献数据、涉海实验数据、海洋技术标准数据等。这类数据系统地反映了海洋科学技术发展的脉络轨迹，同时也是海洋科学技术迭代创新的基础支撑。

三、海洋大数据的特征

海洋大数据具有以下六个方面的特征。

(一) 规模性

广袤的海洋以及与海洋开发管理相关的多种多样的海洋事物，构成了海洋大数据的基本源泉。海洋及其相关事物都是客观存在的物质、能量、空间和环境要素，每时每刻都处于动态变化中，这就决定了海洋数据依存形式的复杂性。随着海洋观测技术的不断突破以及多源数据的交叉融合，海洋数据体量呈现出指数级增长的态势。面对体系庞大、内容复杂的海洋数据，只有依靠科学的方法和先进的技术手段，才能获取与现实需求相适应的信息资源。

(二) 多样性

海洋大数据涵盖结构化、半结构化和非结构化多种形态，既包括数值化的传感器读数、矢量化的海图数据，也包含文本化的政策文件、影像化的生态监测记录。这种多模态特征对数据治理技术提出了更高的要求。

(三) 价值性

海洋大数据能够满足海洋生产和海洋管理的需要，具有重要的使用价值。海洋数据信息虽然是一种广泛存在的资源，但需要较大的投入和技术处理才能获得，因而具有超出一般商品的价值。海洋大数据的价值是通过监测、汇总并处理应用数据，使海洋生产活动获得社会、经济和生态方面的综合效益。在海洋生产活动中，具有潜在商业价值或经济功能的海洋大数据被投放市场并被开发利用，给掌握数据的市场主体带来各种利益，从而创造出更多的价值。

(四) 共享性

海洋大数据的共享性体现为受众范围的无限性。一般而言，海洋数据传播的范围越广，使用海洋数据的组织和个人越多，其价值和作用就越大。而且在海洋数据的复制、传递和共享过程中，整个海洋数据体系会进一步得到补充和完善，形成更大潜在价值。但对涉及海洋战略利益、海洋军事秘密、重大海洋科研活动的海洋数据，其适用范围具有人为的限制，因而其共享性受到了严格限制，只能是基于特定需要的小范围共享。

(五) 时效性

随着事物的发展与变化，各类数据的使用价值会相应发生变化，甚至可能会失去其价值，变成无用信息。因此，数据具有明显的时效性，只有在特定的时间和空间才能产生使用价值。在海洋企事业单位、政府部门的海洋生产和管理活动中，对相关海洋数据的获取、加工、处理和利用，一定要迅速及时、准确有效。只有这样，才能针对海洋现实问题及时利用信息资源，不失时机地作出相应的决策，保证海洋生产和管理活动的正常进行。

(六) 传递性

传递性是指大数据通过一定的媒介可以实现时间和空间上的传递和延续。传递性是数据的重要本质属性,通过信息传递,能够扩大数据使用范围,获取最大使用价值。海洋数据包罗万象,用途广泛,与政府海洋管理、海洋企业生产经营、海洋科教机构研究和技术创新、海洋国际合作等存在着紧密的关联。开发利用海洋数据,要重视传递媒介建设,最大限度地扩展海洋数据的受体范围,努力提高海洋数据的使用效益。

四、海洋大数据的功能

(一) 增进人类对海洋的认知

开发海洋,利用海洋,发展海洋生产,首先要了解和认识海洋。长期以来,人们利用科学的方法和技术手段,从不同的时空尺度探究各种海洋现象及其发生机理、演变过程和对人类的影响,从而积累了丰富的关于海洋资源和环境的数据资源,为人类认识海洋、开发利用和保护海洋提供了重要科学依据。海洋大数据是一个不断拓展的资源体系,将随着人类认知海洋深度和广度的拓展而不断完善,海洋生产活动也将随之迈入可持续发展的轨道。

(二) 助力生产决策效率提升

海洋大数据是海洋生产的"黏结剂",它参与海洋生产的每个环节,并通过与其他生产要素耦合互动,对海洋生产全过程施加影响。智能终端、计算机、互联网等现代技术装备、方法加快向海洋生产领域渗透,推动海洋大数据的获取、传递和处理方式升级,对海洋生产的效率产生影响越发深远。例如,在渔业领域,整合海洋环境数据与市场供需信息的智能模型,可动态优化捕捞作业区域与时段,使单位捕捞努力量渔获量得到显著提升;多参数在线水质监测系统的出现及在海水养殖业中的应用,大大提高了海水养殖企业对养殖过程的控制能力和对突发情况的反应能力,降低了海水养殖风险。

（三）提高海洋科技创新效率

海洋科技创新投入大、周期长，创新风险也高，一旦在创新方向选择上出现错误，将会造成极大的资源浪费。期刊、学术著作以及海洋数据库、互联网、广播、电视等各类媒体上记载了大量关于海洋科学技术发展状况、动向和特点的海洋科技大数据。及时掌握这些数据信息，在正确信息的引导下，能够避免重复研究，少走弯路，有效规避其他国家或地区在同一领域犯过的错误，从而大大提高海洋科技创新的针对性和成功率，缩短研发周期。

（四）催生新业态新模式

海洋大数据通过赋能传统产业转型与创新服务供给，催生出多维度、多层次的新兴业态与发展模式，成为海洋经济高质量发展的核心驱动力。这一过程本质上是通过数据要素的流动与重组，打破传统产业壁垒，重构海洋经济价值链。随着海洋大数据与海洋产业的深度融合，智慧渔业、智慧港口、海洋物联网等一系列新兴的业态模式近年来不断涌现。例如，在智慧渔业模式中，依托物联网与区块链技术，可以为渔业生产主体提供从捕捞溯源到冷链物流的一站式数字化服务。海洋大数据推动了跨区域、跨主体的资源共享机制建立，促进海洋数字平台经济的发展。例如，海洋科研数据开放平台聚合全球科考数据，能够降低重复观测成本；海洋灾害预警信息共享网络实现多国实时联动响应，可以提升海洋灾害协同防控能力。跨国、跨区域的海洋平台建设能够显著提升资源利用效率，推动海洋经济从零和竞争向共生共享演进。

五、海洋大数据的开发利用

大数据已经成为助推海洋经济高质量发展的核心要素。要顺应新一轮信息技术和科技革命发展浪潮，发挥数据要素对海洋经济发展的放大、叠加、倍增作用，聚焦数字基础设施建设、智能化数据应用、数据要素与产业融合及数据安全保障等方向推动海洋经济数字化转型。

(一) 加强海洋数字基础设施建设

基础设施的完善是数字经济发展的基础和先决条件。一方面，要推进港口码头、防波堤、护岸、锚地、泊位、港口交通等基础设施的数字化改造，扩充和完善与海洋各产业相关联的数字基础设施供给体系，构建创新载体和提升公共服务能力。另一方面，要加大对海洋信息感知技术、遥感技术和智能码头工程建设等的设备研发以及扩大数字经济的应用场景，推动5G技术全面覆盖海洋牧场、海洋环境监测、海洋灾害预报、渔业养殖、港口码头等场景，发挥集成卫星宽带通信网、航运气象指数等子系统优势，激发海洋数字基础设施赋能效应[①]。

(二) 发展智能化海洋数据应用服务

加强智能化的海洋数据应用服务是助推海洋数据与实体经济深度融合的关键。首先，要加快构建跨行业、跨区域的综合性海洋数据服务平台，整合卫星遥感、海洋观测、气象数据等多源信息，推动科研机构、企业等主体共建、共享和共用。其次，要加强海洋领域大数据模型建设，应用人工智能、机器学习等先进技术，对海洋数据进行深度挖掘和分析，充分发挥海洋数据在海洋经济发展、海洋生态治理等方面的作用。推动海洋数据与其他领域的数据进行融合，拓展其应用范围，激发其在气候变化、海洋防灾、污染防治等方面的作用。

(三) 推动海洋数据要素与海洋产业深度融合

海洋数据要素是海洋制造业、海洋港航服务业、海洋渔业等海洋产业转型升级的重要"润滑剂"。加快海洋制造业企业物联网、人工智能等技术的应用改造，通过实时监测和数据分析，优化生产流程，提高生产效率，挖掘数字化生产、信息化协同、精准化定制、高质量延伸等海洋制造业产业新模

---

① 马文婷，邢文利，高若. 数字经济赋能海洋经济高质量发展 [J]. 经济问题，2024 (6)：42-50.

式。加快港口、船舶数字化装备更新替代，建立港口、航运公司和物流企业之间的数据共享机制，促进信息流、物流和资金流的高效协同，提升港航服务效率，降低运营成本。加快利用区块链、智能网、大数据等数字技术对传统海洋渔业进行升级改造，推广渔业智能检测、数字渔场、渔业精密智控技术，推进海洋渔业船岸定位、精准抓捕的数字体系建设，实现水产品生产全链条的数字化智能管理。

（四）加强海洋数据安全保障能力

海洋数据关乎国家安全，筑牢海洋数据安全屏障是发展数字海洋经济的重要前提。首先，要加强海洋数据安全顶层设计与政策引领，建立海洋数据分类分级保护标准和制度，建立健全海洋数据安全风险评估、报告、共享、监测预警机制。其次，要加快海洋数据安全技术攻关，逐步解决海洋物联网数据安全保障以及恶劣海洋环境下的数据安全传输等问题，通过开展相关标准制定，引导和带动海洋环境下的安全技术持续创新发展。最后，要推动海洋数据安全共享，围绕数据存储方式、存储格式、安全管理等方面提前谋划，减少重复建设，降低海量数据的迁移风险，提升数据安全共享服务能力[①]。

第六节 海洋管理

一、海洋管理的概念

海洋管理是指以海洋资源、空间和人类活动为对象，通过规划、组织、协调、监督等手段，对海洋资源开发、海洋产业活动以及相关利益主体关系进行优化的过程。根据管理主体的层级和范围，海洋管理可分为三个层次：宏观层面是指国家或地区通过法律法规、政策规划等手段，对海洋资源开

---

① 张小琼，咸立文，吕博. 新形势下我国海洋数据安全的思考［J］. 信息安全与通信保密，2022（7）：115-122.

发、环境保护和权益维护进行的战略性管理,如国家海洋发展规划、国际海洋公约履约等;中观层面是指涉海行业或区域管理机构对特定海洋领域(如渔业、航运、能源等)的统筹协调,如渔业资源配额管理、海域使用功能区划等;微观层面是指涉海企业、科研机构等组织为实现特定目标而实施的管理活动,如海洋工程企业通过项目管理体系控制成本风险,渔业合作社通过标准化流程提升捕捞效率。

由此可见,海洋管理是一个涵盖多领域、多部门、多主体的综合性概念。考虑到本节内容主要探究的是推动海洋经济发展的各类投入要素,我们将海洋管理限定在与海洋经济增长和海洋生产效率密切相关的管理领域,即以涉及企业家才能作用的微观涉海企业管理和涉及资源优化配置的宏观海洋行政管理为主,而有关海洋生态管理、海洋环境管理、海洋权益管理、全球海洋治理以及具体行业的管理在本节不涉及。基于此,海洋管理主要是通过优化资源配置、规范市场行为、激发技术创新等手段,为海洋生产活动创造一个高效、有序、可持续的外部制度环境,以此推动海洋经济的高质量增长。从生产要素角度,海洋管理要素的优化可以有效降低海洋生产活动的交易成本、提升资源配置效率,为海洋经济可持续发展提供有效的治理框架。与传统生产要素(资本、劳动力、技术)相比,海洋管理的独特性在于其整合功能,即通过组织管理将分散的要素凝聚为协同系统,进而提升海洋生产效率和经济增长效率。因此,海洋管理不仅是对海洋资源的直接调配与控制,还可以看作是一种间接的生产力提升机制。

二、海洋管理的分类

海洋管理的类型复杂多样,可以从管理主体、作用对象和功能属性等维度进行多种类型的划分。考虑到本节对海洋管理范畴的界定,这里对微观涉海企业管理和宏观行政管理两大类进行介绍。

(一)微观涉海企业管理

在微观层面,管理活动则由企业主体直接参与执行,如涉海企业的生产经营决策、渔船捕捞收益的分配管理等,微观组织管理往往直接影响海洋资源的利用效率。通过企业家才能的发挥，涉海企业这一微观组织可以在内部实现生产要素的高效整合与价值创造。首先，涉海企业家通过发挥管理才能，优化生产流程，提高生产效率，降低成本，如应用先进的生产管理方法和技术，精细化管理生产环节，提升产品质量。其次，在企业组织内部，通过建立健全的研发激励机制，吸引和培养高层次的科研人才，推动新技术、新产品的开发和应用，进而提升生产效率。最后，涉海企业管理要素还能发挥风险控制的作用，这对于风险性特征明显的海洋产业而言尤为重要。通过建立完善的风险管理和内部控制体系，加强对外部资源、环境、市场及政策变化的监测和预警，以便企业及时调整经营策略，降低经营风险。

（二）宏观海洋行政管理

与微观企业管理相比，宏观海洋行政管理虽然不是海洋生产的直接投入要素，但政府的海洋管理调控能够起到优化资源配置的作用，同样可以起到提升海洋生产效率的作用。首先，产权的清晰界定通常被视为市场经济发展的关键保障。对于海洋经济而言，政府是建立完善产权制度的主体，通过海域使用权的制度规范，明确海域使用权归属，建立海域使用权交易市场，促进海域资源的合理配置和高效利用。同时，政府主导的宏观海洋管理还承担了规范市场秩序的作用，通过建立健全的市场监管机制，加强对企业主体的督察管理，防止不正当竞争与资源低效利用。其次，宏观海洋管理在引导要素流动、促进结构转型方面发挥着重要的作用。如通过税收优惠、产业基金等政策工具，引导资本、技术和人才等生产要素流向高效率的涉海部门，制定专项财政补贴政策、设立海洋产业基金等助推新兴产业和未来产业发展等。因此，与微观涉海企业管理相比，宏观海洋行政管理是政府从外部环境层面，借助于行政管理手段促进要素优化配置进而实现生产效率改善的过程，可以视为间接的生产要素管理。

三、海洋管理的特征

海洋管理作为一种特殊的生产要素，具有系统集成性、动态适应性和价值创造性三个主要特征。

（一）系统集成性

海洋系统的开放性和复杂性决定了单一管理手段的局限性，这就需要通过多种管理手段的协同整合实现整体效能提升。海洋管理的系统整合既包括横向跨领域的协同，也包括纵向多层级的联动。横向跨领域的协同管理主要考虑不同管理对象间的关联性，例如，在宏观海洋管理中，海洋渔业资源养护与渔业碳汇发展具有密切联系，通常要将二者纳入统一的管理框架。纵向多层级的联动管理主要是为适应海洋的流动性自然特征以及公共物品属性特征，需要构建从中央到地方的跨层级管理体制，我国所推行的中央海洋督察制度即是典型的代表。

（二）动态适应性

海洋管理的动态适应性取决于海洋生态环境自身的高度不确定性，这要求海洋管理工具或手段需确保实时响应与迭代更新。一方面，在时间维度上，海洋管理通常表现出阶段性特点，根据时序变量不断调整管理方案，如公海渔业配额制度会根据资源量评估结果进行年度调整。另一方面，在空间维度上，海洋管理通常需适应空间异质性实施差异化策略，如针对近海养殖和深远海养殖制定的管理举措各不相同，近海养殖管理的目标主要为高效、集约用海，而深远海养殖管理的目标则主要在于资本引导、研发激励等。

（三）价值创造性

从微观角度，管理即企业家才能属于独立的一类生产要素。良好的管理能够通过降低交易成本、提升要素配置效率产生间接经济价值，海洋管理的投入同样能够带来这种增长效应。例如，海洋油气开发企业通过优化油气资源开发管理体系，能够降低事故发生率进而减少直接经济损失。另外，这种价值性特征也表现在宏观的海洋管理层面，如海域立体分层开发管理制度的实施能够大幅提升海域空间利用效率，提高海域使用的经济回报。

(四) 决策智能性

在数字经济时代,海洋管理的决策智能性特征愈发突出。在微观层面,涉海企业的管理决策正逐步向智能化、数据驱动的方向发展。企业通过引入先进的数字技术,如人工智能、大数据分析和物联网等,提升决策的精准性和效率。例如,渔业企业可以借助大数据分析技术精准识别渔场资源状况及市场波动情况,进而提高生产经营效率。在宏观层面,政府通过整合卫星遥感、传感器网络等多源数据,可以实时掌握海洋资源、海洋环境及海洋经济等各类信息变化,据此动态调整海洋管理方案,提升行政治理效率。

四、海洋管理的功能

(一) 优化资源配置效率

从微观角度来看,管理要素是资本、劳动力、技术等其他要素的"润滑剂",通过优质的管理可以促进各类要素的优化配置,从而提高生产效率。海洋经济活动具有高投入、高技术、长周期和高风险的特征,通过不断优化组织管理效率来提升资本利用率、促进技术转化、降低运营风险,对于每一家涉海企业而言都是至关重要的。从宏观角度,聚焦于产权界定、市场准入和利益分配规则等领域的海洋管理制度优化,可以有效破解海洋资源的公共物品属性导致的"公地悲剧",借助空间、时序和结构多维度的要素优化来实现海洋经济的高质量发展。例如,海域使用权流转管理制度的建立可以促进资源流向高效率的经营主体或用海项目;海域立体分层开发管理制度能够促进空间要素的集约利用,并催生产业融合新业态。

(二) 降低交易成本

通过优化管理流程、建立信用评级体系和统一技术标准,海洋管理还能够有效降低交易成本,提高海洋生产效率。首先,标准化的海洋管理流程可以降低信息搜寻和契约执行的成本。例如,电子化海域审批管理系统的引入可以大幅提高审批效率,提高政府服务的透明度和公信力,节约企业搜寻成本。其次，统一的规划和规范管理体系有助于消除市场分割，减少企业在不同地区和部门之间的适应成本，促进要素的跨区域优化配置。例如，在全国国土规划中建立"一张图"陆海统筹的空间规划方案，有助于消除陆海分割、促进陆海联动协同发展。最后，信用评级管理有助于降低涉海经营主体间的合作风险，减少信息不对称带来的不确定性，促进稳定的供应链网络的形成。

（三）激励海洋技术创新

借助于专利保护、规制倒逼、平台共享等制度手段，海洋管理还能起到激励海洋科技创新的作用。专利保护管理制度在海洋科技创新中发挥着至关重要的作用。通过对海洋领域的技术创新成果提供法律保护，专利制度激发了科研人员和企业的创新积极性，促进了海洋科技的进步和应用。海洋环境规制能够倒逼企业进行绿色技术革新，例如，海洋船舶作业污染管控规制的实施将推动绿色船舶相关技术的研发投入。此外，与海洋技术研发转化相关的公共平台共享共用管理制度可以降低创新试错成本，加速海洋技术扩散速度。

（四）保障海洋经济可持续发展

作为地球上最大的生态系统，海洋具有显著的公共物品属性，这决定了海洋管理在实现海洋经济可持续发展中扮演着至关重要的角色。例如，政府通过建立海洋保护区、实施渔业配额制度等约束性管理措施，限制资源过度开发和污染排放，促进海洋资源可持续利用。另外，政府还可以通过海洋生态补偿、排污配额交易、海洋碳汇交易等管理手段来平衡相关者利益关系、解决用海冲突，促进海洋经济发展与海洋环境保护的协调。

五、海洋管理的创新发展

随着海洋开发进程的不断加快，海洋管理面临的外部环境发生了巨大变化。从企业层面的管理创新到政府层面的政策调控，从组织管理效率提升到资源配置优化，海洋管理需要在多个层面进行协调与创新。

（一）深化数字化转型，构建智能海洋管理生态系统

顺应数字经济发展趋势，加快智能化管理转型是推动海洋管理创新的重要路径之一。对于海洋制造业、渔业和港口航运等领域的涉海企业而言，需要充分利用物联网、大数据、云计算等技术手段，来提高生产效率、优化资源配置和提升管理效能。对于政府而言，也需要通过人工智能、大数据等数字技术的深度实践，更新政府组织架构，搭建基于大数据和人工智能的海洋监管平台，推行电子化行政服务体系，提高数字治理效能，充分利用数字技术进行科学决策。

（二）创新海洋管理制度供给，激活要素配置活力

在企业管理组织内部，积极探索技术入股、利润分成等制度创新，完善创新激励机制，建立柔性组织架构，降低管理组织成本，依托管理制度优化充分释放人才、资本的生产活力。在宏观行政管理层面，政府需要积极探索海洋管理体制改革，建立更加灵活高效的管理机制。例如，在海域使用权的管理上，应推行"立体分层"的管理模式，将海面、水体、海底的使用权进行分离管理，充分激发市场活力，提升资源的配置效率。同时，应探索海洋资源、海洋大数据等要素的价值评估体系，完善要素市场化配置机制，推动海洋要素的合理定价与优化配置。

（三）构建协同治理网络，提升管理运行效能

在微观企业层面，构建协同治理网络是提升海洋管理运行效能的关键路径之一。在内部组织中，企业可以通过跨部门协作来优化内部资源的配置。在大型海洋企业中，生产、研发、运营、市场等部门通常承担着不同的职能，这些职能的协同至关重要。通过信息共享、数据互通等方式，企业可以加强部门之间的沟通与合作。企业还可以与供应链上下游企业形成协同治理网络，通过共享供应链信息，协调各方需求和供应，提升整体产业链的管理效率。在宏观行政管理层面，海洋管理不仅涉及海洋、渔业、环保、交通等多个部门，还需要跨部门、跨地区甚至跨国界的协作与合作。对此，政府应

推动建立跨部门的海洋管理协调机制，打破部门之间的信息孤岛，促进资源的共享与协同。

第七节 海洋生产要素创新性配置

一、海洋生产要素的配置关系

（一）海洋生产要素的功能特征

基于生产要素的概念，结合海洋经济的特征，海洋生产要素可视为以海洋产品或服务为开发、配置及管理对象，驱动海洋生产力形成的各类要素。从前面对六种主要的海洋生产要素的分析可以发现，海洋生产要素是一个综合性的概念，涵盖自然、社会、科技等多个方面的要素，这些要素互相关联、相互作用，共同构成了海洋生产力的基础。海洋经济经历了从传统海洋渔业到海洋制造业再到现代海洋服务业的发展历程，相对应而言，海洋生产要素也经历了从劳动力、海洋自然资源等传统要素向资本、技术及管理等现代要素的演进过程。不同的海洋生产要素在不同发展阶段的作用存在差异，而实际上反映的是不同海洋产业对海洋生产要素的需求或依赖度的差异。在传统的农业社会时期，海洋渔业是主要的海洋开发活动类型，海洋渔业资源和劳动力是最重要的生产要素；进入工业革命后，以海洋船舶制造为主的海洋制造业大量兴起，资本和技术逐步成为驱动海洋生产力的核心要素；再到数字化的信息时代，数据要素、数字技术等新兴要素的作用日益突出。

海洋生产要素具有复杂多样性、分布差异性、动态可变性及政策依赖性等较为典型的特征。复杂多样性是指海洋生产要素的类型具有多样性，涵盖海洋自然资源、海洋人力资源、海洋资本、海洋科学技术、海洋大数据、海洋管理等多种类型，且每一类海洋生产要素又可分为更多的细分类型，如海洋自然资源包括海洋物资资源、海洋空间资源和海洋能源等，海洋人力资源包括普通海洋人力资源、知识创新型海洋人力资源、管理型海洋人力资源等多种类型。分布差异性是指海洋生产要素在空间分布上具有显著的差异，如不同海洋自然资源要素在不同海域分布上存在差异，海洋人力资源、海洋资本等要素在不同沿海地区的分布也不尽相同。海洋科技人才通常集中在沿海发达城市地区。海洋资本和海洋信息的分布也更多地依赖于区域经济的发展水平、金融市场的成熟度以及信息技术的普及程度。动态变化性主要反映了随着海洋开发进程的演变，海洋生产要素的禀赋及其在海洋经济活动中的重要性都在发生变化。在海洋开发初期，自然资源是海洋经济活动的核心要素，而随着技术的进步和产业的发展，海洋技术、资本和信息等其他要素的重要性逐渐凸显。例如，深海探测技术的发展使得深海资源的开发成为可能，而海洋大数据的应用则提高了海洋资源开发利用效率。最后，海洋生产要素的培育和利用受到国家政策、法律法规和国际条约等多重因素的影响，体现了明显的政策依赖性。

（二）海洋生产要素的替代性与互补性

海洋经济的发展是各类海洋生产要素共同作用、协同配合的结果。海洋生产要素在其中各自发挥着重要的作用，同时不同要素之间也不是完全独立的，存在替代性和互补性的关系。在海洋经济发展的不同历史阶段中，各类海洋生产要素的替代性与互补性关系也不断发生动态演化。

1. 替代性

海洋生产要素的替代性关系表现为，在海洋开发过程中，一种海洋生产要素与另一种或几种海洋生产要素之间因其生产效率变化、相对价格变化以及外部发展战略、政策环境变化等而引发的相互替代现象。在经济增长理论中，生产要素的替代性主要表现为技术进步下劳动与资本生产效率差异引发的要素替代现象，分为劳动节约型技术进步和资本节约型技术进步两种主要类型。在海洋经济发展中，海洋科技进步同样会产生这种劳动与资本间的替代关系。除此之外，海洋经济作为典型的资源依赖型经济，生产要素的替代性表现在海洋自然资源要素领域中也十分突出。海洋自然资源涵盖海洋生物资源、矿产资源、能源资源以及空间资源等多个方面，这些资源为人类提供了丰富的食物来源、能源供应以及经济活动空间。然而，资源的有限性和不可再生性也构成了海洋经济发展的硬约束。尤其是在近海海洋开发进程不断加快的背景下，探索减少传统海洋资源要素投入的集约型、绿色型海洋经济发展模式成为必然选择。例如，在渔业资源枯竭的背景下，依托海洋资本、海洋科技等要素的海水养殖、远洋捕捞成为替代传统近海捕捞的生产方式，不仅保障了食品安全，还促进了海洋渔业产业的转型升级。在能源领域，随着海洋新能源技术突破以及海洋资本、人力资本的持续流入，海洋风能、海洋潮汐能、海洋氢能等海洋新能源的开发利用不断加快，正逐步替代传统的海洋石化能源，成为海洋经济绿色发展的重要支撑。

2. 互补性

生产要素互补性是指不同生产要素之间在生产过程中相互依赖、相互配合的关系。探究生产要素间的互补关系，对于理解经济活动的运行机制、优化资源配置、促进集约化绿色化发展具有重要的意义。海洋经济活动具有高投入、高风险、长周期等特征，遵循海洋生产要素的互补性进行要素配置优化显得尤为重要。例如，在海洋矿产、海洋油气等海洋自然资源的开发活动中，一方面，海洋资本的投入可促进生产设备设施改善，提升资源开发效率，另一方面，丰富的海洋资源往往能够吸引更多的资本投入。例如，海洋生物资源的丰富性，使得海洋渔业、海洋生物医药等产业具有广阔的发展前景，从而吸引大量资本流入。进入数字经济时代，海洋大数据与其他生产要素的融合互补成为要素互补中的最为突出的一环。例如，通过对海洋环境的实时监测和数据分析，能够揭示海洋自然资源的分布规律、变化趋势和潜在价值，提高海洋自然资源要素的利用效率；海洋大数据在资本市场的融合，能够促进海洋资本的跨地区流动，减少信息不对称，降低涉海企业的融资成本。

（三）海洋生产要素与海洋生产效率

海洋经济的增长可看作是各类海洋生产要素共同作用的结果，但这并不意味着要素的数量就是唯一需要关注的因素，因为要素总是稀缺的，海洋生产要素也不例外。因此，在有限的生产要素现实情景下，更需要关注的是在部门、地区间什么样的要素配置能够促进总体海洋生产效率的提升。要素配置是影响生产率提高的重要因素。从企业讲，源于各投入要素生产效率的提高及要素的优化配置；从行业讲，源于生产要素流动引起的产业部门间配置效率的提升[1]。当存在外在扭曲因素时，部门或企业之间的生产要素边际产出可能会出现不相等的情况，即生产要素配置效率较低。然而，如果实现生产要素从边际产出较低的部门向边际产出较高的部门流动，则会带来整体总产出和全要素生产率的提升。因此，优化要素配置实质上就是促进要素从低效率部门向高效率部门流动，提升生产效率。

与生产要素的最优配置相对立，要素错配则是要素配置结构的不合理，即生产要素因产业结构、政策制度、区域壁垒、市场分割等多种原因导致过多分配在了低效率部门，"资源诅咒"就是一种典型的表现。自然资源的禀赋通常被视为一个国家或地区经济发展的重要依托，但如果经济长期依赖于自然资源，也会引发"资源诅咒"等负面效应。资源开发部门的生产效率决定了是否会发生"资源诅咒"效应。当资源开发部门的生产要素配置效率低于生产规模报酬水平时，在依赖自然资源发展的地区，劳动力会大量转移到低效率部门，从而降低制造业部门和研发部门的产出，对创新产生挤出效应，最终阻碍经济增长。反之，劳动力则会流向对技术贡献率较高的制造业部门和研发部门，从而提高技术水平，规避"资源诅咒"的发生。海洋经济是典型的资源依赖型经济，"资源诅咒"的潜在风险较为突出。海洋资源丰富的地区可能陷入"资源诅咒"，过于依赖于海洋渔业、石油和天然气开采等资源型海洋产业，而产业类型过于单一将导致要素配置结构扭曲，不利于海洋经济的长期发展，并可能引发资源枯竭、环境污染等问题。

除了上述产业或部门间的要素配置外，海洋经济活动中还涉及区域间的要素配置优化。一方面，沿海省市之间的海洋生产要素配置需要协同优化。各沿海省市往往在海洋生产要素禀赋、海洋产业条件等方面存在差异和不平衡，从要素配置效率角度，要提高总体的生产效率就需要促进要素跨区域流向各地优势或高效率的产业部门。然而，受地区之间市场分割等因素制约，包括海洋生产要素在内的要素跨区域流动通常面临较强的行政壁垒。已有部

---

[1] 贾兴梅，丁雨凡. 要素配置、生产率提升与乡村产业发展：文献述评与研究展望[J]. 经济与管理评论，2024，40（6）：110-119.

分学者研究证实我国沿海各地区存在较为严重的海洋生产要素扭曲现象，导致了海洋经济效率的损失①。另一方面，陆地与海洋区域之间也存在生产要素的优化配置问题。受传统的"重陆轻海"思想影响，沿海地区对于陆地经济和海洋经济的重视程度存在明显差异，进而导致要素在陆海之间的配置可能存在错配。有研究针对我国沿海省市陆海生产要素的配置效率进行测度，证实了我国陆海生产要素存在错配，且主要表现为海洋经济生产要素投入的不足和陆地经济生产要素投入的过度②。

二、海洋生产要素创新性配置与海洋新质生产力

（一）海洋新质生产力的内涵

2023年9月，习近平总书记在黑龙江考察时首次提出"新质生产力"，此后在多个重要场合进行深入论述、作出重要部署。这一概念随之成为我国推动高质量发展的热词，受到各界的普遍关注。新质生产力概念的提出积极响应了新时代我国发展阶段转变、禀赋条件转换，以及发展环境变革而提出的新要求，有力拓展了传统生产力理论。关于新质生产力的概念内涵，各界基于不同角度进行了解读，尽管在表述方式上有所差异，但普遍认同其代表生产力跃迁与升级方向的先进性，并着重从新技术、新要素、新产业等维度理解其深刻内涵。参考这些解读，可以将海洋新质生产力表述为由海洋资源开发与利用技术的革命性突破、生产要素的创新性配置，以及海洋产业深度转型升级而催生的先进生产力③。

海洋新质生产力是海洋经济高质量发展的核心引擎，其本质是以科技创新为主导，以要素配置创新为支撑，以产业体系升级为载体的先进生产力形态。相较于传统海洋生产力，新质生产力的"新"体现在三个方面：一是

---

① 孙才志，林洋洋. 要素市场扭曲对中国沿海地区海洋经济效率的影响［J］. 海洋通报，2021，40（4）：369-378+386.
② 靳来群，戴佳颖，余璇. 沿海省域海陆生产要素配置效率估算及其优化［J］. 经济地理，2024，44（3）：11-21.
③ 于会娟，卢宝周，李大海. 海洋新质生产力的内涵特征、发展路径与政策建议［J］. 中国海洋大学学报（社会科学版），2024（4）：11-18.

要素构成的新质态，劳动者从经验依赖型转向知识密集型（如海洋工程师），劳动资料从机械化设备升级为智能装备（如自主水下机器人），劳动对象从传统资源（渔业、油气）拓展至新兴资源（深海基因、蓝碳）；二是技术驱动的新路径，通过颠覆性技术（如深海探测技术）突破海洋资源开发边界，并通过绿色技术（如海洋氢能技术）重构生态约束下的海洋开发利用逻辑；三是价值创造的新范式，从单一资源开发转向"资源开发+生态服务+数据增值"的复合价值体系。而"质"的跃迁则表现为全要素生产率提升、资源循环利用率优化和产业价值链高端化。例如，中国"蛟龙"号深潜器突破7 000米作业深度，使深海多金属结核开发成为可能。这一技术突破不仅创造了新的资源利用空间，更催生了深海采矿装备制造、深海环境监测等新兴产业，推动生产力能级实现质的跨越。

（二）海洋生产要素创新性配置的内涵

生产要素创新性配置是新质生产力的重要组成部分，它强调的是在生产过程中，对各种生产要素进行更高效、更合理的配置和利用，以实现生产力的最大化。海洋生产要素创新性配置是指以提升海洋全要素生产率为目标，通过要素重组优化，突破传统要素组合的路径依赖，实现海洋资源、资本、技术、数据、人才等要素的高效协同与动态适配的过程。其核心在于通过要素间的非线性交互和结构性优化，释放要素的潜在价值，形成"要素增值→效率提升→创新涌现"的良性循环。在传统海洋经济中，要素配置以粗放式开发为主导，依赖资源投入扩张和劳动力密集投入，导致资源利用效率低、生态压力大、产业附加值有限。而创新性配置强调要素的"质量升级"与"功能重构"：一方面，通过技术嵌入（如人工智能、区块链）和数据赋能（如海洋大数据平台）提升要素的智能化水平；另一方面，通过制度创新（如海域立体确权、碳汇交易机制）重塑要素的产权关系和市场流通路径。例如，深海采矿权的证券化设计将资源开发权转化为可交易的金融资产，既吸引社会资本参与深海开发，又通过市场机制优化资源配置效率。这种配置模式不仅关注要素的物理流动，更注重要素价值网络的构建，使海洋生产要素在时空维度、功能维度、产权维度上实现多维协同。

（三）海洋生产要素创新性配置与海洋新质生产力的关系

1. 海洋生产力演进中的要素配置规律

纵观人类海洋开发史，在不同的海洋生产力演化阶段中海洋生产要素的配置结构与模式存在显著差异。在农业文明时期，要素配置以人力与简单工具为主导（如木制帆船、手抛渔网），劳动对象局限于近海渔业资源，生产力增长依赖人口数量扩张。工业革命后，蒸汽动力船舶与拖网渔船的普及，使劳动资料发生机械化变革，生产对象扩大至近海大陆架油气等其他海洋资源，但生产方式尚停留在资源消耗型和污染型的传统粗放式模式。20世纪末以来，卫星导航与深海探测技术的突破，推动要素配置向智能化、绿色化转型，生产对象进一步扩大至深远海领域的海洋资源，海洋经济开始从粗放型向集约型发展。进入21世纪数字经济时代，要素配置呈现"硬要素软化"与"软要素硬化"的双向变革。一方面，传统物质要素（如船舶、网箱等）通过嵌入传感器和AI芯片等技术实现数字化升级；另一方面，涉海的数据、算法等新型要素（海洋大数据）通过确权定价等方式成为独立生产要素，在提升海洋生产效率中发挥着越来越重要的作用。这种历史演进过程表明，海洋生产力的跃迁往往与海洋生产要素的配置演变密切关联。

2. 海洋生产要素重构驱动生产力能级跃迁

根据马克思主义政治经济学原理，生产力由劳动者、劳动资料和劳动对象构成，其发展水平直接取决于三者的技术结合方式与社会组织形式。在传统海洋经济中，生产力要素组合呈现线性特征：劳动者依赖经验积累（如渔民世代相传的捕捞技艺），劳动资料局限于机械化工具（如拖网渔船），劳动对象集中于近岸浅海资源（如渔业、盐业）。这种配置模式受制于技术边界和制度约束，导致全要素生产率增长缓慢。而新质生产力的形成，本质上是通过要素的"创造性破坏"突破原有生产力系统的均衡态，即劳动者从经验型转向知识型，劳动资料从机械化升级为智能化，劳动对象从传统资源拓展至深海新兴资源。这一跃迁过程的核心驱动力，正是要素配置模式的创新性变革。生产要素的重构通过非线性交互形成"技术突破→要素重组→价值裂变"的链式反应，打破了传统生产力系统的路径依赖，推动生产力能级实现几何级跃升。

3. 海洋新质生产力发展需求倒逼要素配置革新

生产要素的创新配置是新质生产力形成的重要路径，而新质生产力的发展需求也能够倒逼生产要素的配置革新。一方面，海洋新质生产力对生产要素质量提出更高要求。例如，深海采矿需要耐高压材料（劳动资料革新），海洋氢能开发依赖新型催化剂研发（劳动者知识结构升级），海洋碳汇交易的实现要求高精度碳汇监测技术（数据要素介入）。这种需求往往通过市场信号和政策导向传导至要素配置端，驱动要素向高附加值领域集聚。另一方面，新质生产力的应用场景拓展需要生产要素的创新配置。例如，数字孪生技术构建的"虚拟海洋牧场"，使养殖企业能够模拟极端气候影响并优化投喂策略，大幅降低养殖风险损失。这种互动形成"需求牵引→要素升级→场景拓展→生产力跃迁"的正反馈循环。

三、海洋生产要素创新性配置的目标方向与实现机制

（一）海洋生产要素创新性配置的目标方向

海洋生产要素创新性配置的核心目标在于通过系统性重构要素组合方式，推动海洋经济从粗放型增长向高质量、可持续的发展模式转型。这一目标的实现需要围绕资源效率、产业升级与创新生态三大方向展开。

1. 提升海洋资源利用效率

海洋经济具有典型的资源依赖性特征，这决定了海洋生产要素创新性配置的目标方向需契合提升海洋资源利用效率的长远目标。提升海洋资源利用效率的本质，是通过技术嵌入、管理创新等要素转型破解"资源诅咒"，构建资源开发与生态承载的动态平衡机制。传统海洋开发模式下，资源利用呈现出高消耗、低效率的状态，具体体现在三个方面：空间开发平面化导致海域利用效率低下；资源转化链条断裂造成废弃物循环利用率低；技术替代滞后加剧对有限资源的过度依赖。海洋生产要素的创新配置则需聚焦空间利用集约、资源循环利用及绿色技术替代三个维度进行突破。首先，通过海域立体分层开发的管理制度创新，突破资本、人力、技术、数据等生产要素配置

的平面化空间限制，借助产业融合促进各类生产要素的协同集聚，实现空间效益的倍增。其次，探索构建海洋资源再利用的闭环价值链，推动废弃物资源化和能源梯级利用。例如，从虾蟹壳等传统废弃物中提取甲壳素用于生物医药，实现废弃资源再利用。最后，加快绿色技术创新突破传统资源约束，引导各类要素投入海洋新能源开发、海水利用等新兴绿色技术领域，加快推动绿色技术替代。

2. 促进海洋产业转型升级

海洋产业转型升级的重心是促进传统海洋产业升级、新兴海洋产业做强以及未来海洋产业培育，实现这一目标的关键在于打破要素流动的行业壁垒与路径依赖。传统海洋产业升级方面，通过引入数据要素加快智能装备替代，推动传统海洋渔业、航运业生产方式变革，打造智慧渔业、智慧港航等新业态。新兴海洋产业做强方面，通过构建"技术攻关——场景开放——市场验证"的协同机制，加快信息技术成果转化，依托市场需求和利益驱动引导各类生产要素向新兴海洋产业集聚。对于未来海洋产业培育而言，则需通过政策试点与风险共担机制，降低技术商业化门槛，引导要素向原始创新领域集聚。

3. 优化海洋科技创新生态

新质生产力以全要素生产率大幅提升为核心标志，突出的特点是创新。因此，海洋生产要素的创新性配置需始终遵循海洋科技创新这一主线。科技创新生态优化的核心是打通"基础研究——应用开发——产业转化"的梗阻环节，构建知识生产与价值创造的良性循环。首先，布局海洋大科学装置与观测网络，解决共性技术供给不足问题，加强海洋数据的监测、采集、整合及共享能力建设，激活海洋数据要素潜能。其次，要创新海洋科研组织模式，建立产学研多主体合作机制，搭建开放式创新平台，引导知识型海洋人力资源、研发资本集聚。最后，要进一步完善中试平台与技术交易市场，降低科技成果转化成本，促进科技创新与产业需求深度对接。

(二) 海洋生产要素创新性配置的实现机制

海洋生产要素的创新性配置有赖于政府机制、市场机制以及社会机制的共同支持，有效发挥各方合力优势，推动生产要素的自由流动、协同共享和高效利用，加速海洋新质生产力的形成。

1. 政府引导机制

政府机制在加快要素自由流动、促进新质生产力在空间均衡分布方面发挥着重要作用。在社会主义市场经济背景下，政府通过政策引导可以有效解决企业的资金短缺、技术研发能力薄弱、创新型科研人才欠缺等诸多制约其发展的问题。落脚点在海洋经济领域，政府的核心是通过制度供给与战略规划，引导海洋生产要素的优化配置，促进海洋经济高质量发展。一方面，政府通过海洋开发管理规划，优化海洋资源开发格局，促进海洋资源可持续利用，同时开展立体分层用海等制度创新，激活要素流动性。另一方面，通过建立科技研发和成果转化共享平台，配套设立产业投资基金及税收优惠政策，降低涉海企业尤其是科技型涉海企业的研发成本，引导资本、人才等要素向高端技术产业集聚。

2. 市场驱动机制

完善的生产要素市场是发展新质生产力的根本保障。市场在资源配置中发挥着决定性作用，以市场化方式将数据、资本、劳动等要素结合起来，优化资源配置结构，使各要素在生产函数中的价值实现最大化，推动产业结构较快变迁和经济高速增长。市场机制主要通过价格信号与竞争效应来推动要素向高效率、高附加值领域流动。在海洋经济领域，海域使用权交易等市场交易平台的建立，能够推动海洋自然资源等要素的确权定价，确保要素在行业间、企业间的优化配置。同时，完善要素市场机制还要推动建立统一的大市场，破除阻碍要素自由流动的体制机制障碍。一方面需要在国内形成一个可以将各行业、各部门乃至各地区统一起来的海洋生产要素自由流通的庞大市场体系，另一方面应该主动利用全球海洋生产要素，加快建设具有全球竞争力的要素流动生态[①]。

3. 社会协同机制

生产力的跃迁演变往往伴随着社会利益的再分配。优化生产要素的配置

---

① 张永刚. 基于新质生产力的生产要素创新和优化配置[J]. 学术界, 2024 (5): 87-94.

方式，完善社会的利益分配机制，建立良好的利益分配格局，对于稳定社会生产和维护社会公平至关重要，同时也是激发劳动力等要素积极性的关键保障。在海洋新质生产力发展过程中，应着力构建兼顾效率与公平的利益分配体系，尤其是对于处于衰退期的传统海洋产业领域，需建立完善的社会补偿机制，引导劳动力要素的转移流动，激发劳动要素积极性，维护社会稳定公平。例如，针对退捕上岸的传统捕捞渔民，既要做好减船转产的补贴工作，也要完善转产转业的支持体系，引导和帮助渔民再就业以获得可持续生计，推动劳动要素的有效利用。

第四章

海洋经济组织

海洋经济组织既是连接海洋资源与海洋产业的制度性载体,也是实现要素优化配置与海洋经济可持续发展的治理单元。本章第一节总体阐述海洋经济组织体系的内涵、特征、类型及其演变过程,第二、三、四节则分别以个体经济组织、合作经济组织和公司组织为切入点,具体分析不同类型海洋经济组织的特点、在海洋经济领域的表现形式及发展沿革。

第一节 海洋经济组织体系

一、海洋经济组织概述

(一) 海洋经济组织的概念

经济组织是由若干经济主体根据一定的经济目的,通过合作或竞争形成的制度性安排和运营形式,其本质是"要素市场"替代"产品市场",是一种契约对另一种契约的替代[①]。海洋经济组织是指以海洋空间为活动场所,以海洋资源为利用对象,以一定的经济任务为目标,从事海洋生产经营活动或为海洋生产经营活动提供工具和设施的单位或群体,包括个体经济组织、公司组织、合作经济组织等。海洋经济组织是构成海洋经济活动的重要载

---

① 常明. 农业合作经济组织问题 [J]. 理论视野, 2012 (7): 72-74.

体，不仅包含传统经济中所涉及的各类组织形式，同时还受制于海洋资源的独特属性，如地域性、流动性、环境敏感性等，这使得其在治理与运作上面临诸多特定挑战与机遇。

(二) 海洋经济组织的特征

1. 资源依赖性

不同于陆地经济组织，海洋经济组织不仅直接以海洋生物、矿产、能源等资源为经营对象，而且对海洋空间的区位和环境条件具有较强的依赖性。由于海洋资源具有流动性、区域差异性和可变性等特点，海洋经济组织在资源开发和利用过程中，必须基于资源的再生能力和生态环境的承载能力，合理配置生产要素，注重可持续发展，避免资源枯竭和生态破坏。

2. 高风险性

海洋经济组织普遍面临较高的安全风险与不确定性，这与海洋环境的复杂性、多变性和生产作业活动的特殊性密切相关。无论是海洋捕捞、养殖等传统产业，还是深远海能源开发、海洋工程建设等新兴产业，都存在着作业环境恶劣、突发性事故频繁、技术难度大、生产周期长的特点，容易因自然灾害、设备故障、技术失误、人员操作不当等因素导致安全事故，造成严重的经济损失和人员伤亡。因此，海洋经济组织需要建立更加严格和系统的安全管理机制，加强风险识别、防控预警、应急响应与技术保障体系建设，提高生产设备的安全性和工作人员的安全意识，以最大程度降低事故发生率。

3. 陆海两栖性

与一般陆地经济组织不同，海洋经济组织的生产经营活动不仅在海上空间进行，还延伸到陆地腹地，两者之间形成紧密的协作与相互依赖关系。具体表现为生产环节常常涉及跨越陆地与海洋的物流运输、资源加工、储藏配送等过程，产业布局需要同时考虑陆域的港口、码头、仓储设施与海上的捕捞养殖、海工装备、船舶运输等基础设施的配套协同。陆海统筹协调的需求使得海洋经济组织在生产要素配置、设施建设、政策衔接和环境保护等方面应具备更强的综合管理能力。

二、海洋经济组织的类型

(一) 个体经济组织

个体经济是以自我生产资料和自我劳动为基础的经济[①]，具有规模小、工具简单、操作方便、经营灵活等特点[②]。在海洋经济中，个体经济组织是以个人或家庭为基本单位，以自有的劳动、生产资料和资金为依托，从事海洋捕捞、养殖、初级加工、简单生产工具制造维修、海洋交通运输以及滨海旅游服务等多领域活动的生产经营实体。其运作模式体现了私有制经济在劳动者自身基础上开展个体劳动和经营活动的基本特征，主要表现为家庭经营、自主决策、灵活多变和对市场价格机制的高度依赖。个体经济组织主要有以下特点。

1. 家庭经营，自主决策

海洋个体经济组织以家庭为基本经营单元，通过整合亲属劳动力和自有生产资料开展生产活动。家庭成员共同参与近海捕捞作业或海产品初加工环节，形成代际协作的生产体系。这种以血缘关系为基础的组织模式既保障了决策过程的高效性，又通过代际传承保留了适应当地海域环境的传统作业技艺。在沿海渔村及滨海社区，家庭经营模式构成海洋经济基层生产网络的核心单元，体现了自主决策与在地化生产的深度融合。

2. 经营灵活，生产成本较高

为应对海洋环境动态变化与市场需求波动，个体经营者需要具备快速调整经营策略的能力。在捕捞环节根据实时海况监测数据灵活规划作业区域与时间，在加工销售阶段通过转换产品形态或重组销售渠道适应市场变化。这种灵活性虽使单位生产成本高于规模化经营主体，却成为抵御渔获量波动、突发气象灾害等风险的核心生存策略。

---

① 胡家勇. 中国个体经济发展的回顾与展望 [J]. 财经研究，2003 (4)：3-9+72.
② 康继军，张黎黎. 中国个体经济发展的空间相关性分析——基于中国各地区经济普查数据视角 [J]. 中国科技论坛，2012 (3)：86-91.

3. 市场调节，依附性强

生产经营全流程深度受市场价格传导机制影响，从渔需物资采购到海产品终端销售均与市场价格紧密联动。这种特性促使经营者持续优化捕捞品种选择和销售路径，如优先捕捞市场价格较高的鱼种，但受限于经营规模往往需要依托渔业合作社的采购网络或与加工企业签订定向供应协议，以此稳定生产资料获取渠道并降低市场不确定性风险。

4. 数量众多，分布广泛

在近海捕捞、滩涂养殖及休闲渔业等劳动密集型领域，个体经济组织呈现空间分布广泛与数量密集的特征。这种分布格局既受海洋资源空间分布特性驱动，如渔场区位决定作业范围，也反映沿海社区经济结构的微观形态。尽管分散化经营为区域经济注入活力，但也导致产业标准化程度低、技术升级迟滞等问题，形成规模化发展与生态可持续之间的结构性矛盾。

（二）合作经济组织

合作经济组织是以成员自愿联合为基础，通过民主管理与资源共享实现共同发展的社会经济实体。国际合作社联盟将其界定为"通过共同所有与自治管理满足成员经济文化需求的联合体"[①]。合作经济组织的核心在于实现成员间的互助合作，通过资源整合、风险共担、信息共享和技术互补，在保障基础生产经营自主性的同时，提升整体市场竞争力和抗风险能力。海洋合作经济组织不仅承载着服务性与营利性相统一的双重功能，还在组织结构、管理体制以及资产积累等方面展现出鲜明特色。合作经济组织具有以下特点。

1. 合作目标的双重性

在海洋经济领域，合作经济组织既承担着向成员提供生产经营服务的职责，又在对外经济活动中追求利润最大化。其内部服务主要体现在对海洋捕捞、养殖、加工、储藏、运输等环节的资源整合与技术支持方面。例如，渔

---

① 黎桦，徐洪斌. 合作经济组织法人的规范解释、发展境况与法律续造 [J]. 西南民族大学学报（人文社会科学版），2023，44（5）：62-70.

民专业合作社通过联合采购渔资、共享设备和协同捕捞,不仅提升了生产效率,还降低了个体经营者的成本和风险。而在对外销售或加工环节,合作经济组织则借助规模优势,争取更高的议价权和市场份额,实现经济效益的最大化。

2. 合作经营的双层结构性

合作经济组织采用"分散生产——集中管理"的双层运营架构。在生产一线,合作经济组织成员依据自身条件独立作业,保持对当地海况和传统经验的高度敏感,而在资源采购、产品加工、仓储调度等关键环节则由合作社集中决策,从而在成本控制、质量标准与市场拓展方面充分发挥规模优势。此种结构一方面保留了成员灵活布局和快速响应市场变化的能力,另一方面通过集约化管理弥补了技术装备短缺、市场信息不对称与单一经营抗风险力弱的缺陷,使组织在面对极端气候、价格波动或政策调整时展现出更强的韧性与稳定性。

3. 组织管理的民主性

合作经济组织成员自愿联结之始,就确立了平等协商与集体决策的治理原则。每一位成员在章程制定、年度预算、利润分配及重大投资决策中均享有发言权与投票权,确保决策过程公开透明、利益分配公平合理。为了兼顾效率与专业性,合作社还可聘请具有海洋技术、财务管理或市场运营经验的外部专家担任顾问或经营经理,通过专业培训和绩效考核提升内部管理水平。这种民主管理机制不仅增强了成员的归属感和责任感,也使组织在应对生产计划调整或市场突变时,能够迅速达成共识并高效执行。

4. 合作积累推动再生产

合作经济组织通常将部分经营利润留作公共积累基金,由全体成员共同管理和支配。该基金既可用于日常生产补贴,如设备维护、原料采购等,也可用于扩大再生产的战略性投入,如更新养殖设施、引进先进捕捞装备和拓展加工与销售渠道等。随着资本再投入和技术升级,组织的规模和效益持续提升,实现从分散小规模经营向现代化、集约化经营的转型。公共积累机制不仅为成员提供了长期稳定的资金保障,也推动了组织内部治理和运营模式的不断优化。

(三) 公司组织

公司是指依法设立的，有独立的法人财产，以营利为目的的企业法人，是市场经济中从事生产经营活动的基本经济单位[1]。在海洋经济中，公司以其资本实力、现代化治理能力和信息化平台，承担着捕捞养殖、装备制造、工程建设及配套服务等多重职能，通过资源整合、产业链联动和国际合作，为海洋资源的高效开发、产业升级和全球竞争提供了坚实支撑。公司组织结构主要有以下特点。

1. 具有独立的法人资格

公司依法设立，拥有独立的法人财产和组织机构，实行独立核算、自主营运、自负盈亏，并以全部财产对公司债务承担责任[2]。这种独立法人地位使公司能够独立享有民事权利，依法承担民事义务和责任，实现经济活动中的集中决策和风险隔离。股东作为公司的所有者，不仅享有企业资产收益，还能通过参与重大决策和选择管理者等方式对公司的发展方向进行影响。在海洋经济中，这种独立性和法人资格尤为重要，因为海洋产业通常涉及高风险、高投入的资源开发和跨区域运营，只有具备充分资本实力和风险承受能力的公司，才能在海洋工程装备制造、海水淡化、海盐化工等技术密集型领域中占据竞争优势。

2. 具有科学的管理体系

公司内部不仅建立完善的决策、运营、监控和激励机制，而且在生产经营过程中实现高度分工与协作，以"专业化、规模化、市场化"的方式推动海洋经济发展。无论是在海洋生物医药、渔业资源深加工，还是在海洋运输、海洋工程等领域，公司组织都通过整合各类生产要素，降低交易成本，优化产业链分工，有效地解决了"小生产"与"大市场"之间的矛盾。例如，将海洋资源开发的各个环节整合到一个企业内部，不仅能够减少信息不

---

[1] 崔新健，王巾英. 集团公司战略组织与管理 [M]. 北京：清华大学出版社，2005.
[2] 德鲁克. 公司的概念 [M]. 北京：机械工业出版社，2019.

对称和交易费用,也能在产品加工、物流配送等环节实现成本节约,从而形成更为明显的规模经济效应。

3. 具有经济和社会双重价值

作为社会经济复合体,公司在追求经济效益的同时,深度嵌入可持续发展框架。作为向社会全面开放的经济体系成员,海洋领域的公司组织需要关注产品质量、环境保护和技术创新等多个方面,确保经济活动的社会效益和环境效益相协调。从海洋渔业公司到海洋工程装备制造公司,再到海水淡化设备公司,每一家企业在追求经济利益的同时,往往也肩负着促进区域就业、推动产业升级和保护海洋生态环境的社会责任,为海洋经济的可持续发展提供支持。

三、海洋经济组织的变迁

海洋经济组织的变迁蕴含着人类不断深化对海洋资源利用方式认识的历史进程,不仅揭示了经济组织形式自发适应市场分工和环境约束的内在逻辑,同时也反映了社会生产力和科技水平的提高。海洋经济组织总体上是按照由低级到高级、由简单到复杂的路径演化变迁的。

(一) 家庭个体经营阶段

原始阶段的海洋经济活动主要依托家庭式的个体作业模式。早期人们利用最基本的生产工具,如简易渔船、粗糙网具等,沿海捕捞成为支撑家庭生计的重要方式。在这一时期,生产技术低、劳动密集,经济活动以满足最基本的生活需要为主。由于设备与技术的局限,海产品的捕捞、简单加工和直接销售构成了生产全流程。家庭成员之间密切协作,形成了一种天然的经济合作形式,既有家族传承的经验积累,也蕴含了初步的地域性生产特色。尽管当时各户规模较小、独立运营,但这种以家庭为核心的经济形态为后来的更大规模组织模式积累了宝贵的实践经验和管理智慧。

(二) 合作经济组织阶段

随着社会分工的不断细化和市场经济体系的逐步形成,个体作业的局限性逐渐显现出来。受到自然和市场双重风险的影响，单个家庭难以应对价格波动、自然灾害等不确定因素。在这种背景下，渔民和沿海居民开始尝试跨户联合，以形成规模效应和风险共担机制。这种联合既不改变家庭在生产中的主体地位，也为统一调配部分环节提供了可能。具体表现为多个家庭围绕特定区域或产品进行合作，实行资源整合、信息共享以及统一营销。联合经营不仅提升了产品议价能力，还使各方能够共同应对市场信息不对称和技术落后的问题，从而逐步打破了单一经营模式的瓶颈。这一组织形式在一定程度上奠定了区域性渔业合作社和专业合作组织的基础，其组织模式既保留了个体经济的灵活性，又逐步实现了集体统一调度的效益。

(三) 现代企业组织崛起

进入工业化和技术革新的时代后，海洋经济活动由近海走向远洋、由初级加工走向深度加工。大吨位远洋渔船、高精尖海洋工程装备、海上油气与矿产开发技术的出现，使得高资本、高风险的远洋捕鱼、海洋采矿和深海养殖几乎完全由具备法人资格的企业组织承担。与此同时，公司组织开始在海洋水产深加工、海盐化工、海水淡化及船舶制造等领域占据主导地位，借助规模化生产、专业化管理和规范化制度，实现了对传统个体及合作经济组织无法触及的深远海域和高附加值市场的有效覆盖。

(四) 数字化与集团化发展

近年来，随着数字化、智能化和可持续发展理念的普及，海洋经济组织的形态更加多元。大型海洋集团通过内部重组、并购整合捕捞、养殖、加工、装备制造和服务等业务，构建跨区域、跨产业的一体化产业链。中小企业利用互联网、物联网和大数据技术，发展智慧养殖和在线直销。科研机构与企业合作推动海洋生物医药、环境修复及新能源开发技术产业化。多元主体在数字化平台上协同创新，实现了生产管理、市场营销与国际合作的深度融合，标志着海洋经济组织迈入高质量可持续发展新阶段。

第二节 个体经济组织

一、个体经济组织的类型

这些组织经营方式较为灵活,在海洋资源开发、初级加工与服务供给中占据重要地位。

(一) 从事生产经营活动的家庭

家庭经营是以血缘关系为纽带的自然经济形态,其本质在于将生产资料所有权、劳动投入与收益分配高度整合于家庭单元内部。

1. 家庭经营的一般特点

在产权结构方面,家庭经营实行生产资料的集体所有制,家庭成员作为共同所有者直接参与生产工具的使用与维护,形成所有权与经营权的高度统一。这种产权安排消除了内部契约成本,但固化了资源配置的代际路径依赖,使得技术革新与规模扩张受制于家族共识。

在劳动组织方式方面,家庭成员兼具劳动者与管理者双重身份,通过非货币化劳动力配置实现对生产过程的自主控制。经验性知识(如潮汐规律、鱼汛判断等)构成核心生产要素,经由代际口传形成独特的技艺传承体系。收益分配遵循家族共同体原则,劳动成果归家庭集体所有,按需分配与适度贡献考量相结合,既维系了内部凝聚力,也弱化了市场化激励机制。

在市场应对方面,家庭经营凭借扁平化决策和灵活调度,能够根据渔获量、季节变化或价格信号迅速调整作业强度和产品结构,展现出极强的短期适应能力。这种灵活性源于家长制决策架构的高效性,却也导致战略规划的短期导向,难以应对系统性风险与产业升级需求。

2. 家庭经营的类型

(1) 附属型与专业型。根据是否依附于较大经营单位,可以把家庭经营分为附属型和专业型两种。附属型家庭经营通常依附于更大规模的经营主体,为其提供辅助性劳务或产品加工,如为渔业公司加工小批量鲜活海产品,风险较小但决策权受限。而专业型家庭经营则在某一细分领域形成独立竞争优势,如专门从事海参、海带或珍珠养殖与手工加工,依托成熟技术与稳定市场自负盈亏。相较于附属型经营,专业型经营虽然面临更大的市场风险,但也拥有更高的自主决策权和利润空间,能够更好地发挥家庭自身的技术和资源优势。

(2) 生产型与经营型。根据家庭与生产资料之间的关系,可以把家庭经营分为生产型与经营型两种。生产型家庭经营者直接操作生产资料,将捕获或养殖的海产品进行初步加工或增值处理,如海产品清洗、分割、简单腌制等。经营型家庭则以商品买卖为主,重点在于采购渔获并通过市场流通获利,须具备敏锐的市场洞察力与销售技巧。很多家庭往往兼具两种属性,既参与生产加工,也承担市场销售,通过灵活切换角色和多渠道营销,实现风险分散与收益最大化。

(二) 个体工商户

个体工商户指在具备一定经营能力的个人或家庭,通过工商行政管理部门依法登记成立的工商业经营实体。该类型既保留了家庭经营的灵活性,又通过工商登记实现初步规范化运作。相较于松散的家庭单元,其核心特征在于通过法律确权明确经营主体地位,形成相对稳定的市场身份,同时在资源整合能力与风险承担范围上显著高于传统家庭经营体,成为连接小微生产单元与现代企业体系的重要纽带。

在法律属性层面,个体工商户需依法完成注册登记,取得特定海域或岸线资源的合法使用权,其债务责任由经营者个人或家庭财产承担。这种制度设计既赋予其参与正规市场交易的法律资格,又将其风险敞口锁定于私人财产边界内。在经营实践中,此类主体多集中于海产品初加工、渔具经销、滨海旅游服务等领域,通过专业化分工提升服务附加值。

经营模式上,个体工商户呈现出"半结构化"特征。一方面,延续了家庭经营的传统经验,根据市场直觉调整产品品类和定价策略;另一方面,引入了基础管理制度,如简易账目登记、客户关系维护等,以逐步构建可持续的客源网络。其资源规模通常介于家庭单元与小微企业之间，可配置小型冷库、半自动化加工设备等生产工具，但资本积累能力仍受限于个体信用体系，难以获得金融机构的规模化融资支持。

在经济职能上，个体工商户承担着市场毛细血管与技术传导媒介的双重角色。其通过高频次、小批量的交易活动，将分散的海洋资源导入区域流通网络。同时，作为新技术应用的早期试验场，率先引入电商平台、移动支付等工具，为传统生产单元提供数字化改造示范。

（三）个人独资企业

个人独资企业是指依照《个人独资企业法》在中国境内设立，由一个自然人投资，财产为投资人个人所有，投资人以其个人财产对企业债务承担无限责任的经营实体。个人独资企业的运营模式介于家庭经营与现代公司制之间，兼具灵活性与规范性，成为推动海洋产业升级的关键力量。

1. 个人独资企业的一般特点

个人独资企业的核心特征体现为法人化运营与市场化扩张的双重属性。在法律层面，个私企业通过工商注册取得独立法人资格，以企业资产为限承担有限责任，实现所有权与经营权的适度分离。在资源整合层面，个人独资企业能够突破家庭或个体信用边界，通过抵押贷款、股权融资等方式获取规模化资本，配置机械化捕捞船队、自动化加工线等先进设备。在经营策略层面，个私企业既保留个体经济的灵活基因，又引入现代管理体系，形成"小微体量、企业内核"的混合模式。相较于个体工商户，其市场半径显著扩展，可参与国际贸易、政府采购等复杂交易，但也面临更严格的环保监管与合规成本压力。

2. 个人独资企业的经营类型

根据现行法律法规和行业实践，海洋经济中的个人独资企业主要涵盖加工业、养殖业、服务业和建筑业四种经营类型。

（1）加工业。聚焦海产品的实体转化，利用简易设备对原材料进行初级加工。此类企业多布局于渔港腹地，选择技术门槛低、原料供应稳定的品类，如海带烘干、贝类去壳、鱼糜制品生产等。其核心竞争力在于加工效率和成本控制，但受制于原料季节性波动和环保设备投入的压力，利润空间容易受到挤压。

（2）养殖业。从个体养殖业发展现状看，养殖对象多为食用、药用以及观赏价值高、市场需求大、消费周期短的动植物，如近海网箱鱼类养殖或滩涂贝类立体养殖。通常技术门槛高于家庭养殖，但可通过错季上市与订单农业获得溢价收益，同时面临种苗退化与市场价格波动风险。

（3）服务业。覆盖海洋经济衍生的配套服务领域，包括滨海旅游服务、港口物流、电商直播等业态，凭借本地资源与信息优势，为渔民和游客提供及时、高效的配套服务。个体服务业所需成本低，从业范围广，经营活动易于展开，但易受旅游季节性波动与政策调控影响。

（4）建筑业。主要以家庭或投资者名义，承接简易码头建设、海堤加固、船舶维修、厂房改造等小型工程，利用对海岸线和地形的熟悉完成项目。然而，该类型个私企业往往面临资金回流周期较长、海域使用权审批严格及专业技术标准要求高等制约，难以得到进一步发展。

二、海洋经济中个体经济组织存在的领域及表现形式

在海洋三次产业中，个体经济组织的分布呈现出显著的差异性。第一产业的海洋渔业领域和第三产业的海洋服务业领域聚集了数量庞大的个体经济组织，而第二产业的海洋工业则因技术壁垒和资金投入较大，更多依赖规模化企业，个体经济所占比例相对较低。

（一）海洋渔业领域

1. 海洋捕捞业

海洋捕捞业是海洋经济中最传统、最具代表性的产业形式之一，也是个体经济组织最密集分布的领域之一[1]。我国改革开放前，捕捞生产工具和分配决策都集中于集体组织，渔民只能作为集体组织的一员。1978~1984年

---

[1] Naylor R L, Goldburg R J, Primavera J H, et al. Effect of aquaculture on world fish supplies [J]. Nature, 2000, 405 (6790): 1017-1024.

间,国家试点家庭联产承包责任制,集体所有的渔船、渔网等生产资料开始分配到渔民家庭,家庭不仅拥有生产资料的使用权,也取得了经营收益的分配权。这一产权制度变革,使得渔民从单纯的劳动者转变为生产决策主体,极大激发了他们的生产积极性。进入1985~1994年后,政府进一步放开了水产品价格,允许渔民自由进入市场,同时将渔船和生产工具完全下放到家庭,并以船为单元进行核算。在这种"双层经营"模式下,村社保留对海域使用和公共服务的管理职能,而渔户家庭则独立承担生产经营成本与收益,自负盈亏。这一轮改革彻底确立了家庭对渔船和渔具的所有权与收益权,为渔户提供了更稳固的财产保障,也推动了捕捞业由"统供统销"向"自采自销"转变。

当前,在我国海洋捕捞业中,个体经营依然是主要经营方式,特别是在近海捕捞领域,以渔户家庭为单位的个体经济组织占据主导地位。渔户家庭拥有自己的渔船和网具,全家或部分成年成员共同参与捕捞、加工和销售,其生产、经营与分配的决策均由家庭自主确定。这种模式充分发挥了家庭成员对当地海域环境和鱼群规律的长期观察经验,但也存在分散经营导致规模效应不足、风险分担能力有限的问题。

2. 海水养殖业

改革开放以来,近海地区可捕资源的减少,我国海洋渔业的发展重心逐步由海洋捕捞业转向海水养殖业。传统的海水养殖多以家庭或小型作坊为主体,主要分布在滩涂、池塘、底播增殖和海上筏式养殖等模式中。渔户家庭依托本地滩涂资源,采用简易网箱或竹排架设养殖贝类、藻类和小型鱼类,借助代际相传的自然判断和手工操作完成投苗、日常巡查与水质监测,并将收获的海产品直接投放于本地集市或提供给初级加工户。这种以经验为主导的养殖方式投入成本低、操作灵活,但因设施简陋、技术落后,对自然风险和市场波动的抵御能力有限。随着市场需求的多样化,部分家庭经营者开始寻求扩大生产规模或提升技术水平的途径,向个体企业或合作社转型。

尽管个体经济组织灵活的经营模式在一定程度上激发了渔民的积极性,增加了海产品供给,但该类型经济组织普遍面临资金实力不足、技能培训和信息采集欠缺等问题,使得养殖方式依旧较为粗放,难以有效抵御自然风险和市场价格波动，无法完全满足海水养殖业向现代化、集约化转型的需求。

3. 海产品加工和销售

最原始的家庭作坊式加工常见于渔户自家院落，他们通过晾晒、熏制、简易分割等方式对捕获的鱼虾进行初步处理，再依靠集市摆摊或邻里代销完成销售。随着行业规范不断完善，部分渔户将家庭作坊升级为注册的个体工商户或个私企业，租赁小型厂房并引进冷藏、速冻、真空包装等基础设备，将海鲜制成罐头、海味干货和速冻产品等初级附加值产品。这些个体经营者凭借对区域消费习惯的深刻理解和灵活的分销网络，在当地市场占据一席之地，但在技术标准、检测认证和品牌塑造方面仍显不足。

在海产品加工和销售领域，个体经济组织具有门槛低、反应快、灵活性强等优势，能够根据季节性渔获和市场需求迅速调整产品结构与销售渠道。同时，由于自有资金有限、规模小、缺乏专业化管理与持续研发投入，个体经济组织往往难以建立完善的质量追溯体系，也无法实现稳定的大批量供货和跨区域扩张。这种"小而散"的格局在满足本地市场多样化需求的同时，也面临着食品安全隐患、效率瓶颈和品牌影响力不足等挑战。

（二）海洋工业领域

在海洋工业领域中，个体经济组织通常表现为小型作坊、家庭式工厂以及个体经营型企业。这些组织依托地域资源和传统工艺，以灵活高效的方式满足地方和特定市场的需求。

1. 海洋船舶维修

个体经济组织在海洋船舶维修领域多以家庭作坊或小型车间的形式出现，这些作坊通常位于港口或船厂附近，依托对当地海况和船体结构的深刻理解，为渔船、小型货船和游艇提供迅速而灵活的维修服务。作业内容涵盖船体补焊、机械部件更换、推进器维护以及简单的水下设备检查与修理等多个方面。由于决策链短、响应速度快，这些小型作坊常能在接到求助通知后当天组织人力和工具完成临时抢修，保证船舶按时出海或返航。

这种作坊式经营的最大特点在于机动性强、本地化优势明显和服务价格具有竞争力。作坊依托家族传承的手工技艺和多年的现场经验，针对不同船型和损坏情况提供量身定制的解决方案。然而，由于设备简陋、资金匮乏，这些组织难以承担大规模或高精度的海工装备制造任务，也难以通过自动化流水线提高生产效率和标准化水平。

2. 海盐加工

在沿海滩涂或浅水滩区，许多家庭作坊和个体工商户依托日晒或浅池蒸发的传统工艺进行海盐初级加工，利用潮汐涨退时储存进来的海水，借助天然日照和人工开挖的盐田将水分逐步蒸发凝结，最后用简单的工具将盐结晶收集并初步清洗、晾晒。加工场所一般紧邻海岸，方便海水抽取和工序管理。

海盐加工方式门槛低、投资少，家庭或个体经营者只需一片滩涂、几口晒盐池以及手推车、简易铲子等工具即可开展生产。但产品质量高度依赖天气条件和人工经验，盐粒大小、纯度和杂质含量常年波动。同时，由于缺乏现代化脱水、精制和包装设施，难以满足更高的食品安全和卫生标准。

（三）海洋服务业领域

在海洋服务业领域，个体经济组织的表现形式较为灵活多样，既有传统的港口物流、滨海旅游、船舶代理、海上救援等基础服务，也包括海产品电商直播等新兴业务模式。

1. 传统服务业

在海洋经济的传统服务业中，个体经济组织以家庭经营、个体工商户等形式广泛活跃，特别是在滨海旅游领域，个体经济组织的占比尤其突出。沿海渔村和岛屿社区中，家庭民宿、小型特色餐馆、渔家乐项目，以及帆船出海、潜水和海钓体验等服务，几乎全部由个体经营者承办。他们凭借对本地自然景观、人文习俗和海洋活动的熟悉，以"接地气"的方式满足游客对深度体验和本地特色的需求，形成了丰富多样的旅游产品。

这种传统服务业中个体经济组织的主要特点在于运营成本低、决策扁平、服务具有高度灵活性，能够及时根据游客偏好和季节变化调整产品和服务价格。然而，由于各家经营模式标准不一、规模较小，缺乏连锁化和品牌化运作，市场知名度和议价能力有限。同时，过度依赖经验和人际网络，也使得服务质量参差不齐，难以建立统一的监管和品质保障体系，制约了其在更大范围内复制和持续发展。

2. 现代服务业

近年来，随着数字技术和互联网的普及，海洋服务业出现了新的经济形态，其中最具代表性的便是海产品直播带货。个体经济组织利用社交媒体和直播平台，将原本传统的海产品销售模式转变为线上互动、实时带货的全新模式。这种方式不仅打破了地域限制，还通过主播与消费者间直接互动，展示产品捕捞、加工、包装等全过程，增强了消费者对海产品质量和安全性的信任。

个体经营者借助平台流量扶持和社交裂变，可以在数日内完成选品、直播、销售和配送全流程，并随时调整产品结构和销售策略。然而，随着行业竞争加剧，仅靠个人或家庭的即兴操作，缺少专业的摄制、策划和营销团队，难以持续吸引和留住消费者，流量一旦下滑便难以回升。为此，部分沿海地区政府开始组织专项培训，扶持本地渔业直播孵化项目，邀请资深主播和视频制作团队入驻，并吸引大型直播平台和专业电商企业在当地设立分支机构，为个体经营者提供脚本撰写、场景布置、供应链管理和品牌推广等一揽子服务。

三、海洋经济中个体经济组织的作用及发展沿革

（一）个体经济组织的作用

党的十一届三中全会以来，一系列支持个体经济发展的政策相继落实，使得个体经济组织迅速恢复并不断壮大。从最初的田间地头到如今的城市社区，个体经济组织已从零散分布发展成为国民经济的重要力量，在种植、养殖、零售、餐饮及家政服务等诸多行业中扮演主角。在海洋经济领域，这支"微小而多元"的队伍更是占据了主体地位。渔户家庭、个体渔具加工户和小规模养殖户等零散经营者虽然单个规模有限，却在捕捞、养殖、初级加工与销售等环节构成了海洋经济的基础层面。许多大型企业和合作社正是由这些个体组织演变而来，或与之保持密切协作，才使得个体经济组织在提供原

材料、吸纳就业和传承技能方面发挥着无可替代的关键作用。

数量众多的个体经济组织为海洋经济的发展注入了强大活力。首先,这些个体经济组织广泛吸纳渔民及沿海居民参与生产,扩大了海产品及配套服务的供给,直接促进了从业者收入水平的提升和地方居民生活品质的改善;其次,个体经营者因利益直接、决策灵活而具有敏锐的市场适应能力,彼此之间的激烈竞争推动了成本下降、质量提升和品类丰富,有效稳定了物价并为消费者提供了更多物美价廉的海产品。此外,这种"小而多"的经营格局也为海洋经济提供了分布式风险分担机制,使得区域渔业和海洋服务在面对自然灾害与市场波动时能够迅速调整,保持整体系统的韧性与活力。

(二) 个体经济组织的演进

在市场经济体制日益完善、竞争日趋激烈的环境下,个体经济组织并非一成不变,而是在不断变化与发展中呈现出两种主要趋势:一是朝向私营企业化发展;二是联合形成合作经济组织。这两种趋势既是经济发展规律的必然结果,也是个体经济组织为提高竞争力和风险抵御能力而作出的主动选择。

1. 向私营企业发展

由于个体经营者既是独立的劳动者也是独立的生产者和经营者,激烈的市场竞争和追求更大利益的动力促使一些具备技术专长和经营才干的个体经营者实现了从小生产向大生产的转变[①]。伴随资本积累和管理经验的逐步提升,这些经营者开始雇用劳动力、扩大生产规模,从而实现了由个体经营户向私营企业的转型。这一过程体现了个体经济组织在规模效应提升、资源高效配置和管理制度完善等方面的内在演化。私营企业的兴起不仅有效吸引了更多资本的投入,推动了技术创新与产业分工的深化,还促使整个产业链朝着专业化、集约化方向迈进,使传统的家庭经营逐渐过渡到拥有固定生产设施和规范化管理的企业运营模式。这种由个体劳动者转型为私营企业家的路

---

① 李嘉晓. 我国海洋渔业经济组织的演进与培育研究[J]. 海洋科学, 2017, 41 (6): 119-125.

径，不仅极大提高了生产效率，也优化了社会分工和市场运作机制，成为推动海洋经济整体转型升级的重要力量。

2. 联合形成合作经济组织

在竞争和风险压力日益增大的情况下，个体经济组织为了弥补单打独斗所存在的生产资料短缺、技术投入不足和市场抗风险能力薄弱等不足，往往倾向于按照自愿互利的原则，通过联合形成合作经济组织。这种发展模式在保持个体所有制不变的前提下，实现了分散生产要素的联合使用，形成了新的生产力与生产经营优势。合作经济组织通过整合成员各自优势，实现资源互补与风险共担，从而创造出比单个个体经营更高的劳动生产率和更稳定的收益。实际上，合作组织不仅在生产环节上提高了规模效应和协同效应，而且在应对市场波动和自然环境风险方面显示出更强的抵御能力，因为成员之间可以共同承担风险，同时通过合作积累机制保留一部分不可分配的收入用于扩大再生产和技术改进，进一步增强整体竞争力。

第三节　合作经济组织

一、合作经济组织的类型

合作经济组织有别于私营经济组织和集体经济组织，其最核心的特征在于既不完全追求利润最大化，也不完全依托国家或集体的统一调控，而是在自愿、互利的基础上，通过成员间的合作实现共同发展。与私营经济组织相比，合作经济组织不以资本绝对集中、私利驱动为主，而是更多地强调成员之间的平等协商和利益共享。与集体经济组织相比，其成员个人仍然保持一定的独立性，所有权不受制于固定的集体形式，而是通过合作机制实现资源整合和风险分担。这种模式在保障各参与者自主经营的同时，通过集体智慧和资源共享，实现了组织效益的最大化，展现出较强的市场适应性和抗风险能力。总结合作经济组织发展的情况，按照功能，可以将合作经济组织划分为生产经营型、科技服务型和综合支撑型三种类型。

(一) 生产经营型

生产经营型合作经济组织主要围绕产品的生产、加工和销售等环节展开，其核心在于整合分散的生产力量，实现资源优化配置和联合经营。以渔业合作社为例，这类组织通常由多个渔民家庭联合组成，依托渔业龙头企业，在政府和渔业服务部门的支持下成立，以入会（社）的会员为服务对象，坚持会员入社自愿、退社自由、地位平等、民主管理等原则，为会员提供渔业生产资料购买，产品加工、运输、贮藏、销售以及其他与渔业生产销售相关的服务，在利益共享、风险共担的基础上为全体会员谋求最大利益。

(二) 科技服务型

科技服务型合作经济组织以政府和渔业服务部门领办居多，兴办时间相对较早，一般营利性较弱，更侧重于提供技术支持、信息共享和创新服务。这类组织通常与科研机构、高校或专业检测机构密切合作，致力于推广先进的技术和设备。通过组织联合培训、信息互换和共同研发，科技服务型合作组织能够帮助传统生产主体解决技术瓶颈、提高产品附加值和提升市场竞争力。同时，此类组织在服务过程中，还承担着风险防控和质量监管等职能，确保技术成果能迅速转化并应用于实际生产，推动整个产业向高技术含量和现代化管理方向升级。

(三) 综合支撑型

综合支撑型合作经济组织是一种集生产、技术与服务于一体的综合平台，其主要功能在于为成员提供全方位的经营支撑和资源整合服务。这类组织不仅涉及生产经营和技术支持，还涵盖采购、仓储、金融、营销及品牌推广等环节。通过统一采购原材料、共享仓储物流设施以及联合开展市场营销，综合支撑型合作经济组织在降低成本、增强议价能力和优化产业链整合方面发挥着重要作用。借助这种模式，原本规模较小、分散经营的个体主体可以通过合作形成规模效应，提高整体竞争力，同时有效分散市场波动和自然风险。综合支撑型合作经济组织特别适用于那些需要跨环节、跨领域协同作业，但又难以单独形成完整生产链的经济活动，为区域经济和整个产业的健康发展提供了坚实的运行支持。

二、海洋经济中合作经济组织存在的领域及表现形式

在海洋经济中，合作经济组织主要存在于海洋渔业领域，其存在形式和运作模式根据生产经营目标和参与主体的不同呈现出多样化特点。

(一) 渔业互助合作组织

在中华人民共和国成立初期，广大渔民的生产积极性迅速提升，但因生产工具落后且数量短缺，单个渔民难以满足生产需求，于是自发组织起渔业互助合作社，实行生产互助。渔业互助合作组织通常采用"三包"（包产、包工、包生产成本）和"五定"（定工具、定劳力、定工分、定产值、定成本）的管理体制，由集体统一拥有渔业生产工具，并依据"各尽所能、按劳分配"的原则进行股金分红[①]。渔业互助合作组织在一定时期内促进了渔民间的协作和资源共享，有效缓解了个体经营中遇到的资金和设备问题。尽管这种模式在计划经济体制中曾发挥过积极作用，但由于其存在时间较短，后续逐步被以集体统一经营为主的模式所取代，其历史经验仍为后续海洋渔业合作模式的探索提供了宝贵借鉴。

(二) 股份合作组织

渔业股份合作组织一般通过将集体资产折价下放或由渔民自筹资金，以合股方式购买或打造渔船，形成以渔船为单位的股份合作体。随着市场经济的深入推进，这种"渔船股份合作+自主分散经营+村级集中服务"的管理模式暴露出多重弊端。首先，由于缺乏完善的规范和监督机制，一些"船老大"滥用职权时缺乏明确的法律地位，也无法作为法人主体承担责任，给日常管理带来了极大的困难。其次，渔船和渔民各自为政，无法共享资

---

① 李飞龙，厉文姣. 1950-1957 年的日照渔业生产互助合作组织 [J]. 当代中国史研究，2018, 25 (6)：28-36+126.

源,也很难实现规模效益,导致生产成本不断上升,市场竞争力明显不足,渔民增收受到严重制约。

(三) 海洋渔业专业合作经济组织

改革开放以后,为破解海洋渔业发展中的技术、资金和市场瓶颈,海洋渔业专业合作经济组织应运而生,并迅速普及。这类组织以渔民为主要成员,围绕海洋渔业生产的产前、产中和产后各个环节,依据自愿、互利和民主的原则组织起来,在技术共享、信息交流、资金互助、购销对接、加工储运等方面开展合作。专业合作经济组织的显著特点在于产权明晰、利益直接、机制灵活以及分配合理,这些特点使得广大"低、弱、散"的渔民能够高效融入大市场,提升自身生产经营的竞争能力。通过这种组织形式,渔民可以更好地抵御自然和市场风险,实现资源整合与规模经营,从而促进渔民增收和海产品的深加工、品牌推广等产业链延伸,助力海洋渔业向集约化和现代化转型升级。

(四) 其他海洋渔业产业化组织

在海洋渔业产业化的探索过程中,除上述组织形式外,还涌现出"专业市场+渔户""合作组织+渔户"等多元化经营模式[①]。例如,"专业市场+渔户"模式通过整合区域内多个渔户捕捞或养殖的鲜活产品,统一集中到指定的集散地或批发市场,再由专业市场按照统一标准进行分级、定价和配送,既放大了渔户的谈判力量,又提高了产品进入大中型零售与餐饮终端的效率。"合作组织+渔户"模式则更加注重在捕捞、初级加工、冷链运输等环节的横向联合,通过共同投资建设加工车间和仓储设施、集体商议销售渠道与质量标准,实现资源共享与风险共担,使分散的个体渔户在产业链上形成紧密的协作网络。这些多样化的产业化组织模式各有侧重,但共同目标在于突破传统分散经营的限制,实现资源整合、降低成本、提升产品附加值,从而推动整个海洋渔业产业的现代化和集约化发展。

---

① 杨荫. 我国农业合作经济组织及其运行机制研究 [D]. 南昌大学, 2007.

三、海洋经济中合作经济组织的作用及其发展沿革

(一) 合作经济组织的作用

1. 提供服务支持

针对个体经营者难以负担的机械设备、技术指导、资金贷款等需求，合作经济组织能够发挥规模优势，搭建共享平台，提供全方位的服务支持。通过统一采购渔具、饲料和燃料，有效降低了单户采购成本，同时集中维修船舶设备和养殖设施，提升了机械利用率与作业效率。组织内部建立技术示范基地和培训课程，定期邀请资深专家讲授病害防控、智能投饵与生态养殖等新技术，让渔民不仅掌握传统经验，更能运用现代手段优化生产。在市场对接方面，合作经济组织依托自有渠道或与外部流通体系合作，为成员提供产品分级、包装与销售指导，显著缩短了从海田到餐桌的流通链条，使得家庭渔户能够专注于核心作业，摆脱多头管理的困扰。

2. 分担经营风险

海洋渔业生产常受到台风、赤潮等自然灾害以及国际市场价格波动的冲击，单一渔户往往缺乏应对能力。合作经济组织通过设立公共积累基金，将部分利润留作风险储备，以在自然灾害或市场低迷时为成员提供紧急补偿和流动资金支持。与此配套，许多合作经济组织还与保险机构建立合作，为渔船、养殖网箱及渔获统一办理保险，既分散了个体渔户的风险，也提升了整个组织的抗风险水平。此外，合作经济组织通过信息共享与风险预警机制，及时向会员发布海洋气象、市场行情和政策变动预告，帮助渔民科学调整捕捞或养殖计划，进一步降低因不可预见事件造成的损失。

3. 提升市场竞争力

合作经济组织在外部市场上凭借规模优势和专业化分工不断扩大生产与销售，以利润最大化为目标，持续增强组织的经济实力。对内部成员，则坚持非营利运作，通过产前技术指导、生产环节配套服务和产后加工销售支持，以不低于市场价或保护价回购产品，并将盈余按股份或贡献比例二次分配。这种机制既保障了劳动者收入，也为再投资提供了资金，使合作经济组

织能够向深加工、物流配送和品牌推广等环节延伸,从而延长产业链、提升专业水平并增强整体竞争力。

4. 连接渔民和政府

合作经济组织在政府与个体劳动者之间承担着中介职能。一方面,合作经济组织协助政府将宏观政策落实到生产实践中,通过信息服务、技术指导和执法监督,推动宏观规划在基层落地;另一方面,合作经济组织又作为个体劳动者利益代表,将劳动者在资源利用、生产经营和社区发展方面的诉求及时反馈给决策部门,为政策研究和制定提供可靠的第一手资料[①]。

(二) 合作经济组织的发展沿革

随着市场经济体制日趋完善和海洋渔业的持续发展,海洋渔业合作经济组织呈现出多样化演进趋势。在资源开发领域,逐步形成政府主导型专业捕捞合作组织,依托行政力量统筹捕捞配额分配与生态养护监管的机制。在加工流通领域,市场主导型全产业链合作组织快速发展,通过契约协作整合捕捞、冷链、加工等环节实现规模经济。在养殖生产领域,村集体主导型或企业化养殖合作组织持续壮大,基于产权关系重构推动养殖标准化与集约化发展。

1. 政府主导型捕捞专业合作经济组织

政府主导型捕捞专业合作经济组织是在国家所有的海洋渔业资源基础上,以乡村集体经济组织为依托,由渔民家庭或个体承担具体捕捞生产任务的组织模式。国家通过《中华人民共和国渔业法》等法律法规明确推行捕捞许可证和配额制度,将海洋渔业资源的使用权赋予由政府主导的集体经济组织,从而实现了对资源的宏观调控并避免资源被个体经济主体盲目开采。在实际运作中,这种组织在村社一级由集体统一持有许可证并管理公共资源,同时提供基础保障服务。在捕捞生产层面,渔船作为独立的核算单位,由渔民家庭自主经营并享有相应的收益。

---

① 陈自强. 中国渔业专业合作经济组织研究 [D]. 中国海洋大学,2009.

2. 市场主导型合作经济组织

随着海洋渔业市场的不断发展与分工日趋细化,原有的分散经营模式难以满足产业规模化和综合效益提升的要求。在市场经济机制的推动下,以市场为导向的合作经济组织开始兴起。这类组织强调自愿互利和民主管理,成员通过联合在生产、加工、储运及销售等环节上实现协同作业,从而降低交易成本、提高经营效率,并争取更优的市场谈判地位。市场主导型合作经济组织通常以专业合作社的形式出现,其产权关系清晰、分配机制合理,既能够满足渔民个体在参与市场竞争中的需求,又能依靠规模优势实现产业链整合和品牌建设。

3. 渔村集体经济或企业主导型养殖渔业合作组织

随着捕捞资源日益紧缺,经营重心逐步转向海水养殖。根据《中华人民共和国渔业法》,国家统一规划水域和滩涂的养殖用途,并将使用权分配给符合资质的集体或企业。渔村集体或企业主导的合作经济组织承担水域管理职能,通过联合方式向具备养殖条件的家庭分配资源。这种合作模式注重生产的协调和养殖规模的控制,并积极推广现代养殖技术。企业主导模式可以充分发挥其资金、技术和市场优势,形成"企业+养殖户"合作机制,从而提高整体抗风险能力和养殖效率。

第四节 公司组织

一、公司的类型

公司是以营利为目的的,是资本与劳动力的高度集合。作为现代企业中最主要、最典型的组织形式,公司可根据存在方式的不同以及考察角度的不同划分为不同的种类。

1. 按法律形式分类

根据《中华人民共和国公司法》及相关法律规范,按法律形式分类的公司类型主要包括:无限公司、有限责任公司、两合公司、股份有限公司和股份两合公司。无限公司是指由两个以上的股东所组成，公司股东对公司债务承担连带无限清偿责任的公司；有限责任公司是指股东以其出资额为限，对公司债务负有限清偿责任，公司以其全部财产对公司债务承担责任的公司；两合公司是指由一个以上的无限责任的股东和一个以上的有限责任股东组成，其中无限责任股东对公司债务承担连带无限清偿责任，有限责任股东以其出资额为限对公司债务承担有限清偿责任的公司；股份有限公司是指由一定人数的股东发起设立，全部股本划分为股份，股东以其所认购的股份数额为限，对公司债务承担有限清偿责任的公司；股份两合公司是两合公司的一种，是由无限责任股东和有限责任股东共同出资设立的公司。

2. 按信用基础分类

按公司的信用基础划分，公司可以分为人合公司、资合公司和人合兼资合（混合型）公司。人合公司是指以股东个人有限的财产和其良好的社会信誉为信用基础而组建的公司；资合公司是指以公司自身的条件，即公司资本是否雄厚、经营是否成功等为公司信用基础而建立起来的公司；人合兼资合公司是兼有人合公司和资合公司性质的公司，这种公司的设立和经营同时依赖于股东个人的信用和公司的资本规模。

3. 按资本所有权归属分类

根据资本所有权归属（即资本的经济性质），公司可分为以下五类核心类型：全民所有制公司、集体所有制公司、私营公司、混合所有制公司和外资公司。全民所有制公司是指资产归全民所有制，由国家财政拨款或单一全民所有制企事业单位出资，或由国家与其他全民所有制企事业单位共同出资，或由多个全民所有制企事业单位联合出资设立的公司；集体所有制公司包括由原集体所有制企业转化而来的，或由集体所有制企事业单位单独或共同投资设立的，或由一定数量的公民个人投资入股而设立的公司，由全民所有制企事业单位扶植设立的劳动服务公司也属集体所有制公司；私营公司是指由公民个人投资设立的公司；混合所有制公司是指由若干不同经济性质的单位和公民个人依法投资共同设立的公司，它包括全民与集体联营公司，全民与集体、私营、个人联营公司，全民与私营联营公司，全民与个人联营公司，集体与私营联营公司；外资公司是指由外国投资者或港澳台资本全额／

控股设立的公司。

二、海洋经济中公司组织存在的领域及表现形式

海洋经济各领域中均有公司组织的存在,但数量和规模在不同板块差距显著。在渔业领域,中小型捕捞与养殖公司数量众多,而远洋捕捞和工厂化养殖项目则集中在少数大型集团手中。海洋工业与服务业也同样呈现"多小寡大"格局,各环节对资本、技术和管理的要求决定了公司组织的分布特征。

(一)海洋渔业领域

在海洋渔业领域,公司组织几乎涵盖了所有高投入、高技术、高风险的生产环节。近海捕捞方面,多数现代化渔业企业承担了大部分作业任务,它们自建或租赁船队,配备卫星导航和电子鱼探系统,并通过系统化培训提高渔员的专业技能,从而显著提升了捕捞效率与安全水平。远洋捕捞则主要由大型渔业集团掌控,这些集团运营大吨位远洋渔船,依托完备的后勤保障网络应对漫长航程和复杂海况。在海水养殖领域,虽然传统的滩涂、池塘、底播和筏式养殖仍然由个体户或合作社维持,但越来越多的企业正在向工厂化养殖和深远海网箱项目转型。这些项目运用循环水处理、自动投饵和实时在线监控等先进技术,实现了养殖规模的高密度和生产过程的标准化。

(二)海洋工业领域

海产品加工业中,小型厂房与家族作坊并存,但在精深加工、功能性提取与高附加值产品打造方面,公司组织占据主导地位。海产饲料制造、鱼油提炼、珍珠深加工等领域依赖自动化生产线和质量控制体系,形成了以中大型企业为主体的产业集群。船舶建造和维修、海洋工程装备制造、油气与矿产开采、海盐精制、化工与生物制品生产、可再生能源利用以及海水淡化等行业均属资金密集、技术密集型范畴,关键环节主要由国有或大型民营企业承担,其在资本投入和技术研发方面具备明显优势,有些细分市场甚至呈现出高度集中或事实垄断的格局。

（三）海洋服务业领域

在海洋服务业，公司组织承担了从物流运输到高端休闲、从技术咨询到金融保险的多层次职能。海洋交通运输和港口运营中，公司组织以大中型航运集团和港口运营商为核心，负责远洋班轮、集装箱运输、多式联运以及智慧港口管理。海底管道铺设与维护、海上安全与救援服务也多由拥有专业资质的企业承担。滨海旅游与休闲业态中，大型游轮运营公司、度假酒店集团与游艇俱乐部驱动高端旅游市场，而潜水中心和海钓俱乐部等细分项目则逐步向企业化运营转型。技术服务方面，海域测绘、环境监测、海洋地质勘查与污染修复等专业化服务均依赖资质齐全、信誉可靠的公司组织提供。

三、海洋经济中公司的作用及其发展沿革

（一）公司的作用

公司是创新的主体，是社会财富的主要创造者，是市场经济活动中最具活力的细胞[①]。在海洋经济发展过程中，无论从创造社会财富、吸纳员工就业，还是从研发新产品、培育新品种、开发先进生产技术和生产工艺等方面看，公司组织都发挥了重要作用。

1. 规范市场秩序

海洋经济活动往往伴随高风险与高投入，公司组织以其法人资格和资本实力，承担着市场价格发现、信用背书与风险管理的职能。通过信息披露、财务审计、合规运营等机制，公司能够快速响应市场供需变化，为上下游企业提供可靠的定价参考。在信用体系中，公司作为合同主体，能够更好地获得银行信贷与保险支持，提升整个海洋产业链的抗风险能力。此外，企业通过参与行业标准的制定与推行，协同政府和行业协会完善海洋资源使用规范，弥补市场失灵，为海洋经济的稳定运行提供制度化保障。

[①] Kavadis N, Thomsen S. Sustainable corporate governance: A review of research on long-term corporate ownership and sustainability [J]. *Corporate Governance: An International Review*, 2023, 31 (1): 198-226.

2. 推动技术创新与扩散

尽管个体或科研机构可产生技术发明,但其大规模应用与产业化往往依赖企业的组织化推广。海洋装备、智能渔业、循环养殖、深海资源开发等领域的高技术门槛和巨额投入,均促使公司成为新技术的主要承载者和推广者。企业通过内部研发、与高校科研院所共建实验室、技术许可与并购等方式,不仅将科研成果转化为可量产的装备和工艺,还通过标准化生产与行业培训,将新技术迅速扩散到合作伙伴和下游用户,实现产业链整体升级。

3. 实施制度约束与履行社会责任

公司在追求利润增长的同时,积极将国家和国际海洋环境保护、劳动安全与社区发展等制度要求纳入日常运营。《中华人民共和国渔业法》、环保法规及各类国际海洋公约,都要求公司在资源利用、环境保护与安全生产上严格自律。公司通过内部治理、合规审查和第三方认证,将国家与国际制度转化为具体的操作规范,确保捕捞配额、排放标准及可持续发展目标得到落实。此外,作为海洋资源可持续利用的主要参与者,公司承担着公众舆论与国内外监管的双重监督职责,是实现海洋生态文明建设的重要力量。

(二) 公司组织的沿革

公司作为一种现代组织形式,起源于家庭作坊和个私企业在面对扩大市场和加深分工时的自发升级。在海洋经济发展进程中,公司组织的演化不仅表现为制度层面的革新,更体现在治理结构的整合以及发展战略的多元转型。从股份制的推广到集团化经营的深化,再到国际化和绿色化战略的实施,公司组织的沿革展现出多维度、递进式的发展轨迹。

1. 组织制度的现代化

随着市场经济体制的不断完善和资本市场的日益成熟,股份制成为推动海洋企业现代化的关键动力。渔业、养殖、加工、航运等领域的企业纷纷实施股份制改造,通过公开上市、定向增发、股权分置改革等方式,将企业股本划分为可流通股份,引入社会资本和战略投资者。这一制度变革不仅促进了企业治理结构的规范化与透明化,还使企业在扩船增养、技术升级和市场开拓等方面获得了更强的资本支撑。随着股份制企业数量的快速增长，企业的财务信息和经营成果更加公开透明，形成了股东利益与企业发展高度契合的治理格局，为海洋经济板块持续注入资本活力。

2. 治理结构的整合创新

进入21世纪，随着海洋产业链条的延伸与一体化需求的提升，集团化成为大型涉海企业提升竞争力的重要路径。龙头企业通过兼并重组、控股参股，将捕捞、养殖、加工、装备制造、物流配送等上下游环节纳入同一集团体系，实行财务集中、品牌统一、运营协同等现代企业管理模式。在集团化架构下，企业不仅实现了资产资源的优化配置和规模效益的提升，还增强了跨板块风险防控能力和资本运作效率。集团化进程推动了企业在国内外市场中的整合扩张，使其在区域乃至全球范围内构建起系统性的竞争优势。

3. 发展战略的转型升级

随着"一带一路"倡议的推进和全球海洋经济网络的加速形成，我国涉海企业不断拓展国际市场，推进国际化布局。远洋渔业企业在非洲和南美设立合资捕捞基地，海洋装备制造商参与国际工程项目，港口运营商通过合作或投资实现海外多式联运体系建设。企业通过跨国并购、技术输出和项目承包，推动国内产业标准与国际规则接轨，并借助国际资本市场提升融资能力和全球品牌影响力。与此同时，绿色化转型成为企业高质量发展的必然要求。涉海企业在生产、加工、运输等环节引入清洁能源、节能设备和循环利用技术，积极构建环境管理体系，落实生态补偿和排污许可制度，强化环境风险评估与全过程监管，努力实现经济效益与生态环境保护的协调统一。

第五章

海洋产业经济

海洋作为一个独立的生态系统，拥有丰富的生物、化学、能量与空间等海洋资源。对海洋资源的开发与利用活动形成了不同类型的海洋产业，如海洋渔业、海洋盐业、海洋工程装备制造业、海洋工程建筑业、海水淡化与综合利用业、海洋电力业、海洋交通运输、滨海旅游业等。海洋产业是海洋经济的重要组成部分。本章第一节阐明海洋产业的概念与分类，第二节介绍海洋产业结构及其演进，第三、四节分别结合当前海洋产业融合发展与集群化趋势，介绍海洋产业融合、海洋产业集群化相关知识，第五节论述海洋产业部门经济。

第一节 海洋产业概述

一、海洋产业的概念

产业作为经济学的核心概念，起源于 18 世纪工业革命时期对生产组织形式的系统性研究，而早期亚当·斯密在《国民财富的性质和原因的研究》中通过分工理论间接奠定了产业分析的基础。进入 20 世纪，产业的概念逐渐明晰。传统的产业组织理论将产业定义为生产同类或相互间具有密切替代关系的产品、服务的企业集合。后来学者的进一步界定均建立在此基础上，并形成了一定的共识，认为产业是介于宏观和微观之间的集合概念，是属于中观层次的经济学范畴。随着现代经济复杂化，产业的定义进一步扩展至统计分类、价值链系统等领域，体现了从单一生产单元到多维经济生态的演进逻辑。如我国《国民经济行业分类》（GB/T 4754—2017）中，将产业定义为从事相同性质经济活动的所有单位的集合，涵盖农业、制造业、服务业等 20 个门类，细分至 1 000 余个小类。也有研究认为，产业不仅包括企业集合，还涉及上下游供应链、技术关联和政策环境，形成了从资源开发到终端消费的价值链系统。

海洋产业的概念起源于人类早期对海洋资源的利用，如渔业、盐业与航海贸易等，并随技术进步逐步扩展。在我国，《海洋及相关产业分类》给出的广为接受的海洋产业定义，成为开展海洋产业研究与从事海洋产业管理的基础。根据《海洋及相关产业分类》（GB/T 20794—2021），海洋产业是指为开发、利用和保护海洋所进行的生产和服务活动。这些活动主要包括以下四个方面：

一是直接从海洋中获取产品的生产和服务活动；二是直接从海洋中获取产品的加工生产和服务活动；三是直接应用于海洋和海洋开发活动的产品生产和服务活动；四是利用海水或海洋空间作为生产过程的基本要素所进行的生产和服务活动。

属于上述四个方面的经济活动，无论其所在地是否为沿海地区，均视为海洋产业。根据上述概念，海洋产业以对海洋资源的开发、利用和对海洋资源环境的保护为立足点，强调对海洋的依赖性，是一个与"陆地产业"相对而言的地域性概念，是作用于海洋生态系统的具有同一属性的海洋经济活动的集合。海洋产业是海洋经济的构成部分和基础，也是海洋经济存在和发展的前提条件。

二、海洋产业门类

（一）我国海洋产业分类

1999 年 12 月，为规范海洋统计的基本定义和行业分类，国家海洋局发布了我国海洋统计领域的首个行业标准《海洋经济统计分类与代码》（HY/T 052—1999）。该标准以《国民经济行业分类与代码》（GB/T 4754—1994）

为依据，以涉海性为原则，首次从整个国民经济体系中划分出与海洋有关的产业分类和产业活动的统计范围，是海洋经济统计工作走向标准化的重要起点。

2006 年 12 月，为全面综合地统计海洋经济总量状况，反映海洋经济内部组成部分之间的有机联系，首版国家标准《海洋及相关产业分类》（GB/T 20794—2006）正式发布。该标准首次将海洋经济划分为两类三层次：海洋产业（海洋核心层、海洋经济支持层）和海洋相关产业（海洋经济外围层），包括 2 个类别、29 个大类、107 个中类。根据该标准，海洋产业划分为 13 个产业部门，即海洋渔业、海洋石油和天然气业、海洋矿业、海洋盐业、海洋化工业、海洋生物医药业、海洋电力业、海水利用业、海洋船舶工业、海洋工程建筑业、海洋交通运输业、滨海旅游业和海洋科研教育管理服务业。其中，前 12 个海洋产业构成海洋经济的核心层，被称为主要海洋产业；海洋科研教育管理服务业构成海洋经济的支持层，又可进一步细分为海洋信息服务、海洋环境监测预报服务、海洋保险与社会保障、海洋科学研究、海洋技术服务、海洋地质勘查、海洋环境保护、海洋教育、海洋管理、海洋社会团体与国际组织等 10 个具体门类。

2012 年 12 月，为全面、系统掌握我国海洋经济基本情况，完善我国海洋经济基础信息，国务院批准同意开展第一次全国海洋经济调查。但现行标准对照的国民经济行业分类已经修订，无法完全反映海洋经济的发展实际，第一次全国海洋经济调查领导小组于 2015 年 1 月印发《第一次全国海洋经济调查海洋及相关产业分类》（下称"调查用标准"）。该标准按照《国民经济行业分类》（GB/T 4754—2011）的行业划分规定和海洋经济活动的同质性原则，对海洋及相关产业进行分类，共包括 2 个类别、34 个大类、128 个中类、416 个小类。

2021 年 12 月，鉴于海洋经济已成为国民经济发展的重要增长点，海洋新产业、新业态不断涌现，现行标准已经不能反映海洋经济发展和保证与国家数据的有效共享，且国民经济行业分类也进行了新一轮的修订，国家海洋信息中心在调查用标准的基础上，结合第一次全国海洋经济调查的实证检验以及新形势下对部分重点海洋产业的分析调研，编制了修订版

《海洋及相关产业分类》（GB/T 20794—2021）。该标准以《国民经济行业分类》（GB/T 4754—2017）为依据，将海洋经济划分为海洋产业、海洋科研教育、海洋公共管理服务、海洋上游产业、海洋下游产业等5个产业类别，下分28个产业大类、121个产业中类、362个产业小类。其中，海洋产业由15个产业门类构成，包括海洋渔业、沿海滩涂种植业、海洋水产品加工业、海洋油气业、海洋矿业、海洋盐业、海洋船舶工业、海洋工程装备制造业、海洋化工业、海洋药物和生物制品业、海洋工程建筑业、海洋电力业、海水淡化与综合利用业、海洋交通运输业、海洋旅游业如表5-1所示。

表5-1 海洋产业门类及其概念界定

产业门类	概念界定
海洋渔业	包括海水养殖、海洋捕捞、海洋渔业专业及辅助性活动
沿海滩涂种植业	指在沿海滩涂种植农作物、林木的活动，以及为农作物、林木生产提供的相关服务活动
海洋水产品加工业	指以海水经济动植物为主要原料加工制成食品或其他产品的生产活动
海洋油气业	指在海洋中勘探、开采、输送、加工石油和天然气的生产和服务活动
海洋采矿业	指采选海洋矿产的活动，包括海岸带矿产资源采选、海底矿产资源采选。不包括海洋石油和天然气资源的开采活动
海洋盐业	指利用海水（含沿海浅层地下卤水）生产以氯化钠为主要成分的盐产品的活动
海洋船舶工业	包括海洋船舶制造、海洋船舶改装拆除与修理、海洋船舶配套设备制造、海洋航标器材制造等活动。不包括海洋工程类船舶、海洋科考船、海洋调查船制造和修理活动
海洋工程装备制造业	指人类开发、利用和保护海洋活动中使用的工程装备和辅助装备的制造活动，包括海洋矿产资源勘探开发装备、海洋油气资源勘探开发装备、海洋风能与可再生能源开发利用装备、海水淡化与综合利用装备、海洋生物资源利用装备、海洋信息装备、海洋工程通用装备等海洋工程装备的制造及修理活动
海洋化学工业	指利用海盐、海洋石油、海藻等海洋原材料生产化工产品的活动
海洋药物和生物制品业	指以海洋生物（包括其代谢产物）和矿物等物质为原料，生产药物、功能性食品以及生物制品的活动
海洋工程建筑业	指用于海洋开发、利用、保护等用途的工程建筑施工及其准备活动
海洋电力业	指利用海洋风能、海洋能等可再生能源进行的电力生产活动
海水淡化与综合利用业	包括海水淡化、海水直接利用和海水化学资源利用等活动

续表

产业门类	概念界定
海洋交通运输业	指以船舶为主要工具从事海洋运输以及为海洋运输提供服务的活动
海洋旅游业	指以亲海为目的，开展的观光游览、休闲娱乐、度假住宿和体育运动等活动

资料来源：全国海洋标准化技术委员会（SAC/TC283）.海洋及相关产业分类：GB/T20794-2021［S］.中国标准出版社，2021.

（二）国外海洋产业分类

各海洋国家普遍按照国际通行的经济活动同质性原则，在本国国民经济行业分类基础之上进行海洋产业分类，但由于各国国情、国家产业分类标准以及产业分类处理方法等方面的差异，海洋产业分类结果有所不同。

美国的海洋产业分类体系以北美产业分类系统（NAICS）为基础，结合国家海洋经济计划（NOEP）的细化标准，将海洋产业分为直接依赖型和间接关联型。直接依赖型产业包括海洋油气、海洋渔业、滨海旅游、海洋运输、船舶制造、海洋工程等；间接关联型产业包括海洋科研、海洋环境保护、海洋金融与保险等。上述分类明确了不同海洋产业类群与海洋资源或空间的联系程度，具有鲜明的海洋特色，有助于海洋资源开发管理，对我国海洋产业的归类管理和统计也具有一定的借鉴意义。

为系统量化海洋经济贡献并支持可持续海洋管理，澳大利亚政府海洋科学、经济与政策部门联合制定了《澳大利亚海洋产业统计框架》（Australian Marine Industry Statistical Framework）。该框架以"经济-地理-生态"综合视角为核心，既量化传统产业的经济贡献，又纳入生态服务的非市场价值。根据该框架，澳大利亚海洋产业可以分为四大类别：一是资源开发型产业，包括渔业与水产养殖、能源与矿产；二是生态服务型产业，包括滨海与海洋旅游、生态系统保护；三是海洋基础设施与制造业，包括港口与航运、海洋工程与技术；四是科研与教育，包括海洋科学研究、技术与创新。

为系统界定海洋经济范畴，支持蓝色经济战略实施，日本政府经济产业省、国土交通省及海洋政策研究机构联合共同制定了《海洋产业分类指南》，以"资源+技术"双驱动为核心逻辑，依据资源依赖性、技术成熟度等核心标准，将日本海洋产业划分为传统产业和新兴产业两大类别。其中，传统海洋产业包括渔业与水产养殖、船舶与港口业、海洋运输等；新兴海洋产业包括海洋能源开发、深海资源开发、海洋生物技术、海洋工程与机器人、海洋空间利用等。

根据《英国蓝色经济战略》（UK Blue Economy Strategy）和《海洋产业增长计划》（Marine Industries Growth Plan），英国海洋产业分为核心海洋产业与衍生产业两大类别。其中，核心海洋产业强调海洋资源依赖性、经济规模以及地理关联性，包括海上风电、海洋油气与能源、航运与港口物流、海洋渔业与水产养殖、滨海旅游与休闲等；衍生产业强调对海洋活动的支持性与创新驱动，包括海洋科技与工程、海事服务与金融、海洋环保与治理等。

第二节 海洋产业结构

一、海洋三次产业

三次产业划分的理论起源于对工业化进程中经济结构变迁的观察与研究。17世纪，英国古典经济学家威廉·配第（William Petty）提出，制造业比农业、商业比制造业能够创造更多财富，初步揭示了产业间生产率差异的现象。20世纪三四十年代，随着工业化国家经济结构的显著变化，经济学家开始系统研究产业演进规律。1935年，新西兰经济学家艾伦·费希尔（Allan G. B. Fisher）在《安全与进步的冲突》中首次明确提出三次产业分类框架，将经济活动划分为第一、第二和第三产业。其中，第一产业是直接利用自然资源的部门，包括农业、林业、渔业、矿业等；第二产业是对自然资源进行加工的部门，包括制造业和建筑业等；第三产业是提供服务的部门，包括商业、教育、医疗等。1940年，英国经济学家科林·克拉克（Colin Clark）在《经济进步的条件》中，验证了劳动力随经济发展从第一产业向第二、第三产业转移的规律，形成了著名的"配第-克拉克定理"。美国经济学家西蒙·库兹涅茨（Simon Kuznets）进一步深化研究，提出产业结构变迁与人均收入增长的关系，完善了三次产业理论体系。

借鉴费希尔的三次产业划分思想，海洋产业也可以进行三次产业的划分。其中，海洋第一产业主要指海洋动植物的捕捞、养殖与种植业，即海洋渔业、沿海滩涂种植业；海洋第二产业，包括海洋水产品加工业、海洋油气业、海洋采矿业、海洋盐业、海洋化工业、海洋药物和生物制品业、海洋电力业、海水淡化与综合利用业、海洋船舶工业、海洋工程建筑业、海洋工程装备制造业等；海洋第三产业，包括海洋交通运输业和滨海旅游业。也有研究指出，在三次产业之外，还有"第零产业"和"第四产业"。其中海洋第零产业即海洋资源产业，指从事海洋资源生产、再生产的物质生产部门，大体可分为资源勘查业、资源养护业和资源再生业三类；海洋第四产业主要指海洋电子信息业。海洋"第零产业""第四产业"是对产业三次划分方法的延伸，体现了产业发展的趋势和海洋产业的特点。

二、传统海洋产业、新兴海洋产业与未来海洋产业

传统、新兴与未来产业划分的理论渊源可追溯至20世纪以来经济学与技术变革研究的交叉演进。1912年，熊彼特在《经济发展理论》中提出创新理论，以创造性破坏解释新兴产业崛起，并预言突破性创新将催生未来产业。1966年，雷蒙德·弗农提出产品生命周期理论，从技术扩散视角划分出导入期、成长期和成熟期等生命周期阶段，并提出传统产业处于技术扩散的成熟期，新兴产业处于成长期，未来产业则处于技术探索的导入期。

比较三类产业，传统产业通常以技术成熟而稳定为显著特征，其核心技术经过长期应用验证，创新迭代空间相对有限。从产业生命周期来看，传统产业多处于成熟期或衰退期，市场需求趋于饱和，增长动能逐渐减弱。尽管传统产业在国民经济中通常占据较高比重并承载大规模就业，但其附加值往往较低，且增速普遍放缓。鉴于传统产业发展的效率瓶颈与可持续发展压力，各国政策普遍将其定位为"转型升级"重点领域。例如，中国"十四五"规划明确提出传统产业智能化绿色化改造目标。

新兴产业以技术前沿性为核心特征，依托人工智能、生物技术等新兴领

域持续突破,技术路线处于快速迭代与优化阶段。新兴产业市场潜力呈现爆发式增长态势,但整体市场渗透率仍较低,尚未完全释放增长空间,在国民经济中所占比重仍然较低。由于新兴产业增长潜力大、产业渗透性和带动作用强,各国往往将其作为重点支持领域并给予政策和资源倾斜。例如,中国将新一代信息技术等七大领域纳入战略性新兴产业支持框架,欧盟"绿色新政"投入超1万亿欧元推动清洁技术发展。

未来产业以颠覆性技术创新为核心标识,其技术内核多处于实验室突破或早期商业化验证阶段,技术路径与商业模式存在高度不确定性。各国普遍重视未来产业的战略价值,将其作为竞逐新质生产力的核心战场。例如美国通过《无尽前沿法案》投入1 000亿美元锁定AI与量子科技主导权,中国将未来产业写入"十四五"规划并启动"启明""灯塔"等专项计划。

根据上述特征,可以将海洋产业划分为传统海洋产业、新兴海洋产业和未来海洋产业。传统海洋产业以成熟技术为支撑,产业模式固化且资源依赖性强,普遍面临资源衰退与环保压力,虽然在就业和海洋经济总量中占比显著,但附加值偏低,如海洋捕捞业、海洋交通运输业、海洋盐业、船舶修造业等。新兴海洋产业是由于科学技术进步发现了新的海洋资源或者拓展了海洋资源利用范围而成长起来的产业,处于规模化扩张期,且政策驱动特征明显,如海水淡化产业、海洋生物医药业、海洋新能源产业等。未来海洋产业聚焦深海采矿、海洋碳封存、基因编辑、海洋生物等颠覆性技术突破,战略价值高,但仍处于实验室或早期商业化验证阶段,如深海采矿业等。

海洋渔业、海洋盐业、海洋船舶工业、海洋化工业、港口航运业、海洋旅游业等传统海洋产业在我国海洋产业体系中仍占有相当比重。加快传统海洋产业转型升级是推动海洋经济发展方式转变的关键步骤,是形成新质生产力的重要途径。以海洋新能源开发、海水淡化、海洋工程装备制造、海洋医药和生物制品等为主要内容的海洋新兴产业发展势头强劲,其与未来海洋产业既代表海洋经济发展方向,也是海洋新质生产力的重要来源[①]。

---

① 李政,廖晓东. 新质生产力理论的生成逻辑、原创价值与实践路径[J]. 江海学刊,2023(6):91-98.

三、海洋产业结构形态的演进

(一) 海洋三次产业结构演进

海洋产业是伴随着人类的技术进步和认识与开发海洋能力的提升，原有陆地生产活动在海洋生态系统中延伸的产物。在不同的历史时期，海洋产业活动的类型及其发展水平因海洋资源开发能力的不同而表现出种种差异。各个时期的海洋产业活动相互影响，共同构成了该时期的海洋产业体系，决定了该时期的海洋产业结构特征与海洋经济的整体发展水平。随着技术进步和专业化分工的不断深化，某些在原有技术条件下无法开发或开发不经济的海洋资源得到利用，催生出新的海洋产业形态。同时，在原海洋产业中，生产要素以新的组织方式重组，旧有生产方式被先进生产方式所取代，带来海洋产业体系结构形态的演进。

基于三次产业分类法，海洋产业体系的演进本质上是海洋三次产业间技术经济联系与具体联系方式的演进，并具体表现为海洋主导或支柱产业部门的不断替代，以及产业间投入产出比例的相对变化。克拉克在《经济进步的条件》一书中，运用三次产业分类法，总结出"一二三"产业结构向"三二一"结构演进的规律。一般来说，海洋产业体系也遵循一般的结构演进逻辑，但在具体表现形式上又呈现出显著的差异化特征。与陆地三次产业相比，海洋三次产业之间的演进规律更为复杂，演进路径具有偶然性和多样化的特征。

具体来说，由于人类对海洋资源的大规模开发与利用活动要远远滞后于对陆地资源的开发，近几十年来，海洋产业体系在内容和结构上缺乏稳定性，不断有新的产业形态孕育产生，各海洋产业的相对地位也时常处于变化之中。以我国为例，1986~1993年，我国主要海洋产业部门仅包括海洋渔业、海洋油气业、海洋矿业、海洋盐业、海洋交通运输业和滨海旅游业等六大海洋产业。1994年，海洋船舶工业开始列入统计，2001年又进一步增加了海洋化工业、海洋生物制药业、海洋工程建筑业、海洋电力业以及海水利用业，主要海洋产业门类不断丰富。1986年，我国主要海洋产业体系中，根据产业增加值计算,海洋三次产业比例为 35.9∶14.1∶50.0,形成了主要海洋产业"三一二"产业发展格局。该格局持续数年后在 1993 年发生了变化,三次产业比例变为 63.2∶8.5∶28.3,"一三二"产业格局形成,第一产业开始占据优势地位。之后,随着海洋渔业中捕捞业的萎缩、海洋第二产业的大发展以及第三产业的崛起,海洋三次产业比例再次调整,2001 年变为 31.8∶28.6∶39.6,形成了"三一二"产业发展格局,到 2006 年又进一步演进为"三二一"格局,并持续至今。

海洋三次产业结构逐渐向"三二一"产业格局演进是海洋产业体系内部优化的结果。其中,海洋第二产业的不断丰富与发展,扮演着关键角色。根据产业出现时间、技术含量及其成长能力,可以将主要海洋产业划分为传统海洋产业和新兴海洋产业。其中,隶属海洋第二产业的海洋生物制药业、海洋化工业、海洋工程建筑业、海洋电力业以及海水利用业,是新兴海洋产业的主体力量。海洋第二产业的大发展,以及海洋三次产业结构向"三、二、一"格局的演进,是新兴海洋产业,即新技术催生的新型产业形态取得突破性进展的结果。

与此同时,海洋产业体系结构形态的优化还表现为各海洋产业的内部优化,包括新型生产方式的创立以及新技术、新工艺对旧生产方式的改造,并最终表现为行业生产效率的提升。以海洋渔业为例,改革开放以来,我国海洋渔业经历了由"捕捞为主"向"养殖为主,养殖、捕捞、加工并举"的转变。在捕捞业内部,近海渔业资源的约束和技术装备水平更高的远洋渔业日益壮大,远洋渔业逐步取代近海捕捞,成为海洋捕捞业的新的增长点。在养殖业内部,深水网箱养殖、工厂化养殖等高效、集约化养殖方式异军突起,拓展了海水养殖空间,在一定程度上提高了海水养殖效率。

(二)海洋产业结构合理化与高级化

海洋产业体系结构形态的优化带动了技术、资本、劳动力等生产要素在传统海洋产业与新兴海洋产业之间,以及在新型生产方式与旧生产方式之间的合理流动和优化配置，促进了海洋产业能级的提升。① 学者通常运用产业结构合理化与高级化两个维度对海洋产业结构变迁进行衡量。

产业结构合理化意指产业之间的聚合质量，是产业间协调程度和资源有效利用程度的反映，是对要素投入结构和产出结构耦合程度的衡量。海洋产业结构合理化是海洋产业结构由不合理向合理发展的动态变化过程，最终目的是促进海洋产业生产要素合理配置和协调发展，达到各要素投入与产出动态均衡的状态。学者一般采用结构偏离度、泰尔指数等衡量产业结构合理化水平的指标。

海洋产业结构从低级形态向高级形态演进的过程被称为海洋产业结构高级化，这一过程通常被视为国家或地区海洋经济取得实质性进展的标志。产业结构高级化从产品形态、附加值高低、要素构成等反映出一国或地区主导产业的变化，表现为由初级产品制造产业占主导向中间产品、最终产品制造产业占主导的演进，由低附加值产业占主导向高附加值产业占主导的演进，以及由劳动密集型到资本密集型、再到知识密集型产业占主导的顺次演进。现有研究多以海洋第三产业产值与第二产业产值之比、海洋第三产业产值占海洋生产总值的比重等衡量海洋产业结构高级化水平。

第三节　海洋产业融合

一、海洋产业融合的概念与类型

产业是指生产经营同类产品及其可替代产品的企业的集合。作为一个跨学科、跨领域、涉及多个维度的复杂概念，关于产业融合目前尚未形成统一定义。结合现有研究与海洋产业实践，可以将海洋产业融合界定为不同产业领域通过技术创新、资源共享和业务模式重构等打破传统行业边界，形成交叉渗透、协同发展的新型产业形态的过程，是由技术创新、制度创新等形成

---

① 于会娟. 现代海洋产业体系发展路径研究——基于产业结构演化的视角 [J]. 山东大学学报（哲学社会科学版），2015（3）：28-35.

的海洋产业边界模糊化和产业发展一体化现象。海洋产业融合通常经过技术融合、产品与业务融合、市场融合等阶段，几个阶段既可能前后相互衔接，也可能同步相互促进。技术创新、制度创新以及商业模式变化等是海洋产业融合的动力机制，其中技术创新是海洋产业融合的内在驱动力，制度创新则为产业融合提供了外部条件。

  海洋产业融合的范畴是多方面的，可以是以海洋第一产业为基础逐步延伸至第二三产业，也可以是以第二产业为核心向第一三产业延伸。海洋产业融合可以分为产业渗透、产业交叉和产业重组三种类型。产业渗透是指海洋高新技术及其相关产业向其他产业渗透、融合，从而形成新的产业的过程。该类产业融合通常发生于海洋高科技产业和传统海洋产业边界处，有利于提升传统海洋产业发展水平，加速传统海洋产业转型升级。产业交叉，即产业间的延伸融合，是指通过产业间功能的互补和延伸实现海洋产业融合，往往发生于海洋高科技产业自然延伸的部分。这类融合通过赋予原有海洋产业新的附加功能和更强的竞争力，形成融合型的产业新体系，通常表现为海洋服务业向海洋第一产业和海洋第二产业的延伸与渗透，如金融、法律、管理、培训、研发、设计等现代服务向涉海制造业的全方位、全过程渗透。产业重组主要发生于具有紧密联系的海洋产业或同一产业内部不同行业之间，是指原本各自独立的产品或服务通过重组结为一体的整合过程。通过重组型融合而产生的产品或服务往往是不同于原有产品或服务的新型产品或服务。例如，海洋第一产业内部的捕捞业、养殖业、种植业等子产业之间，以生物技术融合为基础，通过生物链重新整合，形成生态渔业等新型产业形态。在数字技术背景下，重组融合更多地表现为以数字技术为纽带的产业链上下游的融合，融合后的新产品表现出数字化、智能化和网络化等特征。

  尽管海洋产业融合过程和方向存在差异，但其融合目的基本一致，即通过技术、产品、服务、市场等方面的融合，实现产业链条延伸、产业范围拓展和多主体共赢。谋划海洋工程装备制造、海洋药物与生物制品开发、海洋新能源开发利用、海水淡化等海洋产业应用场景设计，推动跨领域、跨产业深度融合，有助于催生新产业、新业态、新模式，是培育海洋新质生产力、重塑海洋经济结构的重要途径。如响应海洋资源开发对高性能装备的需求，有针对性地发展海洋特种船舶、海洋工程装备、海洋油气装备，以及智能化深远海渔业养殖、海上旅游、海洋新能源等现代海洋装备，推动海洋先进制造业发展；探索海上风能、海洋牧场、海洋能及氢能、海上油气等多种能源、资源集成的海洋综合开发利用模式；因地制宜推进海水淡化规模化、多场景利用，支持海岛、城市和工业园区等布局海水淡化工程；探索海洋生物资源开发利用模式创新，以扩大海洋生物制品在种植业、养殖业、医用材料、化妆品等领域的推广应用。同时，还将探索人工智能、大数据、虚拟现实等新一代信息技术与海洋产业的融合模式，推动海洋产业数字化、智能化转型；推动海洋先进制造业与海洋现代服务业深度融合，推行定制化服务、共享或协同制造、全生命周期管理、总集成总承包等服务型制造。

二、海洋产业融合发展典型案例

海洋产业融合类型多样，本节着重介绍几种典型的海洋产业融合发展案例。

（一）渔旅融合

中央一号文件多次提及发展"休闲旅游"等乡村产业新业态，为渔旅融合发展提供了政策支撑。作为集休闲娱乐、观赏旅游、生态建设、文化传承、科学普及等于一体的现代渔业新业态，渔旅融合发展既是传统渔业转型升级、提质增效的实现路径，也是繁荣渔村、富裕渔民、推进乡村振兴的有力抓手，更是满足人民群众个性化、多样化旅游需求的有效形式。

渔旅融合注重体验感，强调融合性。实践形式包括开展渔家传统技艺传承体验活动，如渔家编织、传统捕捞工具制作等；打造沉浸式渔家生活体验项目，如体验出海捕鱼、水产养殖等；举办特色渔家节庆活动，如祭海节、开渔节等。将渔业与其他产业深度融合，可以开发独具特色的旅游模式，如与赛事结合，承办垂钓比赛、烹饪比赛等；与食品制造业结合，推出渔家美食制作品尝活动；与康养产业结合，开发海洋温泉疗养、海上瑜伽等项目；与婚庆产业融合，推出海上婚礼、渔家风情婚礼等特色婚庆服务。

一些地方依托渔业资源优势，形成了别具特色的渔旅融合模式。如长岛结合渔家文化,推出祭海仪式、渔号子表演、海带编织等非遗项目体验,并将废弃渔船、雕塑等改造为人工鱼礁,形成海底"艺术博物馆",吸引潜水爱好者。舟山依托丰富的海洋、海岛资源以及海洋渔业发展基础,打造国际海钓赛事基地,开发休闲渔船出海、海岛民宿、海鲜美食体验等项目,形成了"渔业+赛事+旅游"产业链,带动了渔民增收,年接待游客超千万人次。以"中国最美滩涂"闻名的福建霞浦结合紫菜养殖景观发展摄影旅游,由渔民提供赶海、晒网等场景,游客可体验传统捕捞技艺,带动了当地民宿、餐饮业发展,成为全国网红打卡地。千岛湖将传统捕鱼技艺转化为旅游项目,游客可观看巨网捕鱼的壮观场面,并参与鱼拓制作、鱼宴品尝,成为千岛湖旅游核心IP,年吸引游客超200万人次。山东烟台大力发展"海洋牧场+旅游"模式,打造现代化海洋旅游综合体,成为全国海洋牧场与旅游业融合发展的标杆地区。其中"耕海1号"海洋牧场综合体集养殖、垂钓、观光、科普等功能于一体,游客可参与深海网箱投喂、海上采摘(扇贝、牡蛎)、VR探秘海底世界等,体验"从养殖到餐桌"的全过程,年接待游客超10万人次;莱州明波海洋牧场以半潜式深海网箱养殖为特色,提供海上垂钓、潜水观鱼、海鲜烹饪DIY等活动,并配套海上民宿和渔家宴,游客可乘船参观斑石鲷、许氏平鲉等名贵鱼类的生态养殖场景,年旅游收入超5 000万元。

(二) 渔能融合

渔能融合是指将渔业生产与可再生能源开发、能源综合利用相结合的新型产业模式。其核心在于利用渔业水域、设施或生产过程,同步开发清洁能源,如太阳能、风能、潮汐能等,实现渔业与能源产业的协同发展。渔能融合通过跨界整合资源,不仅有助于解决渔业生产能耗高、污染大的痛点,还为可再生能源开发提供了新场景,是实现资源集约、生态友好和经济效益提升的有效途径。

在各国海洋经济发展过程中,形成了"渔光互补""风渔融合"等典型的渔能融合模式。例如,"渔光互补"模式,即在水产养殖池塘、近海区域架设光伏发电板,形成水上发电、水下养殖的立体化利用模式。江苏、浙江、山东等地实施了一批渔光一体项目，利用光伏板遮阳降低水温，减少藻类暴发，同时发电供给养殖设备，不仅实现了单位面积水域"发电+养殖"双重收益，土地或水域资源利用率显著提升，同时有效降低了渔业生产中的能源成本。

"风渔融合"，即渔业与风能产业协同发展的创新型模式，指在海上风电场开发过程中，通过空间共用、资源共享、技术互补，实现风力发电与渔业生产，如养殖、捕捞、生态修复的深度结合。其核心目标是提升海洋空间利用率，降低能源与渔业成本。"风渔融合"的具体实践模式多样，如"风机基座+人工鱼礁"生态养殖模式，即利用海上风机基座的混凝土结构或钢构架，设计成人工鱼礁，吸引贝类、藻类附着，为鱼类提供栖息地，形成"风电场即渔场"的生态系统。风电场海域多功能开发模式，即在风电场间隙海域开展深海网箱养殖、贝藻立体养殖，利用风电场运维航道兼顾渔业作业。风电供电支持渔业生产模式，即将风电直接用于养殖工船、加工厂的能源供应，降低渔业对化石燃料的依赖。风电与休闲渔业结合模式，即以风电场为景观，开发海上观光、垂钓、科普研学等旅游项目，打造"风电+文旅"新业态。

实践中的渔能融合模式还包括：生物质能转化，即利用鱼内脏、藻类等渔业废弃物，进行厌氧发酵或热解，生产沼气、生物柴油等可再生能源；利用潮汐能、波浪能为养殖工船、监测平台等渔业设施供电，降低渔业生产过程中的传统能源依赖，等等。

（三）数智融合

当前，以数字化、网络化、智能化为主要特征的新一轮科技革命和产业变革正重塑全球竞争格局，占地球表面积约七成的海洋也正在步入数字化时代。数字技术和数据要素的融合创新，成为推动涉海资源在更大范围、更深层次实现高效整合与优化配置的关键。充分利用互联网、大数据、云计算、人工智能、区块链、虚拟现实等新一代信息技术赋能海洋产业发展，打造智能制造、智慧航运、智慧港口、智慧渔业等发展模式，有助于推动海洋产业质量变革、效率变革、动力变革，增强产业创新力和竞争力。

智慧制造，即借助大数据、人工智能、物联网、云计算等数字技术，对海洋制造业生产流程、管理方式和商业模式进行全面升级和优化，实现智能化生产、精准化管理、高效化协同和绿色化发展。例如，我国首个 4 000 万吨级炼化一体化基地——舟山绿色石化基地通过数字化赋能，实现了生产过程的智能化监控、设备的远程管理以及安全环保的精准管控，显著提升了生产效率和资源利用效率，同时降低了能耗和污染物排放。

智慧航运，即运用物联网、大数据、人工智能、5G 通信、北斗导航等先进技术，对航运业的船舶、航道等环节进行智能化升级，实现航运管理、运营和服务的高效化、智能化和绿色化。例如，我国自主研发的"智飞"号 300TEU 智能集装箱船，具备人工驾驶、远程遥控和无人自主航行三种模式，能够实现自主循迹、智能避碰和自动靠离泊。马士基开发出在线订舱平台 Maersk Spot 和供应链可视化工具，通过物联网设备实时追踪货物状态，为客户提供更加透明和高效的航运服务。

智慧港口，即运用现代信息技术对港口生产、运营、管理和服务等环节进行全面智能化改造与升级，实现港口作业的高效、智能、绿色和可持续发展。例如，我国首个 5G 全场景应用的智慧码头——厦门远海码头，通过部署 5G 网络、自动化装卸设备和智能调度系统，实现了港口作业的全自动化，显著提升了码头的吞吐能力和运营效率。烟台港通过与国产 AI 平台 DeepSeek 合作，实现集装箱的自动调度、实时监控和数据分析，提升了港口在极端天气下的应变能力，优化了货物装卸流程。

智慧渔业，即运用现代信息技术对海水养殖、捕捞、加工、销售等环节进行智能化管理和优化，实现渔业生产全过程的自动化、精准化和智能化，提升渔业生产效率、降低成本、保护生态环境，同时提高水产品质量和市场竞争力。例如，福建省连江县打造深远海智慧养殖平台，结合 AI、物联网、数字孪生等技术，实现了深远海养殖的智能化管理。该平台具有抗台风、抗赤潮等优势，能够实现无人值守，并将数据实时传输至养殖户终端，从而显著降低了人力成本。漳州市打造智慧渔业指挥调度（预警）中心，利用全球船舶自动识别系统（AIS）、大数据和云计算技术，整合海洋数据，形成全景"海视图"，实现了海洋渔业的数字化、可视化管理，提升了渔业生产智能化水平,也为海上安全管理、应急救援和生态环境保护提供了有力支撑。

第四节 海洋产业集群化

一、海洋产业集群的概念与特征

随着经济一体化进程的加速,知识经济、信息技术在广度和深度上持续拓展,企业间、行业间、产业链间以及区域间的竞争已逐步转向产业集群和产业生态系统之间的竞争。海洋产业在长期发展过程中亦呈现出显著的集群化特征。打造海洋产业集群并持续提升其发展水平,已成为沿海国家或地区提升海洋经济竞争力的重要途径。

关于产业集群,学者在刻画其内涵时,强调企业间的经济技术联系、地理空间上的集聚以及由此形成的竞争优势。据此可以将产业集群定义为特定产业中互有联系的企业或机构聚集在特定地理位置,并形成一个类似生物有机体的产业群落,其涵盖一系列上、中、下游产业以及其他企业或机构,包括零件、设备、服务等特殊原料品的供应商以及特殊基础设施的提供者[1][2]。产业集群不同于产业集聚,后者是企业间简单的空间邻近,而前者是在后者的基础上进一步强调企业间存在着合作,并形成了产业链。

海洋产业集群是指特定海洋产业中具有密切经济技术联系的企业及相关机构在一定地理空间上的集聚,这种集聚使得相联系的企业和机构构成了一个产业生态系统,更进一步,这种集聚有利于形成规模经济、范围经济和集群竞争优势。

与一般意义上的产业相比,海洋产业具有特殊性。一些海洋产业是陆地产业的延伸拓展,但具有海洋资源环境带来的独特性,如海洋工程建筑业、

---

[1] 魏后凯. 论中国产业集群发展战略 [J]. 河南大学学报(社会科学版),2009 (1):1-7.
[2] 谭维佳. 产业集群中企业间竞合关系分析——以深圳新一代信息通信产业集群促进机构的角色为例 [J]. 科研管理,2021,42 (12):29-35.

海洋油气业、海洋化工业、海洋旅游业、海洋生物制药业等。这些行业与其他海洋产业之间横向联系较少，但与陆上同类产业经济技术联系多，甚至融为一体。另外，这些行业的陆上非涉海业务也往往占有相当大的比重。一些海洋产业与陆上产业关联不大，呈相对独立的运行状态，如海水利用业、海洋运输业、海洋电力业、海洋船舶工业、远洋渔业等，这些行业或者没有陆上对应行业，或与陆上同类行业业态差异很大。上述产业特性导致了海洋产业集群既存在一般产业集群所具有的共性特征，也具有因海洋产业特性所带来的独特性质。

一方面，海洋产业集群具有一般产业集群的普遍特征，主要体现在三个方面。一是社会根植性。海洋产业集群的经济活动嵌入当地社会的经济技术关系，体现了产业集群及群内企业对当地的归属性。二是合作竞争性。集群内同质企业之间存在竞争，实现集群内的优胜劣汰，但对外竞争上又保持一定合作性。三是适度开放性。集群内企业与集群外企业存在着多种联系，使得集群外的生产要素向集群内聚集，促进产业集群在竞争中不断优化整合。

另一方面，海洋产业特性也使得海洋产业集群具有一定的个性特征。一是分散性。海洋各产业之间所依赖的资源环境基础不同，经济技术联系较弱。虽然海洋经济可视为一个整体性概念，但海洋各子产业按各地区资源禀赋自成体系，分散存在。二是依附性。如海洋工程建筑业、海洋油气业、海洋旅游业、海洋生物制药业等均是陆上同类产业的延伸，其形成往往源自陆上有关产业在已有基础上的向海拓展，并需要陆上有关产业的经济技术支撑。因此，这类海洋产业集群往往不是独立存在，而是融合于陆上相关产业集群之中。

二、海洋产业集群的分类

（一）按产业类型划分

基于产业类型可以对海洋产业集群做出基本分类。海洋产业以开发、利用和保护海洋资源和海洋空间为对象，涉及的产业部门非常广泛。传统的海洋产业包括海洋渔业（海洋捕捞业和海水养殖业）、海水制盐及盐化工业、海洋油气开发与海洋石化工业、海洋交通运输业（港口与海运）、滨海采矿业、船舶工业等物质生产部门，以及海洋旅游、海洋科技教育、综合服务等非物质生产部门。随着海洋高新技术的进步，海洋开发、利用和保护活动逐步扩大，产生了海水淡化和海水综合利用、海洋能利用、海洋生物医药、海洋工程建筑、海洋信息服务、海洋环境保护等新兴产业。

上述海洋产业，有些较为零散，融合在陆地一般产业中，未形成有规模的产业集群；有些则经过较长期的发展，形成了产业集群。从各地发展实践看，已基本成形的包括海洋渔业、海洋交通运输、滨海旅游、海洋化工等传统产业集群，以及海工装备、海洋生物医药等新兴产业集群。此外，海水淡化、海洋信息装备及服务、海洋清洁能源、海洋环境保护、海洋文化等产业集群正处于发展成形的过程中。

值得注意的是，随着产业的融合发展，海洋产业集群具有了交叉融合性，产业集群的边界也逐步开放。如海洋渔业、海水养殖业、海洋水产品加工业、海洋生物制药业等，它们处于同一个价值链内，实物产品与生产技术间具有很强的联系，一个企业集团往往会跨界经营，从空间上来看也往往同在一处共同发展。再如海上风电与深远海养殖、海工装备与智慧渔业、海洋牧场与海洋环境保护等，其产业形态也逐步融合在一起，形成了许多新兴业态。

（二）按要素禀赋划分

1. 资源型海洋产业集群

资源型海洋产业集群以资源开发利用为基础，在资源型海洋产业的生产要素构成中，自然资源占据核心地位。在资源丰富、市场需求旺盛的时期，资源型海洋产业发展迅速稳定。但是，伴随着资源的减少、质量下降或枯竭，资源型海洋产业发展受到严重影响。基于产业集群理论，结合资源型产业的特殊性，一般认为，以自然资源开发利用为基础，以资源生产加工为纽带，具有产业内在联系，且在地域上集中的海洋产业群落可称为资源型海洋产业集群，包括海洋捕捞、海水养殖、水产品加工、海水制盐、盐化工、海洋矿产开发等。

资源型海洋产业集群往往具有企业同质化、单一化程度较高的特征。资源型海洋产业集群依托特定自然资源发展而来，企业所从事的业务主要为资源的开发利用，产业结构较为单一，供应链比较简单，这使得其多样性梯度低、创新活力相对缺乏。互补性、网络性等产业集群特征通常难以在资源型海洋产业集群中得到充分体现，而专业化特性则表现得较为明显。资源型海洋产业集群内各成员的关系更多体现在自然资源的供应关系上，这种关系导致供应链短且限制了与其他产业部门和服务机构间合作关系的扩展，其结果是资源型海洋产业集群内各成员间的关系更多地表现为一种直线式关系而不是网状关系。这既是资源型海洋产业集群的结构特征，也是其在发展中需要解决的问题。

由于资源型海洋产业往往同质集聚，缺乏横纵向联系，企业间的关系更多地表现为竞争关系，从而造成了产业集群的优势无从发挥。产业集群的优势，很大程度上取决于网络化技术经济联系的存在。因此，资源型海洋产业集群的发展方向在于产业链向上下游延伸，引导形成差异化定位和错位竞争。同时，在区域内发展相关的服务型、互补型产业以丰富完善产业结构，建立公共性技术创新和服务平台，以建立网络状技术经济联系，增强集群竞争力。

2. 创新型海洋产业集群

创新型海洋产业集群是以创新型企业为主体，以知识、技术密集型产品和服务提供为主要内容，以创新型组织网络和新型商业模式为组织形式，以有利于创新的制度和文化为环境的具有较高竞争力的产业集群。其基本特征如下：

一是创新型海洋产业集群所从事的是知识及技术密集的产业，技术壁垒和毛利率高，包括各类高新技术产业。二是集群中包括供应商、用户企业和关联企业在内的产业价值链上，有一批从事研发活动的企业和领军人才，以协同和竞争方式持续开展创新活动。三是集群内包括较多的高等院校、科研机构、中介服务机构、金融机构和公共平台机构，并以紧密方式产生联系，从而构成创新网络体系。四是产业集群处于有利于企业创新的制度和文化环境中，包括鼓励创新的法律和政策，容忍失败、相互学习的文化氛围，以及致力于创业和创新的企业家精神等。

从各地发展实践看,一些地方在海工装备制造、海洋生物医药等领域具备了创新型产业集群的基本特征。此外,随着智能化码头和信息科技的广泛运用,港航物流业不断革新升级,逐步演化成为创新型产业集群。

三、海洋产业集群的形成机制

市场内生性演进机制与政府外生性推进机制共同作用,促进了海洋产业集群的形成与优化升级。

市场内生性演进机制即分工的自发演进,是海洋产业集群形成与升级的基本动因。产业集群的发展源自分工的自发演进,分工演进的外在表现即产业集群的形成及其不断完善,二者是同一过程。以深海矿产资源开发为例,在陆地与滨海矿产资源开发利用规模达到上限,而矿产资源需求不断增长的背景下,人类必然将眼光瞄准深海,开发深海矿产资源成为必然趋势。不断扩大的深海矿产资源市场需求,首先诱发对深海矿产开发技术的探索,促进深海矿产资源开发技术研究领域的专业化分工。随着技术的相对成熟,深海矿产资源开发成本必然会降低,当对其开发在经济上变得可行时,更多的劳动力、资本等生产要素投入进来,专业从事深海矿产资源的开发工作,新的行业由此出现。深海矿产资源开发行业的形成与发展进一步产生了对与该行业在产业链上密切衔接的新技术、新服务的专业化需求,引致上下游各产业环节的分工演进,最终形成与深海矿产资源开发相关的专业化分工网络,从而在更大范围内实现了专业化分工演进,其结果是深海矿产资源开发产业的形成及与之相关的专业化服务行业的诞生。为更有效地发挥协同效应,相关业态在空间上集聚,从而形成深海采矿业产业集群。

政府外生性推进机制有利于加快海洋产业集群的形成及演进步伐。海洋产业集群固然是市场内生性演进的结果,但偶然性因素的存在,常常会推迟或延缓专业化分工的演进,导致部分海洋产业集群在发展方向上出现偏离,"市场失灵"现象由此产生。在此背景下,需要政府充分挖掘和发挥本地区比较优势,创造充分的市场交易环境,并通过政府规划引导、园区建设、人才汇集、创新平台建设、专业性公共服务提供、服务机构引入、招商引资与宣传推介等多种方式，引导、助推、服务产业集群建设，确保海洋产业集群能够沿着现代化、高端化的方向演进。纵观世界主要海洋国家，无不科学制定和实施海洋战略和产业政策，对海洋战略性新兴产业培育、海洋高新技术产业发展等实施积极有效的干预，推动海洋产业集群的形成。

从发展实践看，有些产业集群的形成主要由市场机制推动自发形成，有些则是通过政府规划引导及园区建设等行政力量推动形成。从企业集聚方式看，存在两种典型的海洋产业集群培育路径。

一是支柱企业主导，衍生裂变。支柱型企业人才富集，创新能力强，对产业链的汇集和带动能力强，并具有提供一定的区域性公益服务的能力。鉴于此，可依托龙头企业吸引有关产业集聚，推动龙头企业内部通过创新创业形成衍生裂变等方式，培育产业集群。政府重点通过财税、金融、土地等手段，支持龙头企业向上下游拓展，支持通过孵化衍生裂变等方式围绕主业培育中小型企业，促进跨界融合，延伸产业链，拓展横向联系，构建产业生态系统。在产业布局上，可通过大公司自建园区，小公司向园区汇集，园区提供孵化、创业、创新等公共服务的方式推动集聚形成。例如，作为行业龙头企业，山东明月海藻集团在长期的发展过程中，孵化、培育、吸引了众多企业，构建了围绕海藻综合利用的较完整的产业链和产业生态系统。

二是中小企业合作，空间集聚。沿海地区在吸引特定海洋产业同类企业集聚的基础上，推动沿产业链上下游企业集聚，并吸引有关服务型企业集聚，构建产业生态体系。除了完善基础设施和提供基础公共服务外，政府还可以以市场化方式引导企业集聚，以行政服务助推产业集群形成。重点围绕区域要素优势，选择主攻领域主动规划。围绕具有基础资源、科技创新人才和产业优势的海洋产业领域，主动设计产业链，建立产业园区，并通过招商引资吸引关键企业进入，补齐产业链短板。在此基础上，通过吸引人才、体制机制创新、提供专业性公共服务等手段，创造有利于创新创业的环境和氛围，帮助企业拓展建立横向联系，形成经济技术联系网络。以海洋药物与生物制品产业为例，地方政府以区域生物资源和港口资源为依托，构建包括上游水产品生产加工、大宗食品/工业品生产、精深加工与活性物质提取、残渣废料综合利用以及相关的仓储物流服务等的完整产业生态系统，并吸引公共性研发中试平台、共性产业技术研发机构、测量检验平台、创业融资服务机构等,构建有活力的创新型产业集群。

实践中,推动海洋产业集群形成的力量既可能更多地偏向市场力量,也可以更多地由行政力量主导。海洋产业集群形成路径也是多元的,既可以是一个大型企业主导或中小企业汇聚,也可能存在来自上下游或同行业的多个主导型企业。

第五节 海洋产业部门经济

一、海洋渔业经济

(一) 海洋渔业的概念

狭义的海洋渔业是指捕捞和养殖鱼类及其他水生动物、海藻等水生植物以取得水产品的社会生产活动。渔业按照生产方式和产业等级可以分为捕捞业、养殖业和增殖业;按照作业水界可以分为近海渔业、浅海滩涂渔业、外海渔业和远洋渔业;按照作业水层可以分为中层渔业、上层渔业和底层渔业。最早的渔业只是在沿海或滨湖用简单的生产工具采捕野生的鱼虾贝藻,成为人类维持生命的最古老生产活动之一,后随着造船工业和航海技术的发展,扩大了捕捞水域,由近海到外海乃至远洋,并且从捕捞天然野生动植物发展到养殖和增殖,进而出现了水产品加工以及为渔业生产服务的部门,从而渔业的含义也越来越广泛。

广义的海洋渔业,除海洋捕捞、海水养殖外,还包括海洋水产品加工、海洋休闲渔业,以及渔船修造、渔具和渔用仪器制造、渔港建设、渔需物资供应以及水产品的贮藏和运销等。

(二) 海洋渔业产业特征

以海洋动植物有机体为生产对象。海洋渔业生产,无论是海水养殖还是海洋捕捞,都是自然再生产过程与经济再生产过程的交织,是生物有机体、自然环境、人类劳动共同作用的结果。区别在于，海洋捕捞生产对象为终结或即将终结生命活动的生物体，海水增养殖则需要利用生物生理机能、自然力以及人类劳动去强化或控制生命活动。

产出具有不稳定性。由于海洋渔业以海洋动植物有机体为生产对象，而海洋水体和海洋环境是海洋动植物生长发育的母体，海洋动植物有机体会直接参与海洋渔业生产过程，进而影响产品数量与质量。海洋渔业生产被置于广阔的海洋空间与自然力作用之下，易受风暴潮、海啸等自然因素影响，经营风险高，作业分散且流动性强，决定了海洋渔业具有一定的地域性和产出的不稳定性。

生产具有季节性和周期性。无论是鱼类、甲壳类、贝类等动物有机体，还是海带、紫菜等植物有机体，都遵循一定的生长规律，从发育生长到成品收获都需要较长的周期。海洋动植物资源的生物学生长特性，决定了海洋渔业生产时间与劳动时间不一致，生产过程既具有连续性，又具有一定的季节性与周期性。

产品具有易腐性。海洋渔业提供的产品以初级产品为主，具有特定的生物学特征，缺乏耐久性，易腐烂变质，不易储存和远距离运输，对生产、加工、储藏、运输和销售等都具有较高的技术要求。

（三）海洋渔业的地位和作用

海洋渔业生产为国家粮食安全提供了重要保障。为社会提供海洋水产品，满足人类生存和发展的食品需要，是海洋渔业的基本功能。从海洋水产品对居民营养的贡献来看，海洋渔业对维护国家粮食安全发挥着重要作用。海洋水产品含有丰富的蛋白质、脂肪和维生素等成分。海洋水产品蛋白质含量平均为 15%~22%，且更易被人体消化吸收；脂肪含量占 1%~10%，主要为高度不饱和脂肪酸。此外，海洋水产品还具有丰富的维生素和矿物质，尤其是脂溶性维生素 A 和维生素 D 含量极高，对人体健康非常有益。随着居民生活水平的提高和食物消费结构的变化，对海洋水产蛋白的消费不断增加，海洋水产品生产在居民食物供给体系中的重要性和健康价值也在持续提升。近 30 年来，海洋生态系统提供的动物源性蛋白质数量从相当于陆地生态系统产出总量的 1/20 增长到 1/4，提供的热量从 1/400 增长到 1/50，海洋水产品生产对国民营养的贡献持续加大①。

海洋渔业是繁荣渔村经济和传承渔村文化的重要载体。海洋渔业是农业中具有比较优势的产业，在渔业资源丰富的地区，海洋渔业对增收富民的功能十分突出。海洋渔业不仅具有产业链条长、吸纳劳动力强的特点，还具有"离土不离乡"的优势，是农村劳动力就地转移的重点产业，作为农村重要的保障性就业方式，能够发挥农村社会稳定器的作用。海洋渔业还具有重要的文化传承和休闲娱乐功能，表现为在保护和传承文化多样性，提供教育、审美和休闲等作用上。海洋渔业是具有悠久历史的产业，许多海洋渔业活动本身就是历史文化的产物，其内部蕴藏着丰富的文化资源。休闲渔业为人们的休闲提供了多种方式和选择，有利于审美情趣的提高和精神放松，有利于和谐身心的构建，有利于人与自然的和谐发展。

海洋渔业是工业生产的重要原料来源。海洋渔业除满足人们的食品需求外，还为化工、食品、药品、轻工、航天等 50 多个部门提供重要的生产原材料。例如，珍珠是高级首饰装饰品、日用化工品等的原材料；贝壳、鱼骨、甲壳类、棘皮类动物的外壳等是工艺美术品、彩雕等制品的原材料；海藻胶是医药卫生、化工、轻工染料等的重要原料，尤其是琼胶、卡拉胶的用途相当广泛；甲壳多糖、海藻多糖是较好的免疫调节物质和增强物质，有着很高的医药价值；海参等海珍品具有很强的保健功能，许多海产品中含有的功能性物质是未来海洋药物开发的重点和发展方向。

海洋渔业具有重要的生态环境、政治外交等功能。生态环境功能是海洋渔业的天然属性，主要表现为对生态环境的支撑保护和改善修复等方面。水生生物和水体本身是构成水域生态环境的主体因子，海洋渔业不仅具有直接的生态功能，如维护水域生物多样性、扩增碳汇、降低碳源消耗、维持水域生态平衡等，同时又可以通过建设海洋牧场、修建人工鱼礁、增殖放流等人工手段，恢复水生生物资源，改善水体质量，通过局部修复水域生态环境，

---

① 韩立民，李大海."蓝色粮仓"：国家粮食安全的战略保障[J].农业经济问题，2015 (1)：24-29.

可以缓解水域的"荒漠化"现象。政治、外交是海洋渔业的一项特殊功能，主要表现在争取和维护国家海洋权益，促进和扩大国际对外交往等方面。从海洋渔业发展实践来看，提升海洋渔业"走出去"能力，扩大渔业国际交流与合作，壮大民间海洋渔业力量，有利于维护我国海洋、领土主权，为外交发展作出贡献。

（四）海洋渔业经济活动

1. 海水养殖

海水养殖是指在人工控制下，利用浅海、滩涂、港湾从事鱼、虾、贝、藻等的繁殖和养成，其生产总过程主要是人工育苗、中间育成、海上养成等，也有少数品种在室内工厂化养成。与陆地传统种植业相比，海水养殖在劳动对象和劳作介质上存在显著差异，其生产经营除受苗种、饵料、劳动、养殖设施等投入要素影响外，还受到海域养殖容量、自然气候条件、养殖水体环境、养殖技术水平等多因素的制约[1]。

第一，海水养殖生产经营受作业海域养殖容量限制。养殖容量是指单位水体在保护环境、节约资源和保证应有效益等各个方面都符合可持续发展要求的最大养殖量[2]。一定面积的养殖水体均存在客观既定的养殖容量，一旦养殖主体放养的水产资源超过了既定养殖水域的承载力，通常会导致该水域养殖水产品产量的减少[3]。这是因为对于需要投饵的对虾和肉食性海水鱼类养殖，养殖活动排放残饵、排泄物积累、沉积到养殖水体和底质中，使养殖环境恶化；对于扇贝、海带养殖，养殖对象高密度种群大量消耗水域中的浮游生物和肥料，改变原有生态系统结构，从而降低其养殖容量。一般来说，养殖强度越大，占用的养殖容量越多[4]。

第二，海水养殖生产经营受自然气候条件影响较大。在众多海水养殖模

---

[1] 卢昆. 基于粮食安全视角的海水养殖业发展政策研究 [J]. 东岳论丛，2011（6）：167-172.

[2] 董双林，李德尚，潘克厚. 论海水养殖的养殖容量 [J]. 青岛海洋大学学报（自然科学版），1998（2）：86-91.

[3] 卢昆，孙吉亭. 新时期我国水产养殖业发展路径与政策选择探析 [J]. 中国渔业经济，2008（6）：29-38.

[4] 李大海. 经济学视角下的中国海水养殖发展研究 [D]. 中国海洋大学，2007.

式中，除置于可控养殖环境下的工厂化封闭式循环海水养殖外，其他半开放海水养殖与开放式海水养殖，皆有部分或全部生产过程暴露于养殖海域或滩涂的自然环境之中，受到养殖海域或滩涂所在地区自然气候条件的影响，以台风、海啸、风暴潮、赤潮等为代表的海洋灾害发生，受灾地区的海水养殖活动通常会受到严重冲击甚至绝产。

第三，海水养殖生产经营依赖于良好的养殖水体环境。养殖海域周边生产、生活污水排放所带来的外源性污染，与海水养殖自身由于饵料投放、养殖用药等的不当操作以及养殖排泄物累积所造成的内源性污染相叠加，会导致养殖水产品产量下降、品质恶化，并对终端消费者身体健康形成潜在威胁。

第四，海水养殖生产经营需要海水养殖技术作支撑。从20世纪80年代末网箱、网围、网栏、筏式、底播养殖技术的出现，到鱼、虾、蟹、贝、藻类混养、轮养和梯级养殖模式的推广，再到90年代后期抗风浪深水网箱养殖和陆基工厂化养殖的兴起，养殖技术进步引致的养殖方式变迁使养殖水域得到了立体开发，养殖产量逐步增加的同时，也显著增强了海水养殖活动的可控性和抗风险能力[①]。

2. 海洋捕捞

海洋捕捞是利用各种渔具（如网具、钓具、标枪等）在海洋中从事具有经济价值的水生动植物采捕的生产活动，按作业海域距陆地的远近，可以分为沿岸、近海、外海和远洋捕捞。海洋捕捞生产经营呈现出以下特征。

第一，海洋捕捞具有工业性质，其捕捞水平的高低，与一个国家或地区工业发达程度以及渔船、网具、仪器等生产能力和海洋渔业科研水平密切相关，因此海洋捕捞生产经营呈现出资金、技术密集性特征。

第二，以海洋经济生物资源作为捕捞对象的海洋捕捞生产，还受到海洋经济生物资源存量的制约。尽管海洋经济生物资源具有自然再生能力，但过度的海捕作业仍然会导致海洋生物资源的衰退，因此必须对海洋捕捞作业施加严格管制。

---

① 卢昆. 蓝色粮仓支撑产业系统构成及其功能定位［J］. 社会科学战线，2015（9）：65-71.

第三，海洋捕捞尤其是远洋捕捞受到作业海域相关法律法规的约束。《联合国海洋法公约》及其他一系列公海法规和多边协定的相继实施，不仅大大压缩了远洋捕捞作业空间，将大部分可开发的渔业资源置于沿海国家的管辖之下，而且对公海渔业资源和渔业生产的管理也日趋严格，捕捞授权和许可制度被广泛实施，世界远洋渔业已经进入全面管制时代。

第四，海洋捕捞还具有距离远、时间性强、鱼汛集中、水产品易腐烂变质和不易保存等特点，故需要作业船、冷藏保鲜加工船、加油船、运输船等相互配合，形成捕捞、加工、生产及生活供应、运输等综合配套的海上生产体系。

3. 海洋水产品加工运销

海洋水产品加工主要是指以海洋捕捞或海洋养殖产品为原材料，进行冷冻、干制、腌制等简单加工以及化工萃取提纯等精深加工，提供富含海洋动物性蛋白和植物性蛋白、氨基酸等营养物质的过程，具有技术密集、受资源或原材料制约性强等特征。海洋水产品加工有助于提升产品价值，同时有助于产品贮藏和运输，扩大海洋水产品流通半径。

运销环节是连接海洋水产品生产与消费的媒介，是解决相对集中的生产与广域多元的消费之间矛盾的必要环节。由于具有易腐易烂、常温状态下不易储存等特征，海洋水产品的运销损耗往往较大，流通半径常常受到限制，流通成本也因对特殊运输、储藏条件的严格要求而相对较高。同时，与标准化生产的工业品相比，海洋水产品内在品质不易分辨，外形及体积随机性大，难以实现标准化，增加了运销环节分等、分级操作中的难度。海洋水产品运销段落的资产专用性较高，冷库、冷藏运输车等运输与储藏设备投资较大，除拥有雄厚资金的大中型水产企业外，小规模养殖户往往缺乏自营物流的必要投入，这为海洋水产品专业流通中间商提供了生存空间。

海洋水产品易腐烂，决定了其运销必须依赖于现代化的冷链物流网络。根据《农产品冷链物流发展规划》，海洋水产品冷链物流是指海洋水产品从产地捕捞或收获后，在产品加工、储藏、运输、分销、零售等环节始终处于适宜的低温控制环境下，最大程度上保证产品品质和质量安全、减少损耗、防治污染的特殊供应链系统。海洋水产品冷链物流强调各环节的全程低温，若有一个环节温度失控出现"断链",必将影响产品品质和质量安全。与常温物流供应链相比,低温冷链物流系统对设施设备的要求高、投资大,对各环节的管理要求更复杂。

二、海洋能源经济

(一) 海洋能源经济概述

海洋能源产业是指对海洋中蕴藏的能源物质或能量进行开发利用的生产部门。海洋中储存着多种类型的能源物质,也蕴藏着多种形式的能量。

海洋能源分类有多种方法。按照是否可再生分类,可分为海洋可再生能源和不可再生能源。前者指在短周期内能够得到补充或可持续获得的能源,包括潮汐能、波浪能、海流能、海洋温差能等;后者包括海洋石油、海洋天然气等。

按照产生方式划分,可分为海洋一次能源与海洋二次能源。前者指在海洋中存在的可被直接利用的能源,如海洋石油、海洋天然气、波浪能、海流能等;后者指需要利用一次能源进行加工转化的能源,如海洋电力。

按照开发利用时序划分,可分为海洋常规能源与海洋非常规能源。前者指较早被利用、技术较成熟、使用范围广的能源,如海洋石油、海洋天然气;后者指开发利用时间晚,或技术上不够成熟、使用范围有限的能源,如波浪能、海流能、海洋温差能等。

按照是否会造成污染进行划分,可分为清洁型能源与污染型能源。前者包括波浪能、海流能、海洋天然气等,后者包括海洋石油等。

在各类海洋能源中,目前开发利用规模最大的当数海洋化石能源,包括海洋石油、海洋天然气等。另外,出于对化石燃料枯竭、环境污染、全球气候变暖等问题的考量,海洋新能源技术发展很快,潮汐能、波浪能等可再生能源在部分发达国家已经实现商业开发,海洋温差能、海洋生物质能、海洋天然气水合物等新型能源开发技术正在发展中。但总的来看,目前海洋能源产业仍以海洋石油和海洋天然气开发为主体,其他能源开发规模非常小。本节将着重分析海洋油气业。

(二) 海洋能源经济运行特征

第一，海洋能源空间分布不均衡。各类海洋能源的地理分布具有不平衡性。海洋中蕴藏着丰富的油气资源，已探明石油资源占世界石油资源总量的34%。其中，波斯湾油气储量占海洋油气资源总储量的一半左右，其他主要分布在马拉开波湖、北海、墨西哥湾、西北太平洋、几内亚湾、巴西海域等。海洋油气产业主要分布在上述区域。海洋可再生能源中，潮汐能和潮流能主要与所在海域潮差有关。开阔大洋潮差平均不超过1米，而在一些海湾和河口（如英国赛汶河口、加拿大昂加瓦湾、芬迪湾）可达15米以上。海流能蕴藏量最大的当属大西洋的湾流和太平洋的黑潮。波浪能主要受风的影响，存在地域和季节变化的现象，以环南极的南大洋海域蕴藏量最大。温差能主要集中在热带海域。海洋能源空间分布的非均衡性导致海洋能源产业空间分布的非均衡性。

第二，海洋能源开发对技术装备的依赖性强。海洋环境与陆地环境存在着较大的差异。海洋能源开发必须面对海洋特殊的气象水文条件，以及灾害性海浪、海冰、台风与飓风等自然灾害。海洋能源开发所在海域往往远离陆地，在运输、补给、管理等方面较陆地具有更大难度。这些都对海洋能源技术装备提出了特殊要求。例如，海洋油气开发中，出于生产周期和成本方面考虑，采用了钻井船钻井、水下采油树、浮式生产储油装置等新技术。水面和水下装备需要充分考虑防波浪、防冰、防火防爆、防腐蚀、防撞击等问题，并在结构和材料方面予以保障。这些都促使高新技术在海洋能源生产中大量应用，使海洋能源产业具有高技术产业特征。

第三，海洋能源开发成本高。首先，由于海洋能源生产需要面对更加复杂的作业环境，并大量采用高技术和大型装备，这使得海洋能源生产较同类陆地能源生产具有了更高的成本。这在海洋油气生产中表现得非常突出。其次，由于海洋环境对钢材具有极强的腐蚀作用，加之受海洋生物附着影响，海洋能源生产装备使用寿命普遍低于同类陆地装备。如海洋油气平台安全寿命往往只有20年左右，远低于陆地油气生产装置。最后，海洋能源开发的运输成本普遍高于同类陆地能源开发。以海洋油气开发为例，钻井和生产平台距离陆地往往为数十至数百海里，人员、装备、补给运输都要依靠海上运输。

第四，海洋能源开发风险大。首先，海洋能源开发中，作业装备常常需要经受海洋灾害的考验，如海冰、灾害性海浪、台风等。这些自然灾害严重威胁着海上人员和装备的安全。其次，海洋能源生产设施受到成本、空间的限制，需要尽量减小装备的体积和重量，采用紧凑的空间布置。这可能会导致一些小事故，甚至带来严重后果。同时，由于海洋能源开发现场远离陆地，一旦发生险情救援十分困难，这都在一定程度上增加了作业风险。最后，海洋能源生产装备往往对周边海洋环境带来潜在风险。例如，海洋油气开发带来的石油泄漏风险，海上风能和潮流能装置对海鸟和海洋生物带来的潜在风险等。

第五，海洋能源生产受市场波动影响显著。由于海洋能源开发具有高技术、高成本、高风险的特点，海洋能源生产受市场波动的影响更为明显。只有当国际能源价格达到较高水平时，海洋能源开发才具有经济上的可行性，从而吸引社会资本流入该行业。2010年以后，国际石油价格长期保持在较高水平，推动了海洋油气大规模勘探和开发，使海洋油气产能大幅扩张。海上风能、潮流能、波浪能开发的经济价值也得以凸显，在英国、挪威等国实现了商业开发。2014年以来，随着国际石油市场价格大幅下降，高成本的海洋油气和可再生能源开发首先受到影响，产业扩张几乎停滞。另外，波浪能、潮流能、海上风能等可再生能源生产由于能源周期性或非周期性波动特性，其能量生产亦表现出波动性特点，从而具有不稳定性。

（三）海洋能源产业发展历程与趋势

人类最早利用海洋能源的历史至少可以追溯到公元前3000年古代腓尼基人利用风力和海流进行航海活动。但是，现代意义上的海洋能源开发则起始于19世纪的海洋油气开发。

海洋油气开发可以看作是陆地油气开发的延续，其发展经历了一个从浅水到深水的过程。1887年，美国加利福尼亚州钻探出世界上第一口海上石油探井（深度只有数米）揭开了海洋油气开发的序幕。1936年，美国在墨西哥湾开始钻探第一口深井,1938年建成了世界上第一个海上油田。1951年,沙特阿拉伯发现了世界上最大的海上油田。1964年,英国开始开发北海油田。20世纪70年代,尼日利亚开始在几内亚湾开发海洋油田。20世纪80年代,巴西开始大规模开发深水油田。20世纪90年代,南中国海油气资源开始开发。

截至目前,从新发现油气的储量规模来看,海洋油气的储量规模已远高于陆地。近10年来,海域新发现的油气储量占全球总量的60%,其中深水、超深水海域发现的油气储量占海域总发现量的61.99%。截至2022年,全球海域新增油气储量占比约80%。同时,海洋油气勘探程度仍然较低。全球海域常规油气储采比为67年,高于陆上常规油气的48年和非常规油气的54年。从水深分布来看,据国际能源署(IEA)统计,2017年全球范围内浅水(小于400米)、深水(400~2 000米)、超深水(大于2 000米)的石油探明率分别为28.05%、13.84%和7.69%,尚处于勘探早期阶段。从开发成本来看,技术进步推动海洋油气开发成本逐步下降,深水及浅水油田开发的盈亏平衡线分别从2015年的62.59美元/桶下降至2023年的43.37美元/桶。截至2023年,浅水和深水油气资源平均开发成本仅次于中东陆上油田,甚至略低于美国页岩油,成为未来原油供给端最具商业开发价值的增长来源[1]。

海洋天然气水合物正在引起广泛关注。天然气水合物是资源潜力最为巨大的非常规天然气资源之一,主要分布于水深大于300米深海陆坡区及陆地永久冻土带,其中海洋天然气水合物资源量约占全球总资源量的97%。全球范围内已探明的天然气水合物矿藏的碳含量约为现有化石能源碳含量的两倍。随着开发技术的不断完善,天然气水合物开发有望成为重要的接续能源[2]。

中国的海洋油气开发始于20世纪50年代。20世纪60年代在渤海和南

---

[1] 左前明,胡晓艺. 油气开发由陆向海,产业投资前景广阔[R/OL]. (2024-12-26) [2025-06-20]. https://pdf.dfcfw.com/pdf/H3_AP202412261641434531_1.pdf? 1735225419000.pdf.

[2] 李清平,周守为,赵佳飞,宋永臣,朱军龙. 天然气水合物开采技术研究现状与展望[J]. 中国工程科学,2022,24(3):214-224.

海均打出了油气发现井。1966~1972年，在渤海建造了4座固定式钻井平台，发现3个含油气构造。1978年在天津塘沽设立海洋石油勘探局。1978年，我国作出了对外合作开发海洋油气的决策。1979年，与13个国家的48家石油公司签订了勘探协议。20世纪80年代发现和开发了一系列海上油田。1982年，中国海洋石油总公司成立。此后，中国海洋油气产业进入了快速发展阶段，相继建成了渤海、东海、南海等海洋油气生产基地。近年来，国家出台了一系列加快海上油气资源开发的政策，如2020年发布的《能源法（征求意见稿）》提出要加快海上油气田开发，2022年《"十四五"现代能源体系规划》提出要坚持海陆并重。在国家政策指导下，沿海各省区市也纷纷制定自己的海上能源发展规划。截至2023年，海上新增原油产量占比已经达到70%[①]。

三、海洋交通运输经济

（一）海洋交通运输经济概述

交通运输业是指国民经济中专门从事运送货物和旅客的社会生产部门，包括铁路运输、公路运输、水路运输、航空运输和管道运输等多种类型。交通运输业通过完成人与货物的空间位移，实现克服自然阻力，促进地区间政治、经济和社会发展的能力。

在人类文明发展过程中，大中城市多是沿海或沿江建立、发展，人类的生产、生活活动依赖于水路运输。水路运输是以船舶为主要运输工具，以港口或港站为运输基地，以水域包括海洋、河流和湖泊为运输活动范围的一种运输方式。水路运输凭借其在运载量、货物适应性及费用等方面的优势，承担了大部分国际贸易的运载任务。水路运输又可以分为内河运输和海洋运输两大类。

海洋交通运输，是指使用船舶通过海上航道，在不同国家和地区的港口之间运送货物的一种运输方式，船舶、航线、港口是海洋交通运输的三大基

---

① 左前明，胡晓艺. 油气开发由陆向海，产业投资前景广阔［R/OL］.（2024-12-26）［2025-06-20］. https：//pdf. dfcfw. com/pdf/H3_AP202412261641434531_1. pdf？1735225419000. pdf.

本要素。

作为海洋经济的重要组成部分,海洋交通运输业伴随着世界经济、国际贸易对海运劳务的需求而产生。海洋交通运输业是一个国家或地区整个交通运输大动脉的重要组成部分,也是全球水路运输以及综合物流链条上的重要节点,在促进国际贸易和世界经济发展中扮演着重要角色。港口和航运是海洋交通运输的两大主要组成部分,港口是海洋交通运输之间的转换节点,航运是海洋交通运输的纽带,二者是海洋交通运输经济运行的主体。

海洋交通运输经济呈现如下特征:

一是全球性。世界经济、国际贸易和海洋运输之间存在相互依存和相互促进的关系。海洋交通运输具有国际乃至洲际的海上航行特点,既受世界政治、经济形势影响,又受国际公约和规章约束,对国际市场环境具有高度依存性。伴随着全球化势力对世界经济影响不断增强,国际经贸往来日趋频繁,海洋运输业作为国际贸易的重要载体,其发展和运营的全球化、一体化特征日益显著。

二是竞争性与保护性。国际航运是在市场经济机制下提供船舶运力满足国际贸易对海上运输需求的一种活动,具有显著的竞争性特征。同时,由于国际航运活动涉及各国经济利益和主权问题,各国政府纷纷制定相应政策,对国际航运业进行不同程度的干预,以保护本国海上商船队发展壮大。

三是多种运输方式相互配合。海洋运输是国际贸易的主要载体,以港口为枢纽,其他水、陆、空运输方式呈辐射状得到相应发展,形成了各种运输方式相互配合的国际贸易运输系统。伴随国际贸易领域内集装箱化运动的纵深发展,远洋运输逐步开始与江河、沿海以及公路、铁路、航空运输建立联系,形成以多式联运运输体系为依托的综合物流网络。

四是集群式发展。海洋航运业投资大、风险高,具有较高的市场准入门槛,在发展实践中既需要与银行、财团等金融机构和保险业等保障性行业建立稳固关系,又需要修造船、船务代理、船用物料供应、船舶及货物检验、理货、海事仲裁等支持性行业或机构的发展,从而形成以国际航运为中心的巨大的产业链和产业集群。

（二）海洋交通运输业的地位与作用

第一，满足国际贸易需求。海洋运输是国际商品交换中最重要的运输方式之一，货物运输量占全部国际货物运输量的比例在80%以上。在我国，进出口货运总量的80%~90%是通过海上运输进行的。海洋运输借助天然航道进行，不受道路、轨道的限制，通过能力强，随着现代化的造船技术日益精湛，船舶日趋大型化，海洋航运相比于其他运输形式，具有载运量大、运费低、对货物适应性强等特征，极大地促进了国际贸易和世界经济发展的广度和深度。

第二，促进经济全球化和市场一体化。资源禀赋的差异加剧了资源的稀缺性，为追求利润最大化、成本最小化，各国纷纷通过全球市场获取有利于本国生产力发展的资源和要素。例如，一些国家的燃料从矿井中开采出来，通过油轮运输到世界其他地方，一些国家生产的成品、半成品，通过集装箱运输到另外一些国家，通过海洋运输完成商品交换过程。可以说，海洋运输通过网络化运输系统，高效地将世界各国紧密联系在一起，促进各国经济的全球化、一体化发展，并通过专业分工和产业转移，优化全球航运经济生产力布局。因此，从经济全球化和市场一体化角度来看，海运业不仅是桥梁和纽带，更是这一过程的重要参与者和推动者，具有其他任何产业无法比拟的战略地位。

第三，带动相关行业发展。海洋运输依靠航海活动的开展实现，航海活动的基础是造船业、航海技术和掌握航海技术的海员。造船业可以带动钢铁、船舶设备、电子仪器仪表等行业的发展，形成完整的产业链条。海洋航运的发展，既是技术进步推动的结果，又促进了新技术、新能源和新材料的研发与应用。此外，海洋运输还带动了二手船市场、修船市场、拆船市场、船员劳务市场的发展，这些相关行业已在全球范围内形成专门化、专业化发展格局。

第四，为国防提供后备力量。海上远洋运输船队在战时可以被用作后勤运输工具，对战争胜负具有重要作用。因此，各国政府纷纷通过政策、立法、资金上扶植和补助、货载优惠等方式，对本国船队加以保护。海洋运输船队既是和平时期发展国际贸易的工具，又是战争时期重要的海上后备力量。

(三) 港口经济运行过程与规律

1. 港口与港口经济

港口是指具有相应设施，提供船舶靠泊、旅客上下船、货物装卸、存储、驳运以及其他相关业务，并具有明确的水域范围与陆域范围的综合体。港口是现代海洋运输的起点和终点、货物和旅客运输的中转站。运输功能是港口最古老、最基本的功能，也是最为主要的功能。此外，还包括仓储功能、工业功能和商业服务功能等。依托上述功能，港口进一步带动了期货交易、拍卖交易和转手贸易以及船舶融资、保险、船务经纪仲裁、法律服务等多个部门的发展。

港口经济是以一种港口为中心，以港口城市为载体，以综合运输体系为动脉，以港口相关产业为支撑，以海陆腹地为依托而进行生产力布局的特色经济，是带动区域经济发展的复杂经济系统和有机地域综合体。

从空间视角，港口通过空间集聚效应，形成港口经济园区、港口物流园区、港口工业园区、保税园区、自由港区等多种区域经济发展载体。港口企业和机构在地理上的集聚，通过分工、协作和竞争，可以共享资源、降低交易成本，产生规模经济和外部经济效应。

从资源配置视角，港口经济具有强烈的外向性和开放性，兼具陆地经济与海洋经济的特征。港口经济以港口为中心，发挥集聚和辐射作用，使货物、人员和资金的便捷交流与配置，从而实现利益相关方的经济需求和战略价值。

从物流的角度来看，港口经济是货主、船运公司和码头业务的结合体，是物流链和交通枢纽以及相应服务产业的循环体[①]。

从产业经济视角，港口经济是以港航以及相关产业为核心的产业经济，是一种关联经济。港口通过对上下游产业的关联带动作用，促进了港口制造

---

① 郭克莎. 港口经济与世界工厂 [J]. 港口经济, 2004 (1): 11-12.

业、海洋运输、临海工业和商贸业的发展。以港口的资源禀赋为基础，包括区位优势、基础设施、港口陆域空间、港口机械设备等资源和要素为依托，形成较长的港口产业链和紧密联系的产业体系，包括港口直接产业、港口共生产业、港口依存产业和港口关联产业①。港口产业经济的发展，能够带动港口、港口城市以及腹地的经济发展，具有强大的关联效应，并影响到港口城市的形成以及港口所在城市特色产业的形成和产业结构的划分（见图5-1）。

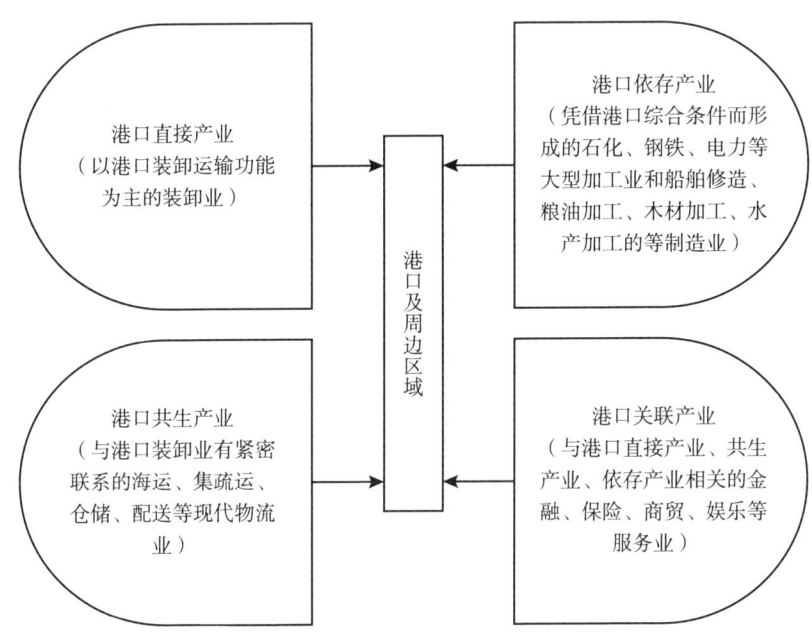

图 5-1　港口多元产业示意

2. 港口经济运行过程

港口企业是港口经济运行的主体。港口企业是为了实现企业经营目标，运用现代科学技术、管理方法和经济手段，从事装卸、搬运、储存、代理等港口生产、流通或服务性经济活动，实行自主经营、独立核算、自负盈亏，具有法人地位的经济组织。港口经济的运行过程在不同发展阶段，呈现不同

---

① 杨建国. 港口经济的理论与实践 [M]. 北京：海洋出版社，2014.

的特点。

在港口经济发展的初级阶段，港口主要是承担海运货物的转运、临时存储以及货物的收发等运输功能，即将抵达港口的货物和旅客，通过装卸作业和运载服务等运送出港。这一时期的港口是纯粹的运输中心，劳动力和资本是影响港口发展的关键因素。在港口经济发展的中级阶段，经济发展对港口的依存度不断增强，港口由单一的运输功能向货物流动、货物加工换装、提供联合服务等增值服务范围拓展，港口集聚和辐射能力进一步增强，成为区域经济贸易和服务的中心，资本、技术和信息是港口发展的关键因素。在港口经济发展的成熟阶段，港口依托大型化、深水化、专业化的航道与码头设施、密集的全球性国际航线以及内外便捷联结的公共信息平台，以港口为节点形成现代多式联运体系，发展以集装箱为主要货物的整合性物流，成为全球生产、销售等供应链中重要的节点和全球资源配置枢纽，生产经营过程从追求规模化转向满足个性化、定制化需求。这一时期与所在城市的发展更为紧密，形成区域经济、技术、文化、利益共同体，决策、管理、推广、训练等软因素成为影响港口发展的关键。

在港口经济运行过程中，除了港口企业外，涉及的其他利益主体包括港口用户、港口腹地、港口城市、港口群等。

港口用户按照港口企业提供服务功能不同，可以分为航运公司、物流企业和进出口公司、港口加工制造服务企业分为三大类。其中，航运公司主要消费港口提供的与船舶装卸有关的服务；物流企业进出口公司，主要消费港口提供的与货物在港存储相关的所有业务，如再包装、分拣、贴标签等服务；港口加工制造服务企业主要消费港口为产品加工制造提供场地和设施等服务。

港口腹地，是指港口吞吐货物与旅客集散所涉及的地域范围。依据港口吸引与辐射的区域不同，可以分为陆向腹地（Hinterland）和海向腹地（Foreland）两类。陆向腹地，即通常意义的腹地，指以某种运输方式与港口相连，为港口产生货源或消耗该港进出口货物的地域范围。一般来说，港口腹地半径与港口经济能量的大小成正比。此外，受陆地空间有限性和距离衰减等因素影响，陆向腹地具有明显的交叉、重叠特征。海向腹地，是指货物经本港口装船运出，在另外一个港口卸船后送达的区域，可以是某一个或几个国家或地区，也可以是几个大洲。海向腹地和陆向腹地互补性越强，港口经济集聚力和辐射力越强。由于船舶是港口与海向腹地间的唯一联系方式，船舶可以随时改变航线挂靠其他港口，而港口与陆向腹地则可以通过公路、铁路、航空等多种运输方式进行关联，使得港口与海向腹地的联系远不如与陆向腹地紧密。

港口城市是指位于江河、湖泊、海洋等水域沿岸，拥有港口并具有水陆交通枢纽职能的城市。港口与城市之间互为因果、相互促进，"建港兴城、以港兴城、港为城用、港以城兴、港城相长、衰荣共济"，是世界范围内港口城市发展演变的普遍规律。港口依托海陆交通网络带动城市的双向开放，依托临港工业推进城市工业化进程，依托贸易、金融、仓储、物流、代理等第三产业的发展优化城市产业结构。与此同时，城市其他部门的产成品通过港口走向国内外市场，是港口的货源基地；城市发展所需要的铁路、公路、航空、通信、市政等基础设施和财政、金融等经济系统，可以为港口所共享，为港口功能正常发挥提供保障。一些港口在发展过程中，由于拥有其他港口所不具备的优越的区位条件、发达的经济水平、优良的港口条件和先进的管理水平，通过产业关联和港城联动，其所在的城市逐步形成区域乃至国际性航运中心，如纽约、伦敦、鹿特丹、新加坡等。

港口群是指为吸引腹地提供货物运输和装卸服务，发展规模和性质既相互制约又相互依存，地理位置彼此相邻或相近的一组港口的空间组合，这些港口空间组合形成港口地域组合。港口群由枢纽港、支线港和喂给港等组成。港口群的内部港口之间拥有共同的运输网络和经济腹地范围，拥有相似的区位整体优势和国内外市场区域，港口群内部各个港口利益主体各自为政。因此，港口群内部各个港口之间既相互竞争又相互协作。目前，在世界范围内已形成美西港口群、美东港口群、地中海地区港口群、日本东京湾港口群、欧洲海港组织（European Sea Ports Organization，ESPO）等大型港口群（见图5-2）。

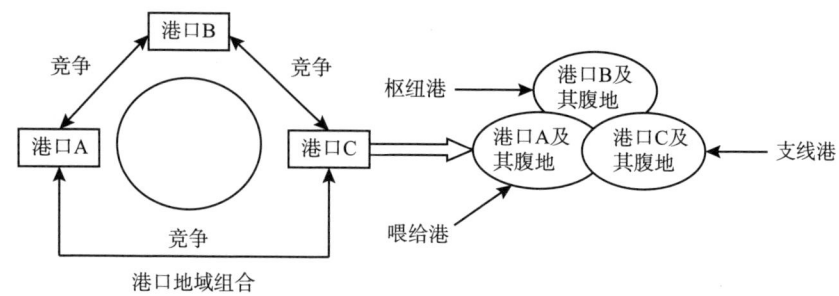

图 5-2 港口群的形成与内部关系

3. 港口经济运行规律

第一，由行业经济演变为产业经济、城市经济和区域经济。港口经济发展始于港口最基本的运输中转功能，是一种部门经济、行业经济，在交通运输功能的基础上诱发港务部门和集散部门等港口直接产业诞生，并伴随港口集聚与辐射能力的增强，逐步带动港口共生产业、依存产业和关联产业发展，形成以产业链为依托的产业经济。随后，通过港口的集聚与扩散、引致和涓滴效应与城市密切互动，港口的临港工业逐步转变为城市经济独立的产业部门，通过港口的智力、科技密集型生产性服务业的发展，带动所在城市占据产业链条中高附加值环节，促进城市经济转型升级。"建港兴城、以港兴城、港为城用、港以城兴、港城相长、衰荣共济"，是世界范围内港口经济与城市经济互动发展的普遍规律。最终，港口通过与腹地之间的多种集疏运方式实现产业梯度转移和市场共享，形成紧密关联和嵌套的地域经济系统。港口所在城市通过承接经济发达地区高端制造业和生产性服务业转移，与腹地地区形成产业上下游联动，通过分工协作形成密切的生产联系和市场联系。在世界范围内，港口经济已经成为区域经济协同与一体化发展的重要引擎。

第二，科学的管理模式成为影响现代港口企业发展的关键。港口经济的发展，对优越的地理区位、水深条件和后方经济腹地等自然条件有着较高要求。世界范围内的诸多天然良港，因具有其他港口所不具备的自然禀赋和区位优势，在以货物运输、装卸功能为主的港口经济发展初期脱颖而出。随着现代港口经济的发展，港口运行的综合性、港城关系的复杂性日益增强。一方面,从事货物增值的收益远大于传统装卸业务收益,因此需要建立固定的融资渠道来扩大港口业务;另一方面,由于港口的公共属性和港口经济的正外部性,港口企业无法获得港口周边土地升值带来的收益,因此需要通过科学的运营模式来保证收益、减少漏损。目前,世界各国的大型港口企业、集团纷纷选择港务公司型或者地主型港口管理模式对港口企业进行运营管理,特别是地主型港口管理模式,港务局通过对港区内的土地、航道和其他基础设施进行统一开发和租赁而获取港口发展所需的建设资金,已成为世界港口的发展方向潮流和趋势。

第三,竞争与合作是港口经济发展的永恒主题。港口受到自然条件、硬件水平、经营能力、服务质量、政策环境等多个因素的影响,因此港口之间的竞争力水平存在显著差异。港口追求短期利益最大化,自成体系和求全发展,不仅加重了岸线破坏和生态环境负担,而且引发了所在行政区的地方保护和市场封锁,导致港口结构趋同、重复建设。从世界范围内港口的发展过程来看,一般都要经过利益竞争——分工定位——协同合作的过程,通过竞争最终实现港口分工和资源的合理配置,通过优势互补、资产联合、经营合作等方式,形成组织上的共同行动。从港口群视角,如果港口之间等级划分清楚、功能合理定位、对外协作能力高,就能形成一个凝聚力强、有机、高效的利益共同体参与市场竞争。反之,如果港口间缺乏科学定位和合理分工,则会导致内部港口间能力结构失调、港口建设盲目投资和产能过剩,引发恶性竞争,丧失港口群的整体竞争力。

(四) 海洋航运经济运行过程与规律

1. 海洋航运与海洋航运经济

海洋航运是在市场机制下提供船舶运力、满足国际贸易对海上运输需求的一种活动。海洋航运具有使用天然航道、载运量大、运费低廉等特点,可以满足大宗货物的远距离运输需求,具有陆路、航空和其他水运形式所不具备的优势,成为国际贸易的主要运输形式。但是,海洋航运活动易受自然地理条件和气候影响,航期不确定、风险性强。

在海洋航运经济中,航运公司或者船公司是运营主体,货主及其代理是交易客体，船舶是航运交易的工具，货物和客源是交易对象，市场范围是由港口、运河、海峡等节点或通道构成的全球范围内的航线和航区，行业发展水平和市场交易动态由国际航运交易市场与运价指数反映。其中，航运公司或者船公司是指自身拥有船只（或通过租赁拥有）、用于经营海上运输项目的公司。目前，国际范围内船公司数量众多，规模大、品牌效应显著。货主是指有货物国际贸易海运需求的经济组织、个人、政府或军队等。船舶作为海上运输工具主要有货船、客船和客货船三类，其中货船是主要船型。货物主要可以分为杂货、散货、木材、冷藏品、油气等多种类型，不同类型的货物对船型要求不同。航线是指船舶在两个或多个港口之间从事海上旅客和货物运输的通路，由天然航道、人工运河、进出港航道以及航标和导航设备组成，分为定期航线和不定期航线两种。航区主要指船舶行驶的海域，主要由太平洋、大西洋、印度洋和北冰洋构成。航运交易市场，是指需求船舶的租船人和提供船舶吨位的船东进行洽谈租船合同的场所，如伦敦、纽约、香港、东京等。运价指数是反映航运市场运价水平变动程度的重要指标，如英国波罗的海干散货指数、Clarkson 运价指数、LSE 运价指数、CCFI 运价指数[①]等，以波罗的海航运指数在国际航运界影响最大。

2. 海洋航运经济运行过程

航运经济运行受供给与需求规律支配。航运需求是指在一定时期内，在一定的运价水平下，地区或国家之间的有形贸易对海上运输能力和劳务的需求，是航运经济运行的先决条件。航运供给是指一定时期内，一定运价水平下，船舶所有人能够并且愿意提供的船舶运力数量。航运供给的意愿和能力，是航运经济运行的必要条件。有航运需求的商业贸易活动的货主或代理人，根据经营需要，对海上运输量、货类结构、运输距离及时间等向市场提出具体要求；船舶所有者、船公司或代理人，依据价格水平和供给能力，通过提供不同船型、航期、运价的运载服务满足市场需求（见图 5-3）。

---

① Clarkson 运价指数由英国 Clarkson 航运研究机构定期发布，每周一次，分为干散货船运价指数和油船运价指数。LSE 运价指数由英国 Llyod's Shipping Economist 杂志社发布的不定期船航次期租运价指数，每月一次。中国出口集装箱运价指数（CCFI），由交通部主持、上海航运交易所编制、发布，每周一次。

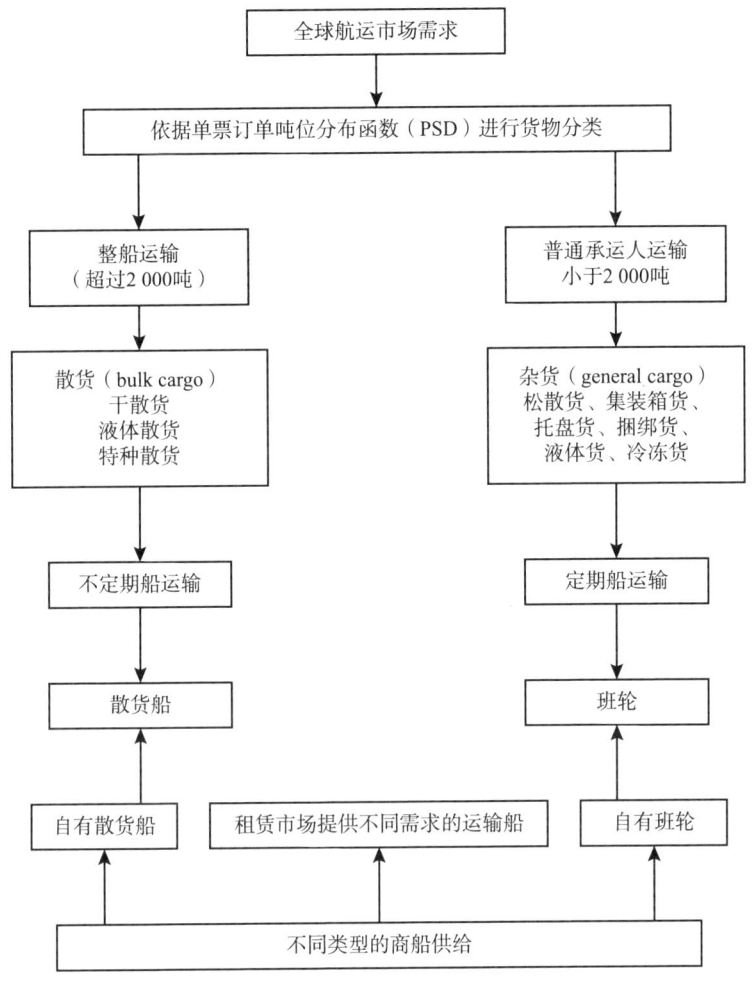

图 5-3 国际航运市场供需流程

航运经济运行受自然条件、经济环境、政策条件、技术水平等多个因素影响。在自然条件方面,一个国家或城市的地理位置、资源禀赋和港口条件,是航运经济运行的基础。在世界范围内,大量的航运资源被少数发达国家垄断,航运经济具有高度非均衡特征。在经济环境方面,航运经济对世界经济、国际贸易发展水平具有高度依赖性,呈现正相关的增减关系。在政策条件方面,航运经济发展受到各国政局变化、对外投资政策和对外贸易政策变动的影响。在技术水平方面,科学技术对运输工具的改造、船舶大型化、装卸效率、集装箱运输效率以及集疏运体系构建等影响巨大，对全球商品交换规模、贸易额、运输方式和效率等，产生长期的、全方位的深远影响。

航运经济运行过程中形成基本市场和相关市场两大类型。基本市场由班轮运输市场、不定期运输市场、租船市场组成，是从事航运经营的主体；相关市场是指与基本市场相互关联、相互作用的市场，例如新造船市场、船舶买卖市场、拆船市场、船员劳务市场、修船市场、船运资本市场等。二者共同构成了具有专业化、集团化特征的航运市场体系。

3. 海洋航运经济运行规律

第一，航运经济向联营化、一体化方向演进。从国际航运经济发展过程来看，受交通、信息等科技进步的推动，航运经济经历了从"商人船主"市场向专门性航运市场、从不定期班轮运输向班轮运输、从单一货源向多品类运输、从单一海上运输向多式联运、从自发性经营向班轮公会等行业组织自律经营方向转变，形成了多元化、多层次的航运经济体系。

船运公司之间由竞争走向合作。跨国生产与贸易活动的快速发展，使得大型跨国公司在国际贸易中居于主导地位，对全球贸易产生巨大影响。为降低成本、减少经营风险，各大船运公司在扩大航线经营范围、提高承运服务质量、提高竞争力的同时，纷纷采取联盟、合营、兼并等形式，共同提供满足市场需求的运输服务，实现承运人的全球化合作。

航运经济区域一体化迅猛发展。受国际贸易多边贸易体制的影响，区域性国际化大市场的"共生现象"日益突出。北美自由贸易区、欧洲经济共同体和亚太经济圈等航运经济共同体的出现，增进了区内贸易、减少了远程贸易，对国际航运市场格局产生深远影响。

第二，航运经济全球价值链分工非均衡。大型船运公司所在国凭借资金、技术优势，逐渐占领产业链中研发、设计、品牌运营、营销渠道等高附加值环节，在全球价值链分工中居于主导地位，而新兴经济体则只能凭借低廉的劳动力、土地和自然资源优势从事全球价值链分工体系中的加工、组装、制造等低价值、非战略环节的活动。航运经济的产业链价值分配高度非均衡，并且在较长一段时间内将保持这一状态。

知识经济的发展使得国际贸易中高附加值、高知识含量商品的需求增加，对国际贸易产业链、价值链重塑带来根本性变革，进一步加剧了航运经济发展的非均衡性。新兴航运市场必须通过技术创新打破产业链分工的"低端锁定"和贫困式增长，实现全球价值链的重构与升级。

第三，航运经济受国际政治经济形势影响显著。世界经济波动会对造船业产生显著影响。全球经济繁荣时期，商品运输需求旺盛、航运发达；全球金融危机时期，全球贸易低迷，则航运业产能过剩、运力过剩，直接导致运价下挫、订单取消、租金下跌和大幅裁员，航运业发展处于低谷。除此之外，各国政局变化和对外投资、对外贸易政策，以及国际金融与汇率、战争与石油危机等，都会对航运经济的兴衰产生影响。

四、海洋旅游经济

（一）海洋旅游经济概述

海洋旅游业是以海岸带、海岛及各种自然景观、人文景观为依托的旅游经营、服务活动，主要包括海洋观光、休闲娱乐、度假住宿、体育运动等。

海洋旅游经济，是海洋经济与旅游经济发展过程中交叉融合的结果。从海洋经济视角来看，海洋旅游经济是以海洋自然资源和人文资源为基础进行旅游开发而产生的经济活动；从旅游经济视角来看，海洋旅游经济以海洋旅游业为基础，通过海洋观光、娱乐、度假、康复、购物等产业活动带动国民经济发展而形成的专门性经济领域。

海洋旅游活动空间既包括陆上的海岸和腹地，也包括海洋上空、表面和海底，海陆空间高度融合。根据距岸远近，海岸可以分为海岸、海岛、海和洋等不同部分（见图5-4）。虽然海洋旅游的主要发展指向是"海洋"，但人类的陆地栖居性决定了海洋旅游活动开展必须以陆地作为"基地"。目前，人类的海洋旅游活动主要集中于海岸带、腹地和近岸部分，海上旅游活动仅作为陆上旅游空间的延伸和补充，尚未得到深度开发。

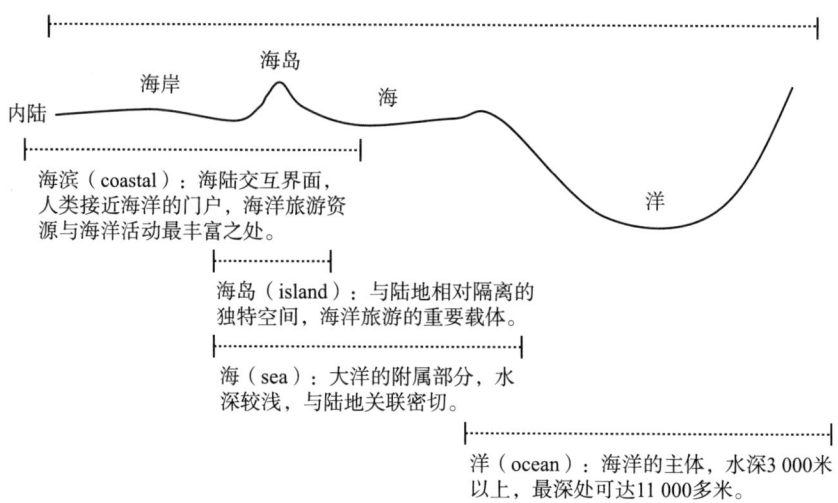

图 5-4　海洋旅游空间示意

(二) 海洋旅游经济的特征

1. 高资源依赖性

旅游资源是海洋旅游经济发展的基础，特别是在资源导向型的旅游经济传统增长模式中，旅游资源禀赋状况在很大程度上决定了一个国家或地区的旅游经济发展水平，是影响区域旅游竞争力的关键。在旅游经济发展过程中，旅游者选择目的地的行为是其对资源感应效用的函数，使得旅游目的地与客源地之间的吸引力具有鲜明的资源指向性特点[1]。

海洋雄奇的自然景观、海洋地貌、海洋气候气象、海洋水体、海洋生物等是海洋旅游发展所必需的自然旅游资源，具有迥异于陆地景观的天然吸引力；依托海洋文化所孕育的建筑、聚落、文学艺术、科技、民俗、宗教等海洋人文旅游资源，是依附在自然资源上的文化价值和精神内容，是满足高层次海洋旅游需求的重要支撑，是海洋旅游活动得以深化发展的灵魂所在。

2. 明显的季节波动性

季节性是指海洋旅游活动在时间规律上存在的强弱反差。季节性波动的

---

[1] Deasy G, Griess P. Impact of a tourist facility on its hinterland [J]. Annals of the Association of American Geographors, 1966, 56 (1): 290-306.

出现，既有客观原因，也有主观原因。一是由于海洋水体本身受气候、水温、海洋生物生活习性等影响，海洋自然景观特征、亲水度随季节变化，旅游吸引力存在明显差异，导致旅游经济活动呈现季节性波动。二是对游客而言，在现有休假制度下，受工作、学习等活动的限制，自由支配时间的数量、分布有限且较为固定，使得旅游行为具有明显的季节性。

3. 显著的海陆关联性

海洋旅游活动的开展涉及陆、海两大板块，决定了海洋旅游经济运行具有高度的海陆关联性。以邮轮旅游产品为例，邮轮旅游以邮轮为运作平台，以航线和节点（停靠港）为运行支撑，通过海陆结合式的旅游产品销售和高品位船上服务作为其收益的主要来源。邮轮生产制造、经营管理、码头建设与经营等生产、经营环节都必须在陆地上完成，海上旅游环节是邮轮旅游产品的消费和价值实现环节，是一种典型的以产业链为导向的海陆统筹式发展的经济活动。

从产品形式来看，海洋旅游产品与陆地旅游产品既有替代性又有互补性。在替代性方面，资源禀赋特征的差异导致海上旅游具有与陆地旅游迥然不同的趣味，在时间、金钱等外部条件给定的情况下，二者具有较强的竞争性，取决于旅游者的出游偏好。在互补性方面，受短视性经济开发行为影响，大量的陆地景区存在过度商业化、旅游环境承载力饱和等问题，严重影响了游客追求原真性、亲近自然的旅游体验，不可避免地产生了陆地旅游的"挤出效应"，亟须开发更广阔的国土空间释放国内旅游需求，拓展旅游消费空间。海洋作为人类活动的第二空间，海洋旅游需求不断被外部环境激发和唤醒，将成为旅游产业发展新的经济增长点和有力支撑。

4. "距离"在海洋旅游发展中具有特殊意义

"距离"最早作为一个物理概念，在海洋旅游经济发展过程中发挥着重要的作用。首先是空间距离。海洋旅游资源的地域性赋存特征，决定了旅游消费活动必须以一定尺度的空间位移为前提，海洋旅游需求遵循距离衰减原理，旅游需求随距离增大而降低。从全世界范围来看，国际旅游的80%都是相对近距离的出游。其次是经济距离。在出游预算既定的情况下，交通花费具有相对刚性，出行交通开支的大小直接会影响对目的地的选择。再次是时间距离。受闲暇时间有限的制约，时间距离越短，出游需求和可能性越大，时间距离的远近与交通条件密切相关。最后是文化距离。受目的地文化异质性吸引和游客求新求异需求的双重驱动，旅游需求与旅游地价值呈正相关，文化吸引力越大，游客的出游需求越强烈。

（三）海洋旅游经济运行

海洋旅游经济的运行以海洋旅游产品的供给与需求为核心。海洋旅游产品，按照产品性质，可以分为海洋观光、海洋度假和海洋专项旅游产品三大基本类型；从海洋旅游产业视角，可以分为核心产品、融合产品和相关产品三大类型；按照海洋旅游活动的空间载体，可以分为滨海城镇旅游、海岸旅游、海岛旅游、远洋旅游四大类型（见图5-5）。

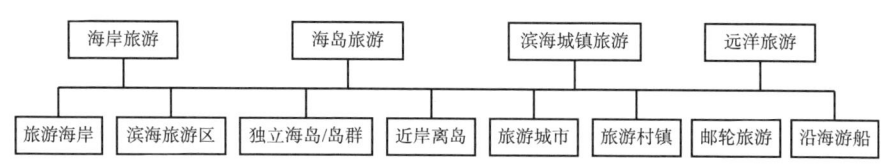

图5-5　从旅游活动空间视角划分的海洋旅游产品类型

海洋旅游需求。海洋旅游需求的产生，既受可自由支配收入、闲暇时间和交通条件等客观因素影响，也受旅游者动机、旅游感知、旅游态度和消费偏好等主观因素影响。其中，客观方面，可自由支配收入决定了旅游的需求层次和需求结构，直接影响旅游者的消费能力、水平和出游频率；旅游消费的异地性决定了闲暇时间是旅游需求形成的必要条件；旅游消费的空间移动性决定了旅游需求必须以交通条件为支撑。主观方面，旅游者动机是形成旅游需求的内在驱动力，是产生出游行为最直接的原因。

海洋旅游供给。旅游供给以满足游客需求为目的，供给与需求是同一事物的两个方面。价格是影响旅游供给的决定性因素，直接决定海洋旅游供给的数量和质量。除此之外，还受资源条件、社会经济发展水平、政府政策、环境容量等多个要素影响。海洋旅游供给具有明显的地域固定性和天然的地域分割特征，因此形成具有鲜明地域特征的多种海洋旅游产品；海洋旅游供给时间较为固定，滨海旅游活动具有明显的淡旺季；海洋旅游供给具有相对稳定性，一旦供给形成，短期内无法对需求的扩张或缩小作出及时反应；海洋旅游供给关联度高，海洋旅游产业各部门依托产业链进行密切分工，通过内在的有机联系，形成完整的海洋旅游供给系统。

除上述运行特征之外，在中国等一些发展中国家，海洋旅游低水平供给过剩而高品质有效供给不足是当前海洋旅游经济发展的又一显著特征。一方面，热点滨海城市、旅游景区人满为患、供不应求，不得不推出最大承载量管理和门票预约制度；另一方面，大量的非热点海洋旅游区资源闲置、无人问津。加快海洋旅游产品供给侧结构性改革，通过增加有效供给、优化供给结构、提高供给效率，满足日益增长的多样化、多层次的旅游消费需求，已成为未来中国海洋旅游经济升级和转型的必然要求。

五、海洋新兴产业经济

（一）海洋新兴产业的概念

"新兴产业"是指处于产业生命周期曲线中成长阶段的产业[①]。美国经济学家 Michael Porter 将新兴产业定义为伴随技术创新、新消费需求或其他经济、社会条件的改变将新产品或服务提升至可能、可行的商业机会而发展起来的产业。按照该定义，新兴产业可以是技术创新成果产业化的结果，也可以是消费需求、相对成本等的变化赋予了某种新产品、新服务更为广阔的市场机会和商业化可能，从而催生的新产业。可见 Porter 是从新兴产业产生原因的角度对新兴产业所进行的界定，强调技术创新与市场需求在新兴产业产生与发展中的作用。以产业生命周期理论为代表的以产业动态变化规律为主要研究内容的学者，则倾向于将"新兴产业"定义为处于产业生命周期中的初创期的产业，从而从时间维度上对新兴产业进行了界定，强调新兴产业的初创期阶段特性。对于产业初创期阶段的界限，往往没有十分严格的规定，一般认为产业从技术培育到产业化再到产业进入者数量达到最大值之间

---

① 芮明杰. 战略性新兴产业发展的新模式 [M]. 重庆：重庆出版社，2014：25-28.

的时期，都可以近似地看作产业的初创期①，即产业的初创期是产业趋于成熟和稳定之前的阶段，包括导入期和成长期。也有学者从产业成长能力和范式创新的角度界定新兴产业，认为新兴产业是全新的、在销售和就业方面快速增长的产业，是范式发生改变的产业。

海洋新兴产业应该是海洋产业中带有新兴性特征的产业门类，是以海洋高新技术发展为背景的新兴海洋产业群体。海洋开发历史悠久，根据考古资料，海洋渔业、海洋交通运输业、海洋船舶制造业的发展历史可以追溯到人类史前文明时期。历史文献记载，我国海洋盐业最晚兴起于周代，春秋时期即形成了规模化生产基地。但早期的海洋产业主要局限于"渔盐之利、舟楫之便"的传统海洋产业范畴，产业门类少，产业体系相对简单。到了20世纪下半叶，面对全球性人口、资源、环境问题的持续加剧，主要沿海国家转向海洋寻求新的资源支撑，并在现代技术革命和突破性技术创新的驱动下，催生了多种新型海洋产业形态，如海水养殖业、海洋油气业、海洋工程建筑业等。进入21世纪，海洋开发的重要性得到进一步强化，海洋资源利用广度和深度持续拓展，海洋可再生能源、海水综合利用、海洋生物医药等一批技术密集型产业逐步兴起并得到快速发展，展现出广阔的成长空间。

结合新兴产业的概念，海洋新兴产业首先是由于科学技术进步创造了对海洋资源的新型开发利用方式，或降低了海洋资源开发利用成本而成长起来的产业，是科技创新驱动的产业，因此应该强调海洋新兴产业的技术先进性与创新性。海洋新兴产业是指位于产业导入期和成长期的海洋产业，通常规模较小，但具有较好的成长性。此外，海洋新兴产业具有相对性和动态性特征，前者相对于已步入成熟期或衰退期的传统海洋产业、海洋主导产业、海洋支柱产业而言，后者则强调海洋新兴产业体系的构成并非一成不变，伴随技术和市场的成熟，某些新兴海洋产业或将成长为主导产业和支柱产业，从而退出海洋新兴产业体系。

根据上述关于海洋新兴产业的界定，海洋新兴产业至少应包括海洋药物

---

① 贺俊，吕铁. 战略性新兴产业：从政策概念到理论问题 [J]. 财贸经济，2012（5）：106-113.

与生物制品业、海洋电力业、海水淡化与综合利用业、海洋工程装备制造业等产业门类。除此之外，近年来创新性技术的扩散效应带来了传统海洋产业发展的新面貌，海洋渔业、海洋船舶工业等传统海洋产业呈现出技术升级、生产模式革新的发展趋势，产业内分化出部分具有新兴产业特征的部门和领域，并表现出旺盛的生命力和广阔的发展空间。对于由传统海洋产业的高新技术改造而催生的新兴领域，如深远海养殖等，也可以纳入海洋新兴产业的范畴。

（二）海洋新兴产业特征

海洋新兴产业的"新兴性"特征直接体现于初创期生命周期阶段所呈现出的一系列特质，如技术与标准尚未成熟、市场需求尚未充分显现等，这些都可以统一描述为海洋新兴产业所具有的不确定性这一技术经济特征。海洋新兴产业的不确定性在技术、市场结构和市场需求等方面都有具体体现[1]。

从技术角度看，海洋新兴产业是新兴技术作用于海洋开发活动的产物，而新兴技术"不确定性、创造性毁灭和'赢者通吃'"的基本特征[2]，在为海洋新兴产业带来可能的巨大盈利空间的同时，也增加了其经营风险。技术的不确定性不仅仅指特定海洋新兴产业领域所面临的技术尚不成熟的现实问题，而且更多反映为技术发展路线的不确定性[3]以及由此带来的主导技术的不确定性。在海洋新兴产业的培育与发展过程中，技术创新十分活跃，大量可供选择的技术处于同步研发与创新过程中，并积极寻求与产业化经营主体的结合，力求实现商业化。但无论是这一时期的技术创新主体还是产业化力量，都无法形成对产业内某项技术发展前景的准确预期，只能处于探索创

---

[1] 吕铁，贺俊. 技术经济范式协同转变与战略性新兴产业政策重构[J]. 学术月刊，2013（7）：78-89.

[2] Schocmaker P J H, Walsh S T. Road mapping a disruptive technology: A case study: The emerging microsystems and top-down nanosystems industry [J]. *Technological Forecasting and Social Change*, 2004, 71 (1): 161-185.

[3] 孙军，高彦彦. 产业结构演变的逻辑及其比较优势——基于传统产业升级与战略性新兴产业互动的视角[J]. 经济学动态，2012（7）：70-76.

新与经营阶段,其结果就是多种技术路线并行推进,市场上缺乏能够同时满足绝大多数市场需求的主导技术创新成果。技术路线和主导技术存在不确定性,一方面加剧了市场竞争,并使竞争结果变幻莫测,增加了产业后进入者实现赶超发展的可能性;另一方面,市场主体只能依靠技术与产品的不断推陈出新来展开竞争,从而增加了创新与经营的风险性,也使得创新与经营成本居高不下。

从市场结构角度看,一般来说,某一产业在出现了主导技术,特别是实现了技术和产品的标准化之后,产业竞争的焦点将迅速由突破性的新产品创新转向旨在降低产品成本的过程技术创新,市场力量之间的竞争态势渐趋明朗,率先掌握主导技术的企业由于更好地迎合了市场需求,能够在规模扩张的过程中获取规模经济效益,提高市场占有率,并将未能及时掌握主导技术的边缘企业挤出市场,其结果是产业内企业数量急剧下降并最终趋于稳定,市场集中度上升,市场势力形成,新企业的进入变得困难,市场结构也将趋于稳定[1]。而对于技术创新路线和主导技术并不确定的初创期海洋新兴产业而言,由于无法形成对技术发展前景和潜在主导技术的准确预期,市场上缺乏真正意义上的领导者,也不存在立于不败之地的真正赢家,市场势力短期内难以形成,而差异化的技术创新路线和创新产品也使得新企业的进入不会受到过多关注和排挤,其结果是行业内企业数量迅速增加,市场集中度不断下降。同时,充分的市场竞争环境、不断加入的新企业及其携带的差异化技术和创新产品、不甚明晰的市场需求状态,都决定了企业之间竞争态势的频繁变化和市场份额在企业间的频繁流动,从而加剧了市场结构的不确定性。

从市场需求来看,稳定而不断增长的市场需求是产业规模扩张的基础,而有效满足市场需求是产品创新的原动力和企业利润的来源。海洋新兴产业的市场需求则面临较大的不确定性。一方面,处于产业生命周期初创期的海洋新兴产业具有技术创新活跃、主导技术尚未形成、经营主体规模偏小而难以获取规模经济效应等特点,决定了新兴产品的成本和价格往往比较高,如

---

[1] 贺俊,吕铁.战略性新兴产业:从政策概念到理论问题[J].财贸经济,2012(5):106-113.

果产品在性能上相对于传统替代品而言的特殊价值和优越性不足以弥补其高价格，而创新产品的成本短期内又不能降低，则意味着"只有少数领先用户会采用该产品"[①]，海洋新兴产业终将因缺乏市场而成长缓慢。另一方面，由于处于初创期，产业主导技术尚未形成，多种差异化创新产品相互竞争，但市场容量皆十分有限，发展前景也不甚明朗，这就决定了为创新性产品生产提供上下游配套服务和为创新性产品使用提供产品对接服务的互补型企业，往往因无法获取规模经济优势而缺乏进入的积极性。互补性行业发展的不同步以及互补性产品的短缺，限制了创新性产品的市场推广，制约着海洋新兴产业市场规模的扩张。以海水淡化业为例，淡化水的市场需求除受制于与比较高的海水淡化成本挂钩的高淡化水价格外，还受到与淡化水使用相配套的淡化水管网建设等互补性产品的供给状况的影响。海洋新兴产业市场需求的不确定性，加大了需求结构和需求规模预测的难度，增加了海洋新兴产业的经营风险。

（三）海洋新兴产业发展策略

1. 海洋新兴产业培育主体

探讨海洋新兴产业的培育主体，实际上就是要通过对海洋新兴产业发展中政府与市场关系的梳理，明确由谁来主导海洋新兴产业的发展，以及政府在海洋新兴产业发展中的作用。从我国海洋新兴产业发展实践来看，在海洋新兴产业的形成与发展过程中存在着三种模式：一是市场拉动模式，即市场自发的产业生成模式。该模式下，市场主体先是发现了新的潜在市场需求和获利空间，出于获取潜在利润的考虑，自发地进行业务转型或直接进入新的领域，从而形成海洋新兴产业。在这一模式下，海洋新兴产业的形成是为了更好地满足潜在的市场需求。例如，我国近海海域蕴藏着丰富的海洋生物资源，为研究开发海洋药物提供了极为有利的资源条件，是未来医药发展的重要资源基地。近些年很多企业进入"蓝色医药"领域，我国海洋生物制药业步入蓬勃发展时期。需要注意的是，即便是在该模式下，政府的作用也不

[①] 李晓华，刘峰. 产业生态系统与战略性新兴产业发展[J]. 中国工业经济，2013（3）：20-32.

容忽视。如政府关于海洋生物领域的基础性研究投入为海洋生物医药企业的应用技术创新奠定了基础。二是政府培育模式,即政府发挥主导作用的产业生成模式。各级政府出于国家宏观利益或产业整体利益的考虑,通过直接兴办企业、减免税收、制订与发布产业规划等手段,培植一些短期内不能吸引市场主体自发进入的产业。如海水淡化产业的初期培育就具有政府主导的特征。值得注意的是,政府培育模式并不意味着政府要在产业的整个生命周期内都发挥主导作用,而只是针对海洋新兴产业的初创期特性而确立的暂时性的、阶段性的政策导向。随着产业内技术、市场或生产经营主体逐步成熟、成长,政府将逐步退出干预。三是市场选择与政府扶持共同作用的发展模式。在实践中,单纯依靠市场选择或政府扶持而形成的海洋新兴产业比较少见,市场选择和政府扶持的共同作用构成了海洋新兴产业最常见的模式。海洋新兴产业就是在市场与政府政策共同发挥作用的环境中形成并不断发展的。总之,在海洋新兴产业发展过程中,政府与市场都具有发挥作用的能力与空间,而市场与政府共同作用往往能够取得良好的效果。

在市场发挥最基础的资源配置功能的前提下,海洋新兴产业之所以还需要政府的扶持,是因为市场失灵的客观性和海洋新兴产业的战略带动价值。海洋新兴产业的市场失灵主要表现为技术创新产品的公共性和外部性、技术创新的不确定性和信息不对称性、技术创新的路径依赖与锁定等,这些因素决定了海洋新兴产业的成长不能单纯依靠市场调节。同时,海洋新兴产业直接体现了国家海洋战略需求和公众利益,具有明显的战略性和准公益性特征,仅仅依靠市场的资源配置功能将导致产业发育不充分和公益产品的供给不足。为推动海洋新兴产业发展,政府应主要在规划引导和政策扶持、创造良好的发展软环境、提供公共产品、组织开展共性和关键技术研发、调整优化海洋新兴产业空间布局等方面作出努力[1]。值得注意的是,政府也不是万能的,也有自身的局限性,可能产生政府失灵,并表现为内部性导致的寻租以及不完全信息等[2],因此应努力规范并不断提高政府行为的有效性。

---

[1] 韩立民,于会娟. 山东半岛蓝色经济区建设中的政府作用分析——基于海洋产业发展视角[J]. 山东社会科学,2012(4):63-66+132.
[2] 孙荣,许洁. 政府经济学[M]. 上海:复旦大学出版社,2001:98.

2. 海洋新兴产业培育路径

作为海洋新兴技术作用于海洋开发过程的结果，海洋新兴产业的生成与培育过程就是海洋新兴技术与产业的融合过程。海洋新兴产业的技术经济特征决定了其技术与产业的融合过程，即培育路径应该多样化，要根据具体的技术、市场条件选择合适路径。作为创新导向型产业，海洋新兴产业首先是突破性技术创新产业化的结果，是由新兴技术转化而来的全新产业，强调海洋新兴产业的全新性和非继承性。按照此路径培育海洋新兴产业，就是要将技术要素与其他生产要素结合起来，在市场需求、政府行为等外力牵引下转化为现实生产力并实现规模化生产，从而形成海洋新兴产业。这一过程以海洋新兴技术创新成果为起点，以产业规模经济的形成为终点，最终确立以海洋新兴技术产业为特征的技术经济范式。但海洋新兴技术的不成熟性以及新兴市场的不确定性，决定了海洋新兴技术转化为全新的、现实的海洋新兴产业需要经历一个长期而复杂的演化过程，也面临巨大的风险与挑战，因此片面强调以新兴技术转化而来的全新产业既不现实也不科学。

在传统海洋产业仍占据海洋经济较多份额的背景下，海洋新兴产业还应该包括新兴技术对接传统海洋产业所形成的高端环节的产业。因此，在海洋新兴产业的发展路径上，既要大力推进新兴技术的产业化和商业化应用，高起点培育海洋新兴产业，又要让传统海洋产业成为孕育海洋新兴产业的坚实基础，并借助新兴产业的新知识、新技术和新理念形成对传统海洋产业的渗透，从而带动传统海洋产业的革新与嬗变①。按照该思路培育海洋新兴产业，就是要促进海洋新兴技术从技术供给方向传统海洋企业转移，通过技术的渗透和适应性创新，提高传统海洋产业的技术水平和生产效益，从而形成海洋新兴产业，如海洋生物育种与健康养殖业就是传统海洋渔业高新技术化的结果。

除此之外，基于海洋资源开发引致的陆地产业延伸及其海洋技术化也是海洋新兴产业的生成与培育路径之一。在陆地资源供给日趋紧张的背景下，为有效开发和利用海洋资源，某些成熟的陆地产业向海洋领域延伸，并为适

---

① 胡慧芳. 战略性新兴产业的内涵、属性与新思维 [J]. 东南学术, 2014 (5): 97-104.

应特殊的海洋环境而对原有技术进行升级改造和适应性创新，也会形成海洋新兴产业。如海洋装备制造业、深海采矿业等。与其他路径下形成的海洋新兴产业相比，陆地成熟产业向海洋领域延伸所形成的海洋新兴产业，往往在技术、资金等方面拥有显著优势，有利于产业在较短的时期内做大做强。这就意味着应该在海陆联动的思维下培育与发展海洋新兴产业。

3. 海洋新兴产业的全球化竞争策略

长期以来，我国传统产业嵌入全球价值链的过程，更多地体现为一种跟随发展战略，即凭借在劳动力等方面的比较优势嵌入劳动密集型生产环节，其结果就是我国的传统产业长期被锁定在全球价值链的低端位置，扮演着"代工者"的角色①。实际上，传统企业的这种全球价值链嵌入模式的形成，并不是主观选择的结果，而是由产业的核心技术水平和对全球市场资源的整合能力决定的。显然，我国海洋新兴产业的发展不能再走传统产业的老路，而是要探索出一条自主发展的科学之路。

相对于传统产业而言，全球范围内的海洋新兴产业整体处于培育与探索性发展阶段，技术路线尚不确定，主导技术尚未形成，因此在大部分的海洋新兴产业领域还未出现全球价值链的绝对主导者，这就为我国实现自主发展和后发赶超，重构全球价值链格局提供了契机。我国要实现海洋新兴产业的自主发展，占据全球价值链的高端环节，首先要突破海洋新兴产业的核心技术，并通过技术和产品的标准化，掌握产业主导权，进而形成对全球价值链的控制能力。此外，由于拥有全球最大的国内市场，在海洋新兴产业国际市场争夺日趋激烈的背景下，我国最有可能利用国内市场的规模优势实现自主发展，培育竞争优势，并推动主导技术和主导设计的形成。

当然，海洋新兴产业的自主发展，并不意味着放弃对国外的技术引进，也不意味着完全放弃在劳动力等方面的比较优势，而是要有针对性地选取有望掌握主导技术和主导设计的领域重点加以推进，以早日实现突破。

4. 海洋新兴产业的核心驱动策略

除了政府培育和市场需求外，资源、资金和技术创新都是海洋新兴产业

---

① 梁军. 自主发展还是被俘获：发展战略性新兴产业的抉择 [J]. 天津社会科学，2011（3）：76-82.

的重要发展要素。其中,自然资源是人类赖以生存的物质基础,也是生产活动的主要作用对象。海洋资源,包括海洋物质资源、海洋空间资源和海洋能源等,是海洋新兴产业形成与发展的基础,其在不同地域范围内的分布规律,一定程度上决定着海洋新兴产业的区位布局。充裕的资金投入是海洋新兴产业发展壮大的必要条件。相对于传统产业而言,海洋新兴产业属于高成长性、高创新性的产业,从高新技术的研发到成果转化,再到企业整合要素组织生产,每一个环节都需要大量的资金投入。技术进步是海洋新兴产业发展的持续动力,有助于提高海洋资源的开发和利用效率,而技术进步来源于持续性的技术创新。技术创新及其推动下的技术进步,增加了海洋自然资源利用的深度与广度,一方面催生了新的产业门类,另一方面使海洋新兴产业从传统产业中独立出来,实现了传统海洋产业的高新技术改造。

资源,包括自然资源和劳动力资源等,在传统产业领域曾发挥重要作用,推动了某些传统产业的发展壮大。但我国传统产业的长期发展历程也表明,依赖资源驱动的发展思路使我国传统产业,尤其是传统制造业陷入了发展困境,发展方式转型迫在眉睫。长期以来,投资被认为是拉动经济增长的"三驾马车"之一,并在很长时间内发挥了首要作用。但长期过度依靠投资拉动的经济发展模式近年来也暴露出大量问题,如产业低端化、产能过剩等,引发了人们的反思。海洋新兴产业在发展过程中应从中吸取教训,引以为戒。实际上,近年来海洋新兴产业的发展也出现了一些问题,如结构性产能过剩,其根本原因在于技术水平和创新能力未能同步于投资的规模化扩张步伐,从而导致了低端产品产能过剩、高端产品产能不足以及低端环节向高端环节转化渠道不畅的局面[1]。此外,战略性、基础性、颠覆性的海洋科技创新能力不足,原创性和高附加值创新成果较少,核心技术与关键共性技术"卡脖子"问题仍比较突出,对新兴产业培育壮大形成了明显制约[2]。

---

[1] 于会娟,韩立民. 海洋战略性新兴产业结构性产能过剩:表现、成因及对策[J]. 理论学刊,2013(3):67-71.

[2] 自然资源部. 抓好海洋资源开发保护 为建设美丽中国提供蓝色动力[N]. 求是网,2024-01-01.

创新是海洋新质生产力培育形成的"新引擎"①，是引领发展的第一动力。我国发展海洋新兴产业，应该始终坚持走创新驱动的道路，即通过技术创新、产品创新和商业模式创新，实现产业内涵式发展。选择创新驱动的发展模式，是海洋新兴产业技术经济特征的内在要求，也是实现海洋新兴产业自主发展和宏观经济增长方式战略转型的必然要求。选择创新驱动模式，并不意味着忽视资源和投资的作用，而是要通过实施创新引领战略实现对资源的最优化利用，并最大限度地发挥每一单位投资的作用。

---

① 张林，蒲清平. 新质生产力的内涵特征、理论创新与价值意蕴[J]. 重庆大学学报（社会科学版），2023，29（6）：137-148.

第六章

海洋区域经济

海洋区域经济侧重研究海洋经济活动与海域空间之间的内在联系，运用区域经济学的理论框架和方法，分析和优化海洋生产活动的空间布局，以有效应对海洋经济发展过程中存在的空间结构失衡与资源配置问题。本章第一节阐明海洋区域经济的基本概念与特征，第二节介绍海洋区域经济的一般理论，包括现代区位论、产业布局演化理论等，第三节对海洋区域经济的主要类型进行分类分析，第四节探讨海洋区域经济规划与布局的原则、体系及我国的具体实践。

第一节 海洋区域经济概述

一、海洋区域经济的概念

海洋区域经济是指在特定的海洋地理单元内，以海洋资源的合理开发、有效利用与生态保护为基础，以海洋产业体系为核心，通过区域内各类经济活动之间的相互联系、互动协作，形成的一种具有明显区域特征的经济发展形态。它不仅涵盖了海洋资源的开发利用活动，也涉及区域范围内海洋产业的空间布局优化与协同发展规划。海洋区域经济具有显著的区域性、产业性和环境性特征，是海洋经济体系的重要组成部分。

在全球化与区域化交织融合的时代背景下，海洋区域经济的发展并非孤立存在，而是强调对区域内各类海洋经济活动进行系统整合，突出区域资源的合理配置与高效利用，充分发挥产业集聚效应以提高经济效率，并持续关注区域环境承载能力，确保经济发展的可持续性。同时，海洋区域经济的发展还需要积极与国家及国际层面的政策法规紧密衔接，实现经济增长、社会进步与生态环境保护之间的协调统一。

二、海洋区域经济特征

1. 区位因素的独特影响

海洋区域经济因其特殊的区位因素，展现出与陆域经济显著不同的发展特征。海洋经济活动的核心生产要素通常具有高度的流动性与开放性，跨区域、跨国界互动频繁，从而形成了全球化程度高、区域关联紧密且空间结构复杂的经济格局。

首先，海洋资源的流动性和整体性决定了海洋经济具有鲜明的跨区域特征。海洋资源的空间分布受洋流、气候变化、地理位置等多种海洋环境要素深刻影响，这种特性要求海洋经济活动在开发与利用过程中，必须采用更为灵活、多样的战略和技术手段，同时需要加强跨区域甚至跨国家的协作与协调。因此，海洋经济活动往往超越国家或地区的界限，逐渐形成资源共享、合作开发的全球协同模式。

其次，沿海地区凭借其独特的地理区位优势，成为海洋区域经济发展的核心地带。沿海地区不仅便于直接开发利用海洋资源，更重要的是依托国际航道、港口等基础设施，与全球经济体系紧密联系，深度融入国际经济合作与竞争。这种地理优势进一步强化了海洋区域经济在全球产业链中的地位，使区域内部经济活动与外部经济活动深度交织互动，形成高度互联、结构复杂的经济发展格局。

2. 海洋经济与陆域经济联系紧密

海洋区域经济并非独立于陆域经济体系，而是与之相互交织、深度融合，二者共同构成了一个复杂且动态的经济生态系统。海洋经济的发展动力不仅源于海洋自身资源的开发利用，更深受陆域经济活动的辐射与影响。海洋与陆地在产业结构、市场需求、技术创新等方面密切互动，使得海洋区域经济与陆域经济呈现出高度协同发展的态势。

例如，以港口物流、国际航运和沿海城市工业为代表的经济活动，体现出陆海经济体系的紧密关联与互动。陆域经济的政策取向、市场需求变化以及技术进步，往往是推动或制约海洋区域经济发展的关键因素。在某些情境下，海洋区域经济还可能表现出明显的"跟随性"发展特征，即顺应陆域经济产业转型与升级的趋势，形成新的区域经济增长点。这种动态交互的关系为深入研究海洋区域经济提供了更为多样化的视角与更为丰富的分析维度。

3. 海陆一体化发展的必然趋势

海陆一体化发展是沿海地区海洋与陆地两个生态经济系统在资源开发、环境保护及社会经济活动相互作用中必然形成的结果。海洋与陆地在资源供给、生态环境保护、经济社会发展等方面存在密切而深刻的相互依存关系。从经济层面来看，陆域经济对海洋资源的需求与海洋资源开发利用的供给能力之间的协调互动，构成了海陆一体化发展的基础。从生态环境视角而言，陆域经济活动对海洋生态环境产生的影响，以及海洋环境变化对陆域经济发展的反馈机制，共同形成了紧密的互动关系。

海陆一体化不仅是区域经济发展的必然方向，更是实现海洋区域经济可持续发展的重要途径。在这一过程中，海陆资源的优化配置、产业布局的协同发展与生态保护的统筹推进，都需要从整体视角出发，制定和实施一体化、协同性的发展战略，从而推动沿海地区经济、生态、社会的综合协调发展。海陆一体化趋势的凸显，使得海洋区域经济的研究超越单纯的产业经济层面，成为涉及生态、经济、社会等多维要素的综合性区域发展研究，体现出经济增长、环境保护和社会进步之间的深刻协调统一。

第二节　海洋区域经济的一般理论

一、空间集聚理论

（一）空间集聚的概念与特征

空间集聚是指相同或相关产业、企业、人才等要素在特定地理区域内的集中现象。在区域经济学中，空间集聚理论认为，经济活动在地理空间上的集中能够产生多重经济效益，包括规模经济、市场接近性、创新协同等，从而推动区域经济发展并提升竞争力[1]。空间集聚不仅表现为产业的物理集中，还体现在技术、信息、资金等生产要素的高度共享与流动上。

空间集聚的主要特征体现在以下几个方面。首先，集聚效应可以带来显著的规模经济。在集聚区域内，企业可以共享基础设施、劳动力市场以及供应链资源，从而降低生产成本，提高资源利用效率。例如，港口经济区内的物流企业通过共享码头设施和运输网络，能够显著降低运营成本，提升整体竞争力。其次，集聚有助于促进技术和知识的流动。企业和机构之间的地理接近使得创新和技术能够在区域内快速传播和应用，提升区域内企业的创新能力。最后，市场接近性也促使企业能够快速响应市场需求，提升其市场竞争力。消费者和生产者的接近能够缩短交易距离，降低交易成本，提高市场的效率。

（二）空间集聚的形成机制

空间集聚的形成并非偶然，而是由多种因素共同作用所推动，涵盖了市场机制、技术发展、政策引导等多个层面。在区域经济中，特别是海洋区域经济，空间集聚不仅体现了资源的高效利用，还促成了产业之间的协同发展，形成了区域经济增长的重要动力。

规模经济是空间集聚的核心驱动力之一。集聚的本质在于通过地理集中，使得企业能够共享区域内的资源，如基础设施、劳动力、原材料及技术等，从而降低生产成本，提升经济效率。在海洋区域经济中，这一效应尤为突出。例如，港口、航运、渔业等产业的集聚能够大大提高资源的利用率。港口集群的形成促进了航运、仓储和物流等环节的高度协同，使得相关企业能够在共享交通运输设施、仓储空间和供应链等资源的基础上，显著降低运营成本。此外，产业集聚所带来的生产规模效应，使得企业能够通过集中采购和批量生产等方式，进一步压缩成本，提高整体经济的竞争力。

---

[1] Capello R. *Regional economics* [M]. Routledge, 2015.

技术溢出效应在空间集聚中发挥着至关重要的作用。集聚区域内的企业因地理接近，能够在更短时间内获取技术创新和市场信息，提升整体创新能力。特别是在海洋经济领域，技术进步是推动产业发展的关键因素。海洋工程、渔业技术、海洋环保技术等领域的创新往往依赖于企业之间的知识共享和合作。空间集聚能够促进企业间的技术交流、人才流动和经验传递，加速技术从研发阶段到实际应用的转化。以海洋工程技术为例，在集聚区域内的多家企业通过技术交流和合作，能够共同解决海洋资源开发过程中遇到的技术难题，提高整体产业的创新水平。此外，集聚区域内的高校、科研机构和企业之间的互动合作，也能进一步促进技术创新和产业升级，形成良性循环。

网络效应是空间集聚形成的重要机制。网络效应指的是随着经济活动的集聚，区域内的企业、消费者和供应商之间的联系更加紧密，从而降低了交易成本，提高了市场效率。在集聚区域内，信息和资源的流动性显著增加，这使得企业和市场能够更加快速地进行反应。例如，在海洋区域经济中，航运企业、物流公司和港口之间的紧密合作，通过信息共享和资源协调，有效提升了整体市场的流动性和效率。在港口集群中，多个港口的互联互通使得货物的运输和配送更加高效，降低了运输过程中的时间成本和交易成本。此外，集聚区域内的消费者和生产者之间的互动也促进了市场需求的快速响应，从而进一步提高了区域经济的活力。

政策支持是空间集聚形成的重要外部推动力。政府在推动区域经济集聚方面发挥了关键作用。通过制定产业政策、提供税收优惠、投资基础设施建设等手段，政府能够为企业提供集聚发展的外部条件。例如，沿海地区的自由贸易区和港口经济区的设立，为海洋产业的集聚发展提供了有力的政策支持和基础设施保障。政府的政策引导不仅能够通过优化区域内的营商环境吸引资本、技术和人才的流入，还能够促进产业的快速集聚。在这一过程中，政府的作用不仅是为企业创造有利条件，还包括对集聚过程中的环境保护、资源配置等方面进行有效的管理与调控，确保海洋区域经济的可持续发展。

(三) 海洋区域经济的空间集聚

在海洋区域经济中，空间集聚不仅是经济活动在地理上的集中现象，更是资源协同、创新驱动与产业链整合的系统性过程。其特殊性在于，海洋经济的开放性与流动性使集聚效应突破了传统陆域经济的边界，呈现出跨区域、跨国界和跨产业的动态特征。

海洋区域经济中的空间集聚凸显了跨区域协作的必然性。海洋资源的开发与利用往往涉及多区域乃至多国间的协同合作，这使得集聚效应不仅表现为区域内的资源整合，更体现为跨国港口、航运网络、科研机构等主体的联动。例如，全球航运体系的形成依赖于鹿特丹港、新加坡港、上海港等国际枢纽港的协同运作，通过统一的信息平台、标准化的物流流程和共享的航运服务网络，实现全球海运资源的高效配置。此类跨区域协作不仅通过规模效应降低了国际贸易成本，还推动了海洋经济的全球化进程。

技术与创新的溢出效应在海洋经济集聚中呈现出独特的扩散路径。不同于传统产业集聚的技术内源性特征，海洋领域的技术创新往往依赖跨学科、跨领域的协同攻关。例如，深海探测技术的突破需要海洋工程、材料科学、人工智能等多学科的交叉融合，而此类创新通常依托海洋科技园区、国际联合实验室等集聚载体。挪威特隆赫姆海洋科技园通过集聚高校、企业与政府研究机构，形成"基础研究——技术转化——产业应用"的完整链条，其深海油气勘探技术辐射至北海、巴西等海域。这种技术溢出的开放性特征，使海洋经济集聚成为全球创新网络的重要节点。

产业链协同效应是海洋经济空间集聚的核心价值。海洋产业链的复杂性决定了其集聚形态的多层次性，既包括港口物流、船舶制造等基础产业的集群化发展，也涵盖海洋生物医药、海洋能开发等新兴产业的生态化布局。以新加坡裕廊岛石化产业集群为例，其通过炼化、储运、精细化工等环节的空间集聚，形成从原油进口到高附加值产品出口的全产业链闭环，同时与港口物流、金融保险等服务业深度融合，构建起全球领先的海洋产业生态系统。这种产业链的深度协同不仅提升了资源配置效率，更通过技术、资本与信息的循环流动，催生出新的商业模式与增长动能。

海洋经济空间集聚的特殊性还体现在其与生态环境的深度耦合上。由于海洋生态系统的脆弱性与流动性，集聚过程必须平衡开发强度与生态承载力。例如，丹麦北海风电产业集群在设计海上风电场布局时，科学规划风机间距、优化海底电缆走向，并配套建设环境监测系统，最大程度降低了对海洋生物栖息地的干扰，实现了经济效益与生态保护的双赢。

二、产业布局演化理论

产业布局演化理论探讨产业在空间上如何分布和组合，其研究目的在于揭示影响产业活动选择特定地理位置的各类因素。海洋产业布局与演化是该理论在海洋经济领域的具体应用，主要关注海洋产业在海洋空间中的分布模式及其演变过程。从生产力发展的视角看，海洋产业布局反映了海洋资源转化为生产力的空间配置过程，这一过程不仅受自然资源条件制约，还受到社会经济环境和技术进步等多重因素的共同影响。

（一）海洋产业布局与演化的区位论

区位反映了特定区域与周边区域在社会经济活动中的空间关系，对区域经济的发展具有关键的影响作用。区位理论自提出以来，经历了从古典到近代、再到现代的演变过程，逐步形成了一套深入解释产业空间分布规律的理论体系。海洋产业布局与演化正是该理论在海洋经济领域的具体体现，受到自然环境条件、社会经济因素及技术进步等多维因素的共同驱动，呈现出不断优化、调整和演化的动态特征。

1. 古典区位论

古典区位论的主要代表人物是德国经济学家杜能（Johann Heinrich von Thünen）和韦伯（Alfred Weber）。杜能的农业区位论以运输成本为核心，通过环形区位模型揭示了农业生产活动如何受运输费用、市场需求等因素的制约，从而确定最优生产布局[①]。韦伯的工业区位论则强调工业活动的空间

---

① 屠能，吴衡康. 孤立国同农业和国民经济的关系［M］. 北京：商务印书馆，1986.

集中能够显著降低运输成本与劳动力成本,产业集聚效应因此得以实现①。这一理论为理解海洋产业布局提供了重要启示,在海港建设、渔业生产和海洋工程等领域中,运输成本与地理位置成为影响产业集聚和空间布局的关键因素。

2. 近代区位论

20世纪初,以克里斯塔勒(W. Christaller)和廖什(August Lösch)为代表的经济学家提出了近代区位理论,强调市场与消费需求是推动区域经济发展的核心力量。克里斯塔勒的"中心地理论"指出,市场在区域经济体系中发挥基础性作用,从而形成以市场为核心的产业空间布局结构②。在海洋产业领域,港口物流设施与交通网络的快速发展,使海洋经济活动逐渐向区域经济中心和交通枢纽集聚,从而进一步推动了港口产业、航运物流及海洋资源开发产业的集中分布与发展。

3. 现代区位论

现代区位理论更为关注多因素的综合协同作用,强调市场需求、技术进步、劳动力成本、制度因素等共同塑造产业布局格局。20世纪50年代,艾萨德(Walter Isard)提出区域科学方法,将宏观经济均衡分析与微观区位选择有机结合,极大丰富了传统区位理论的分析框架③。现代区位理论的显著发展体现在将交易成本、社会网络、技术溢出等因素纳入产业布局的考量范畴,这对于海洋产业布局与发展具有深远影响。海洋产业通常依赖于复杂的技术创新体系和广泛的跨区域资源网络,区域内外经济主体之间的互动、协作与合作成为决定产业空间布局和演化的重要因素之一。

(二)海洋产业布局与演化的影响因素

海洋产业的空间布局是多种因素共同作用的结果,这些因素既有自然

---

① Weber A. *Über den standort der industrien* [M]. JCB Mohr, 1922.
② 沃尔特·克里斯塔勒. 德国南部中心地原理 [M] 常正文,王兴中,等译. 北京:商务印书馆,2016.
③ Isard W. Interregional and regional input-output analysis: a model of a space-economy [J]. *The review of Economics and Statistics*, 1951: 318-328.

环境的影响,也有社会经济因素、技术进步等方面的影响。不同的因素在不同的历史阶段和区域中发挥着不同的作用,共同决定了产业活动在区域内的分布。

1. 自然因素

自然环境是决定海洋产业布局的基础性因素,不同区域的资源禀赋和生态条件直接影响产业的区位选择与发展潜力。例如,拥有丰富渔业资源和适宜气候条件的区域往往成为海洋渔业和旅游产业的优先布局地。此外,港口与航运产业也高度依赖于自然条件,如沿海地形、港湾深度、潮汐规律等,这些因素直接制约着港口建设及其相关产业的空间集聚。

2. 社会经济因素

社会经济因素对海洋产业布局同样具有重要影响,尤其体现在劳动力、资本投入、市场需求及运输设施等方面。经济发达地区通常具备充足的资本、广阔的市场和完善的基础设施,海洋产业因此更容易形成集聚发展态势。例如,广东、浙江等经济较为发达的沿海地区,得益于良好的市场环境和政府政策支持,海洋产业迅速集聚并形成规模效应。而经济相对落后的区域,则可能通过丰富的劳动力供给和低成本优势吸引相关海洋产业落地,从而带动产业布局的调整与区域经济的发展。

3. 技术因素

技术进步是推动海洋产业布局优化与结构升级的重要动力。随着现代科技的迅猛发展,海洋产业的布局已不再局限于传统的自然资源导向,而是逐渐转向以技术创新为核心的高端产业集聚模式。例如,海洋工程技术、深海能源开采技术等领域的进步,推动产业向技术密集型方向发展。这种技术驱动型布局不仅能够提高产业生产力水平,促进产业结构优化升级,更是实现海洋经济可持续发展的重要支撑。

(三) 海洋产业布局的演化

海洋产业的空间布局并非静态不变,而是随着自然环境、社会经济条件和技术水平的变化不断演化,呈现出特定的发展规律。总体来看,海洋产业布局的演化可以分为均匀分布、点状分布与"点——轴"分布三个典型阶段。

1. 均匀分布阶段

在海洋经济发展的早期阶段,由于生产技术水平较低,产业布局高度依赖于自然资源的空间分布以及市场规模的限制,海洋产业活动往往沿海岸线均匀展开。这一阶段的产业分布相对零散,以资源直接利用为主,产业规模较小、空间布局受自然条件制约明显,尚未出现显著的产业集聚现象。

2. 点状分布阶段

随着技术进步、产业结构调整和市场需求的增大,海洋产业逐渐向部分资源丰富或基础设施完善的区域集中,形成明显的点状集聚现象。这一阶段,以沿海城镇为代表的海洋经济中心逐渐崛起,产业活动在特定区域内实现高度集中。这些区域中心城市不仅成为海洋产业发展的核心区,也逐渐成为海陆产业融合的重要节点,对周边地区经济发展形成显著的辐射带动效应。

3. "点——轴"分布阶段

随着产业布局的进一步深化和基础设施网络的逐步完善,海洋经济中心城市之间,以及海洋经济中心与陆地经济核心区之间的产业联系逐渐紧密,形成了"点——轴"型的布局结构。在这一阶段,不同经济中心之间的产业集聚与扩散互动更加频繁,交通、物流与通信网络等基础设施构成产业发展的关键轴线,促进产业布局的多元化与网络化发展。这一阶段标志着海洋产业布局进入更加成熟的阶段,产业结构向高附加值领域升级,区域产业集群功能不断强化,并推动了区域经济系统的整体协调优化。

三、陆海统筹理论

陆海统筹理论旨在协调海洋经济与陆域经济之间的关系,通过优化资源配置、完善产业布局、加强生态保护等措施,推动陆海经济的协同发展。在全球化和经济一体化深入推进的背景下,海洋与陆地之间的互动关系日趋紧密。如何打破传统的海陆分割思维,有效实现陆海统筹,已经成为区域乃至国家实现高质量发展的关键命题。陆海统筹不仅是现代国土空间开发的重要战略手段，更是一种系统性的发展理念，通过科学规划和协调布局，最大限度地实现海陆资源互补与经济社会协调发展。

（一）陆海统筹的概念内涵

陆海统筹强调以整体视角综合考虑陆域和海洋系统的资源、经济、社会与生态等多维要素，推动陆海区域经济的融合发展。具体而言，陆海统筹以国家发展战略为导向，强调资源在陆海之间的高效配置与产业布局的协同优化，不仅致力于提升陆域经济的综合竞争力，也着力激发海洋经济的资源潜力，以实现陆海经济的均衡与协调发展。通过陆海统筹，促进海洋经济与陆域经济的深度融合，加快资源要素的自由流动与产业体系的有机衔接，全面优化区域经济社会发展格局[1]。

从产业发展层面来看，陆海统筹的核心目标是优化陆海产业链条，推动产业融合与协同发展。海洋经济的发展不仅需要依托海洋资源本身，也需要来自陆地的技术创新、资本投入和人才支撑。与此同时，陆域经济通过发展临港工业、延伸产业链条等方式，可以更高效地开发和利用海洋资源，促进海陆产业之间的深度互动。这种融合发展模式不仅提高了区域整体经济竞争力，也有助于促进产业结构优化升级和技术创新突破。

从基础设施建设层面来看，陆海统筹强调构建高效衔接的交通物流网络体系，尤其是强化港口、铁路、公路等基础设施的互联互通。通过建设一体化的海陆交通物流体系，推动陆海之间物资、信息和资源要素的高效流动。这种布局不仅有效提高了沿海地区的物流效率和国际竞争力，也加强了内陆地区经济与海洋经济活动之间的互动联系，从而整体提升区域发展的协同性。

从生态保护和环境治理层面来看，陆海统筹要求将陆域和海洋生态环境视作一个不可割裂的有机整体，统一规划、统一治理。陆域与海洋生态系统

---

[1] 曹忠祥，高国力．我国陆海统筹发展的战略内涵、思路与对策[J]．中国软科学，2015(2)：1-12．

之间的紧密联系决定了生态治理必须进行统筹部署,以有效控制污染跨界传输带来的生态风险。通过跨区域的生态保护措施、环境监测体系和预警机制,陆海统筹能够实现资源开发与生态保护的有效平衡,推动区域绿色、可持续发展。

(二) 陆海统筹发展思路

随着海洋与陆地关系日益紧密,资源竞争与环境冲突成为制约两者协同发展的突出挑战。基于全局视野的陆海统筹发展思路,需综合考量陆地与海洋各自的特征与相互依赖关系,以推动两大系统实现协调、协作与共赢[1]。

第一,陆海统筹需要突破传统的"陆海割裂"思维,强化海陆系统的有机联系与资源互补,推动陆海资源的一体化、协同性开发。以往的经济发展模式往往以陆域经济为中心,海洋经济处于附属地位。陆海统筹旨在扭转这种局面,通过优化资源配置和产业联动,促进海洋经济的高效开发和陆域经济的延伸拓展,最终实现陆海经济的协同发展与共同繁荣。

第二,陆海统筹的推进需要科学的区域层面战略布局与整体规划。陆地与海洋不仅各自构成独立的经济体系,更共同形成了一个相互依存的经济生态系统。陆海统筹应从系统视角出发,统筹物流网络、能源通道与信息流动等关键要素,实现区域资源的高效配置与协同联动。通过前瞻性的区域发展规划,增强海陆之间的资源互补性,优化产业布局,持续提升区域整体经济竞争力。

第三,陆海统筹必须以可持续发展为核心理念,尤其要重视区域生态环境的承载能力。海岸带地区作为陆海交汇的敏感区域,其生态系统较为脆弱,资源开发与产业布局必须注重生态保护。陆海统筹的发展路径需要实现经济发展与生态保护的协调统一,通过合理调控开发强度、科学布局产业空间,确保生态环境的长期健康与稳定。这种兼顾经济、社会与生态的协调发展思路,是区域可持续发展的重要前提。

---

[1] 马仁锋,辛欣,姜文达,等. 陆海统筹管理:核心概念、基本理论与国际实践 [J]. 上海国土资源,2020,41 (3):25-31.

第四,陆海统筹的战略核心在于实现资源利用、产业发展、环境保护与生态安全的整体协调。为实现这一目标,必须因地制宜制定政策措施,强化技术创新驱动,推动海洋与陆地之间资源的协调共享、产业的融合发展、生态的联动保护,确保两大系统实现有机融合与长期共赢发展格局。

(三) 陆海统筹的核心内容

1. 陆海生态系统的统筹管理

海洋与陆地生态系统相互依存,共同构成了地球生态环境的重要组成部分。陆海统筹的首要内容是从全局出发,对陆地与海洋生态系统实施整体性监测与综合管理。由于陆海之间存在水循环、大气循环等自然过程,陆源污染与海洋污染常呈现跨界传输和相互影响的特点,生态治理必须采取跨区域、跨系统的协调策略。尤其是在海岸带这一特殊交汇区域,生态系统相对脆弱,更需要采取严格的生态保护措施。陆海统筹战略强调划定生态保护红线区、强化海岸线保护与生态修复,推动海水淡化、污水治理等关键技术的广泛应用,以缓解资源过度开采与生态环境承载压力。同时,通过建设跨区域生态环境监测与预警体系,有效控制污染物的跨系统扩散与转移,从整体上提升海陆生态系统的稳定性与健康性。

2. 陆海经济子系统的协同发展

陆海统筹的另一个核心内容是推动海洋经济与陆域经济之间的深度融合与协调发展。陆地经济与海洋经济在产业结构、资源配置和空间布局上存在天然的联系与互补,通过优化产业链布局、强化产业协同,能够有效促进两大系统之间资源要素的高效流动和共享互补。具体而言,陆地经济体系可以为海洋产业提供资金、技术、人力和管理经验支持;而海洋经济则为陆域经济发展提供新的增长空间与市场机遇。例如,陆域高科技产业能够为海洋工程、海洋能源开发等产业提供技术支持,海洋经济的快速发展则能够反向带动陆域产业链的延伸与优化,创造出新的经济增长点。陆海统筹在产业发展层面要求政府通过政策引导、技术创新以及市场机制等手段,促进资源的优化配置与产业链上下游的高效协同,从而增强区域经济整体竞争力和可持续发展能力。

3. 陆海社会系统的融合共进

陆域经济一直处于传统社会发展关注的中心位置，而海洋社会与海洋文化的地位相对边缘化。陆海统筹战略的重要内容之一是提升海洋社会系统的社会认知度和参与度，通过海洋文化的宣传教育、公众参与和社会普及，强化全社会对海洋资源开发与保护的认同感与责任感。此外，陆海统筹还强调构建和完善海洋管理法律法规体系，为海洋经济健康发展提供规范化的法律保障。在推动海陆社会系统融合的过程中，必须加强海洋文化的公众教育与认知建设，完善海洋经济发展的法律制度与管理体制，全面提升社会公众对海洋经济重要性的认识与参与程度，最终实现陆海社会系统的有效融合与协同共进。

4. 生态、经济、社会子系统的综合协调

陆海统筹强调生态、经济与社会三大子系统的综合协调与均衡发展。生态、经济和社会共同组成一个紧密相连的复杂系统，其中任何一方失衡都会影响整体稳定性与可持续发展能力。陆海统筹发展战略要求从宏观层面制订整体规划，促进资源、能源、技术与信息等要素在海陆系统中的有效流通与优化配置。在具体实施过程中，通过政策引导、技术创新、法律体系建设等多种措施，协调处理经济增长与生态保护之间的潜在矛盾，促进区域内生态环境保护、经济结构优化与社会福利提升的整体统一。这种系统性协调目标的实现，将为区域经济实现长期健康发展、生态环境持续改善与社会进步提供强有力支撑。

第三节　海洋区域经济的类型

一、海岸带经济

海岸带经济作为海洋区域经济的重要组成部分，承担着连接陆地与海洋的重要功能，是海洋资源与陆地资源相互交汇的区域。海岸带区域不仅具有丰富的自然资源，还具备独特的经济功能，成为多种产业集聚与经济活动密集的区域。海岸带经济的研究和发展,需要基于这一地区特有的生态、经济和社会条件进行全面的规划和管理,以实现海陆资源的协同利用、产业的有序布局及生态的可持续发展。

(一) 海岸带的概念

海岸带是指海陆相互作用的过渡地带,涵盖了从海岸线向陆地和海洋两侧延伸的区域,是陆地生态系统与海洋生态系统之间的重要接触界面。该区域承载着陆地与海洋的双重生态功能,在资源利用、经济发展及社会活动等方面发挥着至关重要的作用。国际上对于海岸带的界定尚无统一标准,但一般认为,海岸带包括了受海洋影响较大的区域,通常是从海岸线延伸至大陆架边缘,或向陆地延伸 100 千米的低洼区域[1]。

在我国,海岸带的范围划定依据 20 世纪 80 年代实施的《全国海岸带和海涂资源综合调查简明规程》,该规程明确规定,海岸带自海岸线向海洋方向延伸至 10~15 米等深线,同时向陆地内侧延伸约 10 千米,涵盖了众多具有重要生态和经济价值的地理单元[2]。

(二) 海岸带的自然与环境特点

海岸带作为海洋与陆地交汇的特殊区域,具有独特而复杂的自然环境与生态特征。这些特征不仅影响着区域生态系统的稳定性,也深刻决定着区域经济社会活动的可持续发展程度。

1. 生态多样性与资源丰富性

海岸带生态系统类型丰富,生态多样性高,主要包括潮间带、河口、红树林、珊瑚礁、海草床与盐沼湿地等多个生态单元。这些生态系统不仅支撑着高度多样化的生物群落,更为区域内渔业、矿产与新能源开发提供了重要的资源基础。潮间带和河口区域因养分充足,成为众多海洋生物赖以栖息与

---

[1] Reid W V, Mooney H A, Cropper A, et al. *Ecosystems and human well-being-Synthesis: A report of the Millennium Ecosystem Assessment* [M]. Island Press, 2005.
[2] 苏胜金. 七年全国海岸带和海涂资源综合调查综述 [J]. 海洋与海岸带开发, 1988 (2): 30-32.

繁殖的重要场所；红树林和海草床则通过固土护岸、净化水质，有效抵御海岸侵蚀，降低风暴潮与海啸等自然灾害的破坏程度，提供了重要的生态安全屏障。

2. 高度动态性与变化性

海岸带环境受潮汐、波浪、洋流、风暴以及河流径流等多种自然因素的影响，呈现显著的动态变化特征。这些因素共同作用，使得海岸带的物理、化学及生物特征随时间和空间发生复杂且持续的变化。潮汐周期性涨落、季节变化以及河流携带的泥沙与养分输入，进一步增加了生态环境的动态性与不确定性，给资源开发利用与生态保护管理带来了巨大挑战。

3. 脆弱性与敏感性

海岸带生态系统具有极强的脆弱性和敏感性，容易受到自然扰动和人类活动的双重影响。过度资源开发、污染物排放、城市扩张等人类活动，已对区域生态环境造成明显的破坏。红树林湿地、盐沼生态系统的萎缩与水质污染，不仅严重降低了区域生物多样性，也直接制约了区域经济的可持续发展。此外，气候变化导致的海平面上升、土壤盐渍化、极端气候事件频发等问题，使得低洼地区生态系统进一步面临威胁。

4. 资源的双重属性

海岸带资源具有鲜明的陆海"双重属性"，包括陆域和海域两种资源类型。这种特殊属性为区域经济发展带来了丰富的资源供给，但也使资源管理与合理利用变得更加复杂。陆域部分为海岸带生态系统提供沉积物、养分和淡水，海域部分则拥有渔业资源、矿产资源和新能源开发潜力。这种资源复合型特征使海岸带成为经济活动高度集聚的区域，对资源利用与保护的协调管理提出了更高要求。

5. 防护与缓冲功能

海岸带作为生态系统的重要交汇区，具有显著的生态防护和缓冲功能。红树林、盐沼湿地、沙滩及珊瑚礁等自然生态系统能够有效削弱波浪能量，抵御风暴潮侵袭，降低海岸侵蚀的风险，保护区域内居民与基础设施安全。此外，海岸带生态系统还具有显著的水质净化与污染物过滤功能，能够减少陆源污染物对近岸水域生态环境的影响，发挥了重要的生态服务功能。

(三) 海岸带经济的特点

海岸带既展现了资源的集聚优势，又面临着生态和环境压力，承载着多元化的经济活动和复杂的社会需求。

1. 资源集聚与产业多样性

海岸带同时具备陆地与海洋资源的双重优势，形成显著的资源集聚效应，使其成为经济活动密集、产业结构多样的区域。在这里，渔业资源开发、港口物流运输、海洋能源利用、矿产资源开采、滨海旅游与休闲等经济活动广泛存在并相互交织，产业类型高度多元化。这种资源高度集聚和产业多样性为区域经济发展注入强大动力，持续吸引了资本投资与劳动力集聚。

2. 生态环境脆弱性与环境压力

尽管海岸带拥有丰富的资源与经济发展潜力，但其生态环境却表现出明显的脆弱性。受城市化、工业化和农业活动的持续影响，海岸带生态系统面临日益严峻的环境压力。工业废水排放、农业径流污染、港口与基础设施建设等经济活动的扩张，加速了湿地、红树林、盐沼和海草床等生态系统的退化，严重威胁区域生态安全。因此，如何实现经济发展与生态环境保护之间的协调与平衡，成为海岸带经济发展的关键性挑战。

3. 空间依赖性与地理集中性

海岸带经济活动具有显著的空间依赖性，往往集中于特定的地理区域，如沿海大城市、港口城市、经济特区或重点旅游区等。这些区域依托其独特的地理位置、资源禀赋和交通基础设施优势，形成经济活动高度集中和产业集聚的格局。空间集聚虽有助于资源的高效利用和规模经济效应的发挥，但同时也加剧了局部地区过度开发、资源竞争与环境压力等问题，这就要求对海岸带空间资源进行科学的规划与综合管理。

4. 海陆互动与政策依赖性

海岸带经济是典型的陆海互动型经济，涉及海洋资源开发、陆地产业延伸、港口航运、旅游业和农业等多个产业链。这种互动性要求在海岸带经济管理中必须统筹考虑海陆两大系统的资源合理配置与协调利用。同时，政府在生态环境保护、资源管理、产业政策制定、基础设施规划等方面的作用至关重要。有效的政策支持与制度安排，是实现海岸带经济可持续发展的重要前提和保障。

（四）我国海岸带经济的发展重点

海岸带经济作为我国海洋经济的重要组成部分，在促进区域经济协调发展、优化资源配置和实现可持续增长方面承担着重要使命。鉴于我国海岸带跨越区域广泛，各地在自然资源禀赋、经济发展水平和社会需求等方面差异显著，未来的发展应当因地制宜，精准施策，以实现经济效益与生态效益的协同提升。

1. 强化区域差异化发展策略

我国海岸带经济区域跨度大，不同区域在资源条件、经济基础、产业特色及文化背景上差异突出，推行差异化发展战略是实现整体可持续发展的关键。目前，我国海岸带经济区大致可以分为北部、东部和南部三个主要区域，各区域应结合自身优势明确产业定位。在北部海洋经济区，应依托环渤海地区特有的资源条件，大力发展海水养殖、港口物流、船舶制造和滨海旅游产业，特别要推广以海洋牧场为代表的现代化养殖模式，提升渔业经济效益；东部海洋经济区应立足长三角地区雄厚的经济基础与科技创新能力，重点发展海洋工程装备制造、海洋生物医药和海洋新能源产业，打造高新技术产业聚集区；南部海洋经济区应该充分发挥其优势，积极发展滨海旅游、远洋渔业和油气资源开发，同时深化与东盟的合作，积极拓展外向型经济，建设具有国际竞争力的海洋经济中心[1]。

2. 优化岸段资源利用与空间规划

不同岸段因其独特的地理和资源特征，需进行精细的功能划分，以实现经济活动的集约化和专业化。例如，北部港口城市如天津、青岛和大连，应

---

[1] 刘大海，邢文秀，李彦平，等. 海岸带规划的管制框架、核心管控边界及权责关系——以山东省为例[J]. 城市规划学刊，2022（2）：20-26.

强化港口物流和海洋装备制造的空间布局，巩固其在国际贸易中的战略地位；东部区域则应聚焦高技术产业和生态保护，科学规划岸段资源，以支撑海洋新能源及高端服务业的崛起；南部地区则需注重生态保护与滨海旅游的有序融合，确保沿海生态的良性循环和经济的持续增长。在具体实施过程中，还需充分考虑港口岸段、生态敏感区及滨海休闲区等功能的差异，通过多层次、多维度的规划布局，确保各类经济活动在空间上相互协调、互不干扰，从而实现岸段资源的最优配置和经济效益的最大化。

3. 推进外向型经济与国际合作

海岸带作为我国对外开放的重要门户，具有独特的地缘优势和开放潜力，发展外向型经济是实现区域经济高质量发展的关键举措。当前，应立足我国海岸带的港口网络和产业基础，加快国际物流网络和贸易通道的建设，提升港口设施智能化与信息化水平，促进物流效率和贸易便利化。同时，要依托自由贸易试验区、综合保税区、国际产业合作园区等开放载体，强化国际产业链的深度融合，提升区域产业的国际竞争力。此外，还需积极参与全球海洋治理体系建设，加强与"一带一路"共建国家及主要海洋经济体的合作与交流，在海洋科技创新、跨境产业投资、远洋渔业开发等方面深化务实合作，共同培育海洋经济新增长点，持续提升我国海岸带经济的国际影响力。

二、海岛经济

(一) 海岛的概念

根据2017年我国国家质量监督检验检疫总局发布的《海洋学术语#海洋地质学》（GB/T 18190—2017）国家标准，海岛是指"四面环水，在高潮时高出自然形成的陆地区域"[1]。这一标准明确了海岛在地质学上的界定条件，即其必须位于海洋中，且面积达到一定规模。在法学领域，海岛被赋予了明确的法律地位。根据《联合国海洋法公约》的规定，海岛是四面环水

---

[1] 莫杰, 王文海, 彭娜娜, 等. 我国海洋地质调查研究新进展[J]. 中国地质调查, 2017, 4(4): 1-8.

并在高潮时高于水面的自然形成的陆地区域,这一界定为海岛在国际法上的权益划分提供了重要依据[①]。

(二) 海岛的分类

(1) 根据地质成因的不同,海岛可以分为大陆岛、海洋岛和冲积岛[②]。大陆岛是由于地壳运动或海平面上升,使得原本与大陆相连的部分被水体分隔而形成的岛屿。这些岛屿的地质构造与大陆相似,资源丰富且适宜开发,海南岛和舟山群岛便是其中的典型代表。海洋岛是在海洋中自行生成的岛屿,又称大洋岛,在地质构造上与大陆无关,包括火山岛和珊瑚岛。火山岛是由海底火山喷发形成,地貌崎岖且富含矿产,南海部分岛屿便是火山岛的典型代表,这类岛屿在科研和生态保护方面具有重要价值。珊瑚岛是由珊瑚虫堆积而成,常见于热带和亚热带海域,如西沙群岛,这些岛屿生态系统独特,非常适合进行生态保护与旅游开发。冲积岛则是由海水运动带来的泥沙堆积而成,如长江三角洲的部分岛屿,这类岛屿不仅适合发展农业和渔业,也承载着重要的生态和经济价值。

(2) 根据人类活动的强度和开发利用程度,海岛可分为开发岛、保护岛和无人岛。开发岛已经历了较大规模的人类活动,基础设施完善,是居民生活和海洋经济活动的主要场所,厦门岛便是其典型代表。保护岛因其生态敏感性或珍稀物种的存在,开发活动受到严格限制,以维护生态系统的完整性和生物多样性,如南海的部分珊瑚岛屿。无人岛则指没有常住人口的海岛,它们主要用于海洋资源的开发或生态保护,近年来,我国正逐步加强对无人岛的管理,以实现资源利用与生态保护的和谐共生。

(3) 根据海岛与大陆的距离和地理位置,可以将海岛分为近岸岛和远洋岛。近岸岛距离大陆较近,交通便捷,适合开发与管理,如东海的嵊泗列岛。而远洋岛则远离大陆,交通不便,但海洋资源丰富,通常适用于资源开采、科研考察和国防用途,如我国南海中的部分远洋岛屿。

---

① 施余兵.《联合国海洋法公约》的"海洋宪章"地位:发展与界限 [J]. 交大法学, 2023 (1): 20-34.

② 徐承德, 冯守珍. 岛礁类型划分及可持续发展探讨 [J]. 海岸工程, 2008, 27 (3): 47-52.

(4) 从功能用途和行政管理的角度来看，海岛可以被划分为居民生活岛、军事用途岛、科研和科考用途岛。居民生活岛是长期有人类居住，主要用于居民生活和相关经济活动的岛屿，如海南岛。军事用途岛因其地理位置和战略意义，被用于军事防御和战备保障。科研和科考用途岛则专注于科学考察、生态保护、气象观测等活动，对生态环境的影响较小，在海洋科研和生态监测中发挥着重要的作用。

(三) 海岛经济的特点

1. 独立而完整的生态系统

海岛通常由岛陆、岛滩、岛基和环岛浅海等组成，形成一个相对封闭、独立的生态系统。这种独立性使海岛具有丰富的生物多样性和独特的资源禀赋，但也使得其生态系统对外界干扰异常敏感。任何生态平衡的破坏，往往都难以在短期内恢复。因此在开发海岛经济时，必须特别注重生态保护，避免对生态环境造成不可逆的影响。

2. 资源的稀缺性与独特性

由于海岛的地理位置特殊，其土地、水源、能源等资源相对有限，海岛的开发利用面临较大的挑战。然而，海岛在渔业、旅游、港口和矿产资源等方面却具有得天独厚的优势。例如，海岛的生态景观和自然环境使得其成为发展生态旅游和观光产业的理想场所。此外，一些海岛蕴藏丰富的矿产资源，为海洋经济提供了重要的支撑。

3. 基础设施建设的艰巨性与复杂性

由于海岛的地理隔离性，基础设施建设面临着很大的困难。供水、供电、交通等设施的建设往往受到自然环境和地理位置的制约，且建设成本高。尤其是远离大陆的岛屿，基础设施建设不仅需要克服极大的地理障碍，还容易受到自然灾害的影响。因此，在规划海岛的基础设施时，必须采取可持续性和高效性的发展模式，以确保设施的长期稳定运行。

4. 开发模式多样与环境约束并存

海岛经济的开发具有多样性特点，涵盖传统的渔业、水产养殖业、生态旅游业、海洋能源开发等多个方面。然而，海岛脆弱的生态环境为这些开发活动设定了严格的边界。在追求经济效益的同时，必须权衡开发与生态保护的关系。只有采取环境友好的开发方式，避免过度开采资源和对环境造成不可逆转的破坏，才能实现海岛经济的可持续发展。

（四）我国海岛经济的发展模式

我国共有海岛 11 000 余个，海岛总面积约占我国陆地面积的 0.8%。浙江省、福建省和广东省的海岛数量排名前三位[①]。我国海岛分布不均，呈现南方多、北方少，近岸多、远岸少的特点。根据我国海岛的自然条件、资源禀赋以及经济发展阶段的不同，海岛经济形成了多样化的发展模式，这些模式因地制宜地满足了各类海岛的发展需求。

1. 可持续发展模式

在海岛资源开发过程中，曾一度因无序开发而导致生态环境遭受损害。为应对这一问题，我国海岛经济已经逐步确立以可持续发展为经济发展的核心目标。这一模式强调在开发海岛资源的同时，保持资源的再生能力与生态系统的平衡。例如，在渔业资源的开发中，实施捕捞限额和休渔期制度，防止资源的过度开采。

2. 生态经济发展模式

生态经济发展模式强调在资源开发与生态保护之间取得平衡。该模式推动岛屿绿化工程、环岛海域生态渔业、海岛森林公园等项目建设，确保人口增长和经济活动的规模不超过生态系统的承载能力。减少资源的开采，减少污染排放，不仅能提升海岛的环境质量，还能促进生态旅游和休闲渔业等高附加值产业的健康发展。

3. 岛陆一体化发展模式

海岛的自然隔离性使得其在基础设施方面存在较大短板。因此，部分近岸海岛探索了岛陆一体化发展模式，通过建设岛陆桥梁、临岸基地以及区域产业布局，推动海岛与大陆的协同发展。例如，浙江舟山群岛通过与宁波的

---

① 中华人民共和国自然资源部.2017年海岛统计调查公报［Z］.2018：1-18.

桥梁连接,打破了岛屿与大陆之间的交通障碍,推动了区域经济的协同发展,提升了海岛的经济竞争力。

三、国家管辖海域经济

(一)国家管辖海域的范围和法律地位

国家管辖海域是指国家依法行使主权或管辖权的海洋区域,包括内海、领海、毗连区、专属经济区和大陆架等多个区域[1]。这些海域各自具有独特的法律地位和管辖权利,国家在这些海域中享有不同程度的主权、管辖权以及资源开发权。

1. 内海

内海是指位于国家陆地与领海基线之间、完全被陆地或岛屿包围的水域,通常包括河口、海湾、港口、封闭性海湾以及泊船处等。根据《联合国海洋法公约》,沿岸领海基线向陆一面的水域构成国家的内水,国家享有与陆地相同的完全主权。沿岸国在内海拥有对海洋资源的管理、开发、控制和使用的绝对权利,未经沿岸国许可,外国船舶(包括商船和军舰)不得进入。即便在特定情况下允许外国船舶进入,其活动也须遵守沿岸国的相关法律和规章。因此,内海不仅是国家海洋管理的核心区域,具有重要的战略军事意义,也是海洋经济活动的重要场所。例如,我国的珠江口和渤海等水域均属于内海。在这些区域,我国拥有完全的资源开发和环境治理权,可以根据国家经济需求推进港口建设、渔业资源开发等活动,同时必须严格实施污染防治措施,确保生态环境的可持续性。

2. 领海

领海是指沿海国领海基线向海一面延伸的一定宽度的海域,根据《联合国海洋法公约》,这一宽度通常不得超过 12 海里。沿海国有权根据自身实际情况决定采用直线基线或正常基线,并据此划定领海。领海是国家拥有完全主权的区域,在其内国家享有管理航行、捕鱼、采矿、科研等各类活动

---

[1] 袁发强. 国家管辖海域与司法管辖权的行使[J]. 国际法研究, 2017(3): 102-114.

的全面权利。但同时,沿海国必须允许外国船舶在不危害国家安全和航行安全的前提下享有无害通过权。为保障无害通过,沿海国可制定相关法律和规章,但不得妨碍外国船舶正常通行,并应妥善公布领海内可能存在的航行危险。我国的领海主要包括东海、南海和黄海等海域,涉及多个沿海省份。在这些海域内,我国不仅享有资源开发、海洋安全和渔业管理等控制权,还承担着保护海洋环境、维护国家利益和履行国际法义务的重要责任。

3. 毗连区

毗连区是指沿海国领海基线向外延伸12海里至24海里的海域。虽然这一区域不属于沿海国的完全主权海域,但沿海国在此区域内享有一定的行政管辖权,如海关、财政、移民和卫生等管理职能。毗连区的设立旨在为国家提供一个对海洋活动进行有效监管的空间,以防止非法行为、控制污染和保护海洋资源,确保海域秩序和安全。在我国,毗连区具有重要战略意义,尤其在防治污染和维护海上秩序方面发挥关键作用。例如,在南海和东海等敏感海域,我国加强了对跨境污染物排放的监管,并实施了一系列区域性海洋保护政策,以确保沿海环境的稳定与生态系统的健康。通过这些措施,我国能够有效维护毗连区的海洋环境,进而保障国家的海洋权益。

4. 专属经济区

专属经济区是指沿海国从其领海基线向海一侧延伸不超过200海里的海域。在这一海域内,沿海国享有对海床、底土及其上覆水域自然资源的勘探、开发、养护和管理的主权权利,同时拥有对该区内人工岛屿、设施、结构建造和使用、海洋科学研究以及海洋环境保护的管辖权。需要注意的是,专属经济区并非沿海国的完全主权海域。其他国家在此区域内享有航行、飞越以及铺设海底电缆和管道的自由,但不得进行资源开发,并在行使这些权利时须遵守沿海国的相关法律和规章。我国的专属经济区覆盖了南海、东海和黄海等重要海域。在这些区域内,我国积极开展渔业捕捞、油气勘探以及海洋科研活动,通过有效管理和合理开发,不仅保障了国家的海洋权益和海洋安全,也推动了海洋经济的蓬勃发展。

5. 大陆架

大陆架是指沿海国陆地领土自然延伸到海洋的部分,包括海床和底土,其范围由地理和地质条件决定。根据《联合国海洋法公约》，沿海国在其大陆架上享有专属性的资源开发权，不受200海里限制；当自然延伸不足200海里时，沿海国的大陆架可延伸至200海里；若延伸超过200海里，其外部界限不得超过从领海基线起350海里，或不超过2500米等深线以外100海里。沿海国有权在其大陆架上进行自然资源的勘探、开发、养护和管理，并对人工岛屿、设施和结构的建造与使用行使专属管辖权，而相邻国家之间的大陆架界线则应通过协商公平解决。我国的大陆架资源分布广泛，尤其在南海和东海等关键海域，不仅蕴含丰富的油气、矿产资源，还有巨大的开发潜力，因此在开发过程中必须高度重视资源利用与环境保护的协调，确保海洋资源的可持续开发，同时维护国家的海洋权益和安全。

（二）我国大陆架和专属经济区发展概述

我国的大陆架和专属经济区是海洋资源开发的重要区域，在国家经济发展与能源安全战略中具有重要地位。黄海、东海和南海作为我国三大边缘海，其大陆架和专属经济区地形特征鲜明，资源丰富，区域差异显著。

1. 黄海大陆架和专属经济区

黄海位于中国大陆与朝鲜半岛之间，面积约38万平方千米，平均水深44米，属于典型的浅海大陆架海域。黄海大陆架上的主要沉积盆地包括北黄海中部盆地和邻近韩国沿岸的沉积盆地，沉积厚度普遍超过4000米，为油气资源生成与储藏提供了有利条件。此外，黄海水文环境的季节性变化明显，潮汐作用显著，水温和盐度变化显著，孕育了丰富的海洋生物资源，形成了我国重要的渔业基地。该区域拥有丰富的渔业资源，包括对虾、小黄鱼、带鱼等高经济价值物种。此外，潮间带也为贝类、甲壳类生物提供了理想的栖息场所。

2. 东海大陆架和专属经济区

东海位于中国大陆与琉球群岛之间，面积约77万平方千米，平均水深370米，最深处719米，呈现典型宽广而平坦的大陆架地貌。东海海底沉积物丰富、沉积厚度适中，油气资源潜力巨大。自20世纪80年代末起，我国已逐步推进东海油气资源从勘探走向规模化开发，积极实践"自主勘探、合作开发、搁置争议"的方针，推动区域和平稳定与资源合理利用。此外，东海海域水文条件复杂，受大陆暖流、黑潮及长江入海径流影响，生态环境多样，渔业资源丰富，其中黄鱼、带鱼等物种资源量充足，对我国渔业经济发展作出了重要贡献。

3. 南海大陆架和专属经济区

南海位于中国大陆与菲律宾群岛、马来半岛之间，面积约350万平方千米，平均水深1 212米，最深处达5 559米。南海大陆架主要分布于北部、东部和西部区域，总面积占南海面积一半以上。南海大陆架地形复杂多变，北部大陆架水深一般在50~80米之间，以珠江口盆地和北部湾盆地为代表；而南海南部和西南部大陆架相对狭窄，陆架快速过渡为大陆坡。这些区域拥有良好的沉积环境，形成大型盆地，为油气资源的生成与储藏提供了得天独厚的条件。南海大陆架石油资源总量约149亿吨油当量，天然气资源储量约10万亿立方米，占全国海域天然气储量的72.2%。近年来，我国在南海持续推进自主开发与国际合作，尤其是在珠江口盆地与北部湾等重点区域取得重大进展。此外，南海热带季风气候明显，水温、盐度适宜，渔业资源丰富多样，尤以鲷鱼、金枪鱼等热带和亚热带经济鱼类居多，渔业经济贡献突出。

四、公海和国际海底经济

（一）公海和国际海底的法律地位

根据《联合国海洋法公约》，公海是指不包括各国专属经济区、领海、内水和群岛水域的所有海域，占全球海洋面积约64%，总面积约2.3亿平方千米，属于全球共享区域，不受任何国家的主权管辖，任何国家不得主张主权[1]。各国在公海上享有平等的航行、飞越、捕鱼、铺设海底电缆和管道、建造人工岛及从事科研活动的自由，但这些自由必须在国际法框架内行使，尊重他国合法权益。公海的法律地位强调和平利用、不干涉和环境保护原

---

[1] 赵融.公海保护区与沿海国外大陆架主权权利的冲突与协调[J].哈尔滨工业大学学报：社会科学版，2021，23（1）：17-23.

则，要求各国在公海活动中仅限于和平目的，禁止军事行为，维护公海资源的可持续利用。

国际海底区域是指位于各国专属经济区和大陆架以外的海床和洋底区域，占全球海底面积的65%，属于全球共享的领域。《联合国海洋法公约》明确规定，国际海底及其自然资源是"人类共同继承财产"，任何国家、自然人或法人均不得对其主张主权或据为己有[①]。所有关于国际海底资源开发的权利均属于全人类，由国际海底管理局统一管理，确保资源开发活动既公平又可持续，同时特别关注发展中国家和未取得独立国家人民的利益。根据规定，任何在国际海底区域内进行的资源勘探与开发活动，必须遵守国际海底管理局的规定，依法获得许可，并履行环境保护与资源共享的义务，以实现国际海底资源的公平和合理利用。此外，国际海底的法律地位不影响其上覆水域和上空的法律状态。

（二）公海和国际海底经济的特点

1. 资源的共享性

国际海底及其自然资源是"人类共同继承财产"，任何国家不得对其主张主权或排他性占有。这一共享性原则保障了各国在国际海底区域开发资源的平等机会，尤其对于不可再生资源如矿产和能源资源尤为重要。国际法律框架为各国资源的公平开发提供了制度支持，但开发过程中，各国同时必须承担环境保护责任和可持续利用义务。

2. 高投入与高技术性

国际海底的开发，因其远离大陆且环境复杂，面临巨大的资金和技术压力。海况复杂、技术难度大、基础设施要求高等因素，使得这一领域的资源开发需要巨额的资金投入和先进的技术支持。例如，深海金属矿和多金属结核的开采需要依赖高精度定位技术、深海设备和机器人等，技术门槛较高，且商用化进程充满挑战。这使得公海和国际海底资源的开发不仅

---

① 王明远，孙雪妍. 论国际海底矿产资源的法律地位［J］. 中国人民大学学报，2019，33（4）：68-77.

具有较高的经济门槛,也使得资源的商业化开发成为一项技术密集型和资本密集型的活动。

3. 生态脆弱性与不确定性

公海和国际海底的生态系统极为脆弱,资源开发若不谨慎,极易对生态环境造成不可逆转的破坏。例如,深海采矿可能会破坏生态系统,影响海洋生物栖息地的稳定。因此,资源开发必须严格遵循国际法规和环境保护框架,避免过度开发导致生态退化。此外,由于涉及多个国家利益,公海和国际海底的经济活动往往面临较高的不确定性,国家间在利益、开发权等方面的分歧增加了这一领域的复杂性。

(三) 公海和国际海底经济发展的重点领域

1. 远洋运输与航运网络优化

公海作为国际贸易和全球经济互联互通的关键纽带,提供了广阔的航道体系。在此基础上,各国不断开拓国际航线,加强航运合作,以提升运输效率和服务品质。特别是北极航道的逐步开通,为航运业提供了新的发展机遇,极地经济区成为远洋运输的新热点。

2. 渔业资源的深度开发与可持续利用

公海和国际海底的渔业资源是海洋经济的重要组成部分。公海渔业以远洋捕捞为主,捕捞金枪鱼、鱿鱼等高经济价值鱼类,对缓解近海渔业压力、促进渔业就业和增收具有重要意义。此外,深海区域,特别是国际海底,还蕴藏着丰富的渔业资源,如深海鱼类和磷虾等,具有巨大的开发潜力,亟须进一步挖掘和实现可持续利用。

3. 矿产资源的勘探与开发

国际海底区域蕴藏着丰富的矿产资源,如多金属结核、富钴结壳和天然气水合物等,具有战略意义。随着深海采矿技术的不断进步,深海矿产资源的开发已成为国际海底经济的重要增长点。与此同时,公海海底的矿产资源同样具有巨大的开发潜力,吸引了多个国家的关注和参与。

4. 海洋科学研究

海洋科学研究不仅为资源的可持续利用提供科学依据,还深化对公海和深海的认知,揭示其生态系统的复杂性和生物多样性。各国通过先进的科研设施,探索生态学、生物多样性、地质学、化学等多个学科领域,评估公海和国际海底的资源潜力,推动合理开发与生态保护并行。此外,国际合作在海洋科学研究中起着至关重要的作用,通过共享研究成果、交流技术和经验,共同应对全球海洋挑战,推动公海和国际海底经济的可持续发展。

第四节 海洋区域经济规划与布局

一、海洋区域经济规划概述

(一)海洋区域经济规划的基本概念

海洋区域经济规划是指基于特定海域的自然资源禀赋、经济发展目标、社会需求和生态环境保护标准,对海洋空间进行经济功能的科学划分,以实现海洋资源的可持续开发和区域经济的综合管理。该规划通过明确不同区域的资源特性、经济社会发展水平及环境保护要求,制定出差异化的发展策略,为海域的开发与保护提供系统化的空间指导。

海洋区域经济规划不仅要考虑海域的自然属性和生态价值,还需要充分认识海洋作为经济活动空间所承载的多重功能。随着经济活动的拓展,海洋已从单纯的资源库转变为综合性的经济平台,具备资源流通、产业布局、文化交流等多重作用。因此,海洋区域经济规划的核心理论和方法包括"海洋功能区划"和"海洋经济区划",这些理论和方法的引入能够更科学地指导海洋空间资源的优化利用。

我国海域总面积约473万平方千米,南北跨度广,横跨热带、亚热带和温带等多个气候带,大陆海岸线长达18 000千米,地貌类型丰富多样[1]。海域范围涵盖内水、领海、专属经济区和大陆架等管辖区域,各自具备独特的法律地位和管理制度。此外,我国沿海地区经济社会发展水平差异显著,从

---

[1] 中央政府门户网站. 中国概况[EB/OL]. [2025-06-20]. https://www.gov.cn/guoqing/.

经济高度发达的上海、广东等沿海省市,到经济发展相对滞后的地区,如广西、海南等,区域发展差异明显。这种区域差异凸显了针对不同海域实施差异化经济规划的必要性,同时区域间的相似性也为合理的区域经济布局提供了理论支撑。

海洋区域经济规划作为指导海洋经济发展的重要依据,根据不同海域的资源特点和发展需求,主要划分为海洋经济区划、海洋功能区划和海洋特殊区划三大类型。其中,海洋经济区划着重分析区域经济发展现状和未来产业布局需求,旨在构建具有明确经济特征的区域单元;海洋功能区划侧重于根据海域自然条件和社会需求,科学划分区域功能,促进资源的可持续开发与环境保护;海洋特殊区划基于特殊的管理和保护需求,明确划定特定区域,如军事专用区、禁渔保护区等,并实施特殊的管控措施[①]。

(二) 海洋区域经济规划的目的

海洋区域经济规划在海洋经济管理中占据着核心地位,具有多个层面的深远影响。具体来说,其目的可以体现在以下几个方面。

第一,科学的地理分区与精细化管理。海洋区域经济规划有助于对管辖海域进行科学的地理分区,实现对不同区域开发活动的合理布局。通过明确各个海域的功能定位和开发方向,避免资源的过度开采和无序竞争,保障海洋经济可持续发展的基础。

第二,制定因地制宜的政策和法规。规划能够根据各海域的资源特征、经济状况以及生态环境要求,制定并实施符合当地实际的政策和法规。这不仅能促进资源的合理利用,还能够有效改善生态环境,推动生态保护和经济发展之间的良性循环,确保长期可持续性。

第三,促进跨区域、跨部门的协作与协调。海洋区域经济规划为地区和部门之间的合作提供了科学的框架,通过明确各区域的比较优势与发展方向,解决海洋经济发展中的潜在矛盾与问题。这种规划能够推动各方在资源配置和共享上的合作,形成合力,实现区域经济的协同发展。

---

① 全永波,陈莉莉. 海洋管理通论 [M]. 北京:海洋出版社,2018.

第四，推动创新与技术进步。海洋区域经济规划强调科技创新在海洋经济中的重要作用，尤其是在资源开发与产业布局的过程中，技术进步和创新是推动经济快速发展的关键因素。通过制定科学的规划，激发创新活力，为海洋经济的持续增长提供强有力的动力支持。同时，规划的实施也推动了相关技术和基础设施的优化建设，从而增强海洋产业的竞争力和可持续发展能力。

二、海洋区域经济规划体系

（一）海洋经济区划

1. 海洋经济区划的概念

海洋经济区划是依据不同海域的自然资源、经济条件及社会需求，通过科学分析与划分，确定各海域的经济特征、开发潜力和产业布局，以实现资源优化配置和区域协调发展的目标。海洋经济区划以地域经济单元为基础，着眼于区域经济的可持续发展，结合海洋资源的特性，确定不同区域在海洋经济中的角色和功能。其目标是通过合理的空间划分和功能区划，为制定海洋经济发展规划、优化产业结构和推动海陆一体化发展提供科学依据[①]。

随着海洋经济的快速发展，海洋区域经济规划逐渐成为指导海洋资源开发与利用的核心工具。通过海洋经济区划，可以在多样化的海洋经济活动中协调各个区域的资源使用，解决区域间的发展不平衡问题，促进海洋产业集聚和跨区域合作。

2. 海洋经济区划的原则

（1）单一功能区划与多功能综合区划相结合。在制定海洋经济区划时，应当根据不同区域的资源优势与经济特点，划分具有特定功能的单一功能区（如渔业区、旅游区等）。这些区域的设立旨在促进特定产业的集聚与发展。然而，随着经济与社会需求的多样化，多功能综合区划也显得尤为重要。多功能区划能够整合多个产业和资源，实现区域资源的高效利用和协调发展。

---

① 张灵杰. 中国海洋经济区划的若干问题[J]. 海洋通报，2002，21(4)：58-64.

（2）静态与动态相结合。海洋经济区划不仅要考虑当前的资源分布与经济活动，还应当预见区域内资源与产业的变化趋势。随着技术进步与市场需求的变化，海洋经济区划应具备灵活性，能够根据新的发展需求进行适时调整。因此，区划方案需要兼顾静态资源布局和动态发展需求，以确保其长期适用性。

（3）生态与经济相结合。海洋经济区划应特别考虑生态环境的承载能力与可持续发展，避免因片面追求经济效益而导致生态破坏。规划过程中，需设定生态保护红线，保障资源的合理开发和环境的持续性，以实现经济发展与生态保护的双赢。

3. 海洋经济区划的层次体系

根据我国行政区划和海域资源特点，海洋经济区划可分为多个层次，分别面向不同的管理需求和经济发展目标。其层次体系包括：

（1）全国海洋经济区划。全国海洋经济区划是最高层次的规划，旨在为全国范围内的海域资源开发和区域经济布局提供宏观指导。通过分析各大海域的资源优势、经济发展方向及战略布局，制定全面的发展规划，为国家海洋经济的整体发展战略提供支持。

（2）省级海洋经济区划。省级海洋经济区划是中间层次的规划，依据各省、自治区和直辖市的实际资源状况、经济发展水平和区域合作情况，进一步细化并实施全国海洋经济区划的具体政策。此层级的区划重点为省、市、县级海洋资源开发提供决策支持，促进区域内经济的协调发展，确保海洋资源的合理配置与高效利用。

（3）地（市）或县级海洋经济区划。作为最低层次的区划，地（市）或县级海洋经济区划主要聚焦于地方经济特点、资源条件及发展潜力，通过科学划分不同海域的经济区域，为地方政府提供实施性强的规划依据。该层次的区划要求紧密结合地方实际，推动地方海洋经济的快速发展和资源的可持续利用。

4. 我国海洋经济区划的发展概况

我国海洋经济区划的发展经历了从传统产业的分布格局到综合多元化发展模式的转型，伴随着社会经济结构的调整、科技的进步以及海洋产业等新兴领域的不断涌现，海洋经济区划逐步适应了国家发展需求和海洋资源的合理利用。

在我国海洋经济发展的初期，海洋经济区划主要侧重于传统的渔业、航运、盐业等基础性产业的空间布局。这些产业作为我国早期海洋经济活动的主体，具有明确的地理空间分布和独特的产业特征。渔业资源的开发以近海渔业为主，而海洋运输则依赖沿海港口的交通枢纽作用。随着现代化发展和新兴产业的兴起，传统的产业布局无法满足全面发展的需求，海洋经济区划开始向更为综合和多元的方向转型。

进入20世纪90年代，随着海洋综合管理思想的兴起，海洋资源开发和空间利用被视为整体系统来加以规划。海洋经济不再仅仅局限于资源开发，生态保护、产业协同等多方面的要求逐步被纳入规划体系。1995年，我国出台了《全国海洋开发规划》，标志着海洋经济区域规划的初步形成。该规划首次提出优化沿海地区的海洋产业布局，并为实现海洋经济的可持续发展奠定了政策基础。此时，海洋经济区划的理念开始从传统产业的规划扩展到更广泛的产业领域，包括海洋旅游、海洋能源等新兴产业，并力求实现产业的整合和资源的高效利用。

进入21世纪，特别是第十个五年计划的实施后，我国海洋经济迎来了全面发展的新机遇。2003年，国务院发布了《全国海洋经济发展规划纲要》，这是我国海洋经济区划发展的一个重要里程碑。纲要对我国海洋区域经济布局的意义进行了深入剖析，并将海洋经济区域划分为多个功能区域，如海岸带及邻近海域、海岛及邻近海域、大陆架及专属经济区及国际海底区域等。这些区域的划分不仅考虑到了自然资源、经济条件和行政区划的因素，还提出了因地制宜、合理开发的理念，明确了"由近及远、先易后难"的开发策略。这一规划的实施，推动了海洋经济的空间布局优化，也促进了海洋产业集群和区域经济协同发展。

2008年，《国家海洋事业发展规划纲要》的发布进一步加强了海洋经济区划的统筹协调。纲要明确提出，应依据环渤海、长江三角洲、珠江三角洲等区域经济发展战略，统筹海陆资源配置，构建具有地方特色的海洋经济区。这一措施对于增强区域经济的协同效应，促进沿海城市群和产业集群的形成，推动海洋经济高质量发展具有深远影响。

（二）海洋功能区划

1. 海洋功能区划的概念

海洋功能区划是基于对海域自然属性和社会属性的深刻理解，通过科学评估海域的自然资源、环境条件以及社会经济发展的实际需求，将海域合理地划分为具有不同功能属性的区域单元。这一过程不仅是对海域资源的合理开发和利用的安排，也是实现海洋经济、社会效益与生态效益最大化平衡的战略性规划。

与传统的单纯考虑空间区划方式不同，海洋功能区划引入了时间维度，强调在规划过程中充分考虑社会经济中长期发展的目标，以及区域内外资源配置的变化，形成一个具有立体性、动态性的综合体系。这一体系不仅能够展现海域的当前功能特性，还能合理预见未来需求的变化，并进行相应的调整和优化。

海洋功能区划的核心任务是明确各海域功能区的开发与利用方向，帮助解决海洋资源开发利用过程中可能出现的冲突和矛盾，同时为海洋经济的可持续发展提供科学的决策依据。通过功能区划的有效实施，可以在尊重海洋生态系统的前提下，推动海洋资源的合理开发，保障海洋环境的有效保护，从而实现经济增长与生态环境保护的双赢。

在全球范围内，海洋功能区划的概念源于欧美发达国家的海洋空间规划经验，如美国、德国等国的海洋空间规划体系为我国提供了重要启示。在我国，海洋功能区划与陆域空间区划的延伸和拓展相结合，形成了独具中国特色的海洋功能区划体系。根据不同的管理目标和实施主体，我国的海洋功能区划体系涵盖了中央和省级层面的海洋主体功能区规划、地方海域使用规划等多个层次，且这些层次的规划相互协调、相互补充，促进了海洋资源的合理利用与空间布局优化。

2. 海洋功能区划的原则

（1）自然属性为主、社会属性为辅。海域的功能划分应首先考虑自然属性，包括地理位置、自然资源状况、自然环境条件等多个因素。例如，海域的水深、温度、盐度等特征直接影响特定渔业资源的分布与繁衍,也决定了港口建设的适宜性。同时,矿产资源、渔业资源及能源资源的丰富程度也是划分海域功能区的重要依据。此外,海域的气候和生态系统状况,也决定了其是否适宜作为保护区或开发区。自然属性的差异性为海域合理功能划分提供了坚实基础。

(2) 生态环境保护与可持续发展。海洋功能区划必须注重生态环境保护与可持续发展原则。在进行功能区划时,首要任务是评估海域的生态状况,确保开发活动不会对海洋生态系统造成不可逆转的损害。海洋资源的开发必须充分考虑其再生能力和生态承载能力,避免过度开发引起资源枯竭或生态退化。可持续发展应作为海洋功能区划的核心理念,确保经济活动在满足当代需求的同时,也为未来世代留存可持续发展的空间,实现海洋经济的长期繁荣与生态和谐。

(3) 因地制宜与技术可行性相结合。海洋功能区划应遵循因地制宜的原则,根据不同海域的自然条件、社会需求和发展潜力进行合理划分。不同海域的资源禀赋和发展需求差异,要求区划方案具有灵活性和针对性。此外,技术可行性也是功能区划的重要考虑因素,特别是在一些高技术要求的海域,如深海矿产和能源开采区。随着技术的不断发展,区划方案应及时进行调整和优化,以确保在现实条件下的适用性和可操作性。

(4) 超前性。海洋功能区划必须具备超前性,及时吸纳科技创新和发展理念,以应对海洋资源开发和生态保护挑战。在规划过程中,需要预见未来的资源需求、生态环境变化等问题,并提前做好应对准备。超前性要求区划工作者不仅要关注当前的发展需求,还要具有前瞻性视野,确保海洋功能区划能够适应未来的发展趋势,持续发挥作用。

3. 我国海洋功能区划的发展概况

我国的海洋功能区划工作起步相对较晚。尽管陆域空间规划和农业区划工作早在 20 世纪 50 年代即已开展,但海洋功能区划工作直至 1989 年才正式启动。这种发展滞后的现象主要源于两个因素:一方面,早期社会对海洋生态环境和资源状况认识不足;另一方面,我国传统的海洋开发活动长期局限于渔业和航运领域,整体开发规模和复杂性较低,规划管理需求有限。直到 20 世纪 80 年代，随着我国海洋经济迅速发展，海洋资源开发逐渐呈现出规模扩大、领域多样化的趋势。

为加强海洋资源的宏观管理，解决海洋开发活动中出现的无序和过度开发问题，推动海洋经济持续健康发展，国家海洋局于 1989 年正式启动海洋功能区划工作。这一时期，海洋功能区划工作得到了沿海省区市政府和科研机构的广泛支持，经过长期的理论探索与实践积累，逐渐形成了一套完整的功能区划分类体系、评价指标体系与规划方法论。

2002 年，《全国海洋功能区划》首次获得国务院批准，为我国海洋资源的开发与保护提供了明确的法律与政策基础，并据此开展了一系列具体的落实工作。2012 年，国务院批准实施了《全国海洋功能区划（2011—2020年）》，进一步强化了海洋资源的科学规划与环境保护的政策支撑。

《全国海洋功能区划（2011—2020 年）》确立了我国海洋空间开发、控制和综合管理的基调和目标，划分了农渔业区、港口航运区、工业与城镇用海区、矿产与能源区、旅游休闲娱乐区、海洋保护区、特殊利用区和保留区等 8 个一级海洋功能区（见表 6-1），并将中国管辖海域划分为渤海、黄海、东海、南海和台湾地区以东海域共五大海区、29 个重点海域。

表 6-1　　　　　　　　　　海洋功能区分类

一级类	二级类
1 农渔业区	1.1 农业围垦区；1.2 养殖区；1.3 增殖区；1.4 捕捞区；1.5 水产种质资源保护区；1.6 渔业基础设施区
2 港口航运区	2.1 港口区；2.2 航道区；2.3 锚地区
3 工业与城镇用海区	3.1 工业用海区；3.2 城镇用海区
4 矿产与能源区	4.1 油气区；4.2 固体矿产区；4.3 盐田区；4.4 可再生能源区
5 旅游休闲娱乐区	5.1 风景旅游区；5.2 文体休闲娱乐区
6 海洋保护区	6.1 海洋自然保护区；6.2 海洋特别保护区
7 特殊利用区	
8 保留区	

资料来源：根据《全国海洋功能区划（2011—2020 年）》整理。

三、我国海洋区域经济布局

依据自然条件、资源禀赋、经济发展水平和行政区划，我国海洋区域经济规划可划分为北部、东部和南部三个主要区域。各区域均充分发挥自身比较优势，构建出各具特色且具有战略定位的海洋经济发展格局。

(一) 北部海洋经济圈

北部海洋经济圈由辽东半岛、渤海湾和山东半岛沿岸及海域组成，是我国北方海洋经济发展的战略核心区。该区域依托雄厚的产业基础、领先的科研实力和东北亚枢纽区位，在高端装备制造、国际航运、绿色能源等领域持续发挥引领作用，是推动陆海统筹、创新驱动发展的重要引擎。

1. 辽东半岛沿岸及海域

辽东半岛沿岸北起鸭绿江口，南至老铁山角，以基岩海岸为主，岸线曲折，深水良港资源丰富，是我国北方重要的海陆联动枢纽。区域内大连港作为东北亚国际航运中心，依托自贸试验区政策优势，持续优化集装箱航线布局，强化与日韩、俄罗斯远东地区的航运服务能力。船舶与海洋工程装备制造业向高端化转型，大型LNG运输船、深水钻井平台等关键技术取得突破，形成产学研协同创新体系。滨海旅游业深度融合历史文化与生态资源，旅顺近代战争遗址、金石滩国家旅游度假区等特色产品成为区域文旅名片。渔业发展聚焦海参、鲍鱼等海珍品生态养殖，通过国家级海洋牧场示范区建设推动渔业资源可持续利用。生态保护方面，实施辽河口湿地修复工程，建立斑海豹保护区网络，加强入海河流污染综合治理，构建陆海统筹的生态安全屏障。区域积极探索海水淡化规模化应用，为沿海城市工业与市政用水提供补充水源，推动资源循环利用模式创新。

2. 渤海湾沿岸及海域

渤海湾区域位于滦河口至黄河口之间，海岸以淤泥质海岸为主，滩涂面积广阔，为区域提供了丰富的自然缓冲和生态资源。该区域既是我国能源与航运的重要枢纽，也形成了功能互补的港口群。天津港通过智能化码头改造提高了集装箱作业效率，而曹妃甸港主要承担煤炭、铁矿石等大宗商品的转运任务，满足京津冀区域协同发展的需求。渤海湾盆地内油气资源的开发不断深入，绿色开采与碳捕集封存技术正在应用以减少环境影响。在生态治理方面，区域内注重控制陆源污染物总量和加强入海河流污染治理，同时推广盐田废水循环利用，实现资源集约化利用。天津滨海新区利用自贸区政策发展航运金融和现代服务业，并致力于构建全国性航运交易平台，推动港口群与区域内陆空联动发展。

3. 山东半岛沿岸及海域

山东半岛区域自蓬莱角至日照绣针河口，海岸呈现基岩海岸与砂质海岸相互交错的特征，拥有青岛港和烟台港等世界级深水良港，构成了东北亚航运网络的重要节点。青岛港凭借自动化码头和高效作业流程，在全球集装箱港口中表现突出，同时依托胶东经济圈形成陆海双向开放的物流枢纽。区域内海洋科技实力较强，崂山国家实验室在深海基因资源开发和海洋环境监测等领域取得国际领先成果，为海洋生物医药和海水淡化产业的发展提供技术支持。山东半岛的海上风电规模居全国前列，多座百万千瓦级风电场的建设对区域能源结构转型起到了示范作用。在生态保护方面，胶州湾实施了退养还湿和岸线修复工程，有效恢复了滨海湿地生态功能；区域内海洋牧场建设实现了海带和扇贝养殖的规模化和标准化发展，同时探索渔业与文旅融合的模式，推动海洋经济向高质量方向转型。地方政府严格管控围填海规模并加强陆源污染物入海监管，这为构建陆海联动的蓝色治理体系奠定了基础。

(二) 东部海洋经济圈

东部海洋经济圈涵盖江苏、上海、浙江沿岸及近海海域，是我国海洋经济对外开放程度最高、创新要素集聚最为显著的区域。该区域依托长江经济带和"一带一路"交汇的独特区位优势，在港口航运、先进制造和海洋科技等领域形成了具有全球影响力的格局，同时也是长三角区域一体化发展的核心引擎。区域内港口群协调发展，新兴海洋产业加速布局，生态环境治理与产业升级相互促进，构建起陆海统筹和江海联动的开放型经济体系。

1. 江苏沿岸及海域

江苏沿岸自连云港绣针河口延展至长江口北翼，区域内以淤泥质海岸为主,滩涂广布且辐射沙洲地貌独具特色,处于我国陆海统筹和江海联动的前沿阵地。连云港作为新亚欧大陆桥东方桥头堡,依托中欧班列不断深化与中亚和欧洲的陆海双向联动,逐步构建起"一带一路"交汇点的核心枢纽。南通沿海则聚焦海上风电全产业链的发展,通过完善从风机整机制造到叶片生产以及运维服务的整体体系,推动绿色能源与海洋装备制造的深度融合。盐城滨海湿地作为东亚和西澳大利亚候鸟迁飞的重要通道,通过实施退渔还湿和栖息地修复工程,为丹顶鹤和麋鹿等珍稀物种提供了有力保护,同时探索了风能、光能与渔业相互补充的生态经济模式。区域内海洋药物研发依托中国药科大学等高校院所,重点开发抗肿瘤和抗病毒等海洋生物活性物质,并建设了海洋创新药中试平台。江苏区域在统筹港口群协同发展的同时,积极优化临港产业布局,严格控制围填海规模并加强海州湾、吕泗渔场等海域的生态修复,构建出陆海联动的环境治理体系。

2. 上海沿岸及海域

上海沿岸及近海海域涵盖长江口和杭州湾北岸,作为我国对外开放和海洋经济高质量发展的核心区域,其综合实力不断提升。上海港以其全球领先的集装箱吞吐量,在国际航运领域占据举足轻重的位置,构建了覆盖"一带一路"沿线主要港口的航线网络,并与长三角港口群实现高效的集疏运协同。临港新片区依托自贸试验区政策优势,在船舶融资租赁和航运保险等高端服务业领域实现突破,打造成为国际航运发展综合试验区。海洋工程装备领域在国产大型邮轮的交付运营和高端海工平台的设计建造上取得了重要进展,其能力已跻身国际前列。在生态保护方面,区域内实施了长江口全域禁渔政策,对中华鲟等濒危物种采取了严格保护措施,同时推进了横沙东滩生态修复工程,恢复了河口湿地的生态功能。崇明生态岛建设以可再生能源为主导,构建了智慧能源系统,并探索了生态产品价值实现机制。区域还着力强化科技创新,推动深海传感器和海洋人工智能等前沿技术研发,努力建设具有全球影响力的海洋科技创新中心。

3. 浙江沿岸及海域

浙江沿岸区域从平湖金丝娘桥延伸至苍南虎头鼻,岛屿分布广泛且海岸线曲折率居全国前列,成为海洋经济开放创新与生态治理协同推进的示范区。宁波舟山港依托深水岸线优势，深化江海联运服务，并与长江经济带紧密联动，逐步打造出大宗商品储运和加工基地，承担起铁矿石和原油等战略物资的中转任务。舟山群岛新区聚焦绿色石化全产业链的发展，建设了炼化一体化基地，探索清洁生产和循环经济模式。在海洋能开发领域，区域内潮流能发电技术已实现商业化应用，并建成国家级海洋能试验场。生态保护方面，浙江在象山港和三门湾等重点海湾实施了综合治理，清理非法养殖设施并通过增殖放流措施恢复近海生物多样性；南麂列岛国家级海洋自然保护区则对珊瑚礁和贝藻类生态系统给予严格保护，成为近海生态修复的标杆。区域还积极推动海洋文化与产业深度融合，培育出海岛民宿和海洋研学等新型业态，逐步形成了生态保护、资源开发与文化赋能相互促进的可持续发展路径。

(三) 南部海洋经济圈

南部海洋经济圈覆盖福建、珠江口及其两翼、广西北部湾以及海南岛沿岸和近海海域，是我国面向南海深化对外开放的重要前沿区域。该区域依托 21 世纪海上丝绸之路的区位优势，在海洋资源开发、国际航运枢纽建设和海洋新兴产业培育方面具有重大战略意义，同时也是维护国家海洋权益和推动区域合作的重要平台。

1. 福建沿岸及海域

福建沿岸自闽江口延至诏安湾，区域内主要呈现基岩海岸特征，岸线起伏且良港众多。该区域作为海上丝绸之路核心区和两岸融合发展的示范区发挥着重要作用。厦门港作为东南国际航运中心连接着东南亚和中东主要贸易通道，其集装箱吞吐量处于全球领先水平。区域内海洋渔业正向现代化转型，宁德三都澳建成国家级大黄鱼原种场并推广深水抗风浪网箱养殖技术，形成了从育苗到加工的完整产业链。平潭综合实验区深化对台合作，通过开通跨境电商快船航线促进两岸海产品交易和冷链物流发展。漳浦六鳌等海域的海上风电项目已经实现了规模化开发，同时配套建设了智能运维基地。在生态保护上，闽江口和九龙江口湿地修复工程有效增强了红树林保护与滨海湿地生态功能，构建了海湾与河口联动的环境治理体系。区域内还推动海洋文化与产业融合，泉州的海丝史迹保护与文旅开发实现深度结合，同时培育了海洋数字创意等新兴业态。

2. 珠江口及其两翼沿岸及海域

珠江口及其两翼沿岸和近海海域位于粤港澳大湾区核心区域，其对外开放和国际竞争力处于全国领先水平。区域内广州、深圳和香港港口协同发展构成了全球领先的集装箱港口群，并与前海和南沙自贸区紧密联动形成国际航运服务枢纽。区域内海洋工程装备制造展现出明显优势，珠海高栏港聚焦深海钻井平台总装与配套服务，深圳赤湾集中海洋电子信息与智能装备研发，为海洋装备自主化和智能化升级提供了支撑。海洋生物医药领域中，中山国家健康科技产业基地已研发多款海洋创新药物，并建立了产学研协同创新体系。万山群岛海域依托海洋能试验场开展波浪能和潮流能应用研究，推动了清洁能源技术的产业化。生态治理方面，区域内通过珠江口咸潮防控和红树林修复等措施，深圳湾和伶仃洋湿地保护工程取得了实效，同时建立了粤港澳海域污染联防联控机制以保护中华白海豚和黄唇鱼等物种。区域内还在不断深化金融开放，发展航运保险和船舶租赁等高端服务业，努力构建与国际接轨的海洋经济制度创新高地。

3. 广西北部湾沿岸及海域

广西北部湾沿岸及海域范围从北仑河口延伸至铁山港湾，是我国西南地区面向东盟的重要出海通道，并与"一带一路"实现有机衔接。区域内北部湾港已建成多个万吨级泊位，并开通了前往越南和新加坡等东盟国家的国际航线，为中国与东盟大宗商品中转和区域物流提供了支撑。海洋渔业正朝着集约化方向转型，北海铁山港区将建设成为国家级水产品加工贸易基地，推动"南珠"品牌向高端发展，同时探索远海养殖与休闲渔业融合的模式。钦州港依托中马钦州产业园发展燕窝加工和棕榈油精炼等跨境产业链，力图打造中国与东盟特色产业合作示范区。在生态保护上，山口红树林生态修复工程有效恢复红树林生态系统功能，并在北仑河口建立了国际重要湿地监测网络以强化对儒艮和中华鲎等濒危物种的保护。区域内还统筹滨海旅游与海洋文化传承，通过整合北海银滩和涠洲岛等旅游资源构建了中国与东盟海洋旅游合作圈，并探索了向海经济绿色发展的新路径。

4. 海南岛沿岸及海域

海南岛沿岸及海域涵盖环岛海岸带与南海三沙海域，是我国唯一全域热带海洋经济区和自贸港政策实施的重要区域。三亚崖州湾科技城专注于深海科技与种业创新，建设了全球动植物种质资源引进和中转基地，并推动深海装备研发和海洋药物等前沿产业化。海口江东新区与洋浦港联动致力于打造国际航运枢纽，同时发展大宗商品交易、临空经济和跨境金融服务。生态保护方面，区域内实施了三亚珊瑚礁生态修复工程，加强了陵水和万宁海域海草床保护，并推进了蓝碳交易试点和红树林碳汇市场化探索。海洋旅游方面，区域内建设国际邮轮母港，三亚凤凰岛已开通通往东南亚的邮轮航线，琼海博鳌正在培育国际医疗旅游与健康产业。海南岛还严格实施海洋生态红线管控，加强对西沙和南沙岛礁生态系统的监测，推进南海环境治理国际合作，确保生物多样性和战略资源安全。

第七章

海洋生态经济

随着科学技术的不断进步，人们对海洋生态功能的认识逐步加深，对海洋产品与服务的需求日益增长。然而，受近海海洋资源过度开发的冲击，海洋生态系统正在加速恶化，海洋生物多样性显著下降，海洋生态服务能力持续衰退。因此，如何推动海洋资源开发、海洋经济社会与海洋生态环境保护的协调发展，实现海洋生态、社会、经济系统功能的统一和均衡，已成为海洋经济研究的热点问题之一。本章以海洋生态经济为对象，在明晰海洋生态经济内涵特征基础上，梳理海洋生态经济的发展模式与趋势，然后聚焦海洋生态经济系统，剖析各个子系统间的运行机理与功能特征。基于生态价值理论，阐释海洋生态价值的分类、评估及实践，最后从生态产业化视角，分析海洋生态产业的构成及其演化趋势。

第一节 海洋生态经济概述

一、海洋生态经济的内涵与类型

（一）内涵阐释

海洋生态经济是指在海洋生态系统承载能力范围内，运用生态经济学原理和系统工程方法，改变海洋生产和消费方式，充分挖掘海洋资源潜力，发展生态高效的海洋产业，建设体制合理、社会和谐的海洋文化以及生态健康、景观适宜的海洋环境，实现海洋经济发展与海洋环境保护、海洋自然生态与海洋人文生态相互融合、可持续发展的经济形态。

海洋生态经济的内涵包括三个方面：一是作为一种新的经济形态，海洋生态经济的落脚点仍在于经济增长，不过这种增长是以资源节约、环境友好为前提；二是海洋经济增长应该在海洋生态系统的承载力范围内，即保证海洋生态环境的可持续性；三是海洋生态系统、海洋经济系统和海洋社会系统之间通过物质、能量、信息的流动与转化共同构成海洋生态经济复合系统。

（二）主要类型

海洋生态经济是海洋、生态和经济的统一体，既不同于一般的海洋经济，也不同于一般的生态经济。根据其所处的海洋生态系统差异，海洋生态经济可分为以下四大类。

1. 海岸带生态经济

海岸带是海岸线向陆、海两侧扩展一定宽度的带状区域，包括陆域与近岸海位于平均水深50米与高潮线50米之间的区域，或者自海岸向大陆延伸100千米范围内的低地，包括珊瑚礁、潮间带、河口、滨海水产作业区，以及海草床、红树林群落。海岸区域是海洋系统与陆地系统相互连接的过渡地带，既是地球上极为活跃的自然区域，也是海洋资源与生态条件十分优越的区域，是海岸动力与沿岸陆地相互作用、具有海陆过渡特征的生态敏感、灾害频发的独立生态体系。人口的持续增长以及城市化进程的加速推进，海岸区域正面临诸多严峻挑战，包括全球气候变化、海平面上升、生态环境破坏、生物多样性减少、污染加剧以及渔业资源衰退等问题，这些都对海岸区域经济的可持续发展构成了严重威胁。

2. 海岛生态经济

海岛生态经济发展需要具备支持人类居住的食物、淡水和居住场所三个基本条件。因为大海的阻隔，岛屿生物在被隔绝的环境中演化发育出新的特征，造成岛屿之间在动物和植被方面的显著差异，从而形成了海岛生态的差异，而不同的海岛生态造就了不同的海岛生态经济。随着海洋开发进程的不断推进，许多岛屿被开发以后，同样面临着物种灭绝、生态损害以及经济不可持续等问题。

3. 浅海生态经济

浅海生态经济是指依托水深不超过 200 米的浅海生态系统资源，通过可持续方式发展海洋产业，实现生态保护与经济增长协调统一的蓝色经济模式。由于有大量经由河流等外部动力搬运来的沉积物质和海蚀作用剥蚀下来的物质，浅海海域沉积物来源十分丰富，加上浅海海域生物丰富，浅海成了最重要的沉积场所。在温暖、清洁的浅水环境中，加上阳光充足，漂泳区上半部的喜光性浮游植物进行着活跃的初级生产，但在漂泳区下半部和底部只生长着暗光性的植物。由于可以获得从陆地输送来的营养盐的补给，不仅各种底栖、浮游生物大量繁殖，而且拥有丰富的矿藏和海洋资源，因而是人类海洋开发利用比较活跃的区域，甚至被过度开发利用。

4. 深海生态经济

深海生态经济是指在水深超过 200 米的海域，通过科技创新开发矿产、能源及生物资源，同时保障生态系统可持续性的经济活动。在深海中，海水温度特别低，而且没有一丝阳光。生物通常很小，由于深海的水压很大，生物体常常聚集在海底，以上层海域落下的食物碎屑和动物尸体为食。在深海带的最深处，生命很丰富，且蕴藏着多种深海矿产资源。由于远离陆地，深海的生态系统保持相对完好，具有发展海洋生态经济的独特优势。

(三) 基本特征

海洋生态经济是一种可持续发展的经济形态，是海洋经济的生态化。具有以下基本特征：第一，时间性，即海洋资源利用在时间维度上的持续性。在人类开发和利用海洋的漫长过程中，后代人对海洋自然资源应该拥有同等或更美好的享用权和生存权，当代人不应该牺牲后代人的海洋利益换取自己的舒适，应该主动采取"财富转移"的政策，为后代人留下宽松的海洋生存空间和均等的发展机会。第二，空间性，即海洋经济开发活动在空间维度上的持续性。海洋自然资源具有典型的流动性特征，这决定了海洋开发活动存在明显的外部性。因此，各地在开发利用海洋资源时，应避免干扰其他区域获取资源的权利，共同维护海洋生态平衡。第三，效率性，即实现海洋资源利用的高效模式，以达到"低投入、高产出"的效果。借助海洋科技的进步，合理配置海洋资源，力求在降低单位产出资源消耗和环境成本的同时，提升海洋资源的利用效率，增强其对经济的推动作用，从而为海洋经济的稳定发展提供坚实的资源和环境支撑。

二、海洋生态经济的发展模式

（一）海洋绿色创新发展模式

海洋绿色创新发展模式强调通过技术创新和制度创新，实现海洋资源的高效利用和生态环境的保护，其核心在于推动海洋经济向绿色、低碳、循环的方向转型。一方面，绿色技术的应用为海洋渔业、海洋运输业等传统产业注入了新的活力，推动其向高端化、智能化和绿色化方向发展。例如，在海洋渔业领域，大型养殖工船技术的发展使得水产养殖不断向深远海拓展，不仅提高了海域资源的利用效率，还减少了对近海生态环境的影响。在海洋运输业领域，通过港口的智能化改造和船舶的低碳化升级，降低生产运营的资源消耗，减少海洋运输业对海洋生态环境的影响。另一方面，绿色技术的创新发展进一步推动了环境友好型的新兴海洋产业的做大做强。例如，近年来海上风电等海洋新能源技术的创新发展不仅减少了对传统化石能源的依赖，还为海洋经济的可持续发展提供了新的动力。除技术创新外，制度创新也能够催生出新的海洋绿色创新发展模式，如立体分层用海制度的创新探索能够推动依托于不同层次海域的产业间融合发展，形成渔光互补等新业态新模式，为海洋产业的绿色化转型提供新思路。

（二）海洋循环经济发展模式

海洋循环经济发展模式是基于循环经济理念，以海洋资源的高效利用和循环利用为核心，通过构建"资源——产品——再生资源"的海洋资源循环利用体系，实现海洋经济可持续发展的模式。海洋循环经济发展模式可以最大限度地减少资源消耗和废弃物排放，实现经济发展与环境保护的协调共进。海洋循环经济发展模式主要依赖于绿色技术创新与产业融合等路径，其中技术创新的驱动主要体现在传统资源消耗型的单向生产方式向资源再生利用型的循环生产方式的转变。例如，在海洋化工中，通过采用清洁生产技术和废弃物资源化利用，减少污染物的排放，减轻传统产业对生态环境的压力；在海水养殖中，采用循环水养殖技术，减少水资源的消耗。海洋产业共生融合模式是通过不同产业之间的协同与整合，形成资源共享、废物互为利用的产业链。例如，在海洋新能源产业中，将海上风电与海水淡化、海洋牧场等产业相结合，实现资源的综合利用；在海洋渔业中，将渔业加工废弃物转化为肥料或饲料，实现废弃物的资源化利用。

（三）海洋生态产品价值实现模式

海洋生态产品是海洋生态系统在自然力和人类劳动共同作用下向人类提供的所有物质产品和生态服务产品。海洋生态产品价值实现是通过市场机制和政府机制，推动贝藻渔业碳汇资源、红树林、湿地等海洋生态产品的经济价值和社会价值高效转化的过程。由于海洋生态产品具有整体性、外部性、非排他性和非竞争性以及不可逆性等特征，因而其价值实现需要以产权明晰为基础，将海洋生态资源转化为具有明确产权的海洋生态资产，进而通过建立市场化交易机制，将潜在的海洋生态资产转变为活跃的海洋生态资本，最终完成其货币化价值的转化。该过程遵循"海洋生态资源——海洋生态资产——海洋生态资本——海洋生态产品"的演化逻辑，具体实现路径包括政府主导、市场主导及政府-市场协调主导三种形式。其中，政府主导型主要包括：政府直接投资建设海洋生态项目，如海洋保护区、海洋公园等，为公众提供生态福利；政府通过财政投入和购买服务等方式，鼓励企业和社会力量参与海洋生态产品的生产和提供。市场主导型则主要借助于海域使用权交易、海洋排污权交易、海洋碳汇交易等市场化手段，实现海洋生态产品的经济价值，同时借助于产业融合、生态品牌建设等方式推动海洋生态产品的价值增值。政府-市场协调主导型则是当前更为常见的海洋生态价值实现路径，既可以发挥政府做大生态产品供给的作用，也可以借助市场手段推动生态产品价值转化与增值的长效化。

三、海洋生态经济的发展趋势

(一) 海洋生态价值化

海洋生态价值化是指通过科学评估和量化海洋生态系统的服务功能,将其转化为可度量的经济价值,以便在经济决策中充分考虑生态因素,实现生态效益与经济效益的有机结合。在传统经济模式下,海洋生态系统常常被视为免费的资源池,缺乏对其内在价值的充分认识,导致过度开发、污染等问题。而生态价值化的兴起,正是为了纠正这种失衡,推动经济发展与生态保护的协调共进。

对海洋生态的价值进行科学评估是推动海洋生态价值化的前提和基础。近年来,海洋生态系统服务价值评估方法不断丰富,从单一的经济价值评估向综合考虑生态、社会和经济价值的多维度评估转变。例如,通过能值分析法,可以将海洋生态系统的物质流、能量流和货币流统一衡量,从而更全面地反映其生态价值。同时,遥感、大数据和生态模型等技术的发展,使得海洋生态系统服务价值的评估更加科学和精准。在现代生态价值评估体系下,海洋生态价值化不仅体现在直接的经济收益上,还通过生态旅游、海洋牧场、海洋碳汇等新兴业态,将生态价值转化为社会和经济价值,海洋生态产品价值实现的多元化趋势日益明显。例如,海洋碳交易市场的建立使得海洋碳汇成为可交易的资产,促进了生态保护与经济发展的协调。此外,海洋生态价值化还推动了海洋生态补偿等市场化生态管理手段的兴起。通过建立海洋生态补偿机制,对保护海洋生态环境的行为给予经济奖励,激励各方参与生态保护,可以有效解决海洋开发利用与保护中的外部性问题,实现生态效益与经济效益的双赢。

(二) 海洋生态产业化

海洋生态产业化是指将海洋生态资源转化为具有经济效益的产业,进而推动海洋经济的绿色转型。在全球海洋经济转型的背景下,生态产业化已成为海洋经济发展的新趋势。海洋生态产业化不仅是对传统海洋产业的升级,更是对海洋资源利用方式的深刻变革。它强调在保护海洋生态系统的基础上，通过科学规划和技术创新，实现海洋资源的高效利用和生态价值的最大化。这种模式有助于修复和保护海洋生态环境，同时为经济发展注入新的动力。例如，海洋牧场的建设不仅提升了渔业资源的可持续性，还通过生态旅游等新兴业态拓展了产业附加值，成为海洋生态产业化的典型代表。

近年来，海洋生态产业化主要呈现出绿色发展、融合发展及创新发展三个主要特征。绿色发展是海洋生态产业化的本质表现，其核心要求是在产业开发过程中严格控制生态承载力，避免对海洋生态系统造成不可逆转的损害。具体到产业层面，主要体现为产业发展业态从资源消耗和环境污染的传统模式向节约、循环、高效的绿色模式转变。例如，与传统的海洋渔业相比，现代的海洋牧场建设采用生态养殖模式，通过科学规划和管理，实现了渔业资源的可持续利用，同时也大大提高了水产品产量和质量，带来更大的经济效益。海洋生态产业化的另一个显著特征是产业融合。产业融合是助推海洋经济绿色发展的关键路径之一，是催生绿色化新业态新模式的重要抓手。例如，海洋渔业与滨海旅游业的交叉融合形成了休闲渔业这一绿色产业，不仅为传统渔民提供了新的就业和增收机会，也促进了渔业资源的可持续利用。最后，技术创新是海洋生态产业化的关键动力。海洋生态产业化的程度根本上取决于海洋绿色科技的发展水平。例如，海洋可再生能源技术的突破，使得海洋风能、潮汐能等清洁能源的开发逐渐走向商业化。这些新能源技术不仅降低了碳排放，还减少了对传统化石能源的依赖，还为实现海洋经济的绿色转型提供了可能。

（三）海洋生态治理法治化

海洋生态治理法治化是指通过完善的法律法规和政策体系，对海洋生态系统的保护、修复和利用进行规范和管理，以实现海洋生态的可持续发展。推动海洋生态治理法治化的目的是为海洋经济开发活动提供强有力的制度保障，通过法治化手段，可以有效应对海洋自然资源的复杂性、国际立法的不足、国内监管体制的挑战以及执法能力的不足等问题。从资源属性角度，由于海洋流动性、跨区域性和整体性的特征，海洋生态的治理机制需要具备系统性和协同性，如陆源污染的治理需要跨行政区的协同合作。而法治化能够通过统一的法律框架和明确的责任划分，以法治强制力促进各方主体形成生态治理的合力。

近年来，海洋生态治理法治化呈现出法律体系不断完善、监管执法持续强化和公众参与程度不断提高的趋势特征。首先，国际和国内有关海洋生态保护的法律制度不断增加，逐步形成了涵盖海洋环境保护、生态修复、资源利用等多领域的法律体系。其次，建立严格的监管和执法机制是确保海洋生态保护法律得以落地执行的关键。例如，在出台海洋生态保护红线管理规范后，还需要在实践执行中利用卫星遥感、无人机等技术手段，对违法开发行为进行实时监控，既要确保有法可依也要保障执法必严。同时，我国还建立了多部门协同、中央地方联动的海洋监管机制，出台了海洋督察、湾长制等一系列联动监管制度，形成了"部门协同、上下联动"的管理体制。通过严格的执法和监管，我国在海洋渔业资源保护、海洋环境污染治理等方面取得了显著成效。最后，海洋生态治理法治化不仅依赖于政府的监管，还需要公众的广泛参与和国际社会的合作。近年来，我国通过多种途径鼓励公众参与海洋生态保护。例如，建立公众监督机制，鼓励社会力量通过举报、监督等方式参与海洋生态治理。

第二节 海洋生态经济系统

一、海洋生态经济系统的概念与构成

（一）基本概念

生态经济系统是从耦合系统视角理解自然生态系统与经济社会发展关系的重要概念。生态经济系统是由生态系统和经济系统相互交织、相互作用、相互混合而成的复合系统，通常分为生态子系统、经济子系统以及社会子系统。据此概念，海洋生态经济系统可看作是由海洋生态系统、海洋经济系统与海洋社会系统相互作用、相互交织、相互渗透而构成的具有一定结构和功

能的特殊复合系统①。

在海洋生态经济系统中,海洋生态子系统由海洋自然资源与环境构成,以海洋生物结构和海洋物理结构为核心,包括海洋生物种群、海洋矿产资源、海洋能源、海水资源、海洋空间等自然要素,其功能是为海洋社会与海洋经济子系统活动提供支撑、容纳、缓冲、净化等服务。海洋经济子系统以各类海洋资源的开发、利用和保护为核心,由海洋生产力和生产关系组成,包括海洋渔业、海洋采矿业、海洋化工业、海洋工程建筑业、海洋交通运输业、海洋旅游业等产业部门要素(见图7-1)②,其功能是实现各类海洋资源物质从分散向集中运转,能量由低效向高效聚集,信息自低序向高序反馈,价值由低质到高质积累。海洋社会子系统以人为核心,以满足人类对各类海洋产品的需求为目的,由依托海洋进行生产和生活的居民以及所创造的具有海洋特性的思想观念、道德精神、文化艺术、教育、科技和法规制度等要素组成,其功能是向海洋经济子系统提供劳动力与智力支持。

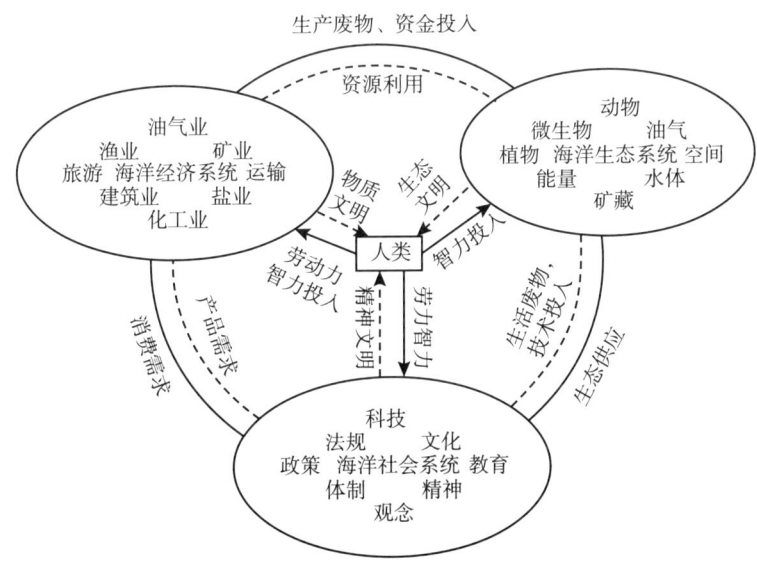

图7-1 海洋生态经济系统构成及运行

---

① 王松霈,迟维韵.自然资源利用与生态经济系统[M].北京:中国环境科学出版社,1992.
② 高乐华,高强.海洋生态经济系统界定与构成研究[J].生态经济,2012(2):62-66.

(二) 系统构成

1. 海洋生态子系统

海洋生态子系统是由海洋生物群落（海洋植物、海洋动物、海洋微生物群落）与海洋非生物无机环境（水体、沉积物、溶解物质等）通过能量流动和物质循环联结而成的一个相互依存、相互作用并具有自动调节机制的自然有机整体。简言之，就是一个由生物组分和非生物组分构成的层次性空间结构，其中，生物组分包括生产者、消费者和分解者（见图7-2）。生物组分能够为人类提供丰富的食物和物质资源，而非生物组分则构成海洋生物的生命支持环境，为海洋生物的生存发展提供能量和物质等基础条件。与陆域生态系统相比，海洋生态系统更为复杂，所包含的生物资源、基因资源远比陆域种类多。此外，海洋生态环境的自我修复和净化能力也比陆域生态系统更加完善。长期以来，海洋生态系统是海洋社会系统和海洋经济系统最重要的自然资源来源之一，不仅为人类提供初级、次级生产资源和食品，而且在调节气候、水循环、物质循环、废弃物处理等方面扮演着十分重要的角色。

2. 海洋经济子系统

海洋经济子系统是在一定的海洋生态环境和社会背景下，通过海洋生产力和生产关系系统进行海洋产品生产活动的人工有机整体，是具有一定生产结构、流通结构、分配结构、消费结构和所有制结构的人工系统。海洋生产力系统和海洋生产关系系统通过海洋资源的开发、利用、保护、服务活动所促成的海洋产品的生产、流通、分配及消费环节紧密地结合在一起[1]。在该系统中，海洋生产力系统不仅是海洋经济系统发展的基础和原动力，而且是海洋生产关系系统建立的物质保障，其运行涉及海洋生态子系统和海洋社会子系统中的多种要素（见图7-3）[2]。海洋经济系统除了具有能量流动、物质循环和信息反馈功能外，还存在价值创造和积累功能。海洋经济系统的价

---

[1] 孙斌，徐质斌. 海洋经济学 [M]. 济南：山东教育出版社，2004.
[2] 陈可文. 中国海洋经济学 [M]. 北京：海洋出版社，2003.

值创造通过"海洋产业"这个载体来实现，表现为开发、利用和保护海洋资源形成各种物质生产和服务来创造和积累价值的过程。

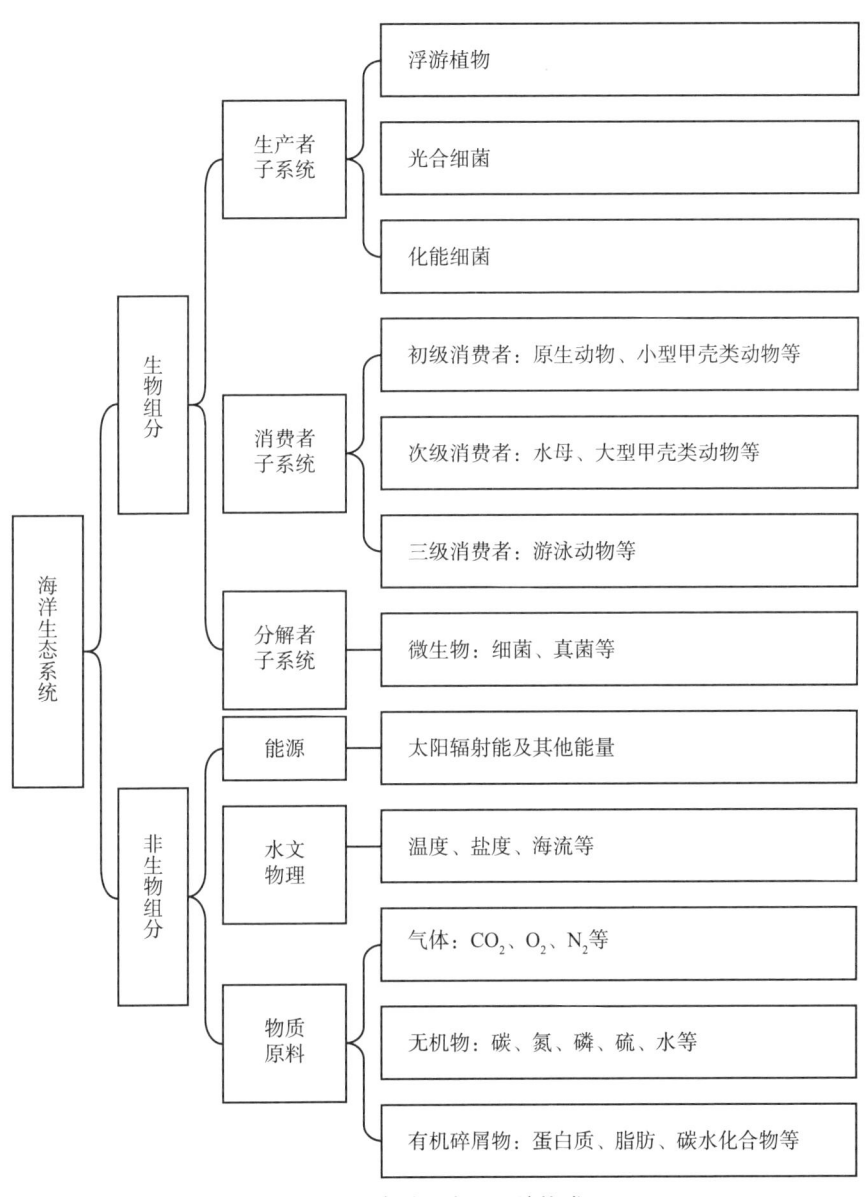

图 7-2　海洋生态子系统构成

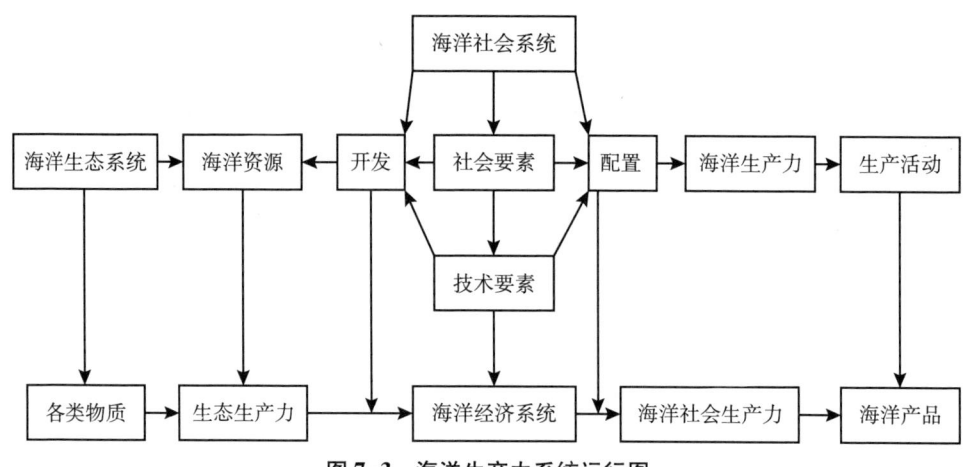

图 7-3 海洋生产力系统运行图

3. 海洋社会子系统

狭义上，海洋社会子系统是指在沿海特定地域范围内，以从事海洋生产经营活动及相关活动为主要生计方式，或依赖海洋经济产品及生态服务维持生活的人类社会群体。具体而言，海洋社会子系统以人为核心，由依托海洋进行生产或生活的人类及其所创造的具有海洋特性的思想观念、道德精神、文化艺术、教育、科技和法规制度等要素组成，它以满足人类对各类海洋产品的需求为目的，主要功能是为海洋经济系统和海洋生态系统提供劳动力和智力支持（见图 7-4）。广义上，海洋社会子系统除了涵盖涉海生产经营的社会群体外，也包含从事海洋管理的相关社会群体，如涉海政府管理部门、涉海行业组织等。从构成看，海洋社会子系统既包括参与海洋开发管理的个体，也包括由一定的组织方式形成的涉海群体组织，如涉海企业、海洋环保组织、海洋渔业行业协会等。

与一般意义上的区域社会系统相比，海洋社会子系统的存在、运行和发展主要围绕海洋资源的开发、利用、服务和保护进行，且表现出明显的地域的趋海性、功能的综合性、组织的复杂性以及管理的整体性等特征。

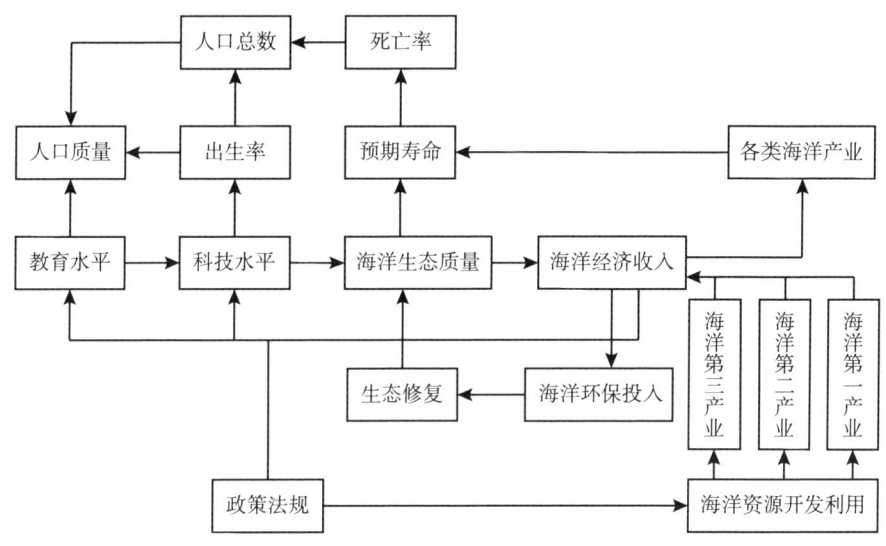

图 7-4 海洋社会子系统运行图

(三) 系统特征

海洋生态经济系统是人类开发海洋资源活动、干预海洋生态系统自然运行的结果，具有不同于海洋生态系统以及陆地生态经济系统的一些特性，主要可概括为以下几个方面。

1. 独立性

海洋生态经济系统相对于陆域经济系统而言，具有自身的发展规律。海洋生态经济系统中的生态子系统与陆域生态系统既相互独立，又互相联系，二者共同构成了自然生态系统。同时，海洋生态经济系统具备陆域生态经济系统的所有部门划分，且产业结构相对独立，与陆域产业共同构成了一个国家的产业经济体系。海洋生态经济系统自身的特点要求海洋资源开发与陆域资源开发相区别。例如，陆域经济作物大多是人工种植收割，而海洋捕捞的对象则没有经过前期人工驯化而直接进行资源的开发，两种截然不同的独立开发模式充分佐证了陆域经济和海洋经济的区别[①]。

---

① 姜旭朝，刘铁鹰. 海洋经济系统：概念、特征与动力机制研究 [J]. 社会科学辑刊，2013 (4)：72-80.

2. 融合性

海洋生态经济系统是一个耦合的复杂系统,既有海洋生态系统和海洋经济系统的特性,也有海洋社会系统的特性,同时还兼有海洋生态、海洋经济以及海洋社会相互交融的特性。当系统中一个要素发生变动时,必然会通过"蝴蝶效应"引起整个系统的变化。例如,生态子系统中近海渔业资源的衰退会影响经济子系统的产业结构变革,也会影响社会子系统传统渔民的生计并倒逼其转产转业,而产业结构的转型和渔民的退捕上岸反过来又会促进渔业资源的恢复。因此,海洋生态经济系统的整体性表现在各子系统之间不是简单的集合关系,而是相互影响和互相制约的耦合关系。

3. 开放性

海洋生态经济体系是一个开放的复合体系,该体系存在着一定量的能量与物质的输入输出,并且与外部环境存在着能量转换及物质流通的交互。输入到海洋生态经济体系中的能量,除了包括太阳能、潮汐能等自然能源外,也涵盖人力、畜力以及经过人类转化利用的核能、化学能、水能、风能等经济性能源;物质方面,不仅有沿海水域投入的物质原料循环,还有人工合成的化学物质循环以及从外部引入的物质循环。除此之外,海洋生态经济体系的开放性还体现在全球各地的海洋生态经济体系之间的相互联系、相互作用以及相互影响上。

4. 可塑性

人类可以通过有目的、有规划的经济或社会活动,将海洋生态经济系统转变为新的形态。例如,人们能够将一片海域开发为水产养殖区或海上人工设施,或者将海湾建设成港口,从而产生更高的经济价值。在海洋生态经济系统运行过程中,一方面会受到各种人工调节和干预;另一方面,海洋生态经济体系具备一定的自我调节功能。在海洋生态系统内,其自我调节主要依靠生物间以及生物与环境间的竞争所引发的自然选择。而海洋经济和社会体系,除了依赖对海洋资源的人工筛选外,还可借助调整海洋环境条件来进行相应的调节。为了更好地满足人类生存发展的需求,有必要对海洋生态系统实施人工干预与改造。同时,海洋经济和社会体系的运行必须依赖人类持续的劳动投入与管理活动，这使得整个系统展现出较高的可塑性。

二、海洋生态经济系统演化

（一）演化动态过程

从人类对海洋开发的历史来看，海洋生态经济系统的演化呈现出"线性扩张——矛盾激化——协同重构"三个阶段。

1. 初级开发阶段

在初级开发阶段，生态主导型平衡是主要特征。由于生产力水平低下，人类活动受到自然力的制约。传统渔业主要依赖自然种群的繁殖，全球海洋捕捞量长期维持在较低水平，生态系统自我修复能力保持主导地位。随着技术的进步，资源开发开始呈现线性增长。这一时期，资源开发逐步走向单向消耗。以海洋渔业为例，随着全球渔船总数不断增加，单位努力渔获量呈现下降趋势，表现出"公地悲剧"的征兆。这一阶段，海洋生态经济系统尚未受到严重破坏，但人类活动对海洋资源的影响开始显现。

2. 冲突加剧阶段

随着大型海洋开发设施设备的引入，海洋开发活动进入冲突加剧阶段，对海洋生态系统造成了显著压力。仍以海洋渔业为例，工业化捕捞使全球渔获量达到峰值，但许多鱼类种群遭到过度开发。近海油气开采导致生物多样性下降，生态系统受到严重破坏。随着负外部性的累积，生态经济系统失稳。近海资源的过度开发导致大量失业和经济损失，赤潮等生态灾害对养殖业造成巨大冲击。这一阶段，技术锁定效应显现，重资产投资形成路径依赖，产业转型成本高昂，海洋生态经济系统面临严峻挑战。

3. 协同重构阶段

进入协同重构阶段，人海和谐的绿色发展理念不断深化，海洋生态经济系统开始向生态产业化和产业生态化转型。一方面，生态产业化突破成为主要特征，通过实施生态系统适应性管理，实现海洋资源的可持续利用和生态足迹的显著下降。另一方面，产业生态化转型也在加速推进。例如，海上风电与氢能耦合项目显著降低了绿氢成本，减排效果显著。船舶LNG动力改装技术的普及减少了全球航运的硫排放，催生了庞大的改装市场。此外，数字技术赋能重构，实现生态与经济数据的实时联动，实现海洋资源的智能化高效利用与保护。

（二）演化动力机制

海洋生态经济系统的演化是一个复杂的过程，受到内生动力和外源动力的共同驱动。这些动力相互作用，形成了一个"自然约束——经济需求——技术创新——制度反馈"的多维驱动框架，推动着海洋生态经济系统不断向前发展[①]。

1. 资源环境约束与生态阈值效应构成内生动力

海洋生态系统通过负反馈机制约束经济发展路径，这种约束主要体现在资源承载阈值、环境容量阈值和生态韧性阈值三个方面。首先，在资源承载方面，以海洋渔业为例，渔业资源的种群恢复力决定了其最大可持续产量（MSY）。当捕捞量超过这一阈值时，渔业资源将难以恢复，导致产量骤降，渔业资源枯竭，进而会对经济子系统中的渔业产业和社会子系统中的渔业管理制度产生倒逼影响。其次，在环境容量方面，海洋环境的自净能力有限，当污染物排放量超过环境容量阈值时，海洋生态系统将受到严重破坏，进而影响其他子系统变量。例如，海湾的氮磷容纳量限制了沿岸产业的布局，迫使企业采取减排措施，以避免对海洋环境造成不可逆的损害。最后，在生态韧性方面，海洋生态系统的韧性决定了其对外界干扰的抵抗能力。当生态系统的韧性低于某一阈值时，其功能将急剧衰减。在这种情况下，经济子系统需要进行调整，以增强生态系统的韧性。例如，红树林覆盖率过低时，海岸带防护功能将急剧衰减，迫使地方政府采取措施恢复红树林，以减少台风等自然灾害的损失。

2. 技术创新与制度变革的协同突破激发外源动力

外源动力主要体现在技术创新和制度变革的协同作用上。这些动力通过

---

① 秦曼，杜元伟. 海洋产业生态化关键因素识别[J]. 应用生态学报，2017，28（12）：4092-4100.

重构生产函数和重塑激励结构，推动海洋生态经济系统的演变。一方面，技术革命能够重构生产函数。技术创新通过提高生产效率和资源利用率，重构了海洋经济的生产函数。例如，卫星遥感与 AI 算法的应用，使得渔业资源的精准评估成为可能，从而提高了捕捞配额分配的准确性。深海采矿机器人技术的突破，使多金属结核的开采成本大幅降低，拓展了海洋资源的开发深度。这些技术革新带来的生产方式和业态的转变不仅影响了经济子系统和社会子系统的总体效益，也直接关乎生态子系统的资源利用效率和环境保护效率。另一方面，制度创新重塑了激励结构。制度变革通过调整激励机制，促进了海洋生态经济系统的可持续发展。例如，海域使用权立体分层确权制度的实施，催生了复合开发模式，提高了单位海域的经济产出。碳排放权交易制度的建立，使海上风电项目的内部收益率显著提高，推动了海洋新能源的发展。此外，市场需求变化也会引致要素重组。市场需求的变化也对海洋生态经济系统的演变产生了重要影响。例如，全球蓝碳交易需求的增加，推动了红树林碳汇计量技术的迭代，提高了监测精度，催生了碳汇交易市场。这种市场需求的引导作用，促使海洋生态经济系统中的要素进行重组，推动了海洋经济的可持续发展。

三、海陆生态经济系统统筹发展[①]

（一）海陆生态经济发展失调

1. 海洋产业发展与海洋资源消耗的失调

随着沿海地区经济发展速度日益加快，海洋产业活动所需要的各种海洋资源需求量不断增加，但海洋中不可再生资源数量有限，可再生海洋资源的自我恢复需要一定时间，大部分海洋产业所能依靠的海洋生物、矿产、空间资源数量有限，由于出现了诸多不合理的海洋资源开发与利用现象，导致海洋原生态环境破坏问题愈加严重，进而对海洋产业发展产生了负面影响。例如，在海水养殖方面，受技术与经济条件限制，许多海域由于养殖密度过

[①] 高乐华，高强，史磊. 我国海洋生态经济系统协调发展模式研究 [J]. 生态经济（中文版），2014，30（2）：105-110.

大，使用化学药剂过多，导致海域污染愈发严重，经济效益也越来越差；围海造田发展养虾业热潮使沿海天然滩涂湿地总面积缩减了约一半，填海造地、填海建港，人工海岸比例不断增高，自然岸线缩短，湾体缩小，浅滩消失，海岸侵蚀日益严重，再加上陆域污染不断加重，海湾潮间带及海域自然孕育的虾、蟹、贝、藻、鱼趋于衰竭。

2. 沿海人口激增与海洋生态容量的失调

世界1/3的人口生活在沿海岸线60千米的范围内，我国11个沿海省区市（不含港澳台地区）的人口占全国人口的比重已超过41%，且仍有大量流动人口滞留在沿海地区。沿海地区空间狭小，人口环境容量十分有限，随着各地区城镇化、工业化进程的进一步加快，大量外来者迁入，冲击着本已十分脆弱的人口承载力。人口严重超载将给海洋生态经济系统带来巨大压力，过多的人口拥挤在沿海地区，势必造成生存空间不足、环境污染加重及其他生态环境乃至经济社会问题的不断恶化。同时，随着沿海人口数量的快速增加，居民生活水平的提高，沿海人口的消费需求尤其是对海洋水产品、土地空间等基本生活资料的需求不断增加，使得沿海地区人均拥有的海洋资源量持续下降。

3. 社会生产力与海洋自然生态力的失调

长期以来，由于人海关系呈现出盲目和无序状态，人类社会通过海洋经济系统、海洋社会系统对海洋生态系统作用时，已经超出海洋生态系统的承载能力，导致海洋以生存环境危机的形式报复人类。世界一些沿海国家面临的海洋生态经济系统非协调、不健康发展状态，已经佐证了上述问题的存在。海洋自然生态力普遍存在着稀缺性和空间分布上的非均衡性，由此决定了海洋资源的有限性。然而，人类生产和生活活动对海洋自然生态力的需求和依赖是无限的。在此情况下，如果不能够合理有序地开发利用海洋资源，必然导致社会生产力与海洋自然生态力之间的严重失调。

（二）海陆统筹的生态治理机制

在上述海陆生态经济系统失衡的各种表征中，最为突出的就是海洋生态系统与海洋经济系统和海洋社会系统之间的失衡。在海陆生态经济这一复合系统中，必须充分考虑海陆之间的相互影响，利用海陆系统的互补性，统筹规划海洋和陆地两大子系统的开发，尤其要注重对生态治理方面的海陆统筹，实现经济、社会和生态三大系统的均衡发展。同时，在三个子系统内部要建立合理的经济结构，如平衡好经济子系统内部的生产、流通和消费结构，维护好生态子系统中资源的开发与环境的生态自净能力之间的平衡关系，实现社会子系统中人力资源开发和社会系统的匹配。当然，海洋生态系统中的生态资源与海洋社会系统的社会资源以及海洋经济系统中的经济资源之间的合理匹配关系是非常重要的。

1. 生态影响机制

在生态、经济和社会三个子系统中，生态系统在海陆之间的影响是最为直接和显著的。海洋生态系统极为脆弱，处于生物圈的底层。陆地的人为活动和自然过程产生的废弃物大多通过河流进入海洋。此外，人工筑岛、填海造陆以及海洋资源开发等活动进一步加剧了海岸线的污染。据统计，超过80%的海洋污染物源自陆地，而海岸带地区集中了大部分的海洋污染负荷，尽管其面积仅占海洋的1%。这使得海岸地区成为环境污染极为严重的区域之一。海洋与陆地之间的水分交换和能量循环对地理环境产生深远影响。海水蒸发将大量水分输送到大气中，海洋与陆地间的温差和气压差驱动了规律性的大气流动。降水和大气运动共同塑造了地表形态，形成了多样的地貌特征，并与陆地生态系统紧密相连。在这个循环过程中，陆地的物质和能量在消耗、扩展和转化后，最终以多种形式回归海洋，影响着海陆交界处的生态平衡。海岸带作为海陆交互的前沿地带，不仅拥有丰富的生态系统多样性，还因其地理位置特殊而面临生态脆弱性的挑战。因此，要实现海洋生态的有效保护和海陆经济的协调发展，必须从整体上加强海陆统筹治理，注重生态保护与合理开发的平衡[①]。

2. 产业作用机制

长期以来，受"重陆轻海"发展模式的影响，许多陆域产业发展早已

[①] 薛永武. 海洋生态视域下的海陆统筹发展战略[J]. 山东师范大学学报（人文社会科学版），2015，60（5）：111-121.

进入成熟阶段。过度的资源开发,使得大陆区域承受了过大的人口和资源环境的压力。在多重压力驱使下,人类把发展的目光投向了海洋,一大批陆域产业,尤其是污染型的产业,被迅速转移到沿海区域,海陆产业之间的交互作用不断加强,在海洋经济得到快速发展的同时也造成了海洋环境恶化、生态超载、污染加剧等一系列问题。

在海洋开发的过程中,必须注重海陆整体规划,将海洋生态保护置于首要位置。同时,应将海洋产业与涉海产业视为一个有机整体,协同推进其发展。具体而言,要推动海域、海岸带以及内陆腹地的产业协同发展,实现海陆产业的统一规划布局。此外,还需统筹调配资源要素,使其在海陆之间合理流动与高效配置,加强海陆基础设施的同步建设,并实施海陆生态环境的综合治理,以实现海洋与陆地的协调发展,构建可持续发展的海陆一体化格局。重点是统筹海陆产业发展,把适宜临海发展的生态化产业向沿海布局,将陆域经济发展过程积累的产业生态化发展技术和经验应用于海洋,把海洋产业链向生态化环节延伸,促使通过海陆产业一体化布局和科技成果在海洋经济领域的应用,使海洋资源的开发利用及生产加工趋向"陆地化"和"生态化",海陆产业之间的双向互动,促进生产要素在更大的地域空间实现合理高效的配置。

3. 二元调控机制

在海陆统筹治理海洋生态的过程中,要重视市场机制和行政机制共同发挥作用。一方面,通过环境税、排污费等市场机制手段,引导环保生产和生态消费,调节各种资源在海陆之间的合理流向,实现稀缺生态资源的优化配置;另一方面,通过政府的行政干预与各种调控手段,统筹海陆生态治理。海洋污染主要来自陆地,保护海洋生态必须从陆地入手。依据海洋环境容量设定陆源污染物排海总量上限,强化入海河流及沿海城市污水处理能力,以维护海洋生态平衡。在海洋生态经济发展中,市场调节与政府调控共同作用于海陆复合系统,形成"二元调控机制"。市场在海陆资源配置中发挥基础性作用,而政府则通过宏观调控解决市场失灵及市场调节产生的负面效应问题。政府调控需与市场经济手段结合,利用市场机制统筹海陆生产要素,按照生态优先、兼顾经济效益和社会效益的原则,实现海陆资源的双向合理配置。

第三节 海洋生态价值

一、海洋生态价值概述

(一) 基本概念

价值的衡量有多种标准，大致可分为货币标准和非货币标准。不同的学科、学派以及基于不同的文化观念，对事物的价值的理解存在着明显的差异。本节讨论的海洋生态价值主要是基于经济学的视角进行阐述。海洋生态价值表现为海洋生态系统提供服务的价值总和，即海洋生态系统服务价值的货币表现，包括海洋资源价值和海洋生态环境价值两个方面。

海洋资源是指与海洋有关并受其约束的各种要素或事物的总称。这些要素可以被人类开发利用以提高自身的福利水平或生存能力，并且具有某种稀缺性，具体包括海洋水体资源、海洋生物资源、海洋化学资源、海洋矿产资源、海洋空间资源和海洋能源等。海洋生态环境具有空间不可移性和整体作用性，以及一定地域的消费者共享性等。海洋生态环境的价值在于它能为海洋经济活动提供良好的生态环境，良好的海洋生态环境有助于海洋经济效益的提高，相反，若遭受污染，将会干扰海洋经济的正常运转，给其带来负面影响。这说明海洋生态环境的价值具有多样性，它既可以是积极正面的，也可能是中性的，甚至是消极负面的。

(二) 海洋生态服务类型

1. 海洋供给服务

海洋供给服务指的是海洋生态系统为人类所提供的产品与空间资源支持。这一服务意味着人类只需投入相对较少的时间、劳动和能源，便能从海洋生态系统中获取多样的服务，涵盖食品生产、原材料供应、基因资源以及空间资源等方面。食品生产主要依托近海生态系统，通过捕捞与养殖方式获取海洋生物资源，为人类供应各类海产品，如鱼类、虾类、贝类和藻类等。原材料生产则体现在近海生态系统为医药、化工等工业领域提供必要的生物质原材料。基因资源供给方面，近海及深远海区域蕴藏着丰富的优质海洋野生生物资源，它们能够为养殖品种的改良提供宝贵的基因资源。空间资源则涉及为人类的生产和生活活动，如港口建设、旅游开发、桥梁搭建以及居住场所等，提供可用的空间支持。

2. 海洋调节服务

海洋调节服务是指从海洋生态系统调节过程中获得的收益，包括气体调节、气候调节、废弃物处理、干扰调节和生物控制。气体调节是指通过吸收二氧化碳及其他气体，释放氧气，维持全球空气构成的稳定和空气质量，并对气候产生影响。气候调节是指海洋生态系统可以对本地和全球的气候产生影响。在局部区域，土地覆盖的改变可能会对温度和降水产生影响；在全球范围内，海洋植物通过光合作用吸收大气中的二氧化碳，实现对温室气体的固定，从而提供减缓温室效应的服务。废弃物处理是指人类生产生活中产生的废水及固体废弃物排入海洋后，经过物理、化学、生物等多重作用逐步分解有害物质，从而减少人工处理成本的过程。而干扰调节则主要涉及近岸植被、防护林、草滩等在抵御风暴潮，海浪对近岸工程设施、堤坝等造成的破坏方面发挥作用。生物控制是指海洋生态系统通过其内部的生物群落和生物过程，对其他生物种群的数量、分布和活动进行自然调节，从而维持生态系统的平衡和稳定。

3. 海洋文化服务

海洋文化服务是指人类从海洋生态系统中获取的非物质利益，涵盖休闲娱乐、科研服务及文化用途。休闲娱乐方面，近海区域提供游玩、观光、摄影、垂钓等活动场所，满足人们的精神需求。科研服务方面，海洋生态系统为科学研究提供野外调查和实验材料获取等支持。文化用途则体现在海洋为影视剧拍摄、文学创作、美学、音乐等提供创作场所和灵感启发。

4. 海洋支持服务

海洋支持服务旨在提供维持供给、调节和文化服务的基础保障，涵盖生物多样性保护、初级生产及营养循环等关键环节。生物多样性保护方面，海洋生态系统为众多生物种群提供生存空间，包括重要的繁殖、越冬和避难场所。初级生产过程中，海洋植物通过光合作用将二氧化碳转化为有机物，为整个海洋生态系统供应物质和能量。营养循环涉及氮、磷、硅等营养元素在海洋生物、水体和沉积物之间的流动和转化，以确保生态系统的正常运行。

上述这些服务都是相互作用并且相互依赖的，海洋生态调解服务和支持服务为海洋生态供给服务和文化服务提供基础。因此，在具体的价值评估和识别中，需要避免重复计算和遗漏。

（三）海洋生态服务价值分类

海洋生态价值来源于海洋生态系统为人类所提供的各种服务。根据海洋生态系统服务价值的实现形式，海洋生态服务价值可以分为使用价值和非使用价值两大类。其中，使用价值包括直接使用价值和间接使用价值，非使用价值包括选择价值和存在价值等。海洋生态服务价值是上述这些价值的总和，但又不是简单地相加。

1. 直接使用价值

来源于海洋生态系统的生物物理方面，是指被人类直接用于消费或生产的海洋生态系统服务的价值。一些海洋生态服务可以直接用于消费或者非消费。从自然或者非自然的海洋生态系统获得的食物产品、燃料或者建筑材料、医药产品、用于消费的狩猎等都是消费性使用价值的例子。而娱乐和文化舒适性享受，如水上运动、鱼类观赏以及那些不需要收获实物产品的精神和社会效用都属于海洋生态系统服务的非消费性使用。

2. 间接使用价值

间接使用价值是指海洋生态服务提供的非直接用于生产和消费活动，而是用来支持直接使用价值的各种功能或效用的价值，包括海洋生态服务价值（如维护海洋生物多样性等）和海洋环境服务价值（如预防海岸侵蚀、吸纳海洋污染物等）。

3. 选择价值

选择价值是人们为了保证将来的海洋生态系统服务的供给，现在愿意支付的价值。选择价值具有不确定性，其价值不一定都是正的。对于负的选择价值，政府可以通过生态补偿的方法来协调特定人群与其他人群的关系。

4. 存在价值

存在价值也称为海洋内在价值，是指人们为维持海洋生态系统自然状态或者原始状态所愿意支付的货币额。海洋生态服务是人类存在和发展不可缺少的要素，无论是经过人类劳动加工过的，还是未曾经过人类劳动加工过的，都具有存在价值。由此可见，存在价值不仅与每一种海洋生态系统服务有关，而且与整个海洋生态系统有关。

二、海洋生态服务价值评估

（一）评估方法[①]

根据生态系统和生态资本市场的发育程度，可以将海洋生态服务价值评估方法分为三类。

1. 直接市场价值评估法

该方法用于评估那些可以在市场上交易的海洋生态系统产品和服务，如水产品、海洋油气产品等，以市场价格作为海洋生态系统服务的经济价值。评价的主要方法有市场价格法和生产力变动法。其中，市场价格法可用于评估具有实际市场价格的生态系统服务，如海洋生态系统所提供的食品生产服务。这种方法基于可观察的市场行为和相关数据，因此具有客观性和可接受性等优势。然而，市场价格法的应用范围相对狭窄，而且在市场失灵的情况下，可能无法全面反映生态系统服务的真实价值，从而导致评估结果出现偏差。生产力变动法则是通过评估海洋生态系统服务对最终市场交易的产品和服务的贡献来评估海洋生态系统服务的价值，是一种利用生产力的变动来衡

[①] 沈满洪，毛狄．海洋生态系统服务价值评估研究综述［J］．生态学报，2019，39（6）：2255-2265．

量环境价值或生态系统服务价值的方法。

2. 替代市场价值评估法（间接市场法）

替代市场价值评估法适用于那些没有直接市场交易和明确价格的生态服务，但前提是这些服务存在可替代的市场及对应价格。该方法通过估算生产出与特定生态系统服务相同效果的成本来进行间接评估，进而推算出海洋生态的价值。常用的评估方法包括替代成本法、旅行费用法和资产价值法等。

（1）替代成本法。聚焦于生态系统服务的"成本替代"视角，即通过估算替代特定海洋生态系统服务所需的成本，来衡量该服务的价值。例如，若要评估海洋生态系统提供的水质净化服务的价值，可参照污水处理厂处理污水的成本来进行推算。该方法的有效实施依赖于三个关键条件：首先，替代服务必须能够完全等同于原始生态系统服务；其次，所选用的替代方案成本必须是所有可能方案中最低的；最后，必须有充分证据表明这种最低成本的替代方案是切实可行且能满足人类需求的。然而，这种方法存在明显的局限性，因为许多生态系统服务难以通过技术手段完全替代，且即便能够替代，其价值也往往难以精确量化。

（2）旅行费用法。旅行费用法是一种用于评估自然景点的旅游娱乐服务价值的方法，它将游客访问景点所花费的交通费、门票费、景点消费以及时间成本等视为一种替代指标。该方法的优点在于理论清晰易懂，所需数据较易获取，可通过问卷调查、统计年鉴等途径收集。然而，该方法存在以下不足：首先，它将旅游效益简化为消费者剩余，这使得其结果难以与其他评估方法得到的货币价值进行对比。其次，该方法基于现有收入水平的假设，实际上，旅游效益往往由那些经济条件允许的人群所体现，而未充分考虑低收入、暂时无法参与旅游的人群的利益。在收入分配差距较大的地区，这种忽略可能导致评估结果出现较大偏差。

（3）资产价值法。该方法通过分析海洋生态系统变化对某些产品或生产要素价格的影响来评估海洋生态系统服务的价值。例如，任何资产的价值不仅取决于其自身属性，还与周边环境密切相关，如沙滩附近的房产价格通常高于内陆相似房产，沙滩的价值就体现在房价中。资产价值法要求存在一个足够大的单一均衡资产市场，若市场过小或不均衡，就难以建立有效方程，生态价值也就无法准确反映福利变化。此外，资产价值法需要大量数据支持，数据的全面性和准确性至关重要，直接决定评估结果的可靠性。

3. 假想市场法

对于那些没有市场交易和实际市场价格的生态系统产品和服务，只能人为地构造假想市场来衡量其生态系统价值。假想市场法主要包括条件价值法和选择实验法两种。条件价值法也叫意愿评估法，是在假想市场情况下，通过直接调查和询问人们对于某种海洋生态系统服务的支付意愿（WTP），或者对某种海洋生态系统服务损失的接受赔偿意愿，来评估海洋生态系统服务的价值。选择实验法则是条件价值法的一种拓展，该方法的基本思想是构造一个假设具有多个选择方案的情景，通过问卷让受访者对几个备选项进行选择，通过随机效应理论获得被调查者对于某一类属性的偏好。该方法与市场价值法及替代市场法不同，它不基于可观测的市场行为，而依赖调查对象的回答，但也存在以下局限性：一是想象性，该方法确定个人对环境服务的支付意愿是基于假设的数值，而非数理估算；二是可能存在多种偏误，如策略偏误、方法偏误、信息偏误、设想偏误等。即便如此，该方法仍是目前较好的公共物品价值评估方法。由于海洋生态系统构成的复杂性和多样性，其价值评估往往不采用单一的评估方法，而是综合采用多种方法对海洋生态系统的不同生态服务价值进行评价。

（二）评估指标[①]

根据海洋生态服务的构成，海洋生态服务价值的评估指标主要包括海洋供给服务价值评估指标、海洋调节服务价值评估指标、海洋文化服务价值评估指标以及海洋支持服务价值评估指标四个大类（见图7-5）。

---

① 陈尚，任大川，夏涛，等. 海洋生态资本价值结构要素与评估指标体系［J］. 生态学报，2010，30（23）：6331-6337.

第七章 海洋生态经济

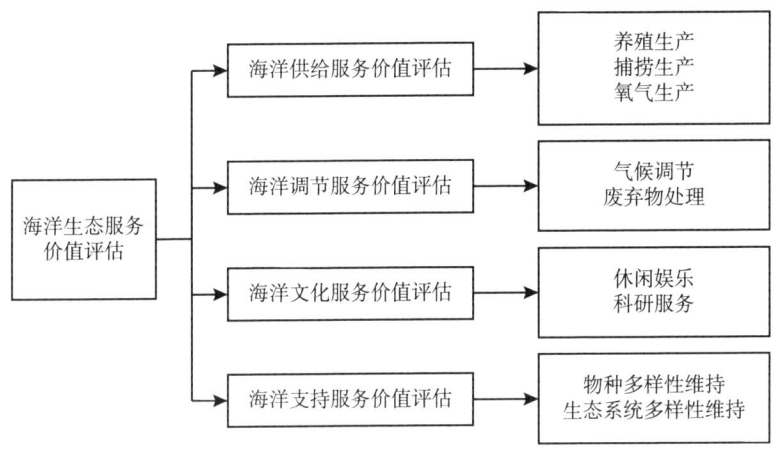

图7-5 海洋生态服务价值评估指标

1. 海洋供给服务价值评估指标

海洋供给服务是指在海洋生态系统中生产或提供实物性产品的服务。海洋供给服务价值评估考虑养殖生产、捕捞生产和氧气生产。养殖和捕捞生产提供贝类、鱼类、虾蟹、头足类、海藻等海产品。海洋浮游植物和大型海藻通过光合作用生产氧气,进入大气中供人类享用。

养殖生产评估以海域的养殖年产量作为评估指标,主要考虑鱼类、甲壳类、贝类、藻类、其他等5个品类;捕捞生产评估以海域的捕捞年产量作为评估指标,主要考虑鱼类、甲壳类、贝类、藻类、头足类、其他等6个品类;氧气生产采用评估年份海洋植物通过光合作用过程生产氧气的数量作为评估指标,包括浮游植物初级生产提供的氧气和大型藻类初级生产提供的氧气两部分。

2. 海洋调节服务价值评估指标

海洋调节服务是指用海洋来调节人类生态环境的服务。海洋调节服务价值评估需要考虑气候调节和废弃物处理。气候调节指海洋通过吸收二氧化碳,减少大气中二氧化碳的含量进而减缓温室效应,调节气候。废弃物处理是指海洋为人类处理废弃物提供的服务。人类生产、生活产生的废水等通过地表径流、直接排放等方式进入海洋,经过生物、化学和物理自净作用最终转化为无害物质。废弃物适度排海可减少陆上垃圾处理费用。

气候调节采用评估年份海洋吸收的大气二氧化碳量（碳通量）或者海洋植物（浮游植物和大型藻类）固定的二氧化碳量（基于光合作用）作为评估指标。如果评估海域有海气二氧化碳通量监测数据，可以采用海洋吸收二氧化碳的通量数据计算气候调节的物质量。废弃物处理采用按年份评估海域环境容量或者其接纳的入海废弃物数量作为评估指标。

3. 海洋文化服务价值评估指标

海洋文化服务是指人们通过精神感受、知识获取、主观印象、消遣娱乐和美学体验等从海洋生态系统中获得的非物质利益。海洋文化服务价值评估主要考虑休闲娱乐服务和科研服务。其中，休闲娱乐服务指海洋提供人们游玩、观光、游泳、垂钓、潜水等方面的服务；科研服务是指海洋提供科研的场所和材料，进行知识创造的服务。

休闲娱乐采用评估海域海洋旅游景区的年旅游人数以及通过旅行费用法、收入替代法计算获得的休闲娱乐服务价值作为评估指标；科研服务采用评估年份公开发表的以评估海域为调查研究区域或实验场所的海洋类科技论文数量和通过替代成本法计算获得的科研服务价值作为评估指标。

4. 海洋支持服务价值评估指标

海洋支持服务是指保证海洋生态系统为人类提供供给、调节和文化服务所必需的基础服务。海洋支持服务价值评估需要考虑生物多样性维持服务，具体包括物种多样性和生态系统多样性的维持服务价值。海洋生物多样性维持服务是指海洋中不仅生活着丰富的生物种群，还为其提供了重要的栖息地、产卵场、越冬场、避难所等庇护场所。海洋物种多样性维持服务主要通过对海洋珍稀濒危生物的维持和保存来实现，因此可以采用评估海域内分布的海洋保护物种数（国家级、省级）、在当地有重要价值（科学的、文化的、宗教的、经济的）的海洋物种数，基于条件价值法开展支付意愿问卷调查计算获得的物种多样性维持服务价值作为评估指标。海洋生态系统多样性维持服务主要通过维持生物多样性价值的关键生境来实现，因而可采用评估海域内分布的国家级、省级的海洋自然保护区、海洋特别保护区和水产种质资源保护区数量，基于条件价值法开展支付意愿问卷调查获得的生态系统多样性维持服务价值作为评估指标。

三、海洋生态价值实践

(一) 海洋绿色核算

绿色核算是指在国民经济核算中考虑资源环境因素，即将资源环境纳入国民经济核算体系。绿色核算的背景源于传统经济发展模式常常以牺牲环境为代价，而可持续发展要求在经济发展指标中考虑环境因素，从而诞生了绿色GDP等概念。经资源环境调整的GDP核算，就是把经济活动的环境成本，包括环境退化成本和生态破坏成本从GDP中予以扣除，并进行调整，从而得出一组"经环境调整的国内产出"。

海洋绿色核算的内涵在于将海洋生态系统的经济价值纳入海洋经济核算体系，以全面反映海洋生态系统对经济发展的贡献。这种核算方法强调生态价值与经济价值的统一，通过科学的评估手段将海洋生态系统的生态服务功能转化为可量化的经济指标。海洋绿色核算的意义在于为海洋资源的合理开发和保护提供科学依据，促进海洋经济的可持续发展。海洋绿色核算的内涵可以从多个层面进行理解。首先，它是一种综合性的核算方法，主要借鉴应用能值分析法、市场价值法、替代成本法等生态价值的评估方法，不仅考虑了海洋生态系统的直接经济价值，还涵盖了其间接经济价值，最终的目的是全面、系统和科学地反映海洋资源环境对经济发展的贡献。其次，海洋绿色核算强调生态价值与经济价值的统一，将生态服务功能转化为可量化的经济指标，从而为政策制定和资源管理提供科学依据。最后，海洋绿色核算的实施有助于更好地理解海洋开发活动产生的资源环境代价，帮助管理者在制定经济政策和发展战略时充分考虑生态环境因素，促进海洋经济的绿色转型发展。

(二) 海洋生态补偿

从经济角度看，生态补偿通过向损害环境的行为收费、对保护环境的行为补偿，来调整行为成本与收益，促使行为主体减少负面外部性、增加正面外部性，实现资源保护目标。海洋生态补偿是保证重要海区的保护和建设，从根本上协调区域间经济发展与生态保护的关系，保护和改善海洋生态的一种手段和机制。从内容上可以概括为三个方面：其一，针对海洋环境本身的修复投入，包含生境修复和资源补充，如为优化渔业资源与生态环境，投放人工鱼礁及规划自然保护区等举措。其二，对于个人、集体或地区出于保护海洋环境目的而舍弃发展时机的行为给予补偿，如针对配合渔业减船转产项目的渔民发放补贴等。其三，遏制破坏海洋环境的行为，或者让享有海洋环境保护成果的"受益方"承担相应成本，实现经济活动外部成本的内部化，如收取海域资源占用费、自然保护区维护管理费等。海洋生态补偿能调节各方利益，促进人海和谐共处，推动海洋生态与经济的协调、可持续发展。

海洋生态补偿主要遵循"谁污染，谁付费""谁受益，谁付费""谁保护，谁受偿"等基本原则，主要补偿方式包括行政手段和市场手段两种方式。行政手段主要依靠财政资金的合理调配来实现生态补偿目标。在国家行政权威的强制推行与可靠保障下，中央及地方政府可运用财政资助、政策优惠、工程投入、税收体制革新等多元手段，对提供海洋生态服务的主体实施公平合理的经济补偿。市场手段则是海洋生态服务受益者与服务者通过谈判及协商，运用市场机制对海洋生态服务者进行直接补偿。市场化补偿机制是财政纵向或横向补偿的重要补充，主要包括排污权有偿使用交易、碳排放权交易、水权交易等方式。实践中，由于生态产权边界不清晰，以及交易过程中利益相关者众多，市场补偿模式出现补偿难度大、交易成本高的问题。

（三）海洋碳汇价值实现

海洋碳汇又称"蓝碳"，是指海洋生态系统吸收并储存大气中的二氧化碳等温室气体的过程、活动和机制，主要包括海岸带蓝碳（红树林、盐沼湿地、海草床等介导的碳汇）、渔业碳汇（养殖贝类、藻类等介导的碳汇）与开阔海区蓝碳（微型生物等介导的碳汇）三大类。海洋碳汇产品是符合海洋碳汇方法学要求且经过审定、登记、核查、监测、报告，可在碳市场中进行交易的碳信用产品，具有正外部性、稀缺性、差异性、竞争性与排他性特征。

基于生态系统服务付费理论，海洋碳汇价值实现是将海洋碳汇产品蕴含的内在使用价值通过市场机制与政策安排，以市场化或非市场化手段转化为交换价值的过程。海洋碳汇产品的生态效益可以转化为经济效益，逆向激励海洋碳汇项目开发，增加海洋碳汇产品供给，促进可持续发展与人类健康，实现经济效益、生态效益和社会效益协调统一。第一，海洋碳汇产品价值实现的经济效益主要体现在促进渔民增收、经济增长方面。从个体层面来看，渔民可以通过出售海洋碳汇产品来获取经济收益，拓宽收入渠道；从区域层面来看，海洋碳汇产品交易可以创造就业机会，拓宽融资渠道，促进地方经济增长。第二，海洋碳汇产品价值实现的生态效益体现在海洋碳汇资源具备多样化的生态系统功能与服务。红树林、盐沼湿地、海草床、贝藻养殖等海洋碳汇项目具有固碳增汇、缓解气候变化等功能，还能提供多种生态系统服务，如净化水质、吸收处理废弃物、维护生态平衡和生物多样性、恢复渔业资源、避免海岸侵蚀、为海洋生物提供栖息地、保护海洋生物物种多样性等。第三，海洋碳汇产品价值实现的社会效益主要表现为促进相关产业可持续发展与海洋资源可持续利用。海洋是食物的重要来源之一，发展海洋碳汇产品可以促进渔业可持续发展，保障全球粮食安全，调节人类膳食结构，提高营养水平。开发海洋碳汇会衍生科学研究、技术开发、工程建设、监测和管理、数据分析等配套产业，通过减缓气候变化、改善水质、修复海洋生态系统、渔业资源养护，实现海洋资源的可持续开发利用[①]。

第四节 海洋生态产业

一、海洋生态产业概述

（一）基本概念

生态产业（eco-industry，ECO），是指基于生态系统承载能力，按生态

---

① 杨林，沈春蕾. 海洋碳汇产品价值实现的困境与对策 [J]. 东南学术，2024（1）：92-102.

经济原理和知识经济规律组织起来的，具有高效的生态过程及和谐的生态功能的集团型产业。关于生态产业的概念，国际上表述不尽相同[①]。归结起来，主要有如下几种：一是生态产业以系统观为出发点，分析产业体系与生物圈的关系；二是生态产业注重整体观念，关注产品、工艺、服务全生命周期的环境影响，而非仅局限于局部或特定阶段；三是生态产业提倡可持续发展的理念，着重考虑未来生产、使用、再循环技术的潜在环境影响，研究目标聚焦于人类与生态系统的长期利益；四是生态产业倡导全球视野，不仅考虑产业活动对局部或地区环境的影响，更重视其对人类和地球生命支持系统的重大影响，尤其关注具有持久性且难以处理的区域性、全球性问题。

基于以上理念，海洋生态产业是指以生态产业的内涵为基础，基于海洋生态系统承载能力，按生态经济原理和知识经济规律组织起来的，具有高效的生态过程及和谐的生态功能，兼具生态产业属性和海洋产业属性的现代化海洋绿色产业。海洋生态产业的本质是在海洋生态环境保护和可持续发展的前提下，以海洋资源的合理利用和海洋生态系统的保护为核心，通过生态化、循环化和可持续化的方式，发展海洋经济的各类产业。在这个系统中，海洋经济、海洋社会、海洋资源和海洋环境保护协调发展，构成了密不可分的系统，既要达到发展海洋经济的目的，又要保护好人类赖以生存的海洋资源和环境。海洋生态产业涵盖了初级生产部门、次级生产部门和服务部门，包括海洋生态工业、海洋生态农业（海洋渔业）及海洋生态服务业（第三产业）。

（二）主要特征

1. 生态性

海洋生态产业的核心特征是生态性，强调在产业发展过程中保护海洋生态环境，实现经济发展与生态保护的协调共进。海洋生态产业采用生态化生产方式，减少对海洋生态系统的破坏。海洋牧场是一种典型的海洋生态渔业

---

① Graddle T and Allenby B. *Industrial Ecology* [M]. Upper Saddle River, NJ: Prentice-Hall, 1995.

模式,与传统海洋渔业有所不同。它是通过在特定海域内运用现代海洋工程技术和生态原理,构建人工渔场的方式。通过投放人工鱼礁、实施增殖放流等措施,营造适宜海洋生物栖息、生长和繁殖的环境,并进行科学化、系统化的管理和培育,以实现渔业资源的可持续利用。海洋生态产业注重维护海洋生态平衡,通过科学管理和技术创新,确保海洋生态系统的稳定。

2. 循环性

海洋生态产业的另一个重要特征是循环性,注重资源的循环利用,通过建立循环经济模式,实现资源的高效利用和废弃物的最小化。海洋生态产业的循环性既体现在产业经济层面绿色技术的应用和生产方式的转变,也表现在社会参与层面对海洋废弃物的收集再利用和海洋生态的修复等。例如,在海水养殖业中,通过引入循环水养殖技术和配套设施设备,促进养殖废水的处理后再利用,既实现了节水的目的也减少了养殖废水的污染。社会参与层面,在浙江省推广的"蓝色循环"治理模式中,通过与当地渔业合作社、渔嫂协会等民间组织合作,发动沿海村落的低收入群众参与垃圾收集清理,并在沿海渔港码头建设具有国际先进水平的废弃物智能回收设施"海洋云仓",回收的海洋塑料垃圾经过处理后,制成再生塑料粒子,用于生产汽车保险杠、T恤衫、手机壳、办公椅等再生塑料制品,实现了塑料废弃物的高值利用。

3. 创新性

海洋生态产业依赖于技术创新和制度创新,通过引入新技术、新工艺和新管理模式,提高产业的生产效率和生态效益。因此,技术创新和制度创新也可以被视为实现海洋产业生态化转型的关键路径。通过绿色技术创新,能够推动海洋产业生产效率和生态效益的协同共进,降低资源消耗和污染排放。例如,传统的海上油气开发平台主要依赖自产油气来产生电能,这一过程会产生大量高温烟气污染,而通过引入余热发电装置能够将高温烟气转化为电能,实现了从热能到电能的绿色循环利用。

(三) 驱动机制

驱动机制是指政府、企业、居民、社会组织等社会主体推进海洋生态产业发展的动力、机制、过程和功能。其中，政府制定和实施政策和制度，企业构建生态产业链，公众进行绿色循环消费和行为监督，社会组织建立信息桥梁、提供技术支持①。

1. 政策扶持机制

在海洋生态产业发展过程中，政府主要扮演消费者、行政执法者、财政掌控者和科技项目主管者等四重角色。一是作为消费者，政府主要行使其采购功能。政府采购特别是绿色采购政策对绿色消费意识在全社会范围内的形成与发展具有良好的示范带头作用。二是作为行政执法机构，政府可以制定环保法规，推动公众参与生态保护，实施绿色技术创新激励政策等，通过奖惩结合的措施，促使企事业单位和公众积极参与生态产业建设。三是作为财政掌控者，政府要不断增加科技财政投入，为海洋生态产业建设中的科研机构、人才等提供资金支持。四是作为科技项目主管者，政府不但要简化科技项目的立项、申报、审批等工作程序，而且要做好科技成果的管理工作，对具有重大贡献的科技项目进行奖励。

2. 企业诱导机制

由于工业生产排放，涉海企业是造成海洋生态污染的主要源头，理应扮演好海洋生态产业建设的主体角色。涉海企业参与海洋生态产业建设的程度，直接关系到整个社会生态产业建设的进程。企业应从以下几方面自觉践行海洋生态产业建设：一是企业家要在自身树立良好生态伦理观的基础上构建企业的绿色生态价值机制，对员工和生产管理的整个过程进行生态管理。二是通过鼓励员工成为生态产业建设中的标兵，培养员工对企业创新产品的荣誉感。三是宣传企业的绿色生态价值观，构建企业内部生态产业建设氛围。四是构建企业绿色生态生产的绩效考核机制，激励员工采取切实的行动推动海洋生态产业发展。

3. 公众参与机制

公众作为海洋生态产业建设的直接受益者与核心推动力量，其环保意

---

① 秦曼，刘阳，程传周. 中国海洋产业生态化水平综合评价［J］. 中国人口·资源与环境，2018，28（9）：102-111.

识、消费理念以及参与环保行动的积极程度,能够有效引导涉海企业的经营策略、生产模式及产品供应体系向绿色生态方向转型,同时推动科研机构的研究重点向生态产业领域倾斜。因此,全社会应积极营造节约资源、保护环境的风尚,借助宣传教育提升公众的环保与节约意识,强化绿色消费观念。

4. 中介组织协调机制

在海洋生态产业建设中,非政府组织发挥着不可替代的桥梁作用。它们通过构建信息网络,提供循环经济相关知识和技术的咨询培训服务,将有回收产品和处理废弃物需求的企业连接成网络,并发布废弃品回收信息,从而将个人、企业与政府紧密联系在一起,推动废弃物的减量化、再利用和资源化。这些功能是政府部门和涉海企业等营利性组织难以单独实现的。

二、海洋生态产业构成

(一) 海洋生态渔业

海洋生态渔业是指在某一自成生态体系的、广阔且易于保护的专属海域,遵循海洋水生生物与其他生物之间的共生互补关系,依据生物多样性、互为依存性、整体稳定性的生态系统原理,利用海洋渔业生态系统内的生产者、消费者和分解者之间的分层多级能量转化和物质循环作用,借助维护系统生态平衡的科技与管理手段,使特定的海洋水生生物和特定的水域环境相适应,实现具有资源永续性、系统稳定性、环境友好型、生产循环性、产品安全性、经济高效性、社会协调性的海洋生态系统良性循环、高效发展的现代渔业生产方式。海洋生态渔业可以循环利用废弃物,节约能源,提高综合生态效益,实现海洋渔业的可持续发展。

海洋生态渔业可以使海洋渔业养殖结构得到优化和调整。一是根据生态学原理,突出主养品种,适当搭配其他名特优水产品种,可以实现优势互补、质量改善、效益增加的多重目标。二是可使海域自然生态环境得到有效保护。按照食物链和海洋生物与海洋环境协同进化原理,突出了对海域生态环境的调控。采取生物、物理措施调控海洋水质,使海洋渔业水域生态环境质量不断提高。三是可使休闲观光渔业得到长足发展。在积极建设海洋渔业保护区的基础上,着力开发建设观光休闲渔业带,使海洋渔业资源开发与保护海洋生态环境得到统一,形成集海洋渔业生产、观光旅游、餐饮娱乐于一体的观光休闲海洋生态渔业模式。

(二)海洋生态工业

海洋生态工业是依据生态经济学原理,以现代海洋科学技术为依托,以节约海洋资源、清洁生产和废弃物多层次循环利用等为特征,以低消耗、低污染的工业发展和海洋生态环境协调为目标,模拟海洋生态系统的功能,运用现代化经营管理方法建立起来的一种新型海洋工业发展模式。

海洋生态工业通过多种方式,构建了一个由"资源生产""加工生产""再生产"三大板块构成的工业生态链。其中,海洋资源生产部门相当于海洋生态系统的初级生产者,主要负责不可再生海洋资源、可再生海洋资源的开发与利用,并以可再生的永续海洋资源逐步替代不可再生海洋资源,为整个海洋工业生产体系提供基础原料和能源。加工生产部门则相当于海洋生态系统的消费者,以实现生产过程无浪费、无污染为追求,将海洋资源生产部门提供的基础资源转化为满足人类生活和生产需求的工业产品。而海洋再生产部门主要负责对各类海洋副产品进行再资源化利用、无害化处理,或将其转化为新的工业产品。

海洋生态工业通过模拟自然生态规律,构建出"生产者——消费者——分解者"的循环链路,打造互利共生的海洋工业生态网络。它借助废物交换、循环利用及清洁生产等手段,达成海洋物质的闭环循环与能量的多级利用,力求实现资源的最大化利用以及对外废物的零排放。从宏观层面来看,这种模式促使海洋工业经济体系与海洋自然生态系统相耦合,平衡海洋工业的生态、经济及技术三者间的关系。同时推动海洋工业生态经济体系中的人流、物流、能量流、信息流与价值流的合理流通,保障整个系统的协调运转,构建起海洋工业生态系统的宏观动态平衡。从微观层面而言,它实现了海洋工业生态资源的多层级物质循环与综合利用,提升海洋工业生态经济子系统在能量转换和物质循环方面的效率,形成微观层面的海洋工业生态经济平衡。

以海水利用业为例，生态化的海水利用业以海水利用的经济效益和生态效益并重为经营目标，从战略上重视海水资源的集约、循环和高效利用与海洋生态环境的保护和可持续发展相结合，在海洋生态经济系统的共生原理、价值增值原理和生态经济系统的耐受性原理指导下，对海水资源进行集约利用和循环使用。海水循环和生态化利用方法很多，如通过海水淡化提供生活用水，通过人工湿地进行养殖尾水净化，利用海水开展钾、溴、镁等海洋化学资源及战略性微量元素提取等。

（三）海洋生态服务业

海洋生态服务业以生态学理论为基础，遵循海洋服务主体、途径、客体的顺序，围绕海洋节能、降耗、减排、增效及企业形象等方面，借助物质和能量在输入、过程、输出环节的良性循环，将循环经济理念融入长期发展的新型海洋服务业。它是循环经济的重要组成部分，涵盖生态海洋交通运输业、商业服务业、生态旅游业、现代物流业、绿色公共管理服务等领域。

与传统服务业相比，海洋生态服务业有自身的特点：一是海洋资源可持续循环利用的发展模式。传统海洋服务业是典型的"资源——产品——污染排放"单向物料和服务流动的经济发展模式，而海洋生态服务业强调服务业企业生产循环中的资源再生利用，是一种可持续发展模式。二是经营理念的生态化。传统海洋服务业在产业关联层面上与第一、第二产业之间表现为密切的技术经济联系，而海洋生态服务业采用循环经济发展模式，力求通过生态服务业建设，促进海洋生态渔业与生态工业的建设。三是管理生态化，包括海洋服务主体生态化、服务途径清洁化、消费模式绿色化以及与其他海洋产业生态耦合化。通过加强企业间的合作，构建与海洋工业、海洋渔业和其他海洋服务部门之间的物质循环、废物利用、能源梯级利用等海洋产业链，逐步形成三大海洋产业循环圈，从而在宏观层次上实现海洋循环经济的同时，促进海洋企业自身的生态建设。

以海洋生态交通运输业为例，需要以维护海洋生态环境为出发点，从船舶开发设计、船只能源使用到最终消费的全过程中纳入对海洋生态因素的考量，采取与海洋生态和谐相处的理念和措施，运用低投入大物流方式降低运输成本，减少航运活动对海洋生态的破坏，避免海洋资源浪费，注重经济效益和保护海洋生态相结合。通过将绿色新兴技术运用到港口、船舶以及航运管理中，发展绿色海洋航运，申请绿色认证，从生态和可持续发展的角度建立低碳、环保、生态共生型的海洋交通运输系统，达到集安全、高效和环保于一体的海洋交通运输的生态化目标。

三、海洋生态产业演化

（一）海洋生态产业高级化

海洋生态产业高级化是产业系统在环境约束与技术驱动下的自组织升级过程，其本质是通过要素重组和价值链跃迁实现生态效率与经济效益的双重提升。这一过程包含传统海洋产业绿色改造升级和新兴海洋产业生态培育，最终表现出海洋产业结构系统性的升级，形成"存量优化－增量创新－系统升级"的螺旋上升机制。

1. 传统海洋产业的绿色改造升级

传统产业转型遵循"过程清洁化——产品绿色化——系统生态化"的路径演化。以海洋渔业这一传统产业为例，通过引入海洋牧场立体养殖系统，将单品种粗放养殖升级为多营养级复合养殖，能够形成"藻类固碳——贝类滤食——鱼类生长"的物质循环链，不仅提高了渔业资源的利用效率，还减少了对海洋生态环境的破坏。在船舶制造业领域，采用LNG动力系统与船体仿生设计技术，能够实现船舶能效提升和污染物排放下降的双重目标。

2. 绿色新兴海洋产业的梯度培育

新兴产业培育遵循"技术研发——试点应用——市场扩散"的发展规律。在技术研发阶段，围绕海洋新能源、资源循环利用、海洋生物技术等绿色技术领域开展研发创新，为新兴海洋产业的培育发展奠定技术基础。在试点应用阶段，通过小规模的试点项目，验证绿色新技术、新设备、新工艺的可行性和效果，助推绿色科技成果加速转化。例如，海上风电项目在深远海水域的试点示范，验证了大容量长叶片风电机组、海上风电融合发展等核心关键技术的应用，为海上风电在深远海的大规模推广提供了宝贵的经验。在市场扩散阶段，主要通过市场机制、政策支持来推动新兴海洋产业的规模化发展。例如，通过建立海洋碳汇交易市场机制，以市场需求为牵引助推蓝碳产业做大做强，政府层面则可以借助税收优惠、财政补贴等措施引导资本、人力不断向新兴海洋产业转移。

（二）海洋生态产业合理化

产业合理化是通过要素配置优化实现经济-生态效益协同共进的过程，其本质是构建经济系统与生态系统间的平衡。这一过程包含纵向的产业关联协调与横向的空间布局优化两个维度，形成"产业链网协同-区域循环共生"的复合系统。

1. 产业关联的动态协调

前向关联表现为基础产业对下游的生态约束。例如，海洋渔业的可持续捕捞和养殖技术的发展，可以为下游的水产品加工和销售产业提供稳定的原材料供应，同时减少对海洋生态环境的破坏。这种前向关联通过生态约束，促使下游产业采用更加环保和可持续的生产方式，从而实现整个产业链的生态化转型。后向关联则体现为终端需求对上游的绿色牵引。例如，随着人们对海洋生态旅游的需求增加，对海洋环境保护的要求也相应提高，这促使上游的海洋资源开发和加工产业采取更加环保的生产方式，减少对海洋生态环境的破坏。侧向关联通过技术扩散形成协同效应。例如，海水淡化技术的发展既能够扩大海水淡化产业本身的规模，也能够与海洋化工业相结合，以解决淡水资源的短缺、提高海水资源利用率。

2. 空间布局的生态重构

海洋生态产业合理化还表现在空间层面海洋产业的发展要与区域资源环境禀赋相适宜。在海洋产业的空间布局中，首先需要充分考虑海洋承载力，避免过度开发导致生态系统的退化和功能的丧失。通过建立科学的评估指标体系，对不同海域的海洋承载力进行评估，确定各海域的适宜开发强度和产业类型。例如，对于生态脆弱的海域，应限制开发强度，保护海洋生态环境；对于资源丰富的海域，可以适度发展海洋产业，提高资源利用效率。另外，要坚持陆海统筹、以海定陆的发展理念，促进陆海资源的优化配置和生态环境的协同保护。一方面,加强内陆地区与海洋产业的联动发展,构建生态产业链条互补和绿色协同发展的格局;另一方面,要加强陆海污染协同防治和生态修复,推动绿色低碳发展,构建生态安全屏障和绿色产业体系。

(三) 海洋生态产业融合化

产业融合是突破传统产业边界、创造新业态的价值重构过程,通过技术渗透、功能互补、空间叠加等方式实现绿色发展乘数效应。海洋生态产业的融合化主要表现为技术渗透型融合、空间叠加型融合、产业链整合型融合三种形式。

1. 技术渗透型融合

技术渗透型融合是指通过不同产业之间的技术交叉与融合,催生新型业态,实现产业的升级与转型。例如,将人工智能技术应用于海洋渔业,可以实现对渔业资源的精准监测和管理,提高渔业资源的利用效率。同时,将区块链技术应用于海洋生态产品的追溯和认证,可以确保产品的质量和安全性,增强消费者对海洋生态产品的信任。从产业角度,这些前沿数字技术的渗透应用体现了海洋大数据产业与海洋传统产业的融合发展,借助于"技术链—产业链"的双螺旋驱动机制,不仅有效提升了产业附加值,也实现了产业的绿色化转型升级。

2. 空间叠加型融合

空间叠加型融合是指不同产业之间通过空间叠加和功能互补,创造多重价值,实现产业的协同发展。在海洋生态产业中,这种融合主要表现为海洋渔业与海洋新能源产业的结合。例如,通过"上层光伏发电+中层设施养殖+底层海底电缆"的立体模式,实现了海水养殖与新能源开发的双重功能,显著提升了单位海域的经济产出。另外,水体的海水养殖还能与海上风电产业融合发展,如养殖企业可以将养殖网箱、贝类和藻类筏架等固定在风机基础上,也可以直接在底桩基础上构建人工鱼礁、人工牡蛎礁或者人工藻礁,同时海上风电所生产的清洁风电可以满足养殖场或海洋牧场的日常运营。需要注意的是,为了确保这种产业融合模式的可持续发展,需要建立生态占补平衡机制,确保立体开发强度不超过生态承载力阈值。

3. 产业链整合型融合

产业链整合型融合主要通过重构上下游产业间的物质、能量与信息联系，形成全生命周期生态管控体系，实现海洋产业的绿色化转型。这种融合模式主要以价值链纵向协同为基础，通过绿色标准倒逼、资源闭环流动等机制，推动产业系统从线性消耗向闭环循环转型。一方面，上游原材料供应环节能够通过生态认证体系向下游传导环境约束，例如，绿色水产品认证等标准倒逼水产养殖、水产加工企业改进生产工艺，反之，下游市场也可以通过绿色采购标准反推上游实施可持续捕捞、绿色养殖。另一方面，上下游产品生产过程中产生的废弃物再利用能够促进产业链的绿色融合。例如，上游捕捞业的副产物（如鱼骨、内脏、贝壳等）转化为下游海洋生物医药原料，中游海产品加工产生的废热供给育苗车间，形成跨产业物质能量交换系统。循环经济系统能够有效促进产业间的物质和能源闭环流动，实现资源利用效率的阶跃提升。

第八章

海洋经济管理

海洋经济管理是海洋管理的重要内容,也是保障海洋经济持续健康发展的基本前提。随着人类开发和利用海洋资源深度与广度的不断拓展,全球海洋经济活动呈现多元化发展态势。海洋权益的复杂性、海洋资源的流动性、陆海统筹的关联性、海洋空间的立体性、海洋开发投入的高风险性决定了海洋经济活动的不确定性和多变性。基于此,单纯的市场调节难以满足海洋经济持续健康发展的现实需要,通过强有力的政府管制来加以调控成为必然选择。在确保国家海洋权益的前提下,创新海洋经济管理机制、优化管理体制,运用法律法规、政策规划等宏观经济管理手段,强化宏观调节,合理引导产业空间布局,优化产业结构,提高资源利用效率,实现可持续发展,是海洋经济管理的核心内容。本章从海洋经济管理概念入手,首先明确海洋经济管理的内涵、目标和方式,在此基础上介绍国内外海洋经济管理体制的发展概况,最后从法律法规、政策体系、发展战略等维度阐述海洋经济管理制度,力求给读者一个全面系统的宏观海洋经济管理图景。

第一节 海洋经济管理概述

一、海洋经济管理的基本概念

(一)概念内涵

经济管理是指经济管理者为实现预定目标,对社会经济活动或生产经营活动所进行的计划、组织、指挥、协调和监督等活动。海洋经济是人类经济活动的一个重要组成部分，是陆地经济活动向海洋的延伸和拓展，其基本经济属性和一般发展规律类同，其管理同样也建立在传统的经济管理工具和管理模式基础上。因此，海洋经济管理就是一般管理活动在海洋经济领域的运用，是各种管理主体为了达到一定的目的，对海洋领域的生产和再生产活动进行的以协调各当事者的行为为核心的计划、组织、推动、控制、调整等活动[1]。从管理的类型角度，海洋经济管理与海洋资源管理、海洋环境管理、海洋权益管理、海洋社会管理等其他管理类型的侧重点不同，但都属于海洋管理的组成部分。在具体的管理理念和方式上，不同类型的海洋管理相互间存在明显的交叉性，如陆海统筹的管理理念既体现在陆海产业经济的统筹管理，也体现在陆海国土资源、陆海生态环境的统筹管理。

海洋经济管理是通过不同管理主体的管理行为，利用多样化的管理工具和管理手段，在国际、国内、行业及企业等层面对海洋产业开发活动进行协调和控制，形成一个覆盖宏观、微观多层次的管理体系。海洋经济管理的基本原则是陆海统筹与综合管理，即统一协调陆海产业规划，科学配置海洋产业扶持政策，系统优化海洋资源开发格局，全面缓解海洋生态环境压力，实现海岸带地区社会、经济与环境的整体协调发展。海洋经济管理内容广泛，从管理对象范畴来看，海洋经济管理可分为五个层面：一是国际层面的海洋经济管理，二是国家层面的海洋经济管理，三是区域及地方层面的海洋经济管理，四是涉海行业部门的海洋产业管理，五是涉海企业的企业经营管理。不同层面的海洋经济管理活动既相对独立又相互联系，彼此之间具有紧密的关联性。地方及行业层面的海洋管理需要符合国家海洋经济管理要求，也要照顾到涉海企业的发展需求。国家层面的海洋经济管理则既需要考虑地方海洋经济与涉海行业发展需要，也要考虑国际海洋经济合作和发展一般规律。层次清晰、分工明确、彼此协调、运转高效的海洋经济管理体系建设是一个国家、地区海洋经济健康发展的基础保障[2]。

---

[1] 孙斌，徐质斌. 海洋经济学 [M]. 青岛：青岛出版社，2000：287.
[2] 本章主要论述宏观层面的国家与区域海洋经济管理，不涉及微观层面的行业和涉海企业管理。

(二) 基本属性

受海洋资源与海域空间特有属性的影响，一些海洋经济活动具有与陆域经济活动不同的特点，包括海洋经济活动的开放性、关联性和高风险性等，这也决定了海洋经济管理与传统经济管理的差异。为适应海洋经济活动的特有属性，传统的经济管理行为也相应地发生变化，形成了海洋经济管理的特有属性。

1. 综合性

海洋水体的流动性和空间的立体性使得任何海洋经济活动都不是孤立的，发生在沿海特别是海洋中的产业开发活动都会对其他区域及其他行业产生影响，特别是随着海洋产业开发的不断深入，这种表现越来越明显。从现代海洋产业的发展来看，既有传统海洋产业的创新升级，又有新兴海洋产业的不断产生。海洋产业涉及范围之广、门类之多，几乎可以与陆地的产业相对应，如我国的海洋经济涉及水产、盐业、航运、矿产、石油、旅游等20多个行业。不同地区的海洋开发活动，以及不同的海洋产业相互影响，有些开发可以相辅相成、互相推动，有些却是相互制约、此消彼长。传统的经济管理涉及中央与各级地方政府的多个管理部门，管理权限分散、职责界定不明确。单一部门、单一政策法规只针对问题的一部分，缺乏部门间的密切合作与协调机制，难以形成一个整合的管理体制。海洋经济管理需要强调其整体性和协调性，需要整合多元化的政府职能部门和管理机构，强化不同地区政府、职能部门、行业以及公众间的协调与沟通，突出其管理的综合性。

2. 关联性

海域空间所属资源的开发利用离不开陆域空间的支撑，海洋经济活动是陆地经济活动向海洋的延伸和拓展，陆海经济活动具有高度关联性和内部互动性，包括海陆产业链的互动和海陆管理行为的协调。这种海陆空间、资源与产业的一体化发展既决定了陆海经济活动的紧密关联和整体协调，也决定了陆海经济活动的相互制约与产业链整合能力。只有统筹海陆产业开发活动，构建陆海一体化的海岸带经济管理体制，实现陆海经济活动的统筹管理和一体化发展，才能最大限度地提升海洋资源的开发与利用效率，推动海洋经济的可持续发展。此外，海洋产业间的纵向依赖与横向影响也对海洋经济管理产生深刻的影响，形成了海洋行业管理间的相互协调与促进机制。合理配置海洋资源与空间利用结构，构建一体化的区域复合型海洋经济体和上下游整合的海洋产业链成为海洋经济管理的重要导向，这造就了海洋经济管理的行业关联性与区域协调性。

3. 适应性

海洋经济活动的主体发生在海岸带区域，海岸带环境的复杂性、多变性和不确定性决定了海洋经济管理是一个动态的连续适应过程，其核心是应对海洋资源开发与海洋环境变化的不确定性。海洋认知的欠缺和对环境影响的不可预知性决定了海域利用活动的高不确定性和高风险性。为避免海洋经济活动造成重大的或不可逆转的生态破坏和经济损失，海洋经济管理政策的制定和管理机制的构建必须本着预防性原则，按照适应性管理的基本要求，通过不断的尝试和学习，以形成适合海洋经济发展需要的管理体制和发展措施。同样，海洋经济发展在适应复杂的自然环境前提下，也需要适应一个国家和地区的社会、政治和文化环境，特别是要适应国际海洋大开发战略的需要，在确保国家海洋权益和和平利用海洋的基础上，形成符合国情和区域社会经济发展特色的海洋经济管理体制与运行机制，以更好地服务国家海洋战略需求。

二、海洋经济管理的目标和手段

（一）管理目标

随着《联合国海洋法公约》的生效以及人类开发利用海洋活动的持续深入发展，海洋经济管理在各沿海国不断地实践和发展中得到重视，并被赋予了新的含义和目标。联合国《21世纪议程》明确提出人类未来的一项基本任务——保持海洋的可持续利用，这也成为沿海国家海洋经济管理的终极目标。2009年，《中国海洋21世纪议程》提出了"建设良性循环的海洋生态系统，形成科学合理的海洋开发体系，促进海洋经济持续发展"的总体目标，把海洋生态系统保护和发展海洋经济作为海洋管理工作的中心任务，通过政策、法规、区划、规划等来实现适度合理开发海洋资源，促进海洋经济持续、稳定与协调发展。

1. 规范海洋资源开发行为，实现海洋资源的可持续利用

要十分重视海洋资源和空间的整体性、分布的复杂性和相互关联性特征，在开发前统筹规划，权衡资源的生态价值和经济价值，合理确定开发的次序和程度；在海洋开发过程中，要通过系统监管，严格规范海洋开发行为；后期强化评估与反馈，及时修正和中止不合理的资源开发活动，最大限度地发挥海洋资源的价值，实现海洋资源的可持续利用。

2. 减少海洋生态环境损害，增强海洋环境承载能力

在海洋开发利用活动中，应该充分考虑诸多自然因素之间的关联性，同时关注海洋生态系统中所有组成部分之间的制约关系，以及生物与其生存环境之间的平衡关系，通过有效的管理和规制制约，可以将海洋开发活动的规模和强度控制在海洋生态系统所能维持的范围之内，从而提高海洋资源的集约利用程度，防止和减少生产活动对海洋自然资源和生态环境的损害，保持海洋生态系统的平衡与健康状态，保持或增强海洋自然环境的经济承载水平。

3. 推动海洋经济增长，实现陆海经济协调发展

强化规划和政策引导，根据不同地区和海域的自然资源禀赋、生态环境容量、产业基础和发展潜力，按照以陆促海、以海带陆、陆海统筹、人海和谐的原则，积极优化海洋经济总体布局[①]。全面协调各类海洋资源开发利用活动，打造布局合理的海洋产业集群，加快海洋产业结构转型升级步伐，提升海洋经济总体实力，实现陆海经济协调发展。

4. 维护国家海洋权益，拓展海洋发展空间

根据《联合国海洋法公约》以及相关国际规制原则，倡导国际合作，在充分利用本国沿海及专属经济区资源，发展本土海洋经济基础上，引导国内企业和机构"走出去"，通过技术输出和产业链合作，共同开发利用海洋资源，拓展海洋产业发展空间，最大限度地维护国家利用全球海洋资源的权

---

① 刘广斌，张义忠. 促进中国海陆一体化建设的对策研究 [J]. 海洋经济，2012 (2)：11-17.

利,服务于国民经济发展。

(二) 管理手段

海洋经济管理职能部门及行业组织可以运用法律、行政、经济等手段,从不同方面和不同层次对海洋经济活动进行有效监管和引导,以确保海洋资源开发利用活动与海洋资源环境保护的协调统一。

1. 法律手段

海洋经济管理要坚持"依法治海,依法管海"原则,要加强海洋经济法律法规体系建设,将符合本国国情的海洋经济发展方针、政策及行之有效的重大管理举措用法律规制的形式固定下来,规范和引导各类海洋经济活动,为科学、合理开发利用海洋提供重要的法律保障。由于法律手段不随个人的意志力转移,具有稳定性、公正性和强制性的特点,所以能有效解决海洋开发的盲目性和随意性,不仅可以全面地体现国家政策的要求,而且能为海洋经济管理的其他手段如行政、经济等手段提供法律依据[1]。

2. 行政手段

所谓行政手段是指国家海洋管理部门在海洋经济管理活动中采取的行政管制行为,其实施必须根据法律的授权和国家行政管理部门的职责来进行,包括行政命令、指示、组织计划、行政干预、协调指导等[2]。国家海洋管理部门通过行政手段组织、协调、规范、指导国内各行政区域、各涉海部门、各海洋产业之间的关系以及各种海洋开发利用活动,并通过不同的产业政策引导和规范海洋产业开发活动,确保海洋及其资源的合理开发和永续利用,实现海洋开发社会、生态、经济效益的有效统一,确保海洋产业开发不仅符合地方和部门利益,也符合国家长期发展目标和整体利益。

3. 市场手段

市场手段是海洋经济管理中的核心管理工具,在科学开发和有效保护海

---

[1] 崔凤,王启顺. 海洋管理的社会学阐释 [J]. 中国海洋大学学报(社会科学版),2013 (1):15-19.
[2] 王诗成. 中国21世纪海洋管理战略研究——加强海洋法制建设走依法兴海之路 [J]. 海洋开发与管理,2001 (2):5-11.

洋资源方面发挥着关键作用。运用市场手段去实现对海洋经济活动的有效管理主要包括以下几方面[①]：一是明晰海洋资源产权，强化产权约束。建立海洋资源产权制度，明确界定海洋资源的经营权、所有权和使用权，对海洋经济活动主体在海洋资源开发中形成的产权关系中的权利、责任和义务进行合理有效的组合、调节，实现对海洋资源资产的优化配置。二是全面实施海域有偿使用制度，对开发利用海洋资源的单位和个人，依法收取海洋资源补偿费，实行海洋资源有偿使用。三是运用经济杠杆来调控海洋产业开发活动。充分利用税收、利率等经济杠杆，抑制一些技术落后、环境污染严重、资源利用效率低下的海洋产业项目，扶持和鼓励海洋高新技术和海洋新兴产业的发展，引导国内外大企业、大财团以及社会资金投资海洋高新技术产业和战略性新兴产业，加速海洋产业结构的优化升级进程。

三、海洋经济管理的任务与方式

（一）管理任务

海洋经济管理的核心导向是在确保海洋生态环境健康基础上，利用法律、行政及经济等多种手段，协调和引导各类海洋经济开发活动，最大限度地提高海洋资源和空间利用效率，实现海洋经济的持续健康发展。从目前国内外海洋经济发展与管理经验来看，海洋经济宏观层面的基本管理任务包括以下五方面。

1. 强化规划引导，优化区域布局

海洋经济发展战略与规划是海洋经济管理的前提和依据。围绕国家总体发展战略和大政方针，本着陆海统筹原则和可持续发展理念，科学制定国家海洋开发战略、海洋空间规划及产业发展规划，合理配置海域利用空间，优化沿海海洋经济发展布局。顺应国际海洋开发潮流，明确国家海洋经济战略定位，充分发挥海洋资源与区域优势，夯实海洋经济发展基础，发展壮大海洋经济，提升海洋经济在国民经济发展中的地位。强化规划引导，完善海洋

---

① 管华诗，王曙光. 海洋管理概论[M]. 青岛：中国海洋大学出版社，2003：192-193.

产业规划体系，拓展海洋产业发展空间，优化海洋资源开发布局，推动海洋产业集聚发展，打造空间布局合理、战略导向明确、产业与环境协调发展的海洋经济发展格局。

2. 创新体制机制，协调行业管理

海洋经济管理体制和机制的创新与完善是海洋经济管理的基础。海洋经济的健康发展建立在科学的管理体制和高效的管理机制基础上，遵循海洋经济发展规律，本着适应性和预防性管理原则，探索构建跨部门的海洋综合管理体制，打破传统的海洋经济管理条块分割、各自为政的局面，建立上下一体、条块融合、区域合作、行业协调、分工明确的新型海洋经济管理体制，最大限度地降低制度成本，提高管理效率。探索建立学习型海洋经济管理机制，突破传统的计划经济指令式管理机制，实现自上而下的权力管理机制和自下而上的经验管理机制的融合发展，形成一个完整的学习型管理体系，提高管理效率，实现跨区域、跨行业管理体制和任务型、效率型管理机制的创新发展。

3. 鼓励政策扶持，提升产业结构

海洋产业开发定位及相关配套扶持政策是海洋经济管理的主要手段。海洋产业发展建立在市场调节的基础上，但海洋产业发展离不开政府行政手段的调节。海洋产业发展特有的高投入、高产出及高风险属性决定了海洋经济发展的不确定性，也导致了海洋经济管理的政策引导性。本着资源与环境统筹、产业协调发展的原则，制定并建立系统协调的供给侧产业政策框架，明确不同的产业发展导向和重点发展环节，依托土地海域、税收保险、财政金融及科技人才等政策工具，形成差别化的产业引导与扶持政策体系，合理调整提升传统落后产业，培育壮大战略性新兴产业，优化海洋产业结构，扩大海洋产业规模，推动海洋经济创新、协调、绿色、开放、共享发展。

4. 完善规制体系，全面依法用海

依法用海是海洋经济管理的基本途径。海洋经济的持续健康发展离不开完善的规制体系和法律法规保障，涉海法律和规制的制定与实施是海洋经济管理的必要手段。加强海洋立法工作，提高海洋开发相关规制与法律制定的前瞻性和系统性，完善海洋经济管理法律规制体系，规范各级海洋经济管理部门的行政管理职能，强化海洋经济管理权的运行监督和地方海洋经济主管部门的依法行政能力。积极融入全球海洋治理，深度参与国际性和区域性海洋开发规制与标准的制定，维护国家海洋经济发展和公海海洋资源开发权益。建立健全涉海行业规制体系，特别是与海洋资源开发和海洋产业活动密切相关的规制与标准，加快涉海行业管理的法治化和规范化进程。

5. 搭建运行监测网络，提升信息化管理水平

完善海洋经济运行监测网络，提升海洋经济管理的信息化水平是海洋经济管理的重要技术保障。本着科学决策和精细化管理的要求，充分利用互联网、统计云、大数据、区块链等现代信息技术，创新海洋经济统计与运行监测机制，优化海洋经济信息采集技术和信息渠道，扩大海洋经济信息采集范围和信息种类，建立层次合理、实时高效、覆盖面广，适合海洋经济与涉海产业发展需要的现代海洋经济运行监测网络，增强海洋经济运行监测与评估能力，提升海洋经济运行信息统计与监测的时效性和准确性，实现海洋经济管理的信息化和自动化，推动海洋经济成为国民经济发展的新动能。

（二）管理方式

为适应海洋经济活动复杂化、多元化的发展趋势，海洋经济管理的方式也在不断变革。先进的管理理念在海洋经济管理中的应用不断拓展，形成了若干特色鲜明、具有典型示范价值的海洋经济管理方式。

1. 海洋综合管理

海洋综合管理是以实现海洋可持续发展为目标，通过统筹协调各类海洋开发活动，平衡海洋保护和开发，在维系海洋生态系统的健康和韧性的同时，保障民生和就业。海洋综合管理是一种全面、协调的管理模式。它超越了传统的单一部门、单一领域管理方式，将海洋资源、环境、经济等多方面因素纳入综合考量体系。这种管理模式不仅关注海洋资源开发利用，也注重海洋生态系统保护，力求在多个目标之间寻求平衡。在管理实践上，通过整合各部门职责、协调各方利益，实现海洋事务整体优化，避免了以往部门分割管理导致的各自为政和资源浪费等问题。

海洋综合管理的核心目标是保障国家海洋权益，确保海洋资源的可持续利用，旨在促进海洋经济持续健康发展，提高海洋资源利用效率，推动海洋产业结构优化升级。同时，致力于维护海洋生态系统的稳定与完整，减少人类活动对海洋生态环境的负面影响，实现海洋生态环境与经济社会协调发展，为当代及后代人的生存与发展提供坚实的海洋基础。海洋综合管理的应用范畴广阔，体现在海洋资源开发、海洋环境保护、海洋权益维护等诸多领域。在海洋资源开发领域，通过综合管理对不同海洋产业进行统筹规划，合理布局渔业、航运、旅游、能源开发等产业，防止过度竞争和资源浪费。在海洋环境保护方面，综合运用监测、评估、执法等多种手段，加强对海洋污染、生态破坏等问题的监管与治理，推进海洋生态修复。在海洋权益维护方面，通过制定相关政策和战略，加强海洋执法力量建设，提升国家在海洋事务中的话语权和影响力，保障国家海洋权益不受侵犯。

2. 基于生态系统的海洋管理

基于生态系统的海洋管理是一种跨学科的管理方法，以充分考虑生态系统中生物与生物、生物与环境之间相互关系为基础，强调生态系统的结构、功能和过程，以海洋生态系统而不是行政范围为管理对象，以达到海域资源的可持续利用为目标，对社会、经济和生态效益进行耦合以达到最大化的管理体系。基于生态系统的海洋管理强调人类的开发利用活动应该以确保海洋生态系统的结构和功能的完整性为前提[1]。

在管理过程中，该管理方式不是仅仅关注某个物种或某个局部区域，而是从生态系统的尺度出发，重视生态系统的承载能力和韧性，将生态系统健康作为管理的核心考量因素，以实现海洋生态系统的长期稳定和可持续服务功能。其核心的管理目标是在满足人类合理利用海洋资源需求的同时，避免对生态系统造成不可逆的损害，实现生态效益、经济效益和社会效益的综合平衡。实践层面中，国内外已有诸多基于生态系统的海洋管理典型应用示范。例如，在海洋保护区建设中，依据生态系统特征和保护需求，科学划定

---

[1] 张继伟，李青生，郭晓峰，等. 基于生态系统的海洋管理：发展历程、概念、原则、框架和建议[J]. 环境与可持续发展，2019，44（1）：82-89.

保护范围，制定针对性管理措施，保护关键生态系统和珍稀物种栖息地。在海洋渔业管理方面，根据生态系统承载能力确定渔业捕捞限额，推广生态友好型捕捞方式，保护海洋生物多样性，促进渔业资源可持续利用。在海洋生态修复工程中，通过恢复海草床、珊瑚礁、红树林等典型生态系统，提升生态系统服务功能，改善海洋生态环境质量，增强生态系统应对环境变化和人类干扰的能力。

3. 海洋适应性管理

适应性的项目管理是一种以灵活性和响应性为核心的项目管理方法，它通过快速适应变化、持续反馈和迭代改进来应对不确定性和复杂性。海洋适应性管理是一种基于对海洋环境和生态系统变化的监测和评估，及时调整管理措施和管理目标，以适应海洋系统复杂性、不确定性和动态变化性特征的管理方式。与传统的静态管理方式相比，海洋适应性管理强调管理过程中的学习与反馈机制，将管理视为一个不断试错和改进的过程。在收集和分析海洋环境数据、生态系统响应数据以及社会经济数据等多源信息的基础上，通过对这些数据的综合分析，提高对海洋系统变化规律的认识，为管理决策提供科学依据。

海洋适应性管理的目标是提高海洋管理的灵活性和适应性，增强海洋系统应对不确定性和变化的能力。旨在构建一个能够自我调整、自我优化的管理框架，在面对海洋环境变化（如气候变化、海平面上升、海洋酸化等）、生态系统突变（如物种入侵、生态灾害等）以及社会经济需求变化时，能够迅速做出反应。相较于其他管理方式，海洋适应性管理能够确保海洋资源的可持续利用和生态系统的稳定，减少因管理僵化而导致的资源浪费和生态破坏，实现海洋管理的可持续性和长期有效性。

4. 陆海统筹管理

陆海统筹管理是指将陆地和海洋视为一个有机整体，在资源开发、环境保护、经济发展和社会进步等方面进行综合规划和管理的管理模式。这一管理模式打破了陆地与海洋二元分割的传统理念，强调从陆海一体化的整体性视角优化资源要素的配置。在具体实践中，要求综合考虑各系统的资源承载能力和空间适宜性，探索海陆资源用途分类、海陆资源空间管制，以及海陆资源与生态环境、经济社会发展关系等，进行区域发展规划编制及实践管理工作，避免因规划主体不同对海陆资源进行分割管理引起的用途矛盾与空间冲突，以促进沿海地区经济快速、高质量发展[①]。

陆海统筹管理的最终目标是通过促进陆海全域各类要素间的优化配置，打造资源、环境、经济及社会多维度协同发展的区域网络。首先，其致力于打破海陆界限，包括陆地与海洋、潮上带与潮下带以及海岸线内侧与外侧的隔阂，基于海陆资源的互补特性和要素的流动性，实行开发与保护并重的策略，推动资源的协同开发和高效利用。其次，着眼于海陆产业的联动，结合陆域和海域的发展潜力与资源环境承载能力，对沿海产业规模与布局进行统筹规划，以实现海陆产业的联动发展，并优化沿海地区的生产空间。再次，立足于海陆空间的互联，推动沿海地区实现港口、产业、城市和居民的融合发展，优化沿海地区的生活空间。最后，针对陆海统筹中存在的多尺度统筹管控问题，力求提高不同等级区域的制度嵌入性，消除地区间的行政壁垒，解决规划冲突和管理条块分割等问题，从而提升陆海统筹管理的整体效能。

5. 多中心海洋治理

多中心海洋治理是一种多元主体共同参与的管理模式，它摒弃了传统单一政府主导的治理模式，强调政府、企业、社会组织、科研机构、沿海社区等多元主体在海洋治理中的协同作用。各主体基于自身优势和资源，在海洋治理的不同领域和环节发挥独特作用，通过建立有效的沟通、协商和合作机制，促进信息共享和资源整合，形成治理合力。多中心海洋治理注重自下而上的治理动力，激发社会各方参与海洋治理的积极性和创造力，提高治理的民主性和科学性。

多中心海洋治理旨在充分发挥多元主体的优势，弥补单一主体治理的不足，提高海洋治理效能。通过多元主体协同合作，整合各方资源，实现治理资源的优化配置，提高治理效率和质量，增强海洋治理的透明度和公信力，促进社会公平和公众参与，保障公众对海洋事务的知情权、参与权和监督

---

① 侯勃，岳文泽，马仁锋，等. 国土空间规划视角下海陆统筹的挑战与路径[J]. 自然资源学报，2022，37（4）：880-894.

权。与传统管理方式相比,多中心海洋治理能够适应海洋事务的复杂性和多样性,通过多元主体的互动和创新,探索多样化的治理方式和解决方案,推动海洋治理向精细化、专业化、科学化方向发展。多中心的治理模式在海洋生态环境领域中已经得到广泛应用。在海洋生态保护项目中,政府提供政策支持和资金引导,企业投资生态修复工程,社会组织监督项目实施并开展宣传教育,沿海社区积极参与生态修复行动,如红树林种植、海滩清洁等,形成多主体协同推进生态保护的良好局面。浙江推广的"蓝色循环"海洋垃圾整治项目就是典型的多中心治理模式,通过废弃物再利用的收益激励,引导渔民、志愿者、企业等社会多方主体共同参与,以低成本、高效率的方式实现海洋生态效益和经济效益的统一。

第二节 海洋经济管理体制

一、海洋经济管理体制概述

(一) 概念内涵

海洋经济管理体制是一个国家或地区在其所辖海域行使管理职能的具体体现,是管理体制在海洋经济领域的延伸。具体而言,海洋经济管理体制是在国家基本经济政治制度下海洋经济运作系统的具体组织形态,是中央和地方政府,海洋生产、科技、服务单位行使管理职能的机构设置、权限划分和活动规则的总称[1]。海洋经济管理体制的系统设计与科学安排是合理配置海洋生产关系、最大限度地发展海洋生产力、提高海洋经济运转效率的重要保证,是实现海洋经济高效管理、推动海洋经济健康发展的前提。

海洋经济管理体制建立在传统的经济管理体制基础上,可归纳为计划经济管理体制和市场经济管理体制两种模式。随着全球市场经济的发展,计划经济的缩减,计划经济管理逐渐让位于市场经济管理,市场经济管理体制占

---

[1] 孙斌,徐质斌. 海洋经济学 [M]. 青岛:青岛出版社,2000:288.

据主导地位,这在海洋经济管理领域也不例外。从国内外海洋经济管理发展态势来看,国家海洋经济管理体制主要表现为市场经济管理体制,其基本管理组织框架整合在海洋综合管理体制中,主要内容包括海洋经济管理权力的划分、海洋经济管理机构的设置、海洋经济运行机制的设计、海洋经济管理手段的选择以及海洋经济收益的分配等。其中,海洋经济管理权力的划分与权限的设定是决定其他海洋经济管理体制要素的基础,只有明确了海洋经济管理的权责利关系和范畴,才能科学设计海洋经济运行机制,合理设置海洋经济管理机构,实现海洋经济的高效有序管理。

(二) 基本类型

各国在政治制度、经济发展、社会文化等方面存在差异,特别是海洋经济运行机制和发展阶段的不同,使得其国家海洋管理体制也表现出不同的发展形势。基于管理机构设置和管理权力划分,国际海洋经济管理体制基本上可以分为集中型、分散型和综合型三种类型。国际经验表明:三种类型在管理效率、社会公平与经济可行性方面各有利弊,不同国家和地区应根据各自的政治、经济体制和海洋开发现实需求作出理性选择。

1. 集中型体制

集中型海洋经济管理体制主要体现了中央集权管理的理念,其经济管理权限主要集中在中央政府手中,具有全国统一的海洋经济管理机构和行业管理组织。海洋经济管理协调机制体现了综合管理属性,海洋经济管理方式多利用自上而下的行政指令和产业政策工具,具有统一的海上执法队伍,对资源开发、产业发展、权益维护、环境保护等实施综合管理。集中型海洋经济管理模式出现较晚,大都始于20世纪80年代后期,是沿海国家适应国际海洋开发形势和国际海洋法发展的结果,代表了国际海洋经济管理的一种导向。

集中型海洋经济管理体制将海洋经济管理的主要职能集中在中央政府和综合性的海洋主管部门手中,有利于提高中央政府的管理权威,提升国家海洋经济管理效率,实现海洋资源与空间的宏观综合配置和全面有效利用,推动海洋经济发展与海洋生态环境的整体协调发展。集中型海洋经济管理也具有明显的缺陷,特别是对于海洋大国而言,集中型海洋经济管理存在管理决策时效差、应变能力减弱、削弱地方政府积极性等问题,需要通过管理机制的创新来弥补。在现实发展中,受到技术、信息与管理能力的制约,完全的集中型海洋经济管理还难以实现,任何一个单独的海洋管理机构都无法承担所有涉海经济管理职能,因此只能构建相对集中型的管理体制。当前采用集中型海洋经济管理体制的国家有法国、荷兰、韩国等,具有一个综合性的海洋管理部门或国家统一的行业管理机构是这些国家的基本特点。

2. 分散型体制

分散型海洋经济管理体制主要体现了地方分权管理理念,其经济管理权限分散在不同层次的中央及地方政府、行业管理部门和市场组织中,没有建立全国统一的海洋经济综合管理机构。海洋经济管理模式属于分散型管理,其管理方式多为区域管理和行业管理,市场和法律规制工具在其海洋经济管理中起着主导作用。分散型海洋经济管理历史悠久,体现了自由市场经济的传统,没有统一的海上执法队伍,海洋资源开发、海洋产业发展、海洋环境保护等管理分属不同的管理机构和非政府组织。

分散型海洋经济管理体制将海洋经济管理权责置于不同的海洋管理职能部门和市场化运作的组织,地方及市场管理主体的自主性和灵活性较高,行业管理体制具有很强的专业性和针对性,相对更适合多变的海洋经济发展需要,且将一些非政府行业组织纳入海洋经济管理机构,管理权限分散于中央与地方政府,避免了海洋经济管理权力的过度集中与中央集权问题,但在决策效率、海洋产业总体布局和海洋经济宏观调控方面有所欠缺,需要中央政府强化在海洋战略与规划上的引导,以及政策法规管理上的规范,以避免分散型管理造成的地方政府各自为战、行业与环境冲突等问题。现有的分散型海洋经济管理体制国家主要有英国、德国、俄罗斯、瑞典和马来西亚等,其共同特点是在国家层面缺乏综合的海洋管理部门,海洋经济管理条块分割现象突出。

3. 综合型体制

综合型海洋经济管理体制体现了中央集权与地方分权相结合的管理理念,其经济管理权限由中央和地方政府合理分享,既具有权力相对集中的综合性管理部门，又具有相互独立且协调合作的行业性管理机构。这种管理体制体现了集中统一和分享共享相结合的管理原则，在管理过程中综合运用行政、规制与市场等多元化的经济管理工具，针对不同的海洋经济活动进行不同的管理体制与机制配置，充分发挥了中央政府的权威性和地方政府的管理积极性。

综合型海洋经济管理体制既重视中央政府的宏观调控作用，又没有舍弃地方政府管理的灵活性和适应性，总体上体现了集中管理和分散管理的优势与长处，有效缓解了中央集权管理的僵化和分散管理的条块分割问题，但存在高层次决策协调机构能力不足，不同部门、行业间的协调合作缺乏主动性的弊端。这对中央政府的管理协调能力提出了更高的要求，不仅需要对中央与地方政府和行业部门间的管理权责进行系统的设计与科学的安排，也需要建立完善的法律规制体系与跨地区、跨行业的高效管理协调机制。美国、中国、澳大利亚和日本等海洋大国实行综合性的海洋经济管理体制。这类国家大多海岸线漫长、管辖海域面积广阔，海洋经济发展规模大，产业门类相对齐全，海洋经济管理任务繁重。其海洋经济管理体系中，一般会在中央政府下设立一个专门的海洋管理部门，有选择地管理部分海洋经济事务，一般设有高级别的海洋事务统筹协调机构，负责协调地方与涉海职能部门之间的冲突，普遍具有相对完善的涉海法律规制体系和统一的海上执法机构，由中央和地方主管机构合作分工负责进行管理。

（三）演变趋势

随着陆海统筹、适应性管理、多中心治理等前沿管理理念在海洋领域的应用深化，各个国家和地区的海洋经济管理体制逐步由分散型管理向集中型管理，再到综合型管理的方向演进，具体包括陆海一体、条块统筹、综合协调等趋势特征。

1. 陆海管理的一体化统筹

陆海一体化发展是国际海洋经济发展的特有属性，更是海洋经济持续健康发展的内在要求和发展导向，这对海洋经济管理体制的发展与演变具有决定性的影响。建立与国际海洋经济一体化发展导向相适应的管理体制和管理模式,将陆海规划、规制建设与管理执法等有机地融合在一起,形成一个统一、协调、高效的区域海洋经济管理体制,不仅是拓展陆域产业链条,也是优化海洋经济发展空间,提升海洋经济竞争力的重要保障,实现由陆向海拓展的重要管理支撑。陆海一体化海洋经济管理体制的发展符合未来海洋经济发展的陆海联动和创新驱动的发展特点,有利于推动陆海产业的联动和创新要素的整合,发挥陆域经济发展的传统优势和丰富的产业要素资源,为海域资源开发和海洋经济发展提供更加强劲的动力,推动海洋开发活动不断向深海远洋进军。

2. 管理主体的多元化协调

随着国际海洋经济的多元化发展,海洋经济管理也呈现出多样化、复杂化和多变化发展态势,现有的条块分割、各自为战的海洋经济管理模式难以满足海洋经济多元化、高风险的发展需要,需要对现有的管理主体及其管理模式进行有效的整合和创新。基于现代国家治理理论,依托现代信息技术和管理决策手段,构建多元化的管理主体合作网络,推动管理主体间的良好互动,协调各管理主体间的管理定位,探索有利于实现海洋经济综合管理的涉海行业间的协调与部门间的合作机制,建立集中与分散、统筹与分工相协调的新型海洋经济管理体制,按照预防性和适应性管理原则,形成不同行业、不同地区的涉海管理主体分工协作、各负其责的管理框架,创新发展区域海洋经济联合体、行业联盟等民间协作机制。推动海洋综合管理机构建设,赋予国家层面的海洋经济管理协调和行业整合职能,推动规划引导和依法管理进程,压缩行业管理职能,提高行业管理的市场化水平。探索发展条块结合的海洋经济管理机制,建立跨区域的海洋经济管理体制,拓展地方海洋经济主管部门和行业管理部门间的沟通与合作渠道,并以法律规制的形式加以制度化,实现海洋经济的规范化管理。

3. 管理架构的多要素整合

海洋经济管理体制的创新发展要实现对海洋经济发展各类要素的综合管理,不仅涉及海洋经济发展自身的问题,也与海洋社会、文化、生态和资源环境问题密切相关,这就需要实现对海洋经济发展的有效监管,又要考虑到海洋开发活动对当地的社会、经济、文化与生态环境的影响及其交互作用关系。随着全球海洋经济的深入发展，海洋经济管理体制在完善海洋经济管理组织架构和职能分工的同时，也在不断改进与海洋经济发展密切相关的管理制度、运行机制、利益分配和管理手段等管理要素，在创新海洋产业管理机制的基础上，将海洋资源管理、海洋环境管理、海洋科技管理、海洋信息管理及海洋生态文明管理等要素管理融入海洋经济管理体系中，构建基于生态系统的海洋综合管理体制与管理模式，以适应未来海洋开发的多要素管理需求。此外，建立对海洋经济发展全过程的管理机制也是海洋经济管理体制建设的重要导向，包括建立科学合理的海洋经济规划与规制编制体系、系统全面的海洋经济运行监管体制以及高效完善的海洋执法机制等，整合不同地区与涉海行业的海洋监管与执法力量，推动海洋经济管理体制的创新发展，提高海洋综合管理水平。

二、国外海洋经济管理体制

（一）美国

与大多数沿海国家一样，美国早期的海洋经济管理也属于分散型管理模式，海洋经济管理处于条块分割状态，不同的行业和地区都具有独立的海洋经济管理体制，各沿海地区与涉海部门内部相互之间缺乏管理协作。直到20世纪70年代，随着美国《海岸带管理法》的出台，美国政府才在商务部设立了国家海洋与大气管理局，将部分海洋资源开发与经济管理职能赋予这个综合性的联邦海洋管理机构，并使其成为国家层面专门的海洋经济管理协调机构。2000年，联邦《海洋法》授权建立了海洋政策委员会，授予其国家海洋政策研究与咨询的职能。2004年，联邦《海洋行动计划》又提出了新的美国基本海洋开发管理架构。2010年7月，奥巴马正式宣布美国海洋、海岸带和大湖区管理政策，提出在统一的框架和明确的国家政策指导下采取行动，包括用全面、综合和基于生态系统的方法，从长远的角度保护和利用这些资源[①]。

[①] 沈杰. 美国海洋管理的经验与启示 [J]. 中国海事, 2016 (11): 56-59.

美国现行的海洋经济管理体制设置分为三个层次，即联邦政府、州政府和市（县）地方政府。联邦政府设有包括海洋战略规划、海域空间管理、海洋渔业管理与海洋经济统计等管理职能在内的海洋综合事务管理协调与服务机构——国家海洋与大气管理局，海洋运输、滨海旅游及海洋油气开发等的管理则归属其他联邦管理机构。尽管美国国家海洋与大气管理局属于中央政府的综合性管理部门，但其海洋经济管理职能有限，多数涉海产业开发活动分属商务部、内政部、能源部、国防部等相关行业部门进行管理，且州以下的地方政府也具有独立的海洋经济管理职能，这有别于集中型的海洋经济管理体制。此外，美国具有较为完备的海洋经济法律法规体系和市场经济调控机制，多数海洋经济开发活动受市场机制和涉海法律规制的调节与规范，行政命令式的集中式调控措施并不多见。

（二）加拿大

加拿大的海洋经济管理体制在国际上处于领先地位，是世界上较早设立海洋综合管理机构和建立海洋综合管理体制的国家。早在1979年，加拿大联邦政府就设立了渔业与海洋部，负责管理包括海洋资源开发与产业发展在内的国家海洋事务。1996年，加拿大《海洋法》赋予渔业与海洋部海洋综合管理职能，并提出了采用综合管理以及预防性管理方法来进行海洋开发管理的要求。为了贯彻落实《海洋法》，加拿大成立了由运输部、渔业与海洋部、产业部和国际贸易部副部长，以及航运、港口、国内与国际航运公司和海洋服务公司代表组成的国家海洋与产业委员会，负责其国家海洋政策的制定与管理咨询工作，这标志着加拿大在联邦政府层面有了一个综合的海洋经济管理机构，其管理权限远大于美国的国家海洋与大气管理局。2005年，加拿大《海洋行动计划》提出要建立海洋合作与协调机制并成立相关机构，加强国家与国际层次的制度安排，探索加强与土著社区在海洋管理中的合作关系安排，并成立海洋部长对策委员会及相应的工作组，负责具体的海洋产业管理协调工作。

加拿大海洋经济管理主要采取联邦与地方政府密切合作的综合海洋管理方式，通过统一的区域海洋综合管理规划制定过程来整合不同政府层次和产业领域的意见，并依托一些综合性的管理机构，如跨部门的联合委员会与区域合作理事会等组织实施共同管理。加拿大的海洋经济管理涉及多个联邦部门及地方管理机构，为了实现海洋经济管理的统筹与协调发展，加拿大联邦政府采取了综合性的管理措施与管治机制，由联邦政府、省/自治区政府及地方政府组成三级管理体制，并通过《海洋法》加以制度化。《海洋法》明确规定加拿大渔业与海洋部为联邦政府海洋主管部门，同时又授予联邦环境部、交通部等22个联邦政府部门辅助管理职能，负责联系与协调其他联邦政府机构、省/自治区政府及沿海地方政府等共同制定和实施河口、海岸与海洋生态系统的国家管理战略。其中，渔业与海洋部在海洋开发活动管理中具有主导协调作用，其主要海洋经济管理职能包括管理和保护渔业资源、了解海洋资源、维持海洋安全以及促进海上贸易、商务与海洋开发等。此外，为了加强联邦政府各涉海管理部门之间的沟通与协调，加拿大还成立了一个跨部门的海洋委员会来协调和指导联邦层面的海洋规划与政策制定工作，具体职能包括渔业开发、近海矿产资源勘探与开发、培育具有国际竞争力的海洋产业等[1]。

（三）日本

在日本的早期海洋经济管理中，各部门各自为政、条块分割，缺乏统一协调的机制，涉及经济产业省、农林水产省、国土交通省（含海上保安厅）、外务省、防卫省等多个省厅，存在决策机制分散、内耗、交叉等突出问题。2007年4月日本国会通过并生效的《海洋基本法》，明确了日本海洋政策的六大理念：开发、利用海洋与保护海洋环境相结合；确保海洋安全；充实海洋科学知识；健全发展海洋产业；综合管理海洋；国际合作。这六大理念大体上也反映出当前全球海洋开发、利用和保护的发展趋势和前进方向，为海洋经济管理提供了基本遵循和理念指引。同年，日本内阁府设立了综合海洋政策本部，由首相直接领导，标志着日本海洋经济管理体制从分散走向统筹。2018年，日本公布了首期《海洋基本计划》，此后每五年修订一

---

[1] 刘康. 加拿大海洋综合管理透视与借鉴[J]. 海洋经济，2010（3-4）：53-61.

次，依据该计划不断推进海洋经济管理的优化[①]。

综合海洋政策本部是日本海洋政策的核心决策机构。其职责包括制定和推进《海洋基本计划》《岛屿发展计划》等，对海洋开发、利用、保护等进行全面战略谋划和统筹协调。根据《综合海洋政策本部令》，本部内设有"参与会议"即专家委员会，负责起草《海洋基本计划》、审议评估具体海洋政策并向首相汇报。这一部门的设置克服了日本以前无机构综合管理海洋事务以及无代表性机构提出海洋法案的弊端。国家综合海洋政策本部成立后，智库、专家随即成为日本海洋决策体系的一部分。智库、专家不仅参与《海洋基本计划》的起草与效果评估，也直接参与会议工作。此外，日本还高度重视参与国际海洋事务，在《海洋基本法》与《海洋基本计划》中，均明确了日本在国际合作方面的理念和目标。

（四）韩国

韩国是集中型海洋经济管理体制的典型代表，国家设立了高度集中、统一高效的海洋综合管理部门，形成了全面的海洋综合管理法律法规体系，建立了统一的海上执法队伍，对国家管辖范围内的海洋开发活动实施全面综合管理。韩国早期的海洋经济管理也是传统的分散式行业管理，海洋经济管理职能分散在海运港湾厅、水产厅、产业资源部等多个涉海管理部门，条块分割问题突出，管理效率低下。顺应国际海岸带综合管理发展的潮流，1996年，韩国成立了海洋水产部，把原来分散在水产厅、海运港湾厅、产业资源部、建设交通部等涉海行业部门的海洋经济管理职能整合在一起，统一由海洋水产部负责。韩国海洋水产部下设计划管理室、海洋政策局、海运分配局、港湾局、水产政策局、渔业资源局、安全管理局、国际合作局等多个直属管理部门和12个地方海洋综合管理机构，形成了各司其职、分工负责的海洋开发与协调综合管理格局。同时，韩国的海上执法机构——海洋警察厅也归海洋水产部领导，形成了一个管理权限高度集中的海

---

① 王旭. 日本参与全球海洋治理的理念、政策与实践［J］. 边界与海洋研究，2020，5（1）：57-71.

洋综合管理体制[1]。

2008年，韩国政府分拆了海洋水产部，并分别与建设交通部和农林食品部合并成立了国土海洋部和农林水产食品部，将相关海洋开发管理职能进行了拆分，韩国又回到了过去的分散型海洋管理模式。到了2013年，为适应国内海洋综合管理需求，韩国政府又重新设立了海洋水产部，回归海洋综合管理体制[2]。韩国的海洋经济管理体制具有国家主导性，海洋经济管理权限集中在中央政府手中，尽管经历了分散——综合——再分散——再综合的演变过程，但中央集权的管理体制并未产生根本性的改变，国家海洋主管部门对海洋资源开发、海洋产业管理及海洋发展规划政策的制定具有绝对的权力，地方政府及相关行业管理部门只具有辅助管理职能。

（五）英国

受到英国政治体制和海洋产业管理的影响，英国的海洋经济管理体制属于传统分散型的经济管理体制，但近年来有向集中化管理体制发展的趋势。20世纪90年代初，英国政府公布《90年代海洋科学技术发展战略规划》，提出10年国家海洋战略目标和海洋发展规划。1995年，英国政府成立海洋技术预测委员会，2003年发布《变化中的海洋》报告，建议用新的管理方法对各类海洋活动进行综合管理和制定综合性海洋政策。2009年，《海洋与海岸促进法》提出了英国海洋管理制度的改革方案，要建立英国的海洋综合管理机构。该机构将取代原有的海洋与渔业部门，将原来分散的海洋管理职能集中到新的综合管理机构，但该机构的海洋经济管辖权限有限，且主要限于英格兰地区，威尔士和北爱尔兰只是被授权在当地代理行使该机构的海洋综合管理职权。苏格兰独立颁布的《海洋与海岸促进法》提出了建立苏格兰海洋管理局，其管理职能包括海运管理、渔业研究与服务、渔业保护

---

[1] 朱贤姬，等．韩国海洋水产部的建立对中国海洋管理体制改革的启示［J］．海洋湖沼通报，2008（1）：169-178.

[2] 叶浩豪．韩国海洋管理体制［J］．韩国研究论丛，2013（2）：54-66.

等,以协调苏格兰的海洋经济开发活动[①]。

三、国内海洋经济管理体制

(一) 演变历史

中华人民共和国成立以来,我国海洋经济管理体制经历了多次变革,管理体制逐步从分散型向综合型转变。在中华人民共和国成立之初,国家海洋经济管理处于初创阶段,当时海洋经济活动较少,管理体制较为简单,主要依托相关部门分散管理,未建立统一综合性管理部门。直到1964年,我国正式成立国家海洋局,但初期职能侧重海洋调查监测等科研服务,缺乏经济管理权限。20世纪80年代中后期至20世纪末,海洋经济活动日益频繁,滨海旅游、海洋油气等新兴产业蓬勃发展,传统分散管理模式难以满足需求。这一时期我国海洋经济管理体制开始探索转型,国家海洋局职能有所扩展,但总体来看,管理体制仍处于从分散走向综合的初步阶段。21世纪初至2018年前,我国海洋经济管理体制进入改革深化阶段。2008年国务院确立海洋经济统计核算制度,凸显了海洋经济战略地位。2013年国家海洋局重组,强化海洋综合管理及维权执法。至2018年,国家实施重大机构改革,对海洋管理与执法机构及其职责进行了重大调整,国家海洋局职能拆分整合,新组建的自然资源部继承了海洋综合管理的主体部分,同时将海洋环境监管职责划归到生态环境部,打破了长期存在的陆海资源、环境二元分割治理的格局。至此,我国海洋经济管理体制在集中与分散相结合、行业管理与综合协调方面取得显著进展。

(二) 运行特征

在2018年新一轮国家机构改革后,我国海洋经济管理体制呈现出多层次、多部门协同管理的特征。在中央层面,自然资源部、生态环境部、交通

[①] 周剑.海洋经济发达国家和地区海洋管理体制的比较及经验借鉴[J].世界农业,2015(5):96-100.

运输部等多个部门依据职能分工，分别管理海洋资源开发利用、生态环境保护、交通运输等事务。例如，自然资源部负责海洋自然资源调查、确权登记等工作，生态环境部主抓海洋生态环境监管，交通运输部管理港口航运。部门之间既需要各司其职，又需要协同合作。在中央与地方层面，海洋经济管理权责划分逐步明晰。中央部门侧重宏观规划与跨区域协调，制定全国海洋经济发展战略，统筹海洋资源开发与生态保护。地方政府则结合本地实际，制订区域海洋经济发展规划，推动海洋产业升级与布局优化。例如，海南省依托独特海洋资源优势，重点发展海洋旅游等产业；山东、浙江等沿海省份也积极打造海洋经济特色产业集群。此外，我国海洋经济管理还注重法律与政策协同保障。根据《中华人民共和国海洋环境保护法》《中华人民共和国海域使用管理法》等法律法规，明确管理主体的职责和权限，规范海洋经济活动。同时，政府还配套出台多项政策支持海洋经济发展，如海域使用金减免等优惠政策，鼓励海洋科技创新与产业发展。

（三）改革展望

我国海洋经济管理体制历经多年持续改革，已经基本理顺了相关职能，为推动海洋经济高质量发展提供了重要支撑，但还有诸多领域尚待优化。

一方面，当前我国海洋经济管理职能分散在多个部门，如自然资源部负责海洋自然资源的调查、确权登记等，生态环境部负责海洋生态环境保护监管，交通运输部管理港口航运等，这种分散的管理模式仍可能导致部门间职能交叉与推诿现象。未来应进一步明确各部门的海洋监管职责，强化各部门在海洋监管中的协同意识与责任担当，避免因职责不清而导致的监管空白或重复劳动，确保监管无漏洞、无重叠。另一方面，我国海洋事务的复杂性和跨区域特性要求建立高效的联合协调机制。在国家层面，可考虑设立高层次的决策协调机构，如"国家海洋事务委员会"，作为国务院议事协调机构，负责统筹协调全国海洋事务，制定重大海洋战略和政策，推动部门间的协作，形成海洋管理的合力，避免部门间的利益冲突和政策矛盾，确保海洋经济管理的宏观决策科学、合理、有效。在地方层面，应加强沿海地方政府间的合作与协调，建立跨区域的海洋管理协调机制。例如，在海洋资源开发中，相邻地区政府可共同制定开发规划，协调利益分配，避免无序竞争和资源浪费；在海洋生态环境保护方面，建立跨区域的海洋生态环境监测网络和信息共享平台，联合开展海洋污染治理行动，共同应对海洋生态灾害，实现海洋生态环境的区域协同保护。

第三节 海洋经济管理制度

一、海洋经济管理法律法规

完善的法律法规体系可为海洋经济持续稳定发展提供强有力的支撑，使得海洋资源的开发利用、海洋生态环境的保护、海洋污染的防治及海洋经济可持续发展有切实的规制保障。只有打造一个稳定协调的规制环境，形成一个规范有序的海洋经济发展规则体系，尽可能地减少或者避免涉海行业部门之间的用海矛盾和利益冲突，同时有效地解决纷争，才能确保海洋经济又好又快发展。统一完备的海洋经济法律法规体系，不仅要求公民有强烈的守法意识和法治观念，能够依法用海，而且要求管理部门切实做到依法管海，以法律法规来规范海洋经济管理行为，从而使依法用海、依法管海成为海洋经济发展的行为准则。

（一）法律法规组成

1. 法律法规框架

海洋经济发展涉及海洋生物、海洋矿产、海洋能源等多种海洋资源的开发，沿海、近岸、专属经济区及公海等各类海洋空间的利用，以及海洋科技、海洋教育、海洋金融、海洋工程、海洋生态环保等诸多生产性服务、基础配套及管理活动，需要多层面、多专业的系列法律法规来提供有效保障。

（1）国际性法律法规。以联合国、区域经济共同体发布实施的法律法规和国家或地区间的多边、双边协定为主，其中最具代表性的当属《联合国海洋法公约》。该公约是世界海洋开发与管理的基本法律基础，不仅对海洋划界、海洋权益归属及海洋争端解决进行了规定，也对全球海洋生物、矿产资源的开发利用以及海上航行权进行了规范，并提出了跨界管理的原则和措施，其法律条款适用于缔约各方[①]。为推动《联合国海洋法公约》的有效实施，联合国相关机构还制定了一些配套法律规定，以补充和完善该公约的内容。如《有关养护和管理跨界鱼类种群和高度洄游鱼类种群的规定的协定》《鱼类种群协定》《关于执行〈公约〉第十一部分的协定》[②]以及《多金属硫化物和富钴铁锰结壳探矿和勘探规章》等，对公约规定的深海矿产资源和共享渔业资源开发管理条文的实施进行了规范[③]。部门与行业的国际性法律法规多集中在海洋环境与资源管理领域，主要是与海上交通运输和海洋捕捞相关的公约，如海洋生物资源养护方面的《国际捕鲸管制公约》《养护大西洋金枪鱼国际公约》《南极海洋生物资源养护公约》《南印度洋渔业协定》等，以及与海上航运相关的《国际海事组织公约》《便利国际海上运输公约》《船舶压舱水公约》等。再就是一些区域性的涉及海洋资源利用与产业开发活动的公约和多边或双边协定，如《南极公约》《北冰洋渔业协定》《中韩渔业协定》等，目的在于协调不同国家和地区间海洋开发的矛盾与冲突，推动海洋资源的共享与和平利用。

（2）国家法律法规。包括一个国家或地区的涉海综合性法律法规和部门性规章体系。综合性的国家海洋法律法规主要是针对海域开发与利用行为的管理，不仅包括海洋经济开发活动，也包括生态环境保护与国家海洋权益维护，是一个国家或地区依法管理海洋的基本准则和规范。如美国的《海岸带管理法》、加拿大的《海洋法》、日本的《海洋政策基本法》、我国的《海域使用管理法》等，都对沿海及海上开发活动进行了系统全面的规范。行业或部门法律则是相关主管或职能部门制定的专项法律规定或部门管理条例，如美国的《渔业法》《航运法》，加拿大的《海运法》《渔业法》，我国

---

① 张海文，李海清. 联合国海洋法公约（释义集）[M]. 北京：海洋出版社，2006：101-112+165-219.

② 《联合国海洋法公约》第十一部分规定了"区域"制度，"区域"是指国家管辖范围以外的深海洋底及其底土。

③ 贾桂德，尹文强. 国际海洋法发展的一些重要动向[J]. 太平洋学报，2012（1）：10-25.

的《海上交通安全法》《海商法》《渔业法》等，这些部门法律规制主要是针对单一行业的管理规范，但需要与国家综合性海洋管理法规及其他行业规制相协调。此外，为确保法律规定的实施和执行，行业主管部门与相关机构还配套出台了很多法律法规实施细则与行业规范性文件，作为相关法律规制的补充，共同形成一个完善的国家海洋经济管理法律规制体系。

（3）地方性法规条例。地方层面的海洋经济管理法律规制与国家政治体制密切相关。对于不具备立法权的地方政府而言，只能在国家相关法律规制的基础上，制定一些管理规定或实施细则；对于具有立法权的地方政府而言，则可以根据自身发展需要，在国家相关法律规制的基础上，建立自己的海洋经济管理规制体系。欧美国家的地方政府一般具有独立的立法权，因此可以结合本地海洋资源开发与海域空间管理需要制定相应的法规条例，如美国沿海很多州县都有各自特色的涉海法律规制，通过法律规定来规范和协调海洋资源开发与海域空间利用行为。总体而言，地方性海洋经济管理法规条例是对国家层面相关涉海法律规制的补充，更多的是针对国家法律法规制定的实施细则和落实方案，只有少部分是具有地方特色的海洋经济管理规制，但这些规制建立在国家相关法律法规基础上，不能与国家相关规定和法律条文相抵触。

2. 重点应用领域

国际海洋经济管理法律规制多种多样，其内容涉及海洋开发权益、海洋产业安全、海洋环境保护以及海洋资源利用等多个领域，且在不同的政府层面有不同的立法目的和管理导向，并通过不同的法律规定和奖惩措施来规范与引导海洋开发行为。

（1）海洋开发权益维护领域。这一领域的法律规制以国际和国家的综合性法律法规为主，其立法目的主要是明确国家的海洋经济权益，确定国家的海洋开发权利和义务，并通过协商、谈判、仲裁等机制来维护国家的海洋开发权益，包括海洋资源开发权和海洋空间利用权等。海洋开发权益的确立是国际海洋经济管理法律法规实施的基础，通过法律的规范和规制的调控来推动国家间海洋开发合作，解决相关国家和地区间的海洋权益争端，推动海洋的和平利用。对于一个国家或地区而言，海洋权益的法律定位和规制安排则表明其维护国家海洋权益和国家海洋主权的决心,同时通过法律条款确立国家海洋主权的范畴和法律地位,为国家海洋经济发展奠定法律基础。

(2) 海洋产业安全管理领域。海洋产业安全是一个国家海洋经济持续健康发展的重要指标,也是涉海经济管理法律法规建设的重要领域。这不仅涉及海洋产业运营安全,也包括资源、技术和市场安全等。因此,海洋产业安全体系的构建与运行需要有效的管理和系统的法律法规体系来保障。海洋产业安全领域的法律法规以行业规制为主,但建立在综合性的行业法律法规基础上,其目的是推动海洋产业的规范生产、运营与管理,确保海洋产业开发活动的安全,重点领域包括海上航运、海洋渔业生产、海上旅游及海洋油气开发等具有潜在环境污染和人员、财产损失风险的海洋产业开发活动,力求通过统一标准、规范程序、强化管理、明确法律责任与义务等措施来提高海洋产业开发活动的安全水平。

(3) 海洋生态环境保护领域。海洋生态环境保护是国际及国家、地方层面涉海法律法规制定的重点领域,不仅有专门的生态环境保护法律法规,很多综合性的海洋经济管理法律法规和涉海行业规章也都包含部分生态环境保护条款。随着全球海洋开发的深入,海洋经济发展与海洋生态环境的矛盾也日趋突出,传统的行政管理手段难以有效遏制海洋生态环境的破坏行为,通过法制手段减轻海洋产业开发活动对生态环境的影响,推动海洋生态环境的保护和恢复成为海洋经济管理立法的重要任务之一。在控制海洋开发活动的"三废"排放标准上,明确不同海洋开发活动的技术类型,鼓励和引导绿色生产过程,强化对海洋生态环境保护的投入,推动海洋保护区建设等方面都已形成一定的法律规定,但具体实施细则仍有待完善和加强。

(4) 海洋资源可持续利用领域。海洋资源是海洋经济持续健康发展的基础,包括海洋生物资源、海洋矿产资源、海洋能源等在内都面临很高的产业化开发压力,需要强有力的法律手段来维护各类海洋资源的可持续利用。为有效缓解海洋渔业资源的衰退和枯竭进程,联合国、地区渔业组织、很多国家及地方政府都出台了不同形式的渔业资源保护和利用法规,基本形成了相对完善的法律规制体系,但成效不一。在很多地方,维护渔业资源管理法规的权威性和执法有效性成为当地渔业资源管理的主要任务。在海洋油气与深海矿产开发领域，国际法规体系尚不完备，资源开发压力远高于资源承载能力，相关法律法规的制定应重点面向资源的可持续利用，本着预防性和适应性原则，严格界定产业化开发的技术规范和环保要求，提高海洋油气与矿产资源的利用效率和可持续开发水平。在海洋新能源领域，配套法律法规建设刚刚起步，亟须利用法律手段来明确海洋新能源开发的地位，鼓励和引导波浪能、潮汐能等海洋新能源开发，为全球海洋经济发展提供新的增长点。

(二) 国际发展概况

海洋经济管理离不开全面系统的海洋法律法规体系建设，特别是能整合不同部门利益与地区诉求的海洋综合性法律。在新的国际海洋管理形势下，建立在海洋生态系统健康及可持续发展基础上的海洋法律既体现了现代海洋综合管理理念，也符合国际海洋立法和依法治海的潮流。1994年《联合国海洋法公约》的正式生效标志着世界海洋立法进入了一个新的阶段。该公约确立了人类管理海洋和利用海洋的基本法律制度，赋予沿海国以国内立法的形式确定其在领海、毗连区、专属经济区、大陆架内享有的权利和义务。随后，美国、日本、加拿大及中国等都先后在《联合国海洋法公约》框架下建立了适合本国国情的海洋法律制度，形成了各具特色的海域使用管理、海洋资源利用、海洋生态环境保护等法律规制体系，成为保障海洋经济持续健康发展的重要规制基础。

1. 美国

美国联邦政府高度重视包括海洋经济管理在内的海洋立法工作，是世界上最早进行海岸带综合管理和海岸带综合立法的国家，为全球海洋法治提供了先例，并被其他国家积极仿效。早在1972年，美国就通过了《海岸带管理法》，并设立了全国海岸带办公室，在联邦和州政府之间建立了一种创新性的伙伴关系，形成了国家海岸带目标管理机制，并推动了国家海岸带管理计划和国家河口研究保护区系统计划的实施。2000年，面对海洋开发的广阔前景及其带来的多重威胁，美国颁布实施《海洋法》，并依法成立了美国海洋政策委员会，直接促成了美国《21世纪海洋蓝图》与《海洋行动计划》的制定与发布，有力地推动了美国的海洋开发进程。

目前,美国已形成联邦、州及地方多层次的海洋经济管理法律体系,涉海经济管理法规及相关规制也基本完备。在 100 多部联邦政府涉海法律法规中,《海洋带管理法》提出了对海岸带各种海洋开发活动的管理规范,《渔业法》规定联邦政府只能对 200 海里以内的专属经济区以及大陆架附近的海洋生物进行控制和治理,《外大陆架土地法》则明确了海洋矿物资源的权属,以及联邦政府对矿物资源进行管理监督的权利,包括开发矿物资源的审批许可、发放矿物资源开采许可证等。此外,《海洋资源与工程开发法》《海洋保护区法》《石油污染法》《可持续渔业法》《海洋哺乳动物法》等相关法律也对海洋资源开发与生产活动的行为规范和生态环境保护提出了更高的要求。除了联邦立法外,美国沿海各州、县也积极推动各自的海洋立法进程。如马萨诸塞州议会在 2008 年通过了州《海洋法》,不仅对海洋自然、社会、文化、历史与经济利益的保护与协调进行了规定,也对海洋可再生能源、海洋资源可持续利用与配套基础设施建设等提出了要求,并把海洋知识的整合作为区域海洋管理的基础,通过海洋综合管理来应对不断变化的海洋经济发展环境,以贯彻落实联邦政府的海洋综合管理计划。

2. 加拿大

加拿大是国际海洋立法的领军者,也是世界上少数几个颁布《海洋法》的国家之一。1997 年,加拿大就发布实施《加拿大海洋法》。该法是加拿大联邦海洋法律法规体系中最重要的一部法律,也是世界上第一部综合性的海洋法,成为加拿大联邦及地方政府实施海洋管理的基础性法律。《加拿大海洋法》不但赋予加拿大渔业与海洋部管理和协调包括海洋资源利用与海洋产业发展在内的国家海洋事务综合管理职能,还为《加拿大海洋战略》及随后《海洋行动计划》的制定与实施奠定了法律基础。

目前,加拿大已形成了一个联邦、省法律法规相结合的海洋法律法规体系。联邦层面的海洋相关法律除《海洋法》外,还有《渔业法》《领海和渔区法》《北冰洋管理法》《大陆架法》《海洋倾废法》《防止北极水域污染法》《航运法》《港口企业法》《通航水域法》《石油和天然气生产和保护法》《国家海洋保全区法》《加拿大野生动物法》等多部联邦渔业管理、航运及环境保护法规。地方政府立法则以沿海开发活动管理为主,包括沿海渔业、海岸带保护区建设以及沿海油气与近海油气资源合作开发等相关法案。不列颠哥伦比亚、新斯科舍、新布伦瑞克和爱德华王子岛等沿海省份都根据各自的海洋开发与管理实际，形成了包括渔业管理、矿产资源开发以及海岸带管理等法律规制的地方海洋法律法规体系，为各自的区域海洋开发活动提供了法律保障。

3. 日本

在《联合国海洋法公约》生效后，日本为争取海洋权益的最大化，根据《联合国海洋法公约》的制度规定调整了国内法，形成了新的"海洋立国"战略，并以该战略为指导，不断完善其国内海洋法律法规体系。2007年，日本《海洋基本法》颁布实施，标志着日本综合型海洋立法模式的确立。在其综合型立法模式下，日本构建并逐步完善了国内的海洋法律体系[1]。此外，日本海洋本部制定的方针、基本计划等也具有法律效力。这些法律及政府文件共同构成了日本的海洋法律法规体系。

目前，日本的涉海法律法规已有近百部，而《海洋基本法》是所有涉海法律的"母法"，是指导日本海洋开发与管理的总纲。在海洋权益维护方面，有《专属经济区和大陆架法》《领海及毗连区法》《海上保安厅法》等法律；在海洋环境保护方面，有《防止海洋污染及海洋灾害法》《海洋生物资源保护及管理法》《水质污染防治法》《外来入侵物种法》《海岸法》《废弃物处理及清扫法》等法律；在海洋资源开发及利用方面，有《海洋水产资源开发促进法》《深海底矿业暂定措施法》《矿业法》等法律，特别是在渔业资源的养护及管理方面，日本建立起了一套以《渔业法》为基础，以《渔业经营改善及再建完善特别措施法》《水产基本法》《渔业灾害补偿法》《渔船船员工资保险法》等法规为补充，形成了较为完善的渔业法律法规体系；在海域使用方面，日本形成了包括《海上运送法》《海上交通安全法》《航路标识法》《港湾法》《水路业务法》《海洋构筑物安全水域设定法》《领海等区域内有关外国船舶航行法》等法律在内的系列法规体系。此外，

---

[1] 段廷志，冯梁. 日本海洋安全战略：历史演变与现实影响 [J]. 世界经济与政治论坛，2011（1）：69-81.

日本还颁布了《孤岛振兴法》《奄美群岛振兴开发特别措施法》《半岛振兴法》等法律以促进海岛地区的资源开发与经济发展。完善的法律法规体系是日本海洋经济持续快速发展的有效保障，也为其他国家海洋立法提供了很好的经验借鉴。

二、海洋经济管理政策体系

海洋经济管理政策是国家海洋政策的重要组成部分，也是国家海洋开发战略与规划的支撑要素，其目的在于通过各级政府对海洋产业的形成与发展的干预，灵活运用计划指令和财政、税收、金融等多种政策工具，推动海洋产业健康发展和产业结构的优化提升，促进区域发展的均衡与产业发展的协调，最终实现海洋资源的科学开发与海洋经济的可持续发展。

(一) 政策组成

1. 政策类型

海洋经济管理政策的主要功能是弥补市场失灵的缺陷，发挥政府调节的主观能动性，有效配置各类涉海资源，增强海洋产业的适应能力和市场竞争力，实现后发优势。基本运行机制是通过调整涉海商品供求结构，促进供求平衡，引导资金合理流动和产业链优化配置，促进区域市场和国内统一市场的发育和形成。根据不同的政策制定目的、作用机理和适用对象，可以对海洋产业政策进行不同的归类。

（1）直接海洋产业政策与间接海洋产业政策。直接海洋产业政策包括行业配额、许可证、直接投资等，通过行政手段直接干预海洋产业市场运行，调节市场准入标准，控制市场规模和投资水平来实现产业发展调控目标；间接海洋产业政策则包括税收减免、融资支持、财政补贴、关税保护以及行政指导、信息服务等多种措施，通过引导和控制财政、金融、税收、信息的技术工具来实现对产业的间接调控。直接海洋产业政策的制定和实施需要系统准确的信息支持和科学合理的决策来支持，其对政策制定者的要求要高于间接海洋产业政策，且需要建立全面及时的政策评估机制以最大限度地减少政策不合理和行政腐败造成的损失。

（2）海洋产业扶持政策和海洋产业限制政策。海洋产业扶持政策主要是指扶持海洋高新技术产业及战略性新兴产业的培育，引导传统海洋产业的转型发展，鼓励海洋服务业发展壮大等的产业政策。如出台技术创新政策，推动海洋捕捞、海洋船舶制造、盐化工等传统产业的改造升级，提高产品技术含量和附加值。通过税收和土地出让费减免、财政补贴和政府优先采购等多元化的扶持措施，加快海洋生物医药、海水综合利用、海工装备制造等战略性新兴海洋产业的培育和壮大进程。产业限制政策主要是针对落后产业和过剩产能，以及与区域功能定位和发展导向不一致的产业，通过土地（海域）使用、税收金融、关税保护等措施来加以限制和取消的产业政策。例如提高审批和准入标准，严格控制围填海工程和影响海域生态环境的沿海及海上工程建设项目；严格控制海洋捕捞许可证的审批，降低渔船燃油补贴，提高渔业资源税征收标准以保护近海渔业资源；通过提高土地和税收标准，压缩传统养殖业、盐化工业及大众旅游业规模，推动地方海洋产业转型发展；利用关税保护来限制国外水产品、船舶配套产品及海工装备产品等的进口，保护国内海洋新兴产业市场等。

（3）区域性海洋产业政策与行业性海洋产业政策。区域性海洋产业政策是一种综合性的产业政策，其适用对象是某个临海经济区或海洋特色产业园区。该政策主要通过土地、海域、财政、税收以及产业清单等多种政策工具组合来推动一个地区或园区的海洋产业发展。包括中央政府出台的国家级海洋经济新区配套政策，如我国山东半岛蓝色经济区配套政策、舟山群岛新区配套政策等，以及省区市政府出台的地方特色产业园区配套政策，如我国山东潍坊滨海新区、青岛中德生态园、威海南海新区等配套扶持政策等。行业性海洋产业政策相对单一，只针对某个海洋产业。虽然基本政策工具与区域性海洋产业政策类似，但更具有针对性，主要通过重点扶持产业目录和行业扶持意见等形式来实现，如国务院及相关部门颁布的《关于加快推进水产养殖业绿色发展的若干意见》《海洋工程装备制造业持续健康发展行动计划（2017—2020年)》《关于进一步加强海上风电项目用海管理的通知》等。

2. 主要政策工具

（1）财政工具。财政工具属于直接性政策工具，主要通过政府直接投资、补贴奖励、产业基金、转移支付、政府采购等财政支出方式来影响或干预海洋产业发展。其中，政府直接投资涉海公共基础设施建设等公共工程项目可以有效扩大总需求，弥补社会资本投资不足，带动区域海洋经济发展，但存在投资效率低、投资不均衡、投资周期长等不利因素，需要谨慎决策。财政补贴、政府产业基金及政府采购等方式可以有效引导产业转型发展，加快新兴产业的培育和壮大进程，但存在资金利用效率不高、覆盖范围小、容易产生腐败等问题，需要系统完善的监管和评估机制。转移支付手段具有弥补区域差异、推动区域均衡发展的作用，但如何保证公平和效率存在很大挑战，特别是在生态保护补偿方面还有待进一步探索。继续加大对边远地区和海岛的转移支付力度，重点突破海洋生态保护区的生态补偿是未来财政转移支付的重要任务。

（2）金融工具。金融工具也可称为投融资工具，属于间接性市场调节政策，主要通过引导和控制投融资导向、规模和模式来影响海洋产业的发展，但存在资本的趋利性，对公共项目和未来新兴产业的引导不足。其主要措施有：引导创建多元化的投融资机制，扩大海洋产业直接融资比重。鼓励金融机构加大对海洋渔业、海洋运输业及滨海旅游业、海洋油气业等支柱型海洋产业升级改造和海洋生物医药、海工装备制造、海洋新能源等海洋战略性新兴产业的信贷支持力度，发挥信贷资源优化配置对海洋产业投资结构的引导和调整作用。支持有实力、有潜力且符合条件的涉海企业上市融资，推动海洋产权交易市场和海洋产品期货市场建设。建立促进海洋产业发展的专项投资基金，鼓励创业投资基金投资小微型海洋科技企业。拓展涉海项目投资渠道，鼓励和引导民间资本参与海洋产业投资项目。积极探索海洋自然灾害保险的运作机制，研究建立由被保险人、保险公司、相关政府和融资市场风险共担的保险和担保机制等。

（3）税收工具。税收工具也可以被称为财政收入工具，是一种间接性的产业政策工具。现有的税收工具主要包括税种/税率设置、税收减免与处罚等，需要与其他的涉海产业政策工具相配合才能产生更好的效果。现有的海洋产业政策中，税收工具主要是税收减免与处罚、税种/税率的设置，一般由中央政府统一制定，地方难以作为一种政策调节手段。涉海税收的减免需要根据不同地区的发展需要和具体产业发展状况合理确定，减免对象、范围和标准要符合当地的产业发展定位，且与财政工具等其他政策工具目标相一致。具体措施包括减免征收海洋科技型小微企业营业税与增值税、减半征收企业所得税、增加研发费用与设备采购税前抵扣比例等，以有效降低涉海企业的税务成本，提高涉海企业的盈利水平。

(4) 海域与土地工具。海洋产业的发展离不开海域和土地的利用，海域和土地政策不仅决定了海洋产业的发展空间，也影响到海洋产业项目的投资成本，海域和土地使用审批是影响涉海项目投资决策的重要因素之一。海域与土地审批调节也属于间接性调控工具，但具有决定性作用，有助于推动海洋产业集聚发展，提高公共基础设施利用和陆海污染防治水平，减少海域和土地配置不当造成的空间布局失衡与海域生态环境破坏问题。海域与土地工具的调节主要通过海域和土地利用审批来实现，其政策实施要与区域发展规划和陆海空间规划相协调，要按照海域和土地使用指标与导向控制涉海项目建设布局和投资规模，最大限度地避免涉海项目盲目占用土地和海域，提高海域和土地空间利用效率，缓解海域和土地利用矛盾，推动海洋产业集聚有序发展。

(二) 国际发展概况

海洋经济管理政策是各沿海国家海洋开发战略的核心要素。现有的国际海洋经济管理政策中，除了常见的涉海财政金融及税收扶持政策外，更多的是鼓励海洋科技创新与战略性新兴产业发展的海洋产业可持续发展政策，主要涉及海洋生物医药、海洋新能源及海工装备制造等海洋新兴产业的培育。

1. 海洋产业政策导向

欧盟海洋政策的重点之一是海洋产业可持续发展，其行动计划要点是通过多产业部门的集聚发展来提升海洋产业的整合水平与竞争力，鼓励海洋产业集群发展，建立海洋产业论坛（MIF）和海上技术平台，形成海洋产业集群网络。为加快海洋新能源产业开发，欧盟出台了《欧洲能源战略》《战略能源技术规划》《智能能源项目》等一系列的政策文件，构成了欧盟能源政策框架。2021年发布的《欧洲海洋能源发展战略》明确提出了海上风电装机容量的目标以及潮汐能、波浪能等海洋新能源的开发目标。同时，欧盟还寻求促进各成员国、能源管理者、传输系统运营商与其他相关方在近海能源地和电网规划上的区域合作，鼓励各成员国实施海洋空间规划，以实现最优的风电场选址。此外，在海洋生物技术研发及产业化发展领域，欧盟也出台了相应的发展政策，英国、德国及挪威等国家也提出了各自相应的海洋生物技术发展对策。

澳大利亚为实现海洋产业的可持续发展，出台了国家海洋产业开发政策，确定了包括养殖业、海洋生物医药等海洋新兴产业、现代渔业、近海油气业、船舶制造业、海洋航运服务业、海洋仪器仪表等海洋高技术产业和海洋休闲旅游业在内的八大重点领域作为未来海洋产业发展的重点。其中，近海油气业将持续完善其近海油气开发战略，保持开发区域的有效利用。船舶制造业制定新的船舶奖励章程和船舶制造革新计划，并由联邦政府出资来实施国家锚地计划。从长远来看，澳大利亚政府不仅为海洋新兴产业的培育提供了适度的财政资金支持，还出台了一些导向性的政策措施，为海洋新兴产业发展提供了一个良好的管理环境。

日本政府历来重视海洋资源的可持续开发和利用。《海洋政策基本法》提出要大力推动日本的海洋资源开发，采取必要措施对渔业资源进行保护与管理，同时建立相关组织机构，推动石油、天然气及其他海洋矿产资源的开发，以实现未来海洋资源的可持续发展。在海洋能源开发领域，日本将建立综合性的海洋能源基地，不仅加强了对新的海底矿物探查技术的开发，还突出了对深层海水和风能利用技术的研究。此外，日本政府很重视对海洋空间的利用，实施了包括海上人工岛、海上机场、海底隧道、海洋能源基地等在内的多元化的海洋工程建设。

海洋新兴产业的开发是韩国海洋开发政策的重点之一。韩国海洋产业政策重点支持高附加值海洋科技产业的发展，包括支持中小型海洋风险企业的技术开发，通过扶持风险企业创业孵化中心来培育海洋风险企业，推动海洋生物技术产业及深水养殖业发展，实现尖端深海调查装备及海洋休闲装备的国产化。在港口航运领域,开发基于因特网的海运物流虚拟市场,建立海运港湾综合物流信息网,推动智慧港口建设。在海洋矿产与能源开发领域,推动深海矿产资源的商业化开发,开发潮汐能、潮流能及波浪能等海洋清洁能源,开发天然气水合物等新一代能源。此外,开发超大型漂浮式海上建筑技术以及水中与海底空间利用技术,推进多元化的海洋空间利用技术发展也是韩国海洋新兴产业政策的重点方向。

2. 财政金融扶持政策

在市场经济条件下,沿海地区海洋经济发展的基础是市场调节,但政府的政策引导作用不可或缺。政策调控主要体现在区域合作、产业培育、科技创新、海域(土地)利用、财政金融等引导与激励措施上。其中,财政金融激励措施,税收优惠、贷款支持、拨款资助及贷款保障等构成海洋产业财政金融政策的主体。目前流行的方式是"税收增量融资"奖励计划,即企业增加的税收不纳入一般税收管理,而是用于指定领域的相关服务,最常见的用途是购买基础设施开发债券;产业培育主要是指小企业发展计划,包括创业培训、小企业咨询、产业孵化器以及资本市场计划,其中企业孵化器需要政府持续的资金补贴;资本市场计划则利用多种方法增加小型新企业的资本供给,最流行的方式是来自当地的轮转贷款基金(Revolving Loan Funds),基金初始大部分投入来自联邦政府拨款,但后续资金越来越多地来自州政府和银行投资,如美国小企业管理计划(SBA)通过财政机构来保证对小企业的贷款。同样,由政府出资设立海洋高技术研发基金,或在地方科研院所设立与当地海洋高技术产业发展导向相一致的研发中心也是推动地方海洋高技术产业发展的重要保障。

强化海洋科技创新投入是各国财政金融扶持政策的重点。《欧盟研究、开发与演示框架计划》设立了海洋研究专项,支持建立一个欧洲海洋科学伙伴计划。美国与韩国均设立了国家海洋研究基金计划,对海洋基础与高新技术产业化研究提供充分的资金支持,这些基金计划成为国家海洋科技创新的主要资金来源。美国国家海洋政策委员会还提议建立国家海洋政策信托基金,以加大对海洋开发的投入,其资金来源主要是近海油气开发及其他新兴外海开发活动的未分配收益。在海洋产业开发领域,高技术产业投资基金与海洋政策基金成为主要的产业扶持资金来源。如欧盟区域经济援助政策基金投入超过 7.87 亿欧元用于包括近海风电项目在内的风能研究，英国可再生能源顾问理事会投入 1.6 亿英镑的财政资金用于海洋可再生能源开发，相关科研机构与产业投资公司都得到了政府资助，一些海洋能源产业化平台也得到不同的政府财政或公共基金支持，有效地加快了英国及欧盟的海洋新能源开发进程。

三、海洋经济管理战略规划

作为一种战略性、前瞻性和导向性的经济管理工具，经济发展战略与规划在各国政府管理中具有重要的作用，经济发展战略与规划的编制及实施是国家经济管理的首要任务。进入 21 世纪以来，随着国际海洋开发意识的不断增强，海洋经济对沿海国家社会经济增长的促进作用日益凸显，国际海洋开发形势发生了新的变化。以欧美为代表的西方发达国家及沿海地区纷纷制定新的海洋经济发展战略及相应的海洋产业规划，以明确其海洋经济发展导向和战略定位，合理配置海洋经济发展空间，推动其海洋经济实现可持续发展，海洋经济发展战略与规划编制成为各国海洋经济管理的核心任务之一。

（一）战略与规划组成

1. 战略与规划框架

海洋经济发展战略主要面向宏观层面的海洋经济发展蓝图或愿景，而海洋经济规划或海洋产业规划则是海洋经济发展战略实施的具体策略或实施方案。从战略或规划制定的主体和实施的对象来看，宏观层面的海洋经济战略与规划可分为国际、国家和地方三个层次。

一是国际层面的战略与规划。包括联合国、地区国际组织及跨国联盟等超越国家管辖边界的海洋经济发展战略与规划，主要是针对跨国界的共有海洋资源与共享海域空间，通过国际公约与跨国协商，所形成的经济开发战略导向或发展愿景，包括综合性的海洋开发战略和特定领域或某一行业的引导性规划，一般属于非强制性实施方案。其中，综合性的海洋开发战略涉及海洋开发的方方面面，如《欧盟海洋政策》绿皮书、《欧盟综合海洋政策行动计划》等，不仅有海洋产业规划和空间规划内容，也包括海洋综合管理内容，目的是通过海洋综合管理及空间规划等多种现代技术手段，确保欧盟海洋空间的稳定与安全，推动欧盟各国海域资源的可持续利用及海洋产业的健康发展。

二是国家层面的战略与规划。包括一个国家和地区的海洋开发战略与海洋产业规划，是一个国家海洋经济发展的综合性、指导性行动方案。国家层面的海洋战略与规划一般具有法定效力和行政管理权威，明确国家的海洋经济发展定位和产业开发导向，并对海洋经济发展空间总体布局、产业重点及政策导向进行统筹部署，是一个国家和地区的海洋经济发展的纲领性文件。例如，美国《海洋行动计划》提出了具体的海洋开发与管理对策，包括加强海洋事务领导力与协调力，加强海洋与海岸带资源的利用与保护，以及支持海洋运输业发展等实施措施。澳大利亚《海洋产业发展战略》不仅提出了澳大利亚海洋产业发展八大重点领域，还明确了实现海洋产业发展目标的基本措施，力图按照生态可持续发展原则，推动海洋资源与环境的可持续利用和海洋产业的可持续发展。

三是地方层面的战略与规划。包括一个地方的海洋经济发展总体规划、海洋产业发展专项规划与具体的实施方案等，主要针对一个国家内部的跨行政区划的海洋或临海经济区，以及省、市、县等地方政府管辖区域。地方海洋经济发展战略和规划是国家与地方相关发展战略与规划的具体实施计划，更多地偏重地方海洋经济区域规划和海洋产业发展规划，其权威性和法定效力相对要低于国家层面的战略与规划，属于战术性规划。如我国近年来陆续出台的《山东半岛蓝色经济区发展规划》《浙江海洋经济发展示范区规划》《浙江舟山群岛新区发展规划》等地方海洋经济发展规划，重点对一个地区或一个城市的海洋经济发展定位、区域布局、产业重点及配套措施进行全面的规划和部署，以加快推动地方海洋经济发展。

2. 战略与规划内容

海洋经济发展战略是一种从全局出发，描绘未来发展愿景，谋划宏观布局，实现海洋经济发展长远目标的规划，而海洋经济或海洋产业规划则是针对一定的沿海或海域空间与海洋行业领域未来发展目标定位和行动措施的具体策划。从国际现有的海洋战略与规划发展来看，海洋经济战略与规划的制定应主要考虑以下内容。

一是发展条件与环境基础。自然地理环境与社会经济发展条件分析是战略与规划制定的前提和基础。准确把握国际海洋经济发展大势，摸清自身的海洋经济发展资源、环境与社会经济基础，才能给出一个相对合理的、符合地方社会经济发展需要的海洋经济发展定位和发展目标，才能选择适宜的重点发展产业，设计合理的空间布局并给出切实可行的配套基础设施建设和政策保障措施。发展条件与环境基础分析不仅包括一个国家或地区的自然地理区位、基础设施建设、社会经济发展状况及政策机制等内部要素分析，也包括国内外海洋经济发展态势、国际海洋产业发展路径与资源与环境影响等外部要素分析，以确保给战略与规划的编制提供全面系统和科学准确的基础信息与背景条件支撑。

二是发展方向与目标定位。提出一个国家和地区的海洋经济发展方向和目标定位是海洋经济战略与规划的首要任务。确定海洋经济发展方向要充分考虑国际、国内宏观社会经济发展背景和经济发展走向，结合区域资源与环境承载能力和社会经济发展基础，充分考虑与周边区域的协调与合作，有效整合国家、地方与大众发展需求和技术支撑能力，最终明确区域经济与产业发展导向。目标定位是对发展方向的量化和时空坐标界定，包括战略定位与战术定位、宏观目标与微观目标、中长短期目标等多个方面。一般目标的选择建立在模型预测基础上，定位则是系统设计与战略博弈的结果，目标与定位一起成为海洋经济发展的航标。

三是重点产业选择与重大支撑项目建设。在海洋经济战略与规划中，重点产业选择与重大支撑项目建设是核心和关键内容。海洋经济战略与规划编制的合理和实施的成功与否与其重点产业的选择密切相关，但重点产业的选择没有一个固定的模式，新兴产业与支柱产业的选取需要考虑一个国家或地区海洋产业结构调整与新的区域经济增长点的培育需要，需要考虑资源环境承载、科技支撑、劳动力就业、政府税收与区域合作等多方面要素。重大项目安排要结合规划目标和重点产业发展需要，并考虑地方财力和招商引资状况，对不同的项目进行不同的政策安排。基础设施建设项目的安排应该具有超前意识和战略眼光，充分考虑国家布局和区域协作要求。重大产业项目应该符合规划定位和环保要求，具有重大带动和支撑作用。要统筹考虑重大项目对资源环境影响、基础设施建设与区域产业配套能力，引导项目集聚发展和产业链拓展，有助于形成产业结构合理、产业链配套完善和增长潜力大的区域产业发展格局。

四是空间布局设计与配套政策措施。科学合理的区域空间布局与配套扶持政策设计是战略和规划成功实施的基本保证。空间布局设计要考虑一个国家和地区的区域社会经济发展差异与空间异质性，要考虑未来海洋经济发展中心区或核心区与辐射区的协调与配套关系，要兼顾陆海产业统筹布局和基础设施建设配套，要有针对性地规划海洋经济特色经济区和海洋产业特色园区，同时要对交通、水电、环保以及科技、教育等基础设施和配套支撑资源进行空间配置，以满足不同区域和空间的海洋经济发展需求。配套政策设计和扶持措施选择则要突出重点，要兼顾不同的海洋经济管理体制与政策形成机制，按照规划设计的重点发展领域和重大政策导向，基于自身发展现实基础和能力水平，形成包括体制机制创新、财政金融补贴、税收保险优惠、公共服务配套、科技人才支撑等多方面要素在内的配套政策措施体系，力求为战略和规划的成功实施提供系统全面的政策保障。

（二）国际发展概况

随着国际海洋大开发时代的到来，对国际海洋权益争夺的日趋激烈推动了世界各国海洋开发战略的制定，国家海洋开发战略与规划开始由单一的产业规划或单一领域的发展战略向多产业、多领域的综合海洋战略与规划发展，出现了包括海洋资源开发、海洋环境保护与国家海洋安全在内的综合性的国家海洋战略规划框架。1994年，《联合国海洋法公约》的正式生效加速了沿海国家出台综合性海洋战略的进程。包括欧盟、美国、英国、日本、中国、澳大利亚等在内的世界主要海洋大国和地区都相继制定了各自的海洋开发战略及相关配套海洋开发规划。如《欧盟海洋产业集聚对策》《欧盟近海风能行动计划》《美国海洋行动计划》《日本海洋开发计划》《澳大利亚海洋产业发展战略》《加拿大海洋战略》《韩国海洋开发战略》，以及我国的

《全国海洋经济发展规划纲要》《国家海洋事业发展规划纲要》《全国海洋功能区划》等，这些海洋战略与规划已成为有关国家海洋经济发展的重要指导性文件。

1. 欧盟

2006年，欧盟发布了《欧盟海洋政策》绿皮书，提出了推动海洋产业发展的综合性方法，并对其海洋开发规划进行了重新调整。2007年，欧盟发布了《欧盟综合海洋政策》蓝皮书，通过战略规划来确保对欧盟成员国管辖范围内的海洋资源进行综合管理。同时，为了落实《欧盟综合海洋政策》，欧盟还发布了《欧盟综合海洋政策行动计划》，对欧盟的海洋政策措施进行了细化，提出了一系列的具体行动计划。随后，按照《欧盟综合海洋政策》的实施要求，相继出台了《欧盟海洋产业集聚对策》《欧盟可持续旅游发展议程》《欧盟近海风能行动计划》《海洋空间规划路线图》及《欧盟海洋运输政策目标与对策》等多项海洋开发战略规划，形成了一套系统的欧盟海洋战略规划体系。欧盟海洋开发战略的核心是海洋产业可持续发展，主要是通过多产业部门的集聚发展来提升海洋产业的整体水平与综合竞争力，推动欧盟海洋产业集群网络建设。2016年，欧盟委员会发布《国际海洋治理：我们海洋的未来议程》，提出一系列战略目标，包括加强全球海洋治理框架、减少人为压力对海洋的影响以创造可持续的蓝色经济条件、强化全球海洋治理的研究和数据信息等。2021年，欧盟在《欧洲绿色协议》框架下发布《可持续蓝色经济新议程》，强调海洋经济必须实现全面脱碳、保障资源循环利用，并提出扩大海上风电、脱碳港口、绿色船舶与数字化海洋空间规划等重点行动。

2. 澳大利亚

1997年，澳大利亚联邦政府发布了澳大利亚历史上第一个《海洋产业发展战略》。2004年，国家海洋管理委员会取代了原来的国家海洋大臣委员会，并发布实施了澳大利亚《区域海洋规划》，该规划是指导沿海各地海洋开发的基本规划。2018年，澳大利亚政府对《国家海洋科学计划2015—2025》进行了战略更新，突出"海洋数据共享、极地与气候研究、生态系统服务评估"等研究主题，并强化政策决策与科学协同机制，以支撑可持续蓝色经济发展。澳大利亚海洋战略规划的主要目标是最大限度地实现海洋产业的可持续发展,其发展重点包括八大海洋产业领域,即海水养殖业、包括海洋生物技术、替代能源与海底矿产在内的海洋新兴产业,现代渔业,近海油气业,船舶制造业,海上航运业,包括海洋仪器装备、工程设计与环境管理在内的海洋高技术服务业以及滨海与海洋休闲旅游业。针对近海油气开发,持续完善近海油气开发战略,保持开发区域的有效利用。海洋新兴产业的培育与壮大是澳大利亚海洋开发战略的重点任务,从长远发展出发,澳大利亚联邦政府不仅为海洋新兴产业的培育提供了适度的财政资金支持,还出台扶持性的配套政策与法律法规,为海洋新兴产业发展提供了一个优良的发展环境。

3. 日本

日本政府历来重视海洋战略与规划的制定,是世界上较早制定海洋开发规划的国家之一。早在20世纪60年代,日本就开始制订海洋开发规划,相继推出了《深海钻探计划》《日本海洋开发远景规划基本设想及推进措施》《海洋城市计划》等海洋战略与规划,为日本早期的海洋经济发展奠定了良好的基础。20世纪末期,为了全面推动日本海洋开发的持续健康发展,日本政府有针对性地出台了一系列的专项规划,包括《海洋高技术产业发展规划》《天然气水合物研究计划》《日本海洋开发基本构想及推进海洋开发方针政策的长期展望》《日本海洋开发计划》《海洋研究开发长期规划》等,逐步形成了系统的日本海洋开发战略与规划体系。2000年,日本出台新的《综合大洋钻探计划》,并于2007年7月成立了日本海洋政策总部,全面负责日本综合海洋战略与规划的制定与实施。2018年,日本内阁办公室通过《第三次海洋基本计划》,提出加强海上观测网建设、推进海底隧道与人工岛等海洋工程,并强调海洋生物多样性保护。2023年,日本发布《海洋基本计划4.0》,提出"海洋转型"口号,聚焦海洋产业利用与绿色能源(如浮式风电、海洋氢能等)、科学知识提升与数字化观测(智慧浮标网络)、强化海洋安全与国家安全战略联动等措施。2024年,日本经济产业省修订《海洋能源与矿产资源开发计划》,新增碳捕集与封存(CCS)领域,强调在实现碳中和目标背景下平衡传统油气开发与新兴海洋能源开发。

4. 韩国

韩国的海洋战略与规划起步较晚。直到20世纪末期，韩国政府才发布了《21世纪海洋水产前景》，并成立了海洋水产部，凸显了其建设海洋强国的决心。随后，为了提高韩国的海洋开发效率，韩国政府又相继出台了《海岸带综合管理规划》《海洋与水产开发基本法》《海洋宪章》等法律法规。进入21世纪，为了应对国内外海洋和水产环境的新变化，推动韩国海洋事业的健康发展，韩国海洋水产部发布实施《21世纪海洋战略》，提出了创造有生命力的海洋国土、发展以海洋科技为基础的海洋产业以及海洋资源可持续开发三大目标，为韩国各级政府的海洋开发计划提供了基本方向。同时，为了加快落实《21世纪海洋战略》，韩国政府发布了《海洋资源中长期利用规划》，明确了以海洋尖端技术为基础，实现海洋资源可持续开发的行动计划，重点开发内容包括海底矿产资源开发、专属经济区矿产资源开发、海洋生物资源开发、海洋能源开发、海洋空间利用、极地科学技术和高附加值船舶与海洋装备开发等领域，并将振兴高附加值的海洋科技产业，创建世界领先的海洋服务业，推动渔业可持续发展，以及实现海洋矿物、能源和空间资源的商业化开发等作为实现韩国海洋开发战略目标的基本战略推进措施[①]。2021年，韩国先后发布"海洋与渔业2050碳中和路线图""2030 Greenship-K推进战略构想"，提出涵盖航运、渔业、港口等子领域的低碳绿色转型发展目标。

---

① 中韩海洋科学共同研究中心. 中韩21世纪海洋政策介绍 [R]. CKJORC2004-02, 2005.

第九章

海洋经济国际合作

以直接投资、工程承包、研发合作、信息交流等为主要形式的国际经济合作，带来资本、人才、技术、管理等生产要素的全球自由流动，不断加深各国经济开放和全球经济一体化程度，对世界经济版图产生了深刻影响。发展海洋经济不能"闭门造车"，必须坚持"引进来"和"走出去"相结合，开发和利用好国际国内两种资源、两个市场，这对海洋经济国际合作提出了更高的要求。本章对海洋经济国际合作的概念特征、合作基础、合作领域、合作内容，以及合作机制等进行了阐述。2013年9月，习近平主席在出访东南亚国家期间，提出共建"21世纪海上丝绸之路"的重大倡议，得到国际社会高度关注和广泛拥护，这一倡议成为新的历史时期我国海洋经济国际合作的重要组成部分。本章对"21世纪海上丝绸之路"的概况与背景、重点建设区域以及海洋经济重点领域进行介绍。

第一节 海洋经济国际合作概述

一、海洋经济国际合作的概念与特征

（一）海洋经济国际合作的概念

经济合作是指不同经济主体之间的长期经济协作活动。文献中的"经济合作"，往往专指"国际经济合作"或"区域经济合作"。国际经济合作

的概念，侧重于两国或多国之间的经济合作。而"区域"的范围因语境而异，既可以比国家的范围大，也可以比国家的范围小。因此，区域经济合作既可以指某一国际区域内不同国家之间的经济合作，也可以指一国之内不同地区的合作。

海洋是一个完整的水体，各沿海国家和地区的海洋水体具有开放性、连通性和一体性。海洋捕捞、海洋交通运输、海洋油气资源开发、海洋旅游、海洋环境保护、海洋气象预测预报等海洋产业具有明显的跨区域、跨国界、跨部门特征。海洋也是全人类的共同财富，承载着全球经济发展与合作共赢的希望。海洋的这些特征，决定了海洋经济具有天然的合作必要性。

海洋经济合作专指海洋领域的经济合作，既包括海洋经济领域的国际合作，也包括海洋经济领域的国内合作。此外，海洋经济是综合性很强的多部门经济，涉及资源、海洋、渔业、科技、环境、金融、工业信息等多个垂直管理部门及相关行业，在条块分割的经济管理体制下，条块之间及条块之内也需要进行经济合作。结合国际经济合作和区域经济合作的概念，可将海洋经济合作的概念做如下界定：两个或多个政府机构、经济组织及法人等合作主体，基于互利共赢的目的，在海洋产业或海洋生产技术领域所进行的，以生产要素优化配置以及专业化分工为主要内容的长期经济协作活动。如果合作主体分属不同国家，则为国际海洋经济合作。如果合作主体分属不同地区，则为区域海洋经济合作。如果合作主体分属不同产业部门或管理部门，则为部门间海洋经济合作。本章主要探讨海洋经济国际合作问题。

（二）海洋经济国际合作的特征

海洋经济国际合作是海洋领域的经济合作，既具有一般经济合作的共性特征，也具有由海洋经济和海洋环境本身特点带来的个性特征。不同经济主体之间的经济交往方式，通常有交易与合作两类。相对于交易行为，经济合作行为具有以下特征：一是复杂性。合作的主体往往是不同国家与区域的政府、经济组织与企业，合作所涉及的政治风险、文化背景、法律制度、管理实践等复杂多样，因而给合作过程带来复杂性。二是长期性。交易行为在货款两讫后合同即告终止，而经济合作往往意味着合作方之间建立起长期、稳定的协作关系，因而合作周期较长。三是经济合作集中于生产领域。交易是产品的交流，而经济合作重在生产要素在合作主体之间的流动与优化配置，目的是通过优势互补，推动创新与生产力发展。同交易行为一样，经济合作还具有平等性、互利性。经济合作的各方主体，不论国家强弱、企业规模大小，其地位是平等的，都有享受合作利益的权利，以及分摊成本、共担风险的责任。

　　除具有上述共性特征外，与一般经济合作相比，海洋经济国际合作还具有以下个性特征：一是海洋经济合作依托海洋资源环境，合作过程中须坚持利用与保护并重。海洋生物、空间、矿产资源是海洋经济发展的基础。但另外，海洋系统的各组成部分之间联系紧密，海洋污染易扩散，且易对海洋生态造成连锁破坏，影响范围和程度大，而治理和恢复则很困难。因而在进行海洋经济合作的同时，必须重视海洋环境保护合作。二是海洋经济活动的开展依托陆域支撑，合作过程中须坚持陆海统筹。海洋经济的发展离不开陆域、人类的主要居住和生活环境是在陆域、许多海洋经济门类是陆域经济在海洋领域的延伸、发展海洋经济需要陆域提供空间，这些决定了海洋经济合作必须重视陆海统筹发展。三是多边经济合作多。海洋经济合作往往涉及海域边界范围的多个国家，这是由海洋开放、联通、一体的自然属性决定的。这也使得海洋经济合作往往需要多边合作组织来推动。四是海洋划界争议广泛存在，合作与斗争并存。与各国陆域边界基本清晰划定不同，沿海国家在海岛主权归属、大陆架与专属经济区划界方面多有争议。因而海洋经济领域存在既合作又斗争的情况。我国提出的"搁置争议，共同开发"的方案，是解决这方面问题的一个创举。五是海洋经济发展风险大，需要以合作进行有效管控。海洋经济发展面临海盗侵害风险、海啸台风赤潮等自然环境风险、各国主权与专属经济区划界矛盾带来的执法冲突甚至军事冲突风险等，因而在进行经济合作的同时，还要开展海上应急抢险与执法等方面的合作，以有效应对和管控风险。

二、海洋经济国际合作的意义与原则

（一）海洋经济国际合作的意义

1. 优化要素配置

通过海洋经济国际合作，能够实现资本、技术、人才、资源等海洋生产要素在国家间、区域间的流动，促进海洋生产要素互通有无与优化配置，这是海洋经济国际合作的根本意义所在。通过互补性要素的匹配，可扩大生产聚集，突破国家或地区的生产要素禀赋制约，促进经济持续增长。通过要素聚集，还可实现规模经济和范围经济，提高生产要素的使用效率和经济收益。我国发展过洋性渔业，就是将近海过剩捕捞能力与捕捞能力相对不足国家的近海渔业资源相结合，以提升两国渔业生产要素的使用效率与经济效益。

2. 协调分工竞争

海洋生产要素在国家间、区域间的市场化流动，可促使国家、区域之间根据要素禀赋、科技基础、比较优势等实现海洋产业分工与产业链上下游分工，形成各国、各地区优势主导产业，避免相互间同质竞争。而国家、区域之间更可以用政策、规划、税收等"看得见的手"，引导重点海洋产业发展与海洋经济合作，实现产业对接、分工合作、区域统筹、陆海统筹等发展目标。

3. 扩大市场空间

国际海洋经济合作也是进入国际市场的一种有效方式。世界各国或地区出于保护国内产业、促进技术发展与增进就业等考虑，对进口产品施以关税、许可证、配额、包装与卫生标准等种种限制。通过跨国并购、建立合资企业等直接投资方式，可获得当地生产资质及相关认证等，绕开关税与非关税壁垒，扩大产品的市场空间。

4. 获取稀缺资源

通过海洋经济国际合作，可以获得对国家经济发展有重要意义的矿产与石油、天然气等资源。更重要的是，国际海底区域蕴含着丰富的矿产资源。

根据《联合国海洋法公约》，国际海底区域及其资源是人类的共同财产，必须通过国际合作才能获得这些资源。2019 年，在牙买加首都金斯敦举行的国际海底管理局第 25 届会议上，北京先驱高技术开发公司提交的多金属结核勘探工作计划获得批准，获批勘探区位于西太平洋国际海底区域，面积约 7.4 万平方千米。这是我国在国际海底区域获得的第五块专属勘探区[1]。

5. 保障航线安全

海上航运是海洋经济发展的基础。但海洋航线距离遥远，往往穿越多个国家的领海与专属经济区。海上环境与海况复杂，面临海啸、台风等自然环境风险及海盗侵害风险。因此，保障海上运输安全必须进行国际合作，包括建立海上运输安全信息交流通报制度，通过各国协调和协商，根据就近原则分区划块负责航线安全以及海难事故的救援等。

(二) 海洋经济国际合作的原则

1. 坚持改革创新，安全高效

世界海洋经济及其合作正处于快速发展期，合作的体制机制还不健全。应坚持在实践中不断推进海洋经济合作的体制机制改革创新，形成统一、透明、稳定的海洋经济合作体制。应充分利用全球智力资源，促进海洋产业结构升级和技术创新，提高海洋科技创新能力。在坚持改革创新的同时，还须把握改革创新所带来的风险，以及海洋环境与国际关系中的不确定性对海洋经济合作的影响，增强风险意识和忧患意识，审时度势、量力而行、稳步推进，切实防范风险，维护好经济安全和利益。

2. 坚持市场导向，互利共赢

海洋经济合作中应坚持市场导向，通过完善市场机制和利益导向机制，充分发挥市场在配置海洋生产要素中的基础性作用，合理配置国际国内公共海洋资源，合理分配合作收益。积极创造良好的政策环境、体制环境和市场环境，激发市场主体的积极性和创造性。坚持互利共赢，尊重和照顾各合作主体的合理关切，扩大各合作主体的共同利益，妥善处理矛盾冲突，与国际

---

[1] 陈瑜. 我国在国际海底区域再获专属勘探区 [N]. 科技日报, 2019-07-18 (1).

社会共同应对全球性海洋经济发展挑战、共同分享发展机遇、共同创造更大的市场空间，走共同发展的道路。

3. 坚持内外联动，陆海统筹

海洋经济合作中应坚持内外联动，把对外海洋经济合作与国内海洋经济区域协调发展紧密结合起来，互为补充、共同发展，完善海洋经济对外开放区域格局。在更大的范围内消除海洋生产要素流动的障碍，优化资源配置与提升经济效率。坚持陆海统筹，通过在资源开发、产业布局、交通通道建设、生态环境保护等领域的海陆经济合作，促进海陆两大经济系统的优势互补、良性互动和协调发展。

第二节 海洋经济国际合作的基础

海洋经济国际合作需要在一定的制度框架下进行。联合国主导制定并为各缔约国接受的《联合国海洋法公约》、根据该公约设定的国际海洋管理机构以及相关的海洋渔业管理机构等，是全球海洋治理体系的核心框架，为全球海洋经济合作提供了基础和平台。中国作为《联合国海洋法公约》缔约国，一贯主张加强国际合作，维护海洋和平。我国于中国人民解放军海军成立60周年之际，提出了构建"和谐海洋"的理念和倡议，推动世界各国共同维护海洋持久和平与安全。构建"和谐海洋"理念是"和谐世界"理念在海洋领域的具体体现和深化，也是指导我国和世界海洋经济合作的重要思想基础。2019年4月，习近平主席在集体会见应邀出席中国人民解放军海军成立70周年多国海军活动的外方代表团团长时提出的"海洋命运共同体"重要理念，成为新时代中国海洋观和海洋世界观的集中体现。

（一）联合国海洋法公约

《联合国海洋法公约》（以下简称《公约》）由联合国海洋法会议于1982年12月通过，并于1994年11月生效。制定该《公约》目的是"在妥为顾及所有国家主权的情形下，为海洋建立一种法律秩序，以便利国际交通和促进海洋的和平用途,海洋资源的公平而有效地利用,海洋生物资源的养护以及研究、保护和保全海洋环境"。《公约》由正文和附件两部分构成。正文包括用语和范围、领海及毗连区、用于国际航行的海峡、群岛国等17个部分,共320条条款。《公约》第2~8部分以及第11部分,根据各国利用海洋及其资源的不同利益,将海洋划分为不同的海域,并确定不同的管辖海域制度。其中,国家可行使主权的完全管辖海域包括内水、领海和群岛国的群岛水域,国家行使部分权利的海域包括毗连区、专属经济区和大陆架,国家行使特殊权利的海域包括用于国际航行的海峡和公海,国家管辖范围以外的海域即为国际海底区域[①]。《公约》第12~14部分包括海洋环境的保护和保全、海洋科学研究以及海洋技术的发展和转让等,为世界各国在开发、保护、共享海洋资源和环境方面设定了规则。《公约》第15部分则规定了强制性的争端解决机制,第16部分为一般规定,第17部分为关于《公约》签署、加入、生效等的"最后条款"。附件包括高度洄游鱼类、大陆架界限委员会、探矿勘探和开发的基本条件、企业部章程、调解、国际海洋法法庭规约、仲裁、特别仲裁、国际组织的参加等9部分。

《公约》确立了12海里领海宽度的最大范围,根据海域的不同地位细化了内水、领海、毗连区、专属经济区等海域范围,修改了大陆架制度的标准或范围,并创设了大陆架外部界限制度。其主要贡献包括以下几点:一是建立了专属经济区制度。根据《公约》第55、57条的规定,专属经济区是领海以外并邻接领海的一个区域,从测算领海宽度的基线量起,不应超过200海里。关于专属经济区的划界,《公约》第74条强调了有关国家应根据协议划界以及划界结果公平的重要性。规定了沿海国及其他国家在专属经济区内的权利。二是建立了以人类共同继承财产原则为基础的国际海底制度。《公约》第136条规定,"区域"及其资源是人类的共同继承财产。所谓的"区域",根据《公约》第1条第1款规定,是指国家管辖范围以外的海床、洋底及其底土。而所谓"资源",根据《公约》第133条第1款规定,是指"区域"内在海床或其下的一些固体、液体或气体矿物资源,其中包括多金

---

① 王虎华. 国际公法学[M]. 第二版. 上海:上海人民出版社,2006:202-203.

属结核。《公约》设置了管理"区域"内活动的机构——国际海底管理局。《公约》第157条第1款规定，管理局是缔约国组织和控制"区域"内活动，特别是管理"区域"内资源的组织。同时，《公约》确立了开发国际海底资源的平行开发原则。三是创设了争端解决制度，并设立了国际海洋法法庭。《公约》为解决海洋争端提供了一套详尽而灵活的机制。它不仅规定了解决争端的方法，而且建立了解决争端的程序和机构——国际海洋法法庭。根据《公约》相关条款的规定，要求各国以和平方法解决争端，尊重各国协议所规定的自行选择的和平方法解决争端，并根据国家主权平等原则，赋予各国自由选择争端解决方法的权利。

《公约》是由国际社会广泛参与、历经近十年谈判制定的重要国际海洋法文件，确立了现代海洋法秩序的基本法律框架，被称为"海洋宪章"，已成为国际社会综合规范海洋问题的条约，受到各国的普遍遵守。《公约》生效30余年来，已获得包括欧盟在内的168个国家和实体批准，所设立的国际海底管理局、国际海洋法法庭和大陆架界限委员会运作良好，为维护公正、合理的国际海洋秩序提供了重要保障。《公约》确立了现代海洋法的基本框架和主要内容，但海洋法的发展并没有止步，随着各国相互联系的加深以及人类对海洋认识和利用程度的不断提高，海洋法领域也不断面临新问题、出现新动向、酝酿产生新规则。

（二）国际海洋管理机构

国际海洋管理机构主要包括依据《联合国海洋法公约》设立的国际海底管理局、国际海洋法法庭、大陆架界限委员会，以及涵盖所有公海海域的区域渔业管理组织等。这些机构是实施《公约》的组织保障，在规范国际海上行为方面发挥着重要作用。

国际海底管理局是根据《联合国海洋法公约》第156条所成立的独立政府间组织，其任务是根据《公约》第11部分和《关于执行〈公约〉第十一部分的协定》所确立的国际海底区域制度，组织和控制成员国在国家管辖范围外的深海底进行的活动，特别是管理该区域矿物资源。管理局具有根据《公约》和《执行协定》的规定制定规章的权力。管理局包括三个主要机关：一是由管理局全体成员国组成，负责制定政策的大会；二是由36个成员国组成，负责拟订具体政策的理事会；三是在秘书长领导下，由工作人员组成，负责开展搜集资料、监测和研究等日常活动的秘书处。管理局还成立了两个常设附属机构，由以个人身份当选的成员组成，即附属于大会的财务委员会和附属于理事会的法律技术委员会。管理局采用召开届会的方式开展工作，其间所有机构均举行会议。为尽可能达成能为各国家及利益集团所接受的解决办法，大多数管理局决定都以协商一致方式作出。这一做法符合《公约》"作为一般规则，管理局各机关的决策应当采取协商一致方式"的规定。截至2024年8月，国际海底管理局已出台针对国际海底三种主要矿产资源的勘探规章，核准了30份勘探合同，分享了大量勘探和科学调查数据，提升了人类对深海环境的认知，促进了海底勘探和开发相关技术的进步[1]。2025年3月17日至3月28日，国际海底管理局在牙买加首都金斯敦举行了第30届理事会第一期会议。

国际海洋法法庭于1996年8月成立，是根据《联合国海洋法公约》附件二设立的独立司法机构，法庭总部设在德国汉堡。法庭旨在裁判因解释或实施《公约》所引起的国际争议，其管辖权包括根据《公约》及其《执行协定》提交法庭的所有争端，以及赋予法庭管辖权的其他协定中已具体规定的所有事项。《公约》缔约国都可参加法庭，在某些情况下，除缔约国之外的实体（如国际组织及自然人或法人）也可参加。法庭由21名独立法官组成，按照《公约》、法庭《规约》（《公约》附件六）和法庭《规则》中的各项规定运作。除全庭工作外，还根据《公约》成立了简易程序分庭、渔业争端分庭和海洋环境争端分庭。法庭可应当事方要求成立处理特别争端的分庭。有关国际海底区域的争端应提交海底争端分庭。该分庭依照《公约》第11部分第5节和《规约》第14条成立，由11名法官组成。法庭预算来自《公约》缔约国的缴款，由缔约国会议通过。法庭每两年编制一次预算，除司法工作之外，法庭每年还要举行两届行政会议。

---

[1] 中华人民共和国常驻国际海底管理局代表处．中国代表团在国际海底管理局第29届大会"秘书长报告"下的发言［Z/OL］．（2024-08-07）［2025-06-30］．https：//isa.china-mission.gov.cn/hyyfy/202408/t20240807_11467692.htm．

大陆架界限委员会是根据《联合国海洋法公约》附件6的规定于1997年成立的机构，由21位地质学、地球物理学或水文学方面的专家组成。其职能包括：一是审议沿海国提出的关于扩展到200海里以外的大陆架外部界限的资料和其他材料，并按照《公约》第76条和1980年8月第三次联合国海洋法会议通过的谅解声明提出建议。二是在编制这些资料期间，应沿海国的请求提供科学和技术咨询意见。沿海国根据委员会建议确定的大陆架界限应是具有约束力的最后界限。2012年9月，中国政府向大陆架界限委员会提交《中国东海部分海域200海里以外大陆架划界案》，这是委员会收到的第63份划界案。截至2023年12月底，共有74个缔约国向委员会提交了104份划界案，其中包含11份订正划界案[①]。

国际区域性渔业组织在《联合国海洋法公约》通过后快速发展，迄今已基本涵盖所有公海海域，在海洋治理方面发挥着重要作用。《公约》为有关国家合作成立区域性渔业组织作了原则性规定。《公约》第118条规定："各国应互相合作以养护和管理公海区域内的生物资源。凡其国民开发相同生物资源，或在同一区域内开发不同生物资源的国家应进行谈判，以期采取养护有关生物资源的必要措施。为此目的，这些国家应在适当情形下进行合作，以设立分区域或区域渔业组织。"此外，1995年《执行1982年12月10日〈联合国海洋法公约〉有关养护和管理跨界鱼类种群和高度洄游鱼类种群的规定的协定》进一步规定了有关国家在养护和管理跨界鱼类和高度洄游鱼类方面的义务。当前具有重要影响的国际区域渔业管理组织主要包括南极海洋生物资源养护委员会、养护南方蓝鳍金枪鱼委员会、地中海综合渔业委员会、美洲间热带金枪鱼委员会、大西洋金枪鱼养护国际委员会、印度洋金枪鱼委员会、国际捕鲸委员会、西北大西洋渔业组织、东北太平洋渔业委员会、北太平洋溯河鱼类委员会、金枪鱼剑旗鱼常设委员会、中西太平洋金枪鱼委员会等。

---

① 尹洁，方银霞. 大陆架界限委员会2023年工作进展及相关问题［R/OL］. 中国国际法年刊（2023）：313-331［2025-6-20］. https://klsg.sio.org.cn/csc/index.php?m=content&c=index&a=show&catid=2&id=163.

(三)"和谐海洋"理念

"和合"是中华传统文化的精髓,也是中华文明极为重要的核心价值观。在国际关系处理中,我国也秉承着和平、合作这一理念。中华人民共和国成立之初,中国就与一些发展中国家共同提出和倡导了和平共处五项原则。2005年9月,时任国家主席胡锦涛在联合国成立60周年首脑会议上发表了《努力建设持久和平、共同繁荣的和谐世界》的演讲,提出了"坚持包容精神,共建和谐世界"的国际关系理念。这一理念以和平共处、合作共荣、互利共赢为基本秩序原则,提供了全新的国际秩序视角和世界治理思路,是对以权力制衡为核心的传统西方国际关系理念的突破和超越。

和谐海洋理念是和谐世界理念在海洋国际关系领域的具体化,也是千百年来以"开放包容、互学互鉴"为特质的海上丝绸之路精神的延续。2009年4月,在庆祝中国海军成立60周年举行的"和谐海洋"高层论坛上,海军司令员吴胜利上将阐述了中国构建和谐海洋的主张:"构建和谐海洋,就应该让海洋远离战争,免于海上犯罪行为的威胁,免遭生态环境的破坏,让人们在海上活动中和睦相处,让人类与海洋和谐共处,共享海洋事业发展进步的文明成果。"同时向世界各国海军提出了五点倡议,包括在联合国主导下积极履行海上义务、坚持平等协商、防止和避免海上军事竞争甚至冲突、坚持交流合作、共同应对全球海上安全威胁等,受到与会各国的积极响应。

2014年6月,时任国务院总理李克强在中希海洋合作论坛上,系统阐述了中国的海洋观。其核心内容包括:中国与世界各国共同建设和平之海,坚定不移走和平发展道路,坚决反对海洋霸权,致力于在尊重历史事实和国际法基础上,通过当事国直接对话谈判解决海洋争端;共同建设合作之海,积极构建海洋合作伙伴关系,共同建设海上通道、发展海洋经济、利用海洋资源、探索海洋奥秘,为扩大国际海洋合作作出贡献;共同建设和谐之海,在开发海洋的同时,善待海洋生态,保护海洋环境,让海洋永远成为不同文明间开放兼容、交流互鉴的桥梁和纽带。这是我国自党的十八大提出建设海洋强国战略以来,对中国海洋观及海洋外交政策的全面系统的公开阐述。这一阐述全面地回答了中国如何看待人类与海洋的关系、中国的发展与海洋的关系、在开发利用保护海洋过程中如何实现国际合作等问题，也提供了构建国际海洋秩序的中国方案，必将对世界的长期繁荣稳定发挥重要作用。

（四）"海洋命运共同体"理念

2013年3月，习近平主席在莫斯科国际关系学院发表演讲，首次在国际上提出人类命运共同体的重要理念。从2013年首次提出，到2015年在第七十届联大一般性辩论上提出"五位一体"总体框架，再到2017年在联合国日内瓦总部提出建设"五个世界"的总目标，人类命运共同体理念的思想内涵不断深化拓展。该理念旨在回答"人类向何处去"的世界之问、历史之问、时代之问，为彷徨求索的世界点亮前行之路，为各国人民走向携手同心共护家园、共享繁荣的美好未来贡献中国方案。构建人类命运共同体，就是每个民族、每个国家、每个人的前途命运都紧紧联系在一起，应该风雨同舟，荣辱与共，努力把我们生于斯、长于斯的星球建成一个和睦的大家庭，推动建设持久和平、普遍安全、共同繁荣、开放包容、清洁美丽的世界，把各国人民对美好生活的向往变成现实。构建人类命运共同体理念，着眼全人类的福祉，既有现实思考，又有未来前瞻；既描绘了美好愿景，又提供了实践路径和行动方案；既关乎人类的前途，也攸关每一个体的命运。①

2019年4月，习近平主席于中国人民解放军海军成立70周年时提出了海洋命运共同体的概念。习近平总书记指出："我们人类居住的这个蓝色星球，不是被海洋分割成了各个孤岛，而是被海洋连结成了命运共同体，各国人民安危与共。"这一论述深刻阐释了海洋孕育生命、联通世界、促进发展的重要意义。海洋命运共同体理念反映了中国"四海之内"、天涯比邻、天人合一、和谐共存的古代朴素思想观念，既是对中国传统海洋文明精华的延续和升华，也是对马克思主义海洋观的继承与发展，更是新时期关于国际海洋新秩序的中国主张，是新时代中国海洋观和海洋世界观的集中映现。海洋命运共同体理念的提出"进一步丰富和发展了人类命运共同体重要理念的

---

① 国务院新闻办公室. 携手构建人类命运共同体：中国的倡议与行动［R/OL］.（2023-09-26）［2025-06-20］. https：//www.gov.cn/zhengce/202309/content_6906335.htm.

内涵，也是人类命运共同体在海洋领域中的实践"。①

第三节　海洋经济国际合作的领域与内容

一、海洋经济国际合作领域

（一）海洋产业发展合作

海洋产业发展合作是海洋经济国际合作的基础和核心，海洋产业国际合作的领域十分广泛，海洋第一、二、三产业均包括在内。海洋第一产业的国际合作，主要包括海水养殖、海洋捕捞和水产品加工，以及海洋油气资源、矿产资源开发等领域的合作。海洋第二产业的国际合作，主要包括造船业、海洋仪器仪表、海洋电力、海水利用、海洋工程等领域的合作。海洋第三产业的国际合作，既包括海洋交通运输、海洋工程维护、海洋信息与软件、海洋金融与保险、海洋产业科技支撑等服务于生产活动的服务业领域合作，也包括滨海旅游、海洋气象信息、海洋环境预报、海洋环境危机处理、海洋搜救、海洋教育与管理、海洋文化等面向民生、服务大众的服务业领域合作。我国海洋经济发展迅速，以海洋石油业、海洋渔业、造船业等为代表的许多海洋产业具有规模大、技术成熟、成本较低、配套体系完善等优点，在世界相关领域处于局部领先或相对领先地位，与世界其他国家尤其是相关产业发展水平相对落后国家之间的合作潜力巨大。

海洋石油业是我国对外经济合作的先行者和主力军。1978年3月中共中央作出了海洋石油业率先对外开放的决策，1982年1月国务院颁布《中华人民共和国对外合作开采海洋石油资源条例》。之后，通过多轮国际招标开放中国海域合作区块。在国际石油公司技术、资金和经验的支持下，中国渤海、南海东西部和东海探明油气地质储量不断增加。2020~2022年，中海

---

① 傅梦孜，王力. 海洋命运共同体：理念、实践与未来 [EB/OL]. (2022-08-05) [2025-06-20]. https://www.icc.org.cn/publications/policies/453.html.

油累计向国家提交新增探明地质储量9.32亿吨。2023年1~9月，国内新探明原油地质储量约2.8亿吨。1994年，中海油以1 600万美元购买了阿科公司马六甲区块32.58%的权益，是我国首次签订合作勘探开发海外油田合同[①]。2013年2月，中海油以151亿美元整体收购拥有英国北海、墨西哥湾和尼日利亚西海岸等全球主要海上石油产区资产的加拿大尼克森石油公司，这是中国企业成功完成的最大一笔海外并购。2022年2月15日，中海油在集团总部举行庆祝成立40周年对外合作签约仪式。这是中海油近年来对外合作中分量最重、成果最多、范围最广的一次集中签约。签约仪式上，中海油及所属公司分别与12家国际公司签署13项合同或战略合作协议，涉及勘探开发、油气贸易、炼油化工、技术服务等多个领域。其中集团公司与道达尔能源、康菲、智慧石油和洛克石油等在中国近海海域共计签署四项石油勘探开发有关协议，旗下公司还与科威特国家石油公司、伊拉克国家石油营销组织等签订液化天然气、原油等采购协议，总金额约130多亿美元。截至2022年2月，中国海油已与来自21个国家和地区的81家国际石油公司共签订228个对外合作石油合同，累计引进外资超2 500亿元人民币，海洋石油长期居我国吸引外资最多的行业。[②] 伴随中国经济发展，海洋石油业国际合作从上游到中下游，从传统油气业到非常规油气业，合作领域和层面不断拓展提升。

我国是世界海水养殖业和海洋捕捞业第一大国，其中远洋渔业是我国"走出去"战略的重要组成部分，参与国际合作的历史悠久。根据《中国远洋渔业履约白皮书（2020）》，截至2019年底，中国拥有合法远洋渔业企业178家，批准作业的远洋渔船2 701艘，其中公海作业渔船1 589艘，作业区域分布于太平洋、印度洋、大西洋公海和南极海域，以及其他合作国家管辖海域[③]。中国已加入大西洋金枪鱼养护国际委员会（ICCAT）、印度洋

---

① 新浪财经. 中海油资源储量情况［EB/OL］.（2024-02-26）［2025-06-20］. https：//finance. sina. cn/2024-02-26/detail-inakitkm2097735. d. html.

② 中国石油和石油化工设备工业协会. 中国海油举行庆祝成立40周年对外合作签约仪式［EB/OL］.（2022-02-16）［2025-06-20］. https：//m. cpei. org. cn/16/202202/3029. html.

③ 中华人民共和国农业农村部. 中国远洋渔业履约白皮书（2020）［R/OL］.（2020-11-21）［2025-06-20］. https：//www. moa. gov. cn/govpublic/YYJ/202011/t20201121_6356665. htm.

金枪鱼委员会（IOTC）、中西太平洋渔业委员会（WCPFC）、美洲间热带金枪鱼委员会（IATTC）、北太平洋渔业委员会（NPFC）、南太平洋区域渔业管理组织（SPRFMO）、南印度洋渔业协定（SIOFA）、南极海洋生物资源养护委员会（CCAMLR）等区域渔业管理组织（RFMO），认真履行成员义务，并对尚无区域渔业管理组织管理的部分公海渔业履行船旗国应尽的勤勉义务，树立负责任渔业大国形象。未来还需要加强海外远洋渔业综合保障基地和水产品加工基地建设，出口先进养殖设施和海水养殖技术，开展海水养殖国际合作。积极参与国际渔业组织中的各项管理事务，主动参与规则制定，争取在公海渔业管理谈判和份额分配中掌握主动权。

船舶工业是海洋经济的支柱产业，在开发海洋资源、维护海洋权益、保障海上交通运输等方面发挥着基础性作用。船舶工业是我国"走出去"战略的先行者，1981年建成出口的第一艘按国际标准建造的"长城"号散货船。不断提升技术水平、产品质量以及相对成本优势，推动船舶工业成为我国少数在世界大型装备制造业中拥有主导地位的产业。截至2024年，我国造船业三大指标连续15年居全球第一。2024年，造船完工量、新接订单量、手持订单量三大指标分别占世界市场份额的55.7%、74.1%和63.1%，继续稳步增长，且2024年新接订单量和手持订单量均创中国造船史最好水平。在全球18种主要船型中，我国有14种船型新接订单量居全球首位。[①]但我国造船业在核心技术和工艺方面仍有较大不足，部分高端、智能装备制造技术水平仍显落后。通过国际合作，一方面可继续发挥成本及产能优势，巩固中低端船舶市场，另一方面可引进国际先进技术，提高高端船舶产品的研发和制造能力，加快造船产能向高端转型。

（二）海洋科技研发合作

海洋科技研发主要为海洋产业尤其是海洋战略性新兴产业服务。海洋科技研发投入大、周期长、复杂性高，技术研发和产业化过程的风险大。此

---

① 央视网．中国造船业连续15年全球第一，2025年继续"火热"！高附加值船舶交付不断［EB/OL］．（2025-01-16）［2025-06-20］．https://news.cctv.com/2025/01/16/ARTI0tk8RIYWyXC4wvvuY0Tg250116.shtml．

外，多数海洋新兴产业仍处于市场培育和成长期，产业成熟度不高，市场发展仍有较大的不确定性。在这种情况下，积极开展海洋科技国际合作，对于科技攻关、风险分担、成本分摊、技术交流等具有重要意义。以美国、英国、法国、俄国等为代表的世界海洋发达国家，依托良好的产业基础和科教基础，在海洋科技发展中处于领先地位。通过科技研发与成果转化领域的国际合作，推动国际重大海洋科学难题和核心技术的突破，全面学习、引进、发展海洋产业发展的核心科技，有利于我国降低长期技术研发的投入成本，加快海洋技术研发与产业化的进程，规避与分担科技发展中的风险。

我国国际海洋科技合作始于20世纪五六十年代同苏联、越南等国家开展的一些小规模的联合海洋调查。到70年代中后期，随着中美建交和我国实行对外开放政策，中国陆续扩大了同国外的海洋科技合作交流。1979年5月，中美两国签订了《中华人民共和国国家海洋局和美利坚合众国国家海洋大气局海洋和渔业领域科学技术合作议定书》，该文件的签署标志着中国大规模海洋对外科技合作的开始。到目前为止，中国已同印度尼西亚、泰国、越南、菲律宾、美国、法国、德国、加拿大、西班牙、俄罗斯、朝鲜、韩国、日本等几十个国家签订了不同类型的海洋科技合作协议、议定书或谅解备忘录，开展了规模不等的科技合作。国际海洋科技合作取得了一定的进展，但还存在着缺乏协调沟通机制、协议落实不够、缺乏科技信息平台及资源共享机制等问题。立足世界海洋科技创新和海洋产业发展趋势，结合我国海洋科技、海洋资源和海洋产业发展基础，我国还应当在海洋战略性新兴产业领域，包括海洋生物育种与生态养殖、海洋生物医药、海洋工程装备、海水综合利用、深水油气等产业门类加强海洋科技国际合作。

（三）海洋环境保护合作

海洋是各类海洋经济活动的载体，优良的海洋环境是海洋经济良好发展的必要条件，对于海洋渔业、滨海旅游、海水综合利用等行业尤其重要。随着我国经济社会不断发展，人们对海洋环境的要求也越来越高，海洋环境保护对沿海地区自然景观、生态资源、生命健康的作用不断凸显。在海洋环境保护领域进行国际合作的必要性有三个方面。一是海洋是一个流动的、联通的整体，海洋污染也具有流动性强、分布范围广、跨海域、跨国界的特点，因此海洋污染需要各国共同治理。二是海洋广阔，消除环境污染的成本高昂，因而需要各国共担成本。三是世界海洋面积中60%以上是公海，因而海洋环境保护具有全球公共事务特征，需要各国共同参与。

我国积极参与全球海洋环境保护工作，已缔结或参加的涉及海洋环境保护的国际条约包括《1954年国际防止石油污染海洋公约》《1972年防止倾倒废物及其他物质污染海洋公约》《经1978年议定书修订的1973年国际防止船舶造成污染公约》《1982年联合国海洋法公约》《1990年国际油污防备、反应和合作公约》《1992年生物多样性公约》等。参与了"扭转南中国海及泰国湾环境退化趋势""西北太平洋行动计划""保护海洋环境免受陆源污染全球行动计划"等联合国倡导的海洋环境保护合作项目。这些国际海洋环境合作项目有力推动了国内海洋环境保护，在红树林、珊瑚礁及湿地保护，消除陆源污染，海岸带综合管理，以及环境保护科技、标准和制度、法律法规建设等方面取得显著进步。

与国际先进水平相比，我国在海洋环境保护技术及制度上仍相对落后，需通过海洋环境国际合作获得持续改善。合作重点领域包括区域性海洋环境管理政策、法规，以及清洁生产技术、循环经济技术、环境监测技术、污染物治理技术、总量控制技术、容量测算技术等在内的海洋污染监控防治技术，滨海湿地、渔业资源等生态资源的监测、保护、修复、管理等的技术与制度措施。

（四）海洋基础设施合作

海洋基础设施是指为海洋经济活动提供公共服务的物质工程设施，对于海洋经济整体发展具有基础性、支撑性作用。完善的海洋基础设施对促进海洋经济发展，推动其空间分布演变有着巨大作用。海洋基础设施包括海港码头、跨海大桥、海底隧道、疏港公路等交通服务设施，渔港、避风锚地、冷库、渔市等渔业基础设施，滨海护岸海堤、海洋气象预报、海洋灾情预警、海上救助体系、海洋执法体系等公共服务基础设施，海上通信定位、海洋观测与调查、海洋系列卫星、海洋空间数据库等海洋信息基础设施。其中，以港口码头为代表的海洋交通基础设施,是全球经贸往来的基础,具有国际公共物品特征,是海洋基础设施国际合作的主要领域。

我国在港区基础设施建设方面技术成熟、经验丰富、资金实力与施工力量强,具备开展国际合作的良好基础,在世界范围内具有较强的竞争力。此外,我国国际贸易额居世界首位,高度依赖海上运输,参与海外港口项目建设也是保障海上贸易通道安全稳定的有效方式。自 2002 年起,我国先后参与了巴基斯坦瓜达尔港、斯里兰卡汉班托特港和科伦坡南港、孟加拉国的吉大港、俄罗斯扎鲁比诺大型万能海港等港口的建设与经营,还通过购买特许经营权、收购股份、建立合资公司等方式,参与了希腊比雷埃夫斯港、比利时泽布吕赫港、尼日利亚廷坎港、美国西雅图港等的运营管理。跨海大桥是横跨海峡或海湾的桥梁,跨度大、技术要求高,是顶尖桥梁技术的体现。近年来,我国企业已建成交付柬埔寨西哈努克市蛇岛跨海大桥、马来西亚槟城第二跨海大桥、坦桑尼亚基甘博尼大桥等跨海大桥,在国际桥梁承建领域具有较强竞争力。随着世界海洋经济全球化的程度持续深化,海洋交通基础设施互联互通的意义日益凸显,我国在这一领域的产能国际合作前景广阔。亚洲基础设施投资银行、丝路基金有限责任公司等金融机构的设立,为海洋基础设施建设提供了重要的融资保障。

二、海洋经济国际合作内容

(一) 中欧海洋经济合作

欧洲西临大西洋,北靠北冰洋,南面地中海,海岸线长 3.79 万千米,是世界海岸线最曲折的洲,多半岛、岛屿、海湾和深入大陆的内海,深水良港多。著名渔场有挪威海、北海、巴伦支海、波罗的海和比斯开湾等,均位于欧洲北部沿海。优良的自然条件促进了航运业、造船业、捕捞业和海上贸易的发展,葡萄牙、西班牙、荷兰、英国等不同时期海洋强国的兴替,持续引领着世界航运与贸易的发展。时至今日,欧洲各国在现代航运、高价值及特种船舶制造、海洋油气业、海洋工程装备制造业、现代海洋服务业、海事仲裁业等诸多领域表现突出,居世界领先地位。发展海洋经济一直是欧洲海洋战略的核心内容,2012年欧盟委员会提出"蓝色经济"概念和以"蓝色增长"为名的经济发展计划,旨在推动海洋经济可持续发展。所谓"蓝色经济"主要涉及能源、水产、旅游、采矿、生物科技5个行业,欧盟委员会的计划指明了上述行业的具体发展方向。2014年,欧委会再次推出"蓝色经济"创新计划,就发展海洋经济时必须解决的具体技术问题进行了深入探讨。根据《欧盟蓝色经济报告2022》,2021年欧盟蓝色经济行业从业人员达450万,营业额超过6 650亿欧元,总增加值达到1 840亿欧元,为应对气候变化、推动欧洲绿色转型发挥了重要作用[①]。

目前在海洋领域与我国开展合作的欧洲国家包括英国、法国、德国、西班牙、希腊等。在2014年中希海洋论坛上,时任国务院总理李克强首次提出了"和平之海、合作之海、和谐之海"的中国"海洋观",这一理念与欧盟海洋战略在定位、内容和理念上高度吻合,双方开展海洋合作有着深厚的基础。2015年,中国与海洋经济发展历史最悠久的希腊联合举办了"中希海洋合作年",这是我国首次以海洋合作为主题举办的双边友好年。中希海洋合作年共取得近30项涉海合作成果,极大地丰富了双边关系,同时也为中国与南欧及其他欧洲国家扩大海洋合作起到了良好的示范引领作用。以中希海洋合作年为标志,中欧海洋合作取得长足进展。2018年7月,中国和欧盟签署《关于为促进海洋治理、渔业可持续发展和海洋经济繁荣在海洋领域建立蓝色伙伴关系的宣言》,正式建立蓝色伙伴关系,提升了中欧海洋合作的制度化水平,迎来中欧海洋合作的新机遇。中国与欧洲海洋经济互补性很强,但至今合作广泛性和深入性不足,双方的合作模式多以洽谈、论坛、会议等为主,企业之间、区域之间的深入合作不足,未充分体现双方的经济基础与合作潜力。中欧应探索建立稳定的长期海洋合作交流机制,在海洋基础设施建设、海洋产业合作、海洋环境保护、海洋信息共享等方面持续加强合作,推动建立双边或多边海洋产业园区或示范基地,构建跨国海洋经济产业链。

---

① 中国海洋发展研究中心.《欧盟蓝色经济报告2022》发布[EB/OL].(2022-05-26)[2025-06-20]. https://aoc.ouc.edu.cn/2022/0601/c9829a371711/page.htm.

（二）亚太海洋经济合作

亚太地区范围并无严格界定，一般指西太平洋地区，主要包括东北亚、东南亚、俄罗斯远东地区以及南太平洋国家。广义上的亚太地区，还包括加拿大、美国、墨西哥、秘鲁、智利等太平洋东岸国家，即整个环太平洋地区。本书采用后者的界定，这也与亚太经合组织成员的分布范围一致。亚太地区环抱占地球海洋面积近一半的太平洋，港口航线众多，发展海洋经济的历史悠久，美国、日本、澳大利亚、新加坡等都是当今世界海洋经济强国。亚太地区各国在人口数量、自然资源、国土面积、科技水平、社会制度、发展路径以及经济发达程度上差异巨大，具有丰富的多样性，为经济合作提供了良好基础。中国与亚太地区其他国家的海洋经济合作主要通过亚太经合组织、中国与东盟 10+1 论坛、双边合作、中韩自贸区等多种合作机制开展。

亚太经合组织部长级会议中的专业部长会议包括了海洋部长会议。截至 2024 年底，海洋部长会议于 2002 年、2005 年、2010 年、2014 年分别在韩国、印度尼西亚、秘鲁、中国举办过。2014 年在中国厦门举办的第四届海洋部长会议，主要讨论了海洋生态环境保护和防灾减灾、海洋在粮食安全中和相关贸易中的作用、海洋科技创新、蓝色经济等四个议题，其中蓝色经济是首次进入海洋部长会议，会议还通过了《厦门宣言》。亚太经合组织高官会下设的工作组中包含了海洋与渔业工作组，2014 年第三届海洋与渔业工作组会议在我国青岛召开。为落实亚太经合组织领导人宣言及海洋领域行动计划，2011 年国家海洋局与亚太经合组织合作，在厦门成立了 APEC 海洋可持续发展中心。APEC 海洋可持续发展中心旨在通过政策研究、决策咨询、研讨培训、对话磋商以及开展示范项目和技术援助等活动，促进 APEC 各成员之间在海洋领域的务实合作，加强海洋可持续管理，深化海洋防灾减灾，推动海洋经济合作，实现亚太区域海洋的可持续发展。2023 年 12 月 13 日，第七届 APEC 蓝色经济论坛在厦门市成功举办，来自智利、中国、印度尼西亚、马来西亚、菲律宾、秘鲁、泰国、美国、越南 9 个 APEC 经济体和柬埔寨代表出席会议。APEC 蓝色经济论坛自 2011 年起已成功举办 7 届，作为 APEC 海洋合作的常态化项目，是 APEC 框架下推动蓝色经济合作的主要平台①。

东盟是东南亚地区的政治、经济、安全一体化合作组织，除东帝汶外所有东南亚国家均已加入。中国与东盟具有开展海洋经济合作的基础。一方面，中国与东盟海洋经济互补性逐步增强。例如，中国在海洋渔业、基础设施建设、可再生能源开发等方面具有技术优势，东盟大部分国家则具有资源优势与成本优势。另一方面，中国和东盟发展蓝色经济的海洋环境相似，共同面临气候变化复杂、海洋环境污染等一系列挑战。此外，RCEP（区域全面经济伙伴关系协定）实现了区域内包括蓝色经济在内的众多经贸规则和标准统一。2013年中国与东盟10国共同签署《中国—东盟港口城市合作网络论坛宣言》，其目标是共同建立以钦州为基地，覆盖东盟国家47个港口城市的互联互通的港口城市合作网络。2015年，中国与东盟联合举办了"中国—东盟海洋合作年"活动。此外，中国还与越南、文莱、泰国、新加坡等国家在油气资源开发、港口、渔业等领域开展了多种形式的双边合作。但是，中国—东盟海洋经济合作仍面临着互联互通水平较低的掣肘。例如，2023年全球二十大港口中东盟仅有2个。特别是受制于港口开放度低、合作机制缺失等原因，中国与东盟在海关及边境管理、物流服务质量、货运时效等方面不适应日益增长的经贸合作需求②。下一步，应继续促进区域海洋经济互联互通，打通中国—东盟海洋产业合作渠道，共同致力于释放海洋经济潜能，促进海洋资源可持续利用。

中国与日本、韩国经贸交流合作深入而广泛，航运物流、船舶制造、滨海旅游、水产品加工等海洋产业合作随着整体经贸合作不断发展。2015年中韩两国正式签署《中韩自贸协定》，并共同制定了《中韩经贸合作中长期发展联合规划纲要（2016—2020）》，交通物流、农渔业等成为中韩重点合作产业领域，中韩海洋经济合作有了更宽广的平台。2025年4月23日，中韩海洋事务对话合作机制第三次会议在韩国首尔举行，双方积极评价中韩海

---

① 自然资源部第二海洋研究所．第七届APEC蓝色经济论坛成功举办［EB/OL］．(2023-12-22)［2025-06-20］．https：//www．tio．org．cn/OWUP/html_mobile/xshd/20231222/3491．html．

② 央视网．加快推进中国—东盟海洋经济互联互通［Z/OL］．(2025-01-07)［2025-06-20］．https：//ocean．cctv．com/2025/01/07/ARTIiDBvKTZRdKynPCKxz5id250107．shtml．

洋事务对话合作水平，同意继续加强沟通，妥善管控涉海分歧，推进海域划界谈判，加强海洋科研、环保、搜救、渔业、执法、海空安全及多边框架下合作，并就南黄海渔业养殖问题交换了意见。2025年3月，第十一次中日韩外长会在东京落下帷幕，三国宣布重启搁置多年的自贸协定谈判。

中国与美国在航运物流、海水养殖科技等海洋经济领域有广泛合作。由美国引进的美国红鱼、南美白对虾等品种在中国成功产业化。美国是同我国签订政府间海洋科技合作协议最早的国家，1979年与我国签订《中美海洋与渔业科技合作议定书》，在海洋在气候变化中的作用、海洋与海岸带综合管理、海洋资料与信息共享、海洋生物资源和极地科学等方面开展了广泛且富有成效的合作，并多次续签。此外，美国蓝色经济中心还与我国海洋信息中心在海洋经济统计国际标准设立、海洋经济长期合作机制建立、国际海洋经济期刊创办等领域展开合作。近年来，海洋议题也被纳入"中美战略与经济对话"，中美海洋环保、海事安全、海洋资源可持续利用、国际海洋事务等领域合作不断深入。

（三）中非海洋经济合作

非洲位于亚洲的西南面，东濒印度洋，西临大西洋，北隔地中海与欧洲相望，赤道南北纵跨。非洲大陆有56个国家，其中40个临海，海岸线长约3.05万千米，岸线绵长平直，缺少半岛和海湾。直布罗陀海峡、苏伊士运河、曼德海峡、好望角等都是海上交通要道。由于四面环海，非洲海洋生物、矿产、空间等资源极为丰富。非洲文化、教育相对落后，加之受长期殖民统治、种族冲突、热带疾病等影响，整体社会发展水平滞后，是目前经济发展水平最低的洲。

中非友好源远流长，600多年前郑和下西洋到达非洲东海岸。中华人民共和国成立后，中非政治、经贸关系密切，发展迅速。中非海洋经济领域的合作主要集中于海洋渔业、海洋石油、海港建设运营以及海洋科技合作等方面。非洲是中国最早开展远洋渔业合作的地区。中国已与近20个非洲国家开展渔业合作，相关产品年产量约30万吨。非盟数据显示，预计到2030年，非洲蓝色经济规模有望增至4 050亿美元。2023年8月于南非举办的中非领导人对话会上，中方提出愿实施"中国助力非洲农业现代化计划"，着手推动渔业、近海水产养殖、海洋生物技术产品等领域交流与合作，助力非洲农业现代化发展。合作机制方面，2012年成立的中非渔业联盟搭建了促进中非海洋渔业合作的国际商贸大平台，此外有29个国家与中国签订海洋渔业合作协议。中非渔业合作对当地经济发展、人员就业、财税增加、水产品供应起到了重要作用。

印度洋海域是世界最大的海洋石油产区，约占整个世界海上石油总产量的33%。其中在红海、阿拉伯海、非洲东部海域及马达加斯加岛附近探测到大量石油和天然气。在大西洋海域，几内亚湾作为非洲最大的海湾，其沿岸十多个国家与邻近地区具有丰富的石油资源禀赋，已探明的石油储量超过800亿桶，约占世界石油总储量的10%[①]。2006年1月，中海油与尼日利亚南大西洋石油有限公司签署协议，以22.68亿美元收购尼日利亚130号海上石油开采许可证所持有的45%的工作权益，这是中海油首次进入非洲产油区。近些年来，位于几内亚湾南部的安哥拉一直居我国石油进口来源国之一。我国经济发展迅速，对石油进口的需求不断攀升，非洲海岸蕴藏的丰富石油资源为中非海洋石油合作提供了巨大潜力。

以资源进口为主的中非贸易需要良好的港口航运设施支撑，但非洲基础设施建设落后，因而港口建设成为中非经济合作的重要领域，近些年来得到快速发展。2016年，中国路桥工程有限责任公司对巴塔旧港进行的扩改建工程竣工，这是赤道几内亚建国以来单体投资额最大的工程之一。2023年，由中国港湾承建的坦桑尼亚第一个现代化大型渔港——基卢瓦渔港项目奠基，作为坦桑尼亚政府第三个五年计划的旗舰项目，预期成为激活其新经济领域增长点的重要抓手。2024年，由中企开发的尼日利亚莱基港迎来史上最大货轮，尼日利亚港口拥抱大型集装箱货轮的梦想变为现实。

中非海洋科技合作方面，2012年8月中国与尼日利亚合作开展了中国—尼日利亚西部大陆架联合调查，这是中国第一次与非洲国家开展联合科学调查。2013年11月，首届中非海洋科技论坛在浙江杭州举办，并共同推动将

---

① 华晓萌. 多方逐鹿几内亚湾地区石油资源[J]. 非洲, 2013 (8): 82-85.

海洋合作纳入中非合作论坛机制。2024年2月3~4日，第五届中非海洋科技论坛在埃及首都开罗举行，主题为"加强海洋防灾减灾合作，促进蓝色经济可持续发展"。会上宣读了《中国-非洲国家在联合国"海洋十年"框架下海洋合作共同行动计划（2024—2026）》，明确双方合作的重点领域和即将采取的行动。此外，国家海洋局还通过举办海洋与海岸带管理、海洋环境检测监测、海洋防灾减灾、海洋经济等领域的培训班和研讨会，帮助非洲国家加强海洋领域人才队伍建设。

2016年，国家主席习近平提出了发展中非关系的两个"坚定不移"：无论国际形势如何变化，中非致力于团结、合作、共赢的决心坚定不移，中国对非洲和平与发展事业的支持坚定不移[①]。同年的中非合作论坛上，双方将中非关系提升为全面战略合作伙伴关系，通过了《中非合作论坛约翰内斯堡峰会宣言》和《中非合作论坛——约翰内斯堡行动计划》，共同致力于政治上平等互信、经济上合作共赢、文明上交流互鉴、安全上守望相助、国际事务中团结协作，中非合作进入新的发展时期。中非海洋领域发展战略契合，互有优势和合作需要。非洲海洋、海岸研究基础薄弱、人才匮乏，海洋经济落后、海洋产业结构比较单一，在开展海洋科学研究、保护海洋环境、应对气候变化、防御海洋灾害等方面能力不足。而中国迅速发展的海洋教育、海洋科技和海洋产业和非洲相比形成了巨大的反差和互补，中非海洋领域的合作交流潜力巨大。

第四节 海洋经济国际合作机制

一、合作机制的概念与分类

根据《辞海》，机制泛指一个工作系统的组织或部分之间相互作用的过程和方式。所谓合作机制，是指通过一定的运作方式和过程，将把各个合作主体联系起来，使它们相互作用、协调运行，以达成特定的合作目的。在海

---

① 《发展中非关系，两个坚定不移》，新华网，2016年7月30日。

洋经济国际合作中，各主体的地位是独立而平等的，各合作主体联系起来的运作方式或过程，由显性或隐含的制度进行规定，并在现实中体现为组织、公约、会议、对话、论坛等多种具体形式或是不同形式的结合。在不同语境中，合作机制既可以是一种抽象表达，也可以指某种具体的合作形式。文献中与某项具体合作机制含义相近的表达还有合作框架、合作平台等，其语义偏重不同。

根据不同标准，可对国际经济合作机制进行多种分类。根据合作主体是双方还是多方，可以将合作机制分为双边合作机制和多边合作机制。根据合作主体是官方组织还是非官方组织，可将合作机制分为官方合作机制与非官方合作机制。按照合作机制是长期或周期性运行还是短时或一次性运行，可以将合作机制分为常设合作机制和一次性合作机制。按照合作机制联系的紧密程度，可将合作机制分为松散合作机制与紧密合作机制。从功能角度来看，合作机制还可分为对话机制、工作机制、激励机制、约束机制、保障机制、风险控制机制等。

二、涉海主要国际合作机制

（一）亚洲太平洋经济合作组织

亚洲太平洋经济合作组织（Asia-Pacific Economic Cooperation，APEC）简称"亚太经合组织"，是亚太地区层级最高、领域最广、最具影响力的经济合作机制。1989年11月5~7日，澳大利亚、美国、日本、韩国、新西兰、加拿大和当时的东盟六国在澳大利亚首都堪培拉举行APEC首届部长级会议，标志着APEC正式成立。APEC现有21个成员，分别是澳大利亚、文莱、加拿大、智利、中国、中国香港、印度尼西亚、日本、韩国、马来西亚、墨西哥、新西兰、巴布亚新几内亚、秘鲁、菲律宾、俄罗斯、新加坡、中国台北、泰国、美国和越南。亚太经合组织是亚太区域级别最高、影响最大、机制最完善的区域合作组织，也是世界上最大的区域性经济合作组织。此外，APEC还有3个观察员，分别是东盟秘书处、太平洋经济合作理事会、太平洋岛国论坛秘书处。亚太经合组织包括5个层次的运作机制，即领导人非正式会议、部长级会议、高官会、委员会和工作组，以及常设于新加坡为各层级会议提供支持与服务的秘书处①。

APEC是各成员方官方高层的正式合作机制，其框架下的合作具有方向性、指导性、框架性、务虚性，其宗旨是"支持亚太区域经济可持续增长和繁荣，建设活力和谐的亚太大家庭，捍卫自由开放的贸易和投资，加速区域经济一体化进程，鼓励经济技术合作，保障人民安全，促进建设良好和可持续的商业环境"。海洋合作是亚太经合组织（APEC）的优先领域之一，APEC成立之初就建立了海洋相关的合作机制，包括海洋部长会、高官会下设的海洋资源保护工作组和渔业工作组等（现合并为海洋与渔业工作组），其他如贸易促进工作组、交通工作组等也涉及海洋经济合作。2011年，我国国家海洋局与亚太经合组织合作，在厦门成立了APEC海洋可持续发展中心，这是中国在亚太经合组织框架下设立的首个海洋合作机制。自2011年起，国家海洋局还与亚太经合组织定期在中国举办APEC蓝色经济论坛，这一论坛成为我国与亚太经合组织国家开展海洋经济合作的又一重要机制。

（二）东南亚国家联盟

东南亚国家联盟（Association of Southeast Asian Nations，ASEAN）简称东盟。1967年8月印度尼西亚、泰国、新加坡、菲律宾、马来西亚共同发表《曼谷宣言》，宣告东南亚国家联盟成立。目前，东盟有文莱、柬埔寨、印度尼西亚、老挝、马来西亚、缅甸、菲律宾、新加坡、泰国、越南10个成员国。东盟是以经济合作为基础的政治、经济、安全、文化一体化合作组织，其首要目标是维护地区和平、安全和稳定。根据《东盟宪章》，东盟组织机构主要包括首脑会议、东盟协调理事会、东盟共同体理事会、东盟领域部长机制、东盟秘书长和东盟秘书处、常驻东盟代表委员会、东盟国家秘书处、东盟人权机构、东盟基金会，以及东盟相关的民间和半官方机构等实体②。中国与东盟自1991年开始对话进程，建立了中国与东盟领导人会议

---

① 参见APEC网站，http://www.apec.org/。
② 参见东盟网站，http://asean.org/。

(10+1) 对话合作机制，主要包括领导人会议、12 个部长级会议机制和 5 个工作层对话合作机制。2011 年 11 月，东盟提出"区域全面经济伙伴关系（RCEP）"倡议。2012 年 11 月，在第七届东亚峰会上，东盟国家与中国、日本、韩国、印度、澳大利亚、新西兰 6 国领导人同意启动 RCEP 谈判。2020 年 11 月，第四次 RCEP 领导人会议以视频方式举行，中国、日本、韩国、澳大利亚、新西兰和东盟十国在会上正式签署 RCEP 协定。2022 年 1 月 1 日，RCEP 正式生效。

东盟没有专设的海洋经济合作机制，但海洋经济是东盟内国家及东盟与域外国家合作的重要领域。中国与东盟各国外长及外长代表于 2002 年 11 月签署了《南海各方行为宣言》，宣言确认中国与东盟致力于加强睦邻互信伙伴关系，共同维护南海地区的和平与稳定，强调通过友好协商和谈判，以和平方式解决南海有关争议，宣言成为中国与东盟国家开展海洋经济合作的基石。2014 年 11 月第十七次中国—东盟领导人会议发表主席声明，重申将致力于继续全面有效落实《南海各方行为宣言》，并争取早日达成"南海行为准则"。此次会议还将 2015 年确定为"中国—东盟海洋合作年"，并通过了《泛北部湾经济合作路线图（战略框架）》，重点优先推动港口物流、金融领域发展，标志着泛北部湾经济合作向务实推进迈出了关键性一步。2015 年 9 月中国—东盟海洋合作中心（领导小组）成立，构建了中国在海洋科学研究、环境保护、防灾减灾、产业经济、文化旅游等方面与东盟国家开展合作的平台。

（三）环印度洋联盟

1997 年环印度洋地区 14 国签署《联盟章程》和《行动计划》，宣告环印度洋地区合作联盟成立，2013 年 11 月更名为环印度洋联盟（The Indian Ocean Rim Association—IORA），简称"环印联盟"。截至目前，环印联盟有南非、印度、澳大利亚、肯尼亚、毛里求斯、塞舌尔、科摩罗、阿曼、新加坡、斯里兰卡、坦桑尼亚、马达加斯加、印度尼西亚、马来西亚、也门、莫桑比克、阿联酋、伊朗、孟加拉国、泰国、索马里、马尔代夫、法国 23 个成员国，中国、美国、日本、埃及、英国、德国、韩国、土耳其、意大利、俄罗斯、沙特11个对话伙伴国,以及印度洋旅游组织和印度洋研究组织2个观察员。环印联盟地跨亚洲、非洲和大洋洲,是目前环印度洋地区唯一的经济合作组织,其宗旨是推动区域内贸易和投资自由化,促进地区经贸往来和科技交流,扩大人力资源开发、基础设施建设等方面的合作,加强成员国在国际经济事务中的协调①。

环印联盟包括部长理事会、高官委员会、环印度洋商业论坛、环印度洋学术组、贸易和投资工作组、高级别工作组等6个层次合作机制。海洋经济是环印联盟关注的重点领域之一。例如,2013年第十三届部长理事会会议通过了《环印联盟关于和平、生产性和可持续性利用印度洋及其资源的原则》。2014年第十四届部长理事会会议通过《珀斯共识》,强调进一步推进区域贸易与投资便利化,促进蓝色经济和加强对话伙伴国作用。2015年第十五届部长理事会会议重点是海洋经济、航运安全、技术转移、旅游开发、环境保护、打击犯罪、防灾减灾等问题,并通过了《环印联盟海洋合作宣言》。我国于2000年1月成为环印联盟对话伙伴国,2014年起参加环印联盟部长理事会会议。

(四)太平洋岛国论坛

1971年8月斐济、萨摩亚、汤加、瑙鲁、库克群岛、澳大利亚和新西兰成立"南太平洋论坛",2000年10月论坛更名为"太平洋岛国论坛"。论坛目前包括澳大利亚、新西兰、斐济、萨摩亚、汤加、巴布亚新几内亚、基里巴斯、瓦努阿图、密克罗尼西亚联邦、所罗门群岛、瑙鲁、图瓦卢、马绍尔群岛、帕劳、库克群岛、纽埃、法属波利尼西亚、法属新喀里多尼亚18个成员国。论坛的宗旨是加强论坛成员间在贸易、经济发展、航空、海运、电讯、能源、旅游、教育等领域及其他共同关心问题上的合作和协调,近年来还加强了在政治、安全等领域的对外政策协调与区域合作。论坛建立了常设机构"南太论坛秘书处",下设政治、国际和法律事务司,贸易和投资司,发展和经济政策司,协同服务司等,并在悉尼、奥克兰设有贸易与投

---

① 参见环印联盟网站,http://www.iora.net/。

资专员署,在东京设有太平洋岛屿中心,在北京设有太平洋岛国贸易与投资专员署①。

论坛合作机制主要包括论坛首脑会议、论坛外交部长会议、论坛经济部长会议、论坛贸易部长会议、论坛与日本领导人会议,以及与论坛对话伙伴举行的论坛会后对话会。此外,论坛秘书处还与论坛渔业局、斐济医学院、太平洋岛屿发展署、太平洋电能协会、太平洋区域环境规划署、太平洋共同体秘书处、南太平洋旅游组织、南太平洋大学等 8 个相对独立机构组成太平洋地区组织理事会。海洋领域是论坛关注的重点。2014 年 7 月第 45 届论坛首脑会议以"海洋:生命与未来"为主题,探讨了太平洋地区合作、海洋资源发展与保护、可持续发展等议题,发表了《太平洋岛国地区合作框架》。2015 年 9 月第 46 届论坛首脑会议以"加强互联互通,推进太平洋区域主义"为主题,讨论了气候变化、渔业、信息技术互联互通等议题,发表了《"加强互联互通、推进太平洋区域主义"宣言》。自 1990 年起,中国连续派政府代表出席对话会,加强了中国同论坛及其成员国在渔业、信息通信技术互联互通、应对气候变化、保护海洋环境和资源等方面的沟通与合作。

第五节 "21 世纪海上丝绸之路" 建设

一、"21 世纪海上丝绸之路" 概况

历史上的海上丝绸之路始于秦汉时期,兴于唐宋时期。据《汉书·地理志》记载,该航路从徐闻、合浦出发,入北部湾后沿海岸经越南、柬埔寨、泰国,入暹罗湾西部的丹那沙林登陆,然后沿江而下,进入孟加拉湾,西行至印度的南海岸,最远达斯里兰卡。随着汉代桑蚕养殖和纺织业的发展,丝织品成为这一时期的主要输出品。不同历史时期,海上丝绸之路主要包括南海起航线和东海起航线两条干线,它穿过东亚、东南亚、南亚、西亚

---

① 参见太平洋岛国论坛网站,http://www.forumsec.org/。

至非洲东部，越印度洋，抵红海经陆路进入欧洲，或横渡黄海、东海，向东航行至朝鲜半岛和日本，是古代中国与外国交通贸易和文化交往的海上大通道[①]。海上丝绸之路的建立与发展是东西方各民族共同开拓的结果，具有强大的开放性和包容性。在1 000多年的历史进程中，它以贸易为载体，沟通文化、交流思想、传播文明，为世界的繁荣发展作出巨大贡献。至明、清两朝，海上丝绸之路由盛转衰，跨洋海上贸易逐渐由欧洲主导。

2013年9月和10月，中国国家主席习近平在出访中亚和东南亚国家期间，先后提出共建"丝绸之路经济带"和"21世纪海上丝绸之路"的重大倡议，得到国际社会高度关注。2013年9月，时任国务院总理李克强参加中国—东盟博览会时也强调，要铺就面向东盟的"海上丝绸之路"，打造带动腹地发展的战略支点。经国务院授权，2015年3月国家发展改革委、外交部、商务部联合发布了《推动共建丝绸之路经济带和21世纪海上丝绸之路的愿景与行动》。其中"21世纪海上丝绸之路"以海洋为载体，秉承"和平合作、开放包容、互学互鉴、互利共赢"的丝绸之路精神，以跨国综合交通通道建设为基础，以沿线国家中心城市为发展节点，以区域内商品、服务、资本、人员自由流动为发展动力，以区域内各国政府协调制度安排为发展手段，致力于构建更广阔领域的合作平台与互利共赢关系，促进沿线各国经济繁荣与区域经济合作，加强不同文明交流互鉴，促进世界和平发展。

"21世纪海上丝绸之路"涵盖范围广阔。从地理上看，"21世纪海上丝绸之路"主要包括西、南两大航线。西线，以南中国海、印度洋及大西洋沿岸主要国家为主，涉及东南亚、南亚、西亚、东非和欧洲等区域。南线，经南中国海到大洋洲及南太平洋岛国，涉及东南亚、大洋洲、太平洋岛国等区域。西线与陆上"丝绸之路经济带"相呼应，构成了"21世纪海上丝绸之路"和"丝绸之路经济带"海陆一体化合作的汇集带，成为整个"一带一路"建设的重心。从"21世纪海上丝绸之路"覆盖的区域重要性及经济合作的重点看，东盟是经济合作的核心，南亚、西亚、东非等区域是经济合作的次重点，而包括非洲、欧洲、东北亚乃至更广阔的亚太地区是经济合作

[①] 冯建勇. 海路绵延通万国[N]. 人民日报, 2014-08-03 (10).

的拓展区域。"21世纪海上丝绸之路"将与沿线国家共同促进产品市场、要素市场和资源市场上的深度合作,形成以点带面、从线到片的区域经济布局,实现区域经济一体化发展。同时创新国际贸易规则、区域经贸机制和双边、多边合作机制等,从宏观上推动现行国际经济治理机制改革。"21世纪海上丝绸之路"的开放、包容、互利共赢的特征,符合当今区域经济带建设要求,开启了中国与沿线国家经济合作的新时代,将成为当今区域经济合作的新范式。

二、"21世纪海上丝绸之路"建设的重点区域

(一)东盟地区

中国和东盟国家山水相连、陆海相通。东盟是"21世纪海上丝绸之路"倡议的发力点和重点区域。① 中国一直把东盟作为周边外交的优先方向。2013年,时任总理李克强出席第16次中国—东盟领导人会议时,就中国—东盟合作提出包括两点政治共识和七个领域合作建议的"2+7合作框架",成为中国—东盟关系发展的政策基础。两点政治共识:一是推进合作的根本在深化战略互信,拓展睦邻友好;二是深化合作的关键是聚焦经济发展,扩大互利共赢。双方应把握机遇,推动中国—东盟开展宽领域、深层次、高水平、全方位合作。七个建议包括:积极探讨签署中国—东盟国家睦邻友好合作条约、加强安全领域交流与合作、启动中国—东盟自贸区升级版谈判、加快互联互通基础设施建设、加强本地区金融合作和风险防范、稳步推进海上合作,以及密切人文、科技、环保等方面交流。其中"中国—东盟自由贸易区(CAFTA)升级版",是中国与东盟共建"21世纪海上丝绸之路"的重点合作方向,其目标是进一步深化双边经济一体化水平,CAFTA升级版也符合东盟主导的区域经济合作进程。航道畅通与基础设施互联互通是中国与东盟开展经济合作的重要基础。航道安全保障合作方面,应提升东南亚航线贸易网络功能,推动中国与东盟相关国家在保障与六甲海峡、南海航道等

---

① 刘阿明."21世纪海上丝绸之路"倡议与中国—东盟关系的新发展[EB/OL].(2023-04-05)[2025-06-20]. https://aoc.ouc.edu.cn/2023/0411/c9821a429369/page.htm.

国际运输通道的安全方面充分合作，推进与泰国等国家共同开辟克拉运河新航道的建设，推动与缅甸、马来西亚港口合作建设，确保海上运输大通道的通畅。基础设施建设方面，应加快陆海基础设施互联互通，充分利用"亚洲基础设施投资银行"为东盟及本地区的互联互通提供融资支持。借助于大湄公河次区域经济合作计划，重点推动公路和铁路运输通道及相关基础设施建设，进一步加快与越南、老挝、柬埔寨、泰国、马来西亚、缅甸等国家的陆路通道建设。完善澜沧江-湄公河的国际航道建设，加快中缅边境合作建设，打通东南亚重要港口与西南陆地的通道。

东盟内部政治、经济和社会文化发展不平衡，既有新加坡、文莱和泰国等较发达经济体，也有缅甸和老挝等较不发达经济体，且种族、宗教和文化呈多元化分布。在具体合作格局方面，应针对东盟内部经济发展水平不一开展多样化合作。（1）新加坡。新加坡属于发达经济体。中国与新加坡的合作潜力主要表现在：继续利用新加坡区域国际金融中心地位，推动人民币国际化。继续引进新加坡投资与先进技术，推动中国新型城镇化建设。继续与新加坡在海洋经济、环保、科研、海上搜救等领域开展深层次合作。（2）马来西亚、泰国、印度尼西亚。中国与这些国家的合作潜力主要表现在，扩大对其机械设备等优势产品出口，增加特色农产品等进口；加强滨海旅游、海洋交通运输等海洋经济合作。（3）文莱。中国与其合作潜力主要表现在：充分利用文莱丰富的油气资源，进一步扩大进口；加强海洋油气资源开发合作。（4）老挝、越南、缅甸、柬埔寨。中国与其合作潜力主要表现在：通过亚洲基础设施投资银行、国家开发银行等，加大对其基础设施建设的支持力度，加快推进陆上互联互通；扩大对其机械设备等优势产品出口，增加能源、矿产品和农产品等进口；加强大湄公河次区域合作，加大澜沧江-湄公河航道整治与安全合作，保证航道畅通无阻。（5）菲律宾。中国与其合作潜力的挖掘，很大程度上有赖于双边外交关系的改善。

（二）印度洋地区

印度洋西起阿拉伯海的霍尔木兹海峡，东至马六甲海峡，面积7 411.8万平方千米，是世界上最繁忙的海上贸易通道、能源通道之一。拥有1/9的世界海港，1/5 的货物吞吐量，有三条主要石油运输线：波斯湾-好望角-西欧、北美；波斯湾-马六甲海峡（或龙目海峡）-中日韩；波斯湾-苏伊士运河-地中海-西欧、北美。印度洋地区是中国建设"21 世纪海上丝绸之路"、打造海上运输通道、保障石油安全、推动区域经济合作的重要组成部分。印度洋地区主要包括南亚地区、西亚地区、红海及印度洋西岸等次区域。

1. 与南亚区域合作

南亚地区南濒印度洋，陆上邻近西亚、中亚和东南亚，无论在陆路还是海洋上都是中国的重要出海通道，也是"一带一路"的接合处之一。区域内还包括孟中印缅经济走廊与中巴经济走廊等中国与南亚合作的重要载体，对中国实施西南陆上出海口建设和推动"一带一路"一体化发展具有重要的战略意义。该区域建设的重点是增进中国与南亚各国经贸合作关系，"中国与巴基斯坦自由贸易区"为发展方向。通过陆海通道建设，加强与孟加拉国、巴基斯坦重点港口及其腹地交通基础设施建设，促进与斯里兰卡、马尔代夫海上经贸往来与海洋经济合作，不断推进"孟中印缅经济走廊"建设。

2. 与西亚区域合作

西亚位于亚洲、非洲、欧洲三大洲的交界地带，被阿拉伯海、红海、地中海、黑海和里海环绕，包括伊朗、沙特、伊拉克、以色列等 20 个国家。是联系亚、欧、非三大洲和沟通大西洋、印度洋的枢纽，地理位置十分重要。西亚地区拥有丰富的能源资源储备，是世界上石油储量最丰富、产量最大和出口量最多的地区[①]，也是中国能源进口的主要来源地。中国与西亚经济合作集中于能源领域。中国在西亚的几个主要贸易伙伴中，原油出口占出口总额的比重较高，中国对西亚投资也集中在能源、矿产采掘等少数几个领域。中国与西亚经济有很大的互补性，未来应不断完善双方合作机制，努力拓宽经贸合作领域。中国—西亚之间的主要合作机制是"中阿合作论坛"，但与中国同东盟、亚太经合组织等的合作机制相比，合作的层级、广度、深

---

① 全球能源互联网发展合作组织. 西亚能源互联网研究与展望［R/OL］.（2020-11）［2025-06-20］. https：//www.geidco.org.cn/publications/plan/2020/3107.shtml.

度都有所欠缺,无法满足"一带一路"合作建设的需要,未来需不断加以升级完善。此外,还应推动中国与西亚地区自由贸易协定签署,在卡塔尔、阿联酋人民币境外结算中心的基础上,推进人民币国际化,为更广泛深入的经贸合作提供良好保障。拓宽中国与西亚经贸合作领域,在油气产业链延伸、基础设施建设、新能源开发、核能、航天卫星、防治土地沙漠化等领域深化合作。

3. 红海及印度洋西岸

红海及印度洋西岸地区主要是非洲东部沿海国家,包括埃及、苏丹、索马里、肯尼亚、坦桑尼亚、莫桑比克等国家。苏伊士运河和红海将东非、西亚分隔,沟通了印度洋和地中海,是通向西亚、到达欧洲的重要海上通道,也是海湾各产油国到中国的石油运输通道。中国与印度洋西岸各国的经贸合作较少,但合作潜力巨大。东非各国总体经济发展水平滞后,政治局势不平稳。当前阶段与该区域合作的重点应为基础设施建设、港口建设以及互联互通。依托与埃及、也门、苏丹、肯尼亚、坦桑尼亚、莫桑比克等国港口建设合作,建立产业园区,拓展、深化与中国的经贸往来和产能输出合作。同时,依托印度洋区域中控港口建设和现代化远洋海军建设,实现中国在印度洋贸易通道上的有效存在、实施影响和共同控制,为国际航运安全和中国的海外利益扩展提供保障。

(三) 亚欧其他区域

1. 欧洲联盟

欧盟是世界上地区一体化程度最高的国家集团[①],是"21世纪海上丝绸之路"的重要区域。2013年11月,中国与欧盟共同制定《中欧合作2020战略规划》,确定了中欧在和平与安全、繁荣、可持续发展、人文交流等领域加强合作的共同目标,对中欧关系发展意义重大。2015年,英、法、德、意等17个欧洲国家参与签署《亚洲基础设施投资银行协定》,成为亚投行

---

① 外交部. 欧盟概况 [Z/OL]. (2025-04) [2025-06-20]. https://www.mfa.gov.cn/web/gjhdq_676201/gjhdqzz_681964/1206_679930/1206x0_679932/.

创始成员国。2016年1月,中国签署《欧洲复兴开发银行成立协定》,成为欧洲复兴开发银行成员。2018年7月,中国和欧盟正式签署《关于为促进海洋治理、渔业可持续发展和海洋经济繁荣在海洋领域建立蓝色伙伴关系的宣言》,并于2019年在布鲁塞尔共同举办了首届中欧"蓝色伙伴关系"论坛。未来中国与欧盟合作的重点方向是推动中国欧盟投资协定谈判进程,争取尽快启动中欧自贸区谈判,实施以市场为导向的自贸区战略。中欧合作由贸易向投资和技术研发等重要领域转移,全面深化中欧战略经济伙伴关系。

2. 南太平洋国家

南太平洋岛国是"21世纪海上丝绸之路"南线合作的重点区域之一。中国不断加强与太平洋岛国论坛的合作,2006年中国在斐济启动了"中国-太平洋岛国经济发展合作论坛"。作为"南南合作"的范畴之一,中国持续给予南太平洋岛国无附加条件的援助,并在交往的过程中不断改进援助方式,着力帮助岛国经济建设。中国与太平洋岛国在远洋渔业、林业、滨海旅游业、海底矿产资源开发,以及港口和基础设施领域合作潜力巨大,未来应不断完善合作机制,提升双边合作水平。此外,中国2010年、2015年分别与新西兰、澳大利亚签署了自由贸易协定,双边经贸合作基础进一步稳固。

3. 东北亚地区

东北亚地区包括俄罗斯西伯利亚及远东区域、蒙古国、日本、朝鲜、韩国和中国。东北亚是世界主要大国美、中、日、俄势力并存与矛盾交汇的地区,政治经济关系极其复杂。东北亚地区的经济合作以双边经济合作为主,以次区域开发模式为先导,几大次区域合作区发展成果显著,如"图们江经济开发区""环黄渤海经济区""环日本海经济区",其中以"图们江经济开发区"的发展成果最为明显。但受历史问题和领土争端问题影响,次区域合作进展缓慢。[1] 中国作为区域内负责任大国,提出的"一带一路"倡议为东北亚区域发展带来了机遇,也为当前逆全球化思潮下东北亚区域经贸合作提供了新的动力。[2] 中国与东北亚区域合作应在双边合作和次区域合作

---

[1] 王瑜贺. 东北亚地区经济合作初探 [J]. 国际研究参考,2014 (7):8-12.
[2] 朱显平,齐霁. 逆全球化对东北亚区域经济的影响及我国的应对策略 [J]. 税务与经济,2021 (4):74-79.

的基础上,通过更多利益点的融合与各自优劣势的互补,从能源、资源、技术、资金、旅游等多方面扩展合作领域,不断吸纳区域内更多国家参与多边经济合作。

三、"21世纪海上丝绸之路"海洋经济重点领域

(一)基础设施建设与互联互通

良好的基础设施是支撑经济发展、开展国际经济合作的重要前提。基础设施建设的国际合作,是构筑"21世纪海上丝绸之路"的物质基础的必然途径,也是消化国内过剩基建产能的有效方式。"21世纪海上丝绸之路"共建国家基础设施建设相对滞后,许多骨干通道存在缺失路段,不少通道等级低、路况差、安全隐患大。一些国家之间铁路技术标准不统一,运输周转环节多、效率低,港口建设不完善,海上航道安全问题频发,海上运输信息合作水平不高。这种滞后状态既是"21世纪海上丝绸之路"发展的瓶颈,更是"21世纪海上丝绸之路"建设的机遇和重要内容。以共建国家基础设施互联互通为目标,打通关键通道、关键节点,补足缺失路段,畅通瓶颈路段,提升道路通达水平,构建紧密衔接、通畅便捷、安全高效的交通网络,实现"人便于行、货畅其流"。

亚太经合组织2014年制定了《亚太经合组织互联互通蓝图(2015—2025)》,提出2025年实现硬件、软件和人员交往互联互通和一体化的目标。2016年,东盟制定了《东盟互联互通总体规划2025》,主要关注基础设施建设、数字创新、物流、进出口管理和人员流动等五个领域互联互通。这些总体规划的实施与"21世纪海上丝绸之路"的战略愿景不谋而合,异曲同工。因此,我国建设"21世纪海上丝绸之路"互联互通网络,应加强与沿线国家和区域性组织在战略规划方面对接或开展规划制定协作,统筹安排、共同推进跨区域骨干通道建设。在互联互通建设中,重点加强交通技术标准体系的一致性和兼容性,推进建立统一的全程运输协调机制。更新改造陆海口岸、机场等基础设施条件,促进国际通关、换装、多式联运有机衔接。完善公路、铁路、航空网络,畅通陆海联运通道,推进港口、机场、铁

路合作建设,加强物流信息化合作,提高运输信息化水平。

港口航运领域是"21世纪海上丝绸之路"互联互通建设的核心领域。该领域的合作重点包括:①构建中国与沿线国家的港口合作联盟。充分整合中国沿海港口——南海——东南亚——印度洋航线,以及中国沿海港口——南海——南太平洋航线港口,突出比较优势,强化运力建设和港口腹地能力建设,实现港口之间的战略合作,构建起全区域或次区域的港口合作联盟或港口合作网络,推动贸易便利化发展。②强化战略性港口合作建设。重点选择对中国海上战略运输通道和海陆联运有重大影响的港口进行投资建设,强化双边关系,建设一批包括深水航道、大能力泊位、专用泊位和集装箱泊位等在内的港口。③推动区域港口物流体系合作。通过兼并、收购、联盟等现代企业运作手段,推动中国航运物流企业与沿线国家的港口资源整合,加快物流网络、运输能力、仓储能力建设,形成高效的区域港口运输网①。

(二) 其他海洋经济领域

1. 能源资源领域

能源领域的合作,是指一国从外部获取本国经济发展所需能源资源,以及能源资源的运输通道安全合作等。中国与沿线国家的能源资源合作包括:能源贸易、能源投资、海上能源通道保护、争议海域能源的共同开发四个方面,能源资源合作以油气为主。①能源资源贸易方面。以海洋为载体,推动中国与沿线国家的石油天然气、金属矿产等能源资源贸易,重点加强与中东、北非等油气富集区的贸易。②能源资源投资方面,按照油气资源开发的产业链,采取产量分成、联合经营、技术服务等合作模式,在资源勘探、开发、加工、运输等环节加强对能源资源富集区的投资。③海上能源通道方面,强化通道沿线国家的合作,重构海上能源资源的运输通道,确保主要航线实现能源资源安全供给②。④争议海域能源的共同开发方面,理性对待争

---

① 陈明宝,韩立民."21世纪海上丝绸之路"蓝色经济国际合作:驱动因素、领域识别与机制构建[J].中国工程科学,2016,18(2):98-104.

② 王海运."丝绸之路经济带"建设与中国能源外交运筹[J].国际石油经济,2013,21(12):18-20.

议和纠纷,与周边国家协同磋商,采取合理的开发方式实现海洋资源的和平开发利用。

2. 海洋渔业领域

海洋渔业具有典型的国际性和公共性特征,渔业资源的捕捞、养护与管理都需要国家之间开展合作。"21 世纪海上丝绸之路"共建的东南亚海域、印度洋、东非国家沿海渔业资源丰富,特别是印度洋是全球金枪鱼的重要捕捞区域之一,主要金枪鱼种(大眼金枪鱼、黄鳍金枪鱼、长鳍金枪鱼和鲣鱼)年平均渔获量超百万吨。自 1985 年开始发展远洋渔业以来,我国与东南亚、南亚和非洲国家渔业合作不断深入,与东南亚、非洲国家签署了多项双边渔业协定。开展国家之间的合作,既有利于推动沿线各国渔业资源的利用和渔业产业的发展,也能够进一步促进中国远洋渔业的发展和近海过剩捕捞能力转移。对已开展合作的国家和地区,需进一步加大合作的力度,重点在主要作业海域的沿岸区域建设渔港码头、冷库、渔船修造厂等,建立保障和加工基地。强化在西非海域的合作,提升中国在西非国家海洋渔业合作的份额。对于合作较少或未合作的海域,应积极建立与该海域相关国家的合作关系,共同推动海洋渔业资源的开发和海洋渔业的发展[①]。

3. 海洋旅游领域

海洋旅游是当今世界旅游业中最具活力、最具发展前景的产业,是沿海国家竞相发展的现代产业。海洋旅游在发达国家早已是一个成熟的产业,但在中国以及参与"21 世纪海上丝绸之路"共建国家中,旅游观光、休闲渔业、潜水、冲浪等海洋旅游业态总体上都处于初级发展阶段。未来海洋旅游合作的重点包括沿海与岛屿的道路、供水、供气、排水、排污、垃圾处理、码头等基础设施建设,公共文化娱乐设施建设以及旅游航线开发等。合作过程中,需以重大项目为依托,重点建设包括临界岛屿的基础设施建设、旅游景观建设、配套设施建设以及航线的开发等。中国与沿线国家海洋旅游基础设施的协作应体现高定位、高层次和高标准的原则,充分发

---

① 韦有周,赵锐,林香红. 建设"海上丝绸之路"背景下我国远洋渔业发展路径研究[J]. 现代经济探讨,2014(7):55-59.

挥各自的特色优势，将中国与沿线国家间的海洋旅游连接成国际上具有竞争力的海洋旅游圈①。

4. 海洋环境保护领域

海洋经济建立在海洋生态系统基础上，特别强调海洋资源的科学利用与海洋生态环境的保护。"21世纪海上丝绸之路"沿线国家众多，且多数为发展中国家，工业化发展程度低，海洋环境治理的能力与重视程度不足，海洋生态环境问题相对严峻。此外，沿线海域属于自然灾害频发的地区，每年发生的自然灾害给相关国家造成巨额损失，而且其可控性低，波及面广，成为受灾害国家普遍难以应对的重大问题。沿线区域海洋经济合作应加强在区域灾害应对与治理、海洋生态系统科学管理、海洋环境污染与治理、区域海洋综合管理、海洋自然保护区网络等方面的合作，推动沿线海洋经济的健康快速发展。

---

① 陈明宝，韩立民."21世纪海上丝绸之路"蓝色经济国际合作：驱动因素、领域识别与机制构建 [J]. 中国工程科学，2016，18（2）：98-104.